AF547298

EUL
VERLAG

WIRTSCHAFTSINFORMATIK

Herausgegeben von Prof. (em.) Dr. Dietrich Seibt, Köln, Prof. Dr. Hans-Georg Kemper, Stuttgart, Prof. Dr. Georg Herzwurm, Stuttgart, Prof. Dr. Dirk Stelzer, Ilmenau, und Prof. Dr. Detlef Schoder, Köln

Band 40
Christian Seel
Visuelle Simulation von Dienstleistungsprozessen
Lohmar – Köln 2002 ◆ 262 S. ◆ € 46,- (D) ◆ ISBN 3-89012-998-6

Band 41
Manfred Esser
Komplexitätsbeherrschung in dynamischen Diskurswelten – Ein Metamodell zur Modellierung betrieblicher Informationssysteme
Lohmar – Köln 2002 ◆ 280 S. ◆ € 46,- (D) ◆ ISBN 3-89936-036-2

Band 42
Anja Lohse
Integration unterschiedlich strukturierter Daten
Lohmar – Köln 2003 ◆ 234 S. ◆ € 45,- (D) ◆ ISBN 3-89936-135-0

Band 43
Christian Lenz
Empfängerorientierte Unternehmenskommunikation – Einsatz der Internet-Technologie am Beispiel der Umweltberichterstattung
Lohmar – Köln 2003 ◆ 384 S. ◆ € 55,- (D) ◆ ISBN 3-89936-137-7

Band 44
Henning Baars
Videokonferenzsysteme im Kontext betrieblicher Anwendungsszenarien – Architekturgestaltung, Akzeptanz, Nutzen
Lohmar – Köln 2003 ◆ 646 S. ◆ € 73,- (D) ◆ ISBN 3-89936-146-6

Band 45
Rainer Endl
Regelbasierte Entwicklung betrieblicher Informationssysteme – Gestaltung flexibler Informationssysteme durch explizite Modellierung der Geschäftslogik
Lohmar – Köln 2004 ◆ 368 S. ◆ € 55,- (D) ◆ ISBN 3-89936-263-2

JOSEF EUL VERLAG

Reihe: Wirtschaftsinformatik · Band 45

Herausgegeben von Prof. (em.) Dr. Dietrich Seibt, Köln, Prof. Dr. Hans-Georg Kemper, Stuttgart, Prof. Dr. Georg Herzwurm, Stuttgart, Prof. Dr. Dirk Stelzer, Ilmenau, und Prof. Dr. Detlef Schoder, Köln

Dr. Rainer Endl

Regelbasierte Entwicklung betrieblicher Informationssysteme

Gestaltung flexibler Informationssysteme durch explizite Modellierung der Geschäftslogik

Mit einem Geleitwort von Prof. Dr. Gerhard Knolmayer, Universität Bern

Bibliographische Information der Deutschen Bibliothek

Die Deutsche Bibliothek verzeichnet diese Publikation in der Deutschen Nationalbibliographie; detaillierte bibliographische Daten sind im Internet über <http://dnb.ddb.de> abrufbar.

Inauguraldissertation zur Erlangung der Würde eines *Doctor rerum oeconomicarum* der Wirtschafts- und Sozialwissenschaftlichen Fakultät der Universität Bern.

Die Fakultät hat diese Arbeit am 22. April 2004 auf Antrag der beiden Gutachter, Prof. Dr. Gerhard Knolmayer und Prof. Dr. Thomas Myrach, als Dissertation angenommen, ohne damit zu den darin ausgesprochenen Auffassungen Stellung nehmen zu wollen.

ISBN 3-89936-263-2
1. Auflage August 2004

Printed in Germany
Druck: RSP Köln

JOSEF EUL VERLAG GmbH
Brandsberg 6
53797 Lohmar
Tel.: 0 22 05 / 90 10 6-6
Fax: 0 22 05 / 90 10 6-88
E-Mail: info@eul-verlag.de
http://www.eul-verlag.de

Bei der Herstellung unserer Bücher möchten wir die Umwelt schonen. Dieses Buch ist daher auf säurefreiem, 100% chlorfrei gebleichtem, alterungsbeständigem Papier nach DIN 6738 gedruckt.

Geleitwort

Die vorliegende Arbeit behandelt ein Thema, das bei der Gestaltung betrieblicher Informationssysteme eher vernachlässigt worden ist. Viele Veröffentlichungen behandeln den Aspekt der Adaptierbarkeit von Software-Systemen nur am Rande. Tatsächlich erweist sich in der Praxis die mangelnde Flexibilität prozessunterstützender Informationssysteme häufig als eine erhebliche Einschränkung unternehmerischer Dispositionsmöglichkeiten. In vielen Unternehmen wurde in den letzten Jahren eine „Schmerzgrenze“ erreicht: Einerseits fordern moderne Managementkonzepte, wie Supply Chain Management, Mass Customization oder Customer Relationship Management, eine hohe Flexibilität der Geschäftsprozesse. Andererseits stellt man fest, dass Software-Systeme, welche die relevanten Geschäftsprozesse unterstützen, nur mit hohem Aufwand und erheblichem Zeitverzug an neue Anforderungen angepasst werden können. Dadurch wird die Innovationsdynamik der Unternehmen gerade in Zeiten signifikanten wirtschaftlichen Wandels beeinträchtigt.

Erforderlich sind daher Methoden und Werkzeuge, die dem Aspekt der Software-Flexibilität größere Bedeutung als bisher beimessen. Eines der wesentlichen Probleme bei Anwendung strukturierter oder objektorientierter Entwurfstechniken ist, dass die Logik der Abläufe auf verschiedene Module von Applikationen, aber auch auf Datenbanksysteme und Benutzerschnittstellen verteilt und entsprechend schlecht anpassbar ist. In dieser Arbeit wird ein Verfahren vorgeschlagen, das durch explizite Modellierung der die Geschäftsprozesse beschreibenden Geschäftsregeln eine verbesserte Adaptierbarkeit der prozessunterstützenden Informationssysteme erreichen soll. Die Geschäftsregeln werden als expliziter Betrachtungsgegenstand bei der Systementwicklung berücksichtigt, mit geeigneten Verfahren analysiert, modelliert und in einem logisch zentralen Regel-Repository gespeichert. In einer integrierten regelbasierten Informationssystemarchitektur können die dort abgelegten Regeln durch Rule Engines interpretiert und ausgeführt werden. Aber auch ohne den Einsatz solcher Engines können bei Einsatz eines derartigen Repositories die von einer Anpassung betroffenen Regeln und ihr Implementierungsort bedeutend leichter identifiziert werden.

Ausgangspunkt einer regelbasierten Modellierung bildet ein Prozessmodell. Geschäftsprozesse lassen sich als eine Folge von Regeln beschreiben. Durch geeignete Detaillierungsmechanismen werden aus den Prozessmodellen die für Informationssysteme relevanten Geschäftsregeln abgeleitet. Dadurch bleibt der Bezug der in den Systemen implementierten Regeln zum Unternehmensmodell erhalten.

Im Gegensatz zu anderen Publikationen wird in dieser Arbeit die regelbasierte Modellierung betrieblicher Informationssysteme nicht als neues Paradigma, sondern als Ergänzung bestehender Entwicklungsmethoden dargestellt. In Übereinstimmung mit dieser Sichtweise wird der Integration des regelbasierten Ansatzes in verbreitete Modellierungssprachen, wie z. B. UML, breiter Raum eingeräumt. Dieser Integrationsaspekt ist von großer praktischer Bedeutung: Viele Unternehmen haben hohe Investitionen in Auswahl, Einführung und Schulung von Vorgehensmodellen und Methoden zur Systementwicklung getätigt. Die Integrierbarkeit regelbasierter Verfahren in diese Vorgehensweisen ist ein kritischer Erfolgsfaktor für ihre Akzeptanz.

Rainer Endl ist mit der vorliegenden Dissertation ein innovativer Schritt bei der Entwicklung von Methoden zur Modellierung flexibler betrieblicher Informationssysteme gelungen. Besonders in Branchen, die durch einen hohen Automatisierungsgrad der Geschäftsprozesse, ausgeprägte Kundenorientierung und/oder kurze Innovationszyklen gekennzeichnet sind, werden seine Vorschläge wertvolle Hinweise zur Flexibilisierung von Informationssystemen geben. Der Umstand, dass die vorgeschlagenen Verfahren auch schon partiell in der Praxis erprobt worden sind, erhöht den praktischen Wert dieser Arbeit. Sie ist daher nicht nur von wissenschaftlichem Interesse. Auch Informationsmanager und -architekten, Business Engineers und Entwickler betrieblicher Informationssysteme erhalten aus der Lektüre dieses Buches zahlreiche Anregungen.

Bern, im August 2004 Prof. Dr. Gerhard Knolmayer

Vorwort

Die vorliegende Arbeit ist das Resultat meiner mehrjährigen Beschäftigung mit dem Themenkreis „Regelbasierte Modellierung von Informationssystemen“. Sie entstand in wesentlichen Teilen im Rahmen meiner Tätigkeit als wissenschaftlicher Mitarbeiter am Institut für Wirtschaftsinformatik der Universität Bern. Der Umstand, dass sich mein Beruf als Unternehmensberater mit dem wissenschaftlichen Forschungsgebiet in vielen Bereichen überschnitt, ermöglichte mir die Überprüfung und den teilweisen Einsatz der in dieser Arbeit vorgestellten Methoden in der Praxis. Es war daher auch mein Bemühen, einen praxisorientierten Beitrag zum Einsatz regelbasierter Methoden zu leisten.

Die Entstehung dieser Arbeit wurde von mehreren Personen massgeblich gefördert, denen ich an dieser Stelle sehr herzlich danken möchte. In besonderem Masse gilt dieser Dank Herrn Prof. Dr. Gerhard Knolmayer, der mir nicht nur die Anfertigung dieser Arbeit ermöglicht, sondern auch durch zahlreiche Hinweise und Diskussionen wesentlich zum Entstehen dieser Arbeit beigetragen hat. Ebenso gilt mein Dank Herrn Prof. Dr. Thomas Myrach für die Übernahme des Korreferats und für seine wertvollen Anregungen.

Auch meinen ehemaligen Arbeitskolleginnen und -kollegen vom Institut für Wirtschaftsinformatik, Dr. rer. pol. Heide Brücher, Dr. rer. pol. Markus Schlesinger, Dr. rer. pol. Holger Hoheisel, lic. rer. pol. Marcel Pfahrer, Dipl. Ing. Michael Röthlin und lic. rer. pol. Oliver Klaus bin ich für die fachlichen Diskussionen und kritischen Auseinandersetzungen zu Dank verpflichtet.

Eine derartige Arbeit kann nur dann erfolgreich beendet werden, wenn neben der wissenschaftlichen auch die berufliche Umgebung optimal gestaltet werden kann. Speziell bedanken möchte ich mich daher bei Herrn Heinz Rohrer, dem CEO der RBC-Gruppe, dass er mir die flexible Ausgestaltung meiner Arbeitszeit sowie den Besuch wissenschaftlicher Tagungen ermöglichte und so das Entstehen dieser Dissertation gefördert hat. In gleichem Masse gilt mein Dank den Mitarbeitern der IGIM AG, St. Gallen sowie der RBC Consulting AG, Meilen, für ihr Verständnis und die kooperative Zusammenarbeit.

Einen wichtigen Platz in meinem Leben nimmt meine Familie ein. Der Abschluss dieser Arbeit ist für mich daher Anlass, an diejenigen zu denken, die unauffällig im Hintergrund eine angenehme Atmosphäre schufen und bei meinen emotionalen Berg- und Talfahrten eine ausgleichende Wirkung entfalteten. Bei meinen Eltern möchte ich mich auch dafür bedanken, dass sie mit grösster Selbstverständlichkeit meine erste Berufsausbildung, das Studium zum Diplom-Wirtschaftsinformatiker, förderten und mir dabei ein optimales Studien-Umfeld schufen.

Mein Dank gilt schliesslich meiner Frau Regula, die mir nicht nur bei den Korrekturarbeiten behilflich war, sondern auch an den zahlreichen durchgearbeiteten Wochenenden grosse Geduld bewiesen hat. Mit viel Verständnis hat sie mir den für die Erstellung dieser Arbeit notwendigen Rückhalt gegeben.

Vor allem danke ich aber meiner Tochter Bettina für ihr Verständnis. Es war für sie nicht immer leicht zu akzeptieren, dass ihr Vater sich hinter seltsamen Büchern mit unverständlichen Titeln verschanzte, anstatt die Abende und Wochenenden „sinnvoll" mit ihr zu verbringen. Ihr ist diese Arbeit gewidmet, als kleine Entschädigung für die ihr auferlegten Entbehrungen.

Jona, im Juni 2004 Rainer Endl

Inhaltsübersicht

Inhaltsverzeichnis

1 Einleitung

1.1 Motivation

Viele Unternehmen sehen sich in ihren Branchen mit tief greifenden Veränderungen der Wettbewerbsbedingungen konfrontiert. Die Güter-, Arbeits- und Informationsmärkte sind durch zunehmende Globalisierung gekennzeichnet. Die Nutzung weltweiter Kommunikationsnetze fördert den Zugang zu Märkten, welche vormals schwer erreichbar waren. Erkennbar ist auch eine Intensivierung des Wettbewerbs durch den Eintritt neuer Wettbewerber in angestammte oder ehemals geschlossene Märkte. Der Wandel vom Verkäufer- zum Käufermarkt ist in vielen Branchen bereits vollzogen. Daraus resultiert ein verstärktes Anspruchsverhalten der Kunden. So sind diese nicht mehr bereit, organisatorisch bedingte Koordinationsprobleme, wie z. B. lange Lieferzeiten, inkonsistente Unternehmenskommunikation oder Schnittstellenprobleme bei Prozessen zu akzeptieren.

Unter diesen Umständen können die betriebswirtschaftlichen Ziele *Kosten*, *Qualität*, *Zeit* und *Flexibilität* eine vollständige Neubewertung erfahren:

> *„Vielfach ist es so, dass auf besonders turbulenten Märkten Zeit und Flexibilität die entscheidenden Kriterien im Wettbewerb sind, wenn es darum geht, rasch und kostengünstig auf die sich ändernde Nachfrage eingehen zu müssen.“*[1]

Die Flexibilität der Unternehmensorganisation wurde schon vor der Verbreitung des Internets betont. Dabei wurde die Abkehr von der tayloristischen Industrie-Organisation gefordert, da deren Prämissen

- relativ lange Lebenszyklen der Produkte,
- stabile Absatzmärkte,
- reichliche Verfügbarkeit von Arbeitskräften und
- begrenzte Zahl von Mitbewerbern

nicht länger als gegeben betrachtet werden können.[2]

Moderne Geschäftsmodelle und Managementkonzepte wie z.B. *virtuelle Unternehmen*, *Supply Chain-* oder *Customer Relationship Management* setzen diese Flexibilität voraus. Ihr gemeinsames Merkmal ist, dass sie den Geschäftsprozess in den Mittelpunkt

---

[1] Picot / Reichwald / Wigand (2001), S. 4.

[2] Stalk / Evans / Shulman (1992), S. 62.

der Betrachtung stellen. Die Prozessorientierung, d.h. die Ausrichtung der Organisation an den Geschäftsprozessen, gilt als neues Paradigma der Unternehmensorganisation, da es die Umsetzung moderner Managementkonzepte überhaupt erst ermöglicht.[3] Diese Konzepte betrachten die Informationstechnologie als *Enabler*, d.h. als wesentliches Instrument zu deren Umsetzung. Die Flexibilität der Unternehmensprozesse wird neben organisatorischen und kulturellen Parametern im hohen Masse durch die Anpassungsfähigkeit der eingesetzten Informationssysteme determiniert.

Der Forderung nach Flexibilität der betrieblichen Informationssysteme stehen in der Praxis jedoch heterogene Anwendungsarchitekturen gegenüber, die aufgrund einer funktionsorientierten Vorgehensweise bei der Einführung von Informationssystemen entstanden sind. Diese Heterogenität ist das Ergebnis einer in der Vergangenheit häufig zu beobachtenden Fehlentwicklung, dass Informationssysteme vor allem zur isolierten Unterstützung einzelner Geschäftsfunktionen – meist kongruent zu den jeweiligen funktionalen Verantwortungsbereichen im Unternehmen – entwickelt und eingeführt wurden.[4] Mittels einer komplexen *Abgleichs-EDV*[5] wurde in der Praxis versucht, dieser Problematik zu begegnen: Zwischen den einzelnen funktionsunterstützenden Informationssystemen wurden aufwändige systemtechnische oder organisatorische Schnittstellen geschaffen mit dem Ziel, den Informationsfluss entlang der Prozesskette sicher zu stellen. Mit diesen Schnittstellen wurden gegebene Abläufe aber quasi zementiert, da wesentliche Teile der Geschäftslogik in den Schnittstellen fix programmiert wurden. Die entstandene Systemlandschaft war so nur sehr schwerfällig an geänderte technologische oder organisatorische Rahmenbedingungen anzupassen. Die Informationsverarbeitung wurde so zu einem limitierenden Faktor der Unternehmensflexibilität.[6]

Aus diesem Grund wird heute als erster Schritt bei der Gestaltung betrieblicher Informationssysteme häufig die Reorganisation und Optimierung der relevanten Geschäftsprozesse angestrebt. Das Prozessmodell rückt für die Entwicklung betrieblicher Anwendungssysteme in den Mittelpunkt.

Die Informationssysteme sollen aber nicht nur die Ausführung von Geschäftsprozess-Instanzen unterstützen. Vielmehr werden sie zunehmend zu deren integralen Bestandteil. Denn die Nutzung der Informationstechnologie eröffnet auch neue Möglichkeiten der Prozessgestaltung. So werden beispielsweise im Rahmen des Customer Relationship Managements internetbasierte Kontakt- und Vertriebskanäle oder Call- und Contact-Center erst durch den Fortschritt in der Informations- und Kommunikationstechnologie möglich. Es zeichnen sich jedoch nicht nur neue Leistungsqualitäten, sondern auch neue

---

[3] Vgl. z. B. Österle (1995), S. 13 ff., Osterloh / Frost (1996).

[4] Vgl. Oberweis (1996), S. 11.

[5] Vgl. Rauh (1990), S. 20.

[6] Beispiele für Restriktionen gibt z. B. Österle (1995), S. 18.

Formen der Gestaltung wirtschaftlicher Prozesse ab, die ihrerseits wesentlich zur Innovationsdynamik in den Unternehmen beitragen.[7]

Dieser Trend führt aber auch zu einer *Proliferation* der Informationssysteme durch internetbasierte Anwendungen mit folgenden Konsequenzen:[8]

- Grundsätzlich identische Funktionalitäten müssen in den zusätzlichen, internetbasierten Anwendungen neu bzw. redundant implementiert werden, da die bisherigen Software-Systeme die neuen elektronischen Kanäle meist nicht oder nur unzureichend unterstützen.
- Es entstehen zusätzliche Anforderungen im Hinblick auf die Integration der unterschiedlichen Kontakt- und Vertriebskanäle in unternehmensinterne Systeme, z.B. Auftragsabwicklung und Produktionsplanung.
- Das Management von Systemanpassungen wird bedeutend komplexer, da neben den „Alt-Anwendungen" im Änderungsfall auch die über unterschiedliche Kontakt-/Vertriebskanäle bereitgestellten Funktionen schnell, flexibel und konsistent angepasst werden müssen.

Die internetbasierten Anwendungen führen aber auch dazu, dass immer mehr Aktivitäten innerhalb eines Geschäftsprozesses automatisch abgewickelt werden. Beispielsweise erfasst der Kunde in einer E-Commerce-Umgebung seine Stammdaten und die Bestellung selbst, prüft die Verfügbarkeit der Artikel am Lager, informiert sich im Katalog über spezielle Angebote, stellt sich den Lieferumfang mit Hilfe eines Produkt-Konfigurators zusammen, um dann schliesslich den unternehmensinternen Fakturierungsprozess durch Angabe einer Kreditkartennummer anzustossen. Die Rolle der Humanfaktoren einer Unternehmung beschränkt sich so immer stärker auf kontrollierende Aktivitäten und auf das Management von Ausnahmesituationen.

Das Unternehmen soll in der Lage sein, über alle Kommunikationskanäle die Geschäftspartner konsistent zu behandeln. So würde es beim Kunden zu Unverständnis führen, wenn ihm auf der *Web-Site* nach Eingabe seiner persönlichen Daten grosszügige Finanzierungsangebote offeriert werden, bei Nutzung eines anderen Kontaktkanals – z.B. Telefon – sein Kreditantrag jedoch abgelehnt wird. Konnten derartige Inkonsistenzen in der Vergangenheit noch durch einen in den Geschäftsprozess involvierten Mitarbeiter erkannt und beseitigt werden, ist dies bei internetbasierten Geschäftsprozessen nur eingeschränkt möglich, da diese weitgehend ohne Unterstützung durch Mitarbeiter der Unternehmung laufen. Auch verändert sich der Ablauf des Prozesses oft dynamisch

---

[7] Vgl. z. B. Becker / Kahn (2002), S. 1 f.; Picot / Reichwald / Wigand (2001), S. 5 f. Davenport weist zudem darauf hin, dass mit der Nutzung von Informations- und Kommunikationstechnologien mehrere Arten von Prozessinnovationen verbunden sein können (vgl. Davenport (1993), S. 50 ff.).

[8] Vgl. z. B. Brücher (2001), S. 146.

und für die Mitarbeiter wenig transparent, z. B. in Abhängigkeit von der Klassifizierung und Nutzungsart des jeweiligen Kunden. So möchte dieser nicht jedes Mal durch die vollständige E-Commerce-Anwendung navigieren müssen, sondern in Abhängigkeit von seinen Produkt-Präferenzen, seiner Kreditwürdigkeit, seines Status etc. schnell und zielgerichtet auf die für ihn relevanten Angebote geführt werden.

Die rasche Verbreitung des World Wide Web (WWW) beeinflusst daher das Tempo, mit dem Unternehmen ihre Geschäftsprozesse anpassen müssen. Die Fähigkeit, Unternehmensveränderungen in den Informationssystemen schnell und konsistent widerzuspiegeln, wird zu einem kritischen Erfolgsfaktor.

Aus der skizzierten Ausgangslage ergeben sich folgende Konsequenzen:

- Die Informationssysteme müssen *prozessorientiert* entwickelt und eingeführt werden mit dem Ziel der optimalen Unterstützung der Geschäftsprozesse.
- Die *Flexibilität*, d. h. die Adaptierbarkeit und Portabilität von Informationssystemen, wird zu einem unternehmenskritischen Parameter. Notwendige Anpassungen müssen schnell und konsistent durchgeführt werden können. Im Zusammenhang mit internetbasierten Anwendungen müssen Änderungen und Weiterentwicklungen zudem im laufenden Betrieb erfolgen können, da Stillstandszeiten von den Kunden nicht mehr toleriert und unmittelbar umsatzwirksam werden.
- Die *Reaktionsfähigkeit* muss erhöht werden in dem Sinne, dass auf Veränderungen in der Unternehmensumwelt so schnell wie möglich konsistent reagiert werden kann. Die Flexibilität der Informationssysteme ist dabei notwendige Voraussetzung. Darüber hinaus müssen aber auch die von Änderungen betroffenen Stellen in den Systemen schnell lokalisiert werden können.

Diesen Forderungen versucht man zunehmend durch die explizite Modellierung und Implementierung von Geschäftsregeln, welche die Geschäftslogik beschreiben, zu begegnen.[9] Wurden diese Regeln zu Beginn vorwiegend mit semantischen Integritätsbedingungen gleich gesetzt,[10] werden sie in neuer Zeit umfassender als Aussagen über die Art und Weise der Geschäftsabwicklung definiert.[11] In diesem Sinne lassen sich Geschäftsregeln mit organisatorischen Regeln gleichsetzen, da beide die effiziente Durchführung von Geschäftsprozessen zum Ziel haben.

Bei der Analyse, Entwurf und Implementierung regelbasierter Informationssysteme wird der Ansatz verfolgt, die Geschäftsregeln zu analysieren, mit einer geeigneten Beschreibungssprache zu formalisieren und schliesslich mit Hilfe eines Repositories unabhängig

---

[9] Vgl. z. B. Ross (1998); Mann (2000); Meta-Group (2000).
[10] Vgl. z. B. Appleton (1984).
[11] Vgl. z. B. Knolmayer / Herbst (1993); Herbst (1997), S. 2.

von dem Ort, der Art der Verwendung und der Implementierungsart zu speichern. Die Geschäftsregeln werden damit zu einem expliziten Betrachtungsgegenstand bei der Systementwicklung. Diese Regeln können dann im Idealfall in *Rule Engines* gespeichert, interpretiert und ausgeführt werden.[12] Demgegenüber wird bei Anwendung traditioneller, d.h. strukturierter oder objektorientierter Entwurfstechniken, die Geschäftslogik auf Datenbank-, Applikationsserver und Benutzerschnittstelle verteilt. Über fest implementierte Steuerungscodes, z.B. Schleifen, auf einem Programm-Objekt definierte Operationen, Prozeduren oder Trigger wird die Geschäftslogik in der jeweiligen Programmiersprache „versteckt“. Die Geschäftsregeln sind somit impliziter Bestandteil der Logik von Anwendungsprogrammen. Es ist zu vermuten, dass sich ein erheblicher Teil der *Lines of Code* mit der Sicherung von Regeln befasst. Dabei entsteht das Problem, dass identische oder logisch voneinander abhängige Regeln in verschiedenen Anwendungsprogrammen unkontrolliert redundant oder inkonsistent implementiert werden. Dies reduziert die Flexibilität der Systeme erheblich und ist darüber hinaus eine permanente Fehlerquelle bei deren Wartung und Weiterentwicklung. Auch der Einsatz von Workflow-Management-Systemen (WFMS) stösst an Grenzen, wenn Teile der Geschäftslogik nicht explizit in dem Workflow-Modell selbst, sondern in den zugrunde liegenden Anwendungssystemen implementiert sind. Zudem muss auch beim Einsatz von WFMS häufig ein bedeutender Anteil der Geschäftslogik in der Schnittstelle zu den vom WFMS zu steuernden Anwendungssystemen fix programmiert werden. Bei regelbasierten Anwendungen hingegen wird die Geschäftslogik in Form von Regeln als eigenständige und zentrale Komponente – unabhängig von den die Regeln implementierenden Systemen - beschrieben.[13]

Motiviert durch die potenziellen Vorteile regelbasierter Informationssysteme wurden in der Vergangenheit verschiedene Anstrengungen zur Entwicklung geeigneter Methoden und Werkzeuge unternommen.[14] Diese bilden den theoretischen Hintergrund für viele der heute kommerziell verfügbaren *Rule Engines*.[15] Diese Methoden und Werkzeuge unterstützen jedoch vor allem die Entwicklung eines einzelnen regelbasierten Informationssystems, in dem z.B. über geeignete Erweiterungen des Datenmodells Integritätsbedingungen abgeleitet oder die erlaubten Zustände eines Datenobjektes mit einer geeigneten Regelsprache beschrieben werden.[16] Die Frage nach einer durchgängigen Methode zur prozessorientierten Modellierung, Implementierung und Integration regel-

[12] Vgl. z. B. Date (2000); ILOG (2001b); von Halle (2001), S. 433 ff. In Kap. 6 werden diese Systeme genauer betrachtet.

[13] Vgl. z. B.Hay / Kolber / Healy (1995); Ross (1998); Date (2000).

[14] Vgl. z. B. Ross (1994); Ross (1998); Date (2000); von Halle (2001); Morgan (2002); Ross (2003).

[15] Vgl. Kap. 6.3.5.

[16] Vgl. z. B. Ross (1998); Date (2000)

basierter Anwendungssysteme bleibt unbeantwortet, organisatorische Lösungsalternativen können nicht mit einbezogen werden.

Auf der anderen Seite wurden in verschiedenen Forschungsarbeiten am Institut für Wirtschaftsinformatik der Universität Bern Methoden und Werkzeuge zur konzeptionellen Regel-Modellierung und zur regelbasierten Prozessmodellierung entwickelt.[17] Mit Hilfe dieser Methoden kann ein Unternehmensmodell entwickelt werden, aus dem einerseits Anforderungen an prozessunterstützende Informationssysteme abgeleitet werden können und in dem andererseits die Integrationsanforderungen transparent enthalten sind (Abb. 1-1).

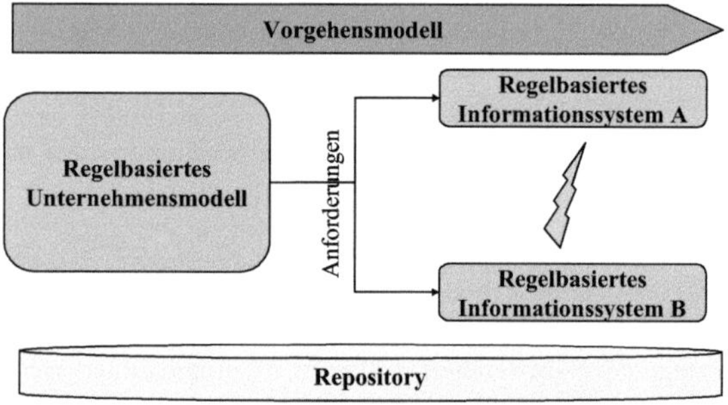

Abb. 1-1: Das Unternehmensmodell als Basis für die Entwicklung von Anwendungssystemen

Die Entwicklung regelbasierter Informationssysteme auf Basis der Prozessmodelle bedingt deren systematische Detaillierung und Transformation in die Sprache der jeweiligen Zielumgebung. Eine integrierte Betrachtung sowohl der Geschäftsprozesse als auch der prozessunterstützenden Systeme sollte daher auf demselben Modellierungsparadigma aufbauen.

1.2 Zielsetzungen

Ein wesentliches Ziel dieser Arbeit ist es, die methodische Lücke zwischen der regelbasierten Modellierung von Geschäftsprozessen und der Entwicklung regelbasierter Informationssysteme zu schliessen. Aufbauend auf den Arbeiten von Knolmayer und Herbst wird ein Ansatz zur regelbasierten Modellierung von Geschäftsprozessen und deren systematische Detaillierung erläutert. Weiter wird gezeigt, wie aus den Prozessmodellen

---

[17] Vgl. z. B. Herbst (1995); Herbst (1997); Knolmayer et al. (1997); Schlesinger (1999); Knolmayer / Endl / Pfahrer (2000).

regelbasierte Informationssysteme zur Unterstützung von Geschäftsprozessen entwickelt werden können.

In der Praxis existieren in den meisten Unternehmen Vorgehensmodelle zur Systementwicklung. Diese sind häufig spezifisch an die Bedürfnisse des Unternehmens angepasst und wurden mit den entsprechenden Entwicklungsumgebungen unter grossem personellen und finanziellen Einsatz im Unternehmen eingeführt. Sie bilden nicht selten ein wesentliches Element der Informatik-Strategie. Im Rahmen dieser Vorgehensmodelle werden unterschiedliche Modellierungsmethoden verwendet, wie z. B. UML[18] oder Ereignisgesteuerte Prozessketten (EPK).[19] Die Integration regelbasierter Modellierungsansätze in bestehende Beschreibungssprachen ist vor allem für diejenigen Unternehmen bedeutsam, welche die Vorteile der regelbasierten Anwendungsentwicklung nutzen, ihre bislang verwendeten Modellierungsmethoden aber weiterhin einsetzen wollen. In dieser Arbeit wird daher auch gezeigt, auf welche Weise der regelbasierte Ansatz in verbreitete Methoden der Prozess- und Systemmodellierung integriert werden kann.

Analog zu dem Datenmanagement, das sich im Zuge der Verbreitung von Datenbankmanagementsystemen in den Unternehmen etablierte, setzt die Entwicklung, Wartung und Weiterentwicklung regelbasierter Systeme ein geeignetes Geschäftsregel-Management voraus. Dazu müssen die Aufgaben des Regel-Managements formuliert und davon ausgehend Anforderungen an geeignete unterstützende Werkzeuge definiert werden. Daraus ergeben sich für diese Arbeit weitere konkrete Ziele:

- Die Darstellung der systematischen Analyse, Ableitung und Detaillierung von Geschäftsregeln, ausgehend von einem geschäftsregelbasierten Prozessmodell, und deren Überführung in implementierungsnahe Beschreibungssprachen (z.B. WfMC-Workflow-Spezifikation, XML).
- Die Ergänzung verbreiteter semiformaler Sprachen zur Beschreibung von Geschäftsprozessen wie z. B. EPK, Petri-Netze oder UML mit Aspekten der Regelbasierung und deren Integration in die entsprechenden Modellierungsmethoden.[20]
- Die Beschreibung des prinzipiellen Vorgehens bei der Entwicklung regelbasierter Anwendungssysteme, ausgehend von einem regelbasierten Prozessmodell.

---

[18] Vgl. Oesterreich (1998a).

[19] Vgl. Scheer (1998a). Die Architektur integrierter Informationssysteme (ARIS) wird hier als Bezugsrahmen zur Beschreibung von Geschäftsprozessen verstanden, das entsprechende Methoden zur Modellierung unterschiedlicher Prozess-Sichten bereitstellt.

[20] Im Kontext dieser Arbeit besteht eine Modellierungsmethodik aus einer Beschreibungssprache und einer Vorschrift zu deren Anwendung.

- Die Beschreibung der Aufgaben des Geschäftsregel-Managements und deren Zusammenhänge. Die Formulierung wesentlicher Anforderungen an Werkzeuge für das Regel-Management sowie ein Schema zu deren Klassifikation soll darüber hinaus die zielgerichtete Auswahl geeigneter Werkzeuge für ein gegebenes Anwendungsszenario unterstützen.

1.3 Aufbau der Arbeit

Diese Arbeit ist wie folgt gegliedert:

Das **Kapitel 2** hat die Präzisierung des *Geschäftsregel*-Begriffs zum Inhalt. Der Zusammenhang zwischen Geschäftsregeln und Unternehmensorganisation wird beleuchtet. Ausgehend von einer geeigneten Definition wird ein Überblick über die verschiedenen Publikationen über Geschäftsregeln gegeben. Die verschiedenen Erscheinungsformen von Regeln im betrieblichen Umfeld, deren Klassifikation und formale Beschreibung sind ein weiterer Gegenstand dieses Kapitels.

In **Kapitel 3** stehen Modellierungsmethoden zur Beschreibung betrieblicher Abläufe auf Basis von Geschäftsregeln im Mittelpunkt.[21] Es wird beschrieben, mit welchen Beschreibungs- und Darstellungsinstrumenten Geschäftsprozesse regelbasiert modelliert werden können. Ein wichtiges Element ist dabei ein Mechanismus zur Detaillierung von Regeln. Die Geschäftsprozessmodellierung sollte darüber hinaus integraler Bestandteil eines Unternehmensmodells sein, d. h. neben der dynamischen Prozess-Sicht müssen auch Methoden angeboten werden, welche die Modellierung der strukturellen Aspekte eines Unternehmens – Aufbau-Organisation und Informationsmodell – in geeigneter Weise unterstützen. Denn auch diese Sichten beinhalten Regeln, welche die Struktur der relevanten Informationen und deren Beziehungen zueinander definieren. Die wesentlichen Vorteile der regelbasierten Modellierung von Geschäftsprozessen werden am Ende dieses Kapitels zusammengefasst.

Die Integration der regelbasierten Prozessmodellierung in verbreitete Modellierungsmethoden bildet den Gegenstand des **Kapitel 4**. Konkret werden die Verwendung von EPK und von UML für die regelbasierte Prozessmodellierung diskutiert. Da UML ohne Anpassungen nicht sinnvoll für die Geschäftsprozessmodellierung eingesetzt werden kann, werden geeignete Erweiterungen vorgestellt und deren Einsatz begründet.

Das **Kapitel 5** widmet sich der Frage, wie regelbasierte, hinreichend detaillierte Prozessmodelle in die verschiedenen Spezifikationssprachen der Zielumgebungen überführt

---

[21] In Anlehnung an Oberweis (1996) werden im Kontext dieser Arbeit die Begriffe *betrieblicher Ablauf*, *Geschäftsprozess* und *Prozess* synonym verwendet. Dies im Gegensatz zu anderen Autoren, bei denen häufig zwischen diesen Begriffen unterschieden wird (vgl. z. B. Ferstl / Sinz (1993); Österle (1995)).

werden können. So können die den Prozess steuernden Geschäftsregeln beispielsweise in einem Workflow-Management-System realisiert, während andere Regeln in einem regelbasierten Anwendungssystem implementiert werden. Entsprechend wird zunächst die Transformation regelbasierter Prozessmodelle in Workflow-Spezifikationen diskutiert. Im Anschluss daran wird gezeigt, wie ausgehend vom Prozessmodell regelbasierte Anwendungssysteme modelliert werden können. Dabei wird das objektorientierte Entwurfsparadigma als Grundlage verwendet, so dass mit diesem Schritt der regelbasierte Ansatz mit den objektorientierten Entwurfstechniken verknüpft wird. Die Bedeutung der Integration wird auch hier unterstrichen, in dem analog zu Kapitel 4 die Verwendung von UML zur Modellierung regelbasierter Anwendungssysteme erläutert wird.

In **Kapitel 6** werden Anforderungen und Architektur von Werkzeugen beschrieben, die nicht nur für die Entwicklung regelbasierter Informationssysteme, sondern auch für andere Aufgaben des Geschäftsregelmanagements von zentraler Bedeutung sind.

Das **Kapitel 7** schliesst die Arbeit mit einer Zusammenfassung und einem Ausblick auf mögliche zukünftige Entwicklungen und offene Fragen ab.

2 Geschäftsregeln

In diesem Kapitel werden die begrifflichen Grundlagen für das weitere Verständnis der Arbeit gelegt. So wird der Begriff der Regel im betriebswirtschaftlichen Kontext erläutert und definiert. Davon ausgehend wird der Einfluss von Geschäftsregeln auf die Entwicklung und das Management von Informationssystemen diskutiert. Die verschiedenen Erscheinungsformen von Regeln im betrieblichen Umfeld, deren Eignung für die geschäftsregelbasierte Anwendungsentwicklung und Ansätze zu deren formaler Beschreibung sind ebenfalls Thema dieses Kapitels.

2.1 Geschäftsregeln und Unternehmensorganisation

In der betriebswirtschaftlichen Organisationstheorie stellen die Schaffung und Einführung von Regeln zwei der wichtigsten Themenschwerpunkte dar. Unabhängig von den unterschiedlichen theoretischen Ansätzen[22] werden Unternehmen als sozio-technische Systeme betrachtet, die unter Anwendung ökonomischer Prinzipien Güter oder Dienstleistungen erzeugen. Ausgehend von den Zielen einer Unternehmung werden verschiedene Aufgaben abgeleitet, die von Menschen und Maschinen arbeitsteilig zu erfüllen sind. Deren Erfüllung vollzieht sich nach bestimmten Regeln, die von Grochla als *organisatorische Regeln* bezeichnet werden.[23] Sie legen auf Dauer das Zusammenwirken der *personellen* und *maschinellen Aktionsträger* zur Erfüllung unternehmerischer Aufgaben fest und definieren, in welcher Form und in welchem Umfang die Verhaltensweisen der Aktionsträger beeinflusst werden sollen.

In Abhängigkeit von der Gleichartigkeit, Regelmässigkeit und Wiederholbarkeit der betrieblichen Aufgabenerfüllung können mehr oder weniger allgemeingültige Regelungen festgelegt werden. Als das *Substitutionsprinzip der Organisation* bezeichnet Gutenberg den Sachverhalt, dass mit abnehmender Veränderung betrieblicher Tatbestände die Tendenz zu allgemeinen Regelungen zunimmt (vgl. Abb. 2-1).[24]

Der *Organisationsgrad* eines Unternehmens ist ein Mass für die Gesamtheit aller im Unternehmen vorhandenen Regeln. Je mehr allgemeingültige Regeln im Unternehmen existieren, desto höher ist der Organisationsgrad mit den in Tab. 2-1 beschriebenen Konsequenzen. Der Organisationsgrad ist damit auch ein Gradmesser für den Handlungsspielraum der Aktionsträger in einer Unternehmung.

---

[22] Eine Übersicht über verschiedene Organisationstheorien ist z.B. in Thommen (1996), S. 157 ff. enthalten. Eine ausführliche Darstellung gibt z.B. Berger et al. (2002).

[23] Vgl. Grochla (1982), S. 1.

[24] Vgl. Gutenberg (1973), S. 240.

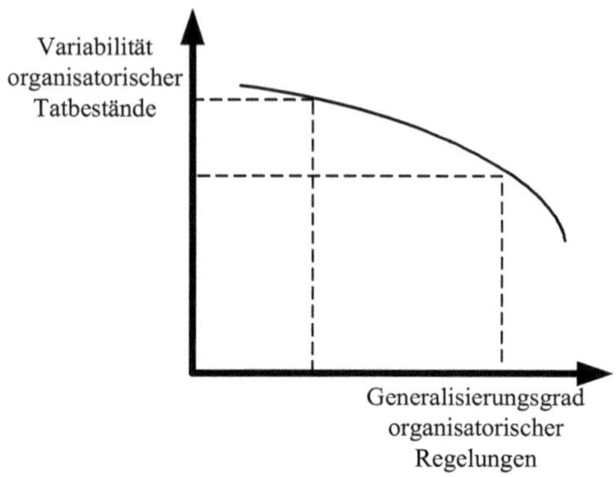

Abb. 2-1: Substitutionsprinzip der Organisation[25]

Positive Auswirkungen eines hohen Organisationsgrades	**Negative Auswirkungen eines hohen Organisationsgrades**
Entlastung leitender und der ausführender Stellen durch Verminderung des Kommunikations- und Koordinationsaufwandes.	Einschränkung des individuellen Gestaltungs- und Entscheidungsspielraums.
Verminderung von Konflikten, da weniger Unklarheiten bestehen und der Interpretationsspielraum kleiner ist.	Die Schematisierung von Betriebsabläufen führt zu starren und schwerfälligen Organisationsprozessen und –strukturen.
Rationellere Bearbeitung der routinemässigen Geschäftsvorfälle.	Die Anpassungsfähigkeit an sich verändernde Rahmenbedingungen bzw. Anforderungen wird vermindert.
Potential, auch weniger gut ausgebildetes und damit kostengünstigeres Personal zu beschäftigen.	Verminderung der Kreativität und der Eigeninitiative der Mitarbeiter im Unternehmen. Verminderung der Innovationskraft.

Tab. 2-1: Gegenüberstellung positiver und negativer Auswirkungen eines hohen Organisationsgrades[26]

Die Aufgabe besteht darin, das durch das Substitutionsprinzip definierte *organisatorische Optimum* zu finden. Letzteres lässt sich nicht mit mathematischen Hilfsmitteln be-

[25] Vgl. Thommen (1996), S. 154.

[26] Vgl. Thommen (1996), S. 153 f.

rechnen, sondern ist von einer Vielzahl Parametern abhängig, die nicht exakt bestimmbar sind. Derartige Einflussfaktoren können z. B. sein:[27]

- **Unternehmenskultur und Führungsstil**: Ein zu einem autoritären Führungsstil neigendes Management tendiert dazu, mehr Regeln im Sinne von Restriktionen zu definieren als ein Management, das einen eher kooperativen Führungsstil pflegt.
- **Unternehmensumfeld (Branche)**: Unternehmen, die sich einem intensiven Wettbewerb ausgesetzt sehen, werden häufiger zu Anpassungen des betrieblichen Ablaufs gezwungen als Unternehmen, die in einem monopolistischen Markt tätig sind.
- **Grösse der Fertigungslose und Variantenvielfalt**: Einzel-, Serien- und Massenfertiger unterscheiden sich hinsichtlich der Standardisierung der Entwicklungs- und Produktionsabläufe signifikant. Je höher der Standardisierungsgrad ist, umso grösser ist tendenziell auch die Anzahl der im Unternehmen vorhandenen Regeln.

Zur Schätzung des erreichten Organisationsgrades einer Unternehmung können jedoch Indikatoren angegeben werden:[28]

- Das *organisatorische Optimum* ist erreicht, wenn alle gleichartigen und sich regelmässig wiederholenden Vorgänge allgemein akzeptierten und dokumentierten Regelungen unterliegen.
- Es besteht eine *Unterorganisation*, wenn nicht alle gleichartigen und sich regelmässig wiederholenden Vorgänge durch allgemein akzeptierte Regelungen abgedeckt sind.
- Umgekehrt besteht eine *Überorganisation*, wenn allgemeine Regelungen auch für Vorgänge vorhanden sind, die fallweise bzw. individuell behandelt werden müssten.

Stand in der klassischen Organisationslehre die Gestaltung der Organisation nach Aufbau- und Ablauforganisation im Vordergrund, so wird dieses in neuerer Zeit als nicht mehr zweckmässig beurteilt.

---

[27] Vgl. Hill / Fehlbaum / Ulrich (1989), S. 221 ff.

[28] Vgl. Thommen (1996), S. 154.

In zahlreichen Publikationen werden Gründe für diese Veränderungen diskutiert.[29] Zusammenfassend lassen sich diese auf verstärkten Konkurrenzdruck zurückführen, ausgelöst durch folgende Tendenzen: [30]

- Globalisierung der Märkte, ausgelöst einerseits durch zunehmende Deregulierung und andererseits durch die weltweite Verfügbarkeit des Internets und anderer Kommunikationsplattformen.
- Schnell wechselnde Kauf-Präferenzen, damit verbunden kürzere Produktlebenszyklen.
- Höhere Variantenvielfalt durch differenziertere Segmentierung der Kundengruppen.
- Zahlreiche Möglichkeiten zur Informationsbeschaffung und zur weltweiten Kommunikation aufgrund neuer Informations- und Kommunikationstechnologien.

Im Mittelpunkt der modernen Organisationslehre stehen nun nicht mehr die einzelnen Aufgaben, sondern die für die Leistungserfüllung im Unternehmen notwendigen Geschäftsprozesse. Der eigentliche Paradigmawechsel der Organisationsgestaltung besteht in der prozessorientierten Ausrichtung der Unternehmensorganisation:[31] Während beim Taylorismus die arbeitsteilige funktionale Gliederung im Vordergrund stand, d.h. das Kriterium der *Ressourcen-Effizienz*[32] besondere Beachtung fand, findet bei der Prozessorganisation der Ablauf, d.h. die *Prozess-Effizienz,*[33] besondere Beachtung (vgl. Tab. 2-2).

Die Ablauforganisation befasst sich mit der Durchführung von Aufgaben zur Erreichung der Unternehmensziele und der zeitlich-räumlichen Koordination der Aufgabendurchführung.[34] Zur Leistungserfüllung werden verschiedene Arbeitsschritte, auch Aktivitäten oder Funktionen genannt, durchgeführt. Diese bilden die elementaren Bestandteile eines Arbeitsablaufes.

Die Abstraktion eines Arbeitsablaufes wird als *Prozess* bzw. *Geschäftsprozess* bezeichnet:

---

[29] Vgl. z. B. Hammer / Champy (1993); Krickl (1995); Picot / Franck (1995); Picot / Reichwald / Wigand (2001).

[30] Vgl. Osterloh / Frost (1996), S. 17.

[31] Vgl. z. B. Davenport (1993); Hammer / Champy (1995); Scheer (1998a).

[32] Für eine detaillierte Beschreibung der Effizienzkriterien einer Organisation vgl. z.B.Frese (1995).

[33] Vgl. Scheer (2001), S. 8 ff.

[34] Vgl. z. B. Lehmann (1974), S. 290; Schweitzer (1974), S. 1.

> *"A business process is a collection of activities that takes one or more kinds of input and creates an output that is of value to the customer. A business process has a goal and is affected by events occurring in the external world or in other processes."*[35]

Tayloristische Organisation	**Moderne Organisation**
Hohe Arbeitsteilung	Breiter Aufgabenzuschnitt
Viele Hierarchie-Ebenen	Wenige Hierarchie-Ebenen
Viele Kontroll- und Genehmigungsinstanzen	Wenig Kontroll-Instanzen, „Coaching" der operativ tätigen Mitarbeiter
Ungelernte Arbeitskräfte mit spezialisierten Aufgaben	Fachlich breit ausgebildete Arbeitskräfte mit kundenorientierten Aufgaben
Stabile, überschaubare Rahmenbedingungen	Dynamisches, komplexes Wettbewerbsumfeld

Tab. 2-2: Charakteristika klassischer und moderner Organisationsprinzipien[36]

Ein *Prozess* bzw. *Geschäftsprozess* ist eine inhaltlich abgeschlossene, zeitliche und sachlogische Folge von Aktivitäten, die zur Bearbeitung eines prozessprägenden betriebswirtschaftlichen Objektes notwendig sind.[37] So ist z. B. der Kundenauftrag im Rahmen des Auftragsbearbeitungsprozesses ein prozessprägendes Objekt (vgl. Abb. 2-2).

Der Geschäftsprozess kann in Teil-Prozesse zerlegt werden, bei deren Modellierung dann die Beschreibung der Reihenfolge und der Abhängigkeiten der auszuführenden Aktivitäten in den Vordergrund rückt.

---

[35] Hammer / Champy (1993), S. 35.

[36] Vgl. Osterloh / Frost (1996), S. 24.

[37] Vgl. z. B. Rosemann (1996); S. 9, Becker / Kahn (2002); S. 6. Im Rahmen dieser Arbeit werden die Begriffe *Geschäftsprozess* und *Prozess* synonym verwendet. Dies im Gegensatz zu der Definition von Becker, der einen *Geschäftsprozess* als einen ausgezeichneten Prozess-Typ auffasst, der durch die Geschäftsziele und das zentrale Geschäftsfeld geprägt wird. Bei diesem steht die Festlegung der Schnittstellen zu den Marktpartnern des Unternehmens, der Verantwortlichkeiten sowie der Prozess-Ziele im Vordergrund, während der interne Ablauf nicht näher betrachtet wird (vgl. Becker / Kahn (2002), S. 7). Diese *Black-Box-Betrachtung* ist analog zu dem in der Strukturierten Systemanalyse enthaltenen Konzept des *Kontextdiagramms*, in dem nur die Interaktion eines Systems mit der Systemumwelt betrachtet wird *(vgl. z.B. McMenamin / Palmer (1984))*.

Von einem Geschäftsprozess bzw. Prozess zu unterscheiden ist der Begriff *Workflow*. In vielen Publikationen, insbesondere in der angelsächsischen Literatur werden diese Begriffe synonym verwendet. Während im Kontext dieser Arbeit jedoch mit dem Begriff Geschäftsprozess bzw. Prozess die *organisatorisch-strategische* Betrachtung der Ablauforganisation im Vordergrund steht, bezeichnet der Begriff *Workflow* die Implementierung eines Geschäftsprozesses oder Teilen davon mit Hilfe der Informationstechnologie.[38] Ein Workflow repräsentiert damit die *informationstechnisch-operative* Sicht auf die Ablauforganisation.

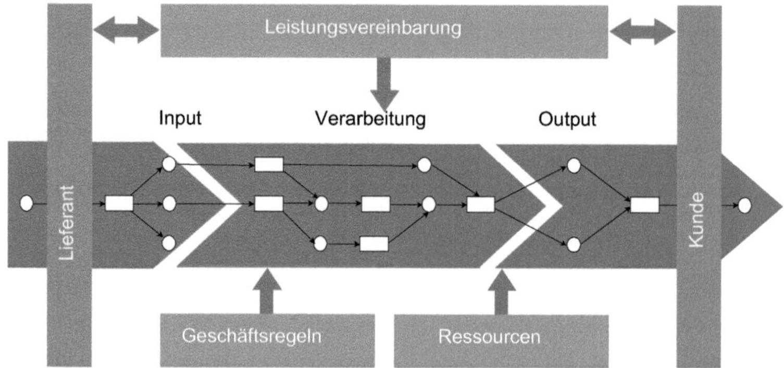

Abb. 2-2: Elemente eines Geschäftsprozesses[39]

Bei der prozessorientierten Unternehmensorganisation werden vor allem Synergieeffekte zwischen den Funktionen innerhalb eines Ablaufs zur Bearbeitung eines Geschäftsvorfalls betrachtet. Angestrebt wird eine möglichst breite Mitarbeiterqualifikation für eine umfassende Vorgangsbearbeitung mit möglichst wenig Schnittstellen.[40] Damit sollen folgende Ziele erreicht werden:

- Verbesserung der *Flexibilität* der Unternehmung durch Reduktion der Kontroll- und Genehmigungsinstanzen,
- Verbesserung der *Reaktionsfähigkeit* des Unternehmens und
- Verkürzung der Durchlaufzeiten der von Kunden ausgelösten Geschäftsvorfälle.

Um diese Ziele zu erreichen, müssen die Prozesse zunächst in ein geeignetes Modell transformiert werden. Dieses kann dann auf verschiedene Kriterien hin untersucht

---

[38] Vgl. z. B. Galler (1997), S. 8.

[39] Vgl. PROMATIS (2001), S. 11.

[40] Vgl. Osterloh / Frost (1996), S. 3 ff.

werden, z. B. auf Redundanzen, Engpässe, Ineffizienzen und Schnittstellen. Aufbauend auf den Analyseergebnissen werden dann die Soll-Abläufe definiert.

Für die prozessorientierte Transformation von Unternehmensorganisationen existieren in der Literatur mehrere Vorgehensmodelle.[41] Ihnen gemeinsam ist, dass sie alle den Einsatz der Informationstechnologie als wesentliche Voraussetzung für eine effiziente prozessorientierte Unternehmensorganisation betrachten. Die Informationssysteme unterstützen die Aufgabendurchführung in den Prozessen, steuern diese und stellen entscheidungsrelevante Informationen schnell und zielgerichtet zur Verfügung.

> *„Ein **Informationssystem** enthält die zur Kontrolle und Steuerung des Unternehmens notwendigen Informationen sowie die dazugehörigen Bearbeitungsprozesse."*[42]
>
> *In einer **Applikation** oder einem Anwendungsprogramm werden diese Verarbeitungsprozesse spezifiziert.*

In nahezu allen Branchen wird der Einsatz von Informationssystemen als strategisches Instrument betrachtet, wobei sich Prozess- und Informationstechnologie-Sphäre (*IT-Sphäre*) gegenseitig beeinflussen. Die Art und Weise der Prozessausführung bestimmt einerseits die Anforderungen an die unterstützenden Informationssysteme. Andererseits eröffnet die Informationstechnologie aber auch neue oder alternative Möglichkeiten der Prozessgestaltung (vgl. Abb. 2-3).[43] Zudem kann die IT auch Einfluss auf die Kundenbedürfnisse haben sowie neue Geschäftsmodelle oder Vertriebskanäle ermöglichen.

Die geschilderten Charakteristika prozessorientierter Unternehmensorganisationen[44] legen den Schluss nahe, dass der Organisationsgrad und damit die im Unternehmen vorhandenen Regelungen tendenziell abnehmen. Auf der anderen Seite bekommen aber die für die Durchführung der Leistungserstellung notwendigen Regeln einen besonderen Stellenwert: So unterstreichen Hall[45] und Osterloh/Frost[46] die Bedeutung des im Unternehmen vorhandenen Wissens u. a. als Bestandteil einer *dynamischen Kernkompetenz* (*strategic asset*) des Unternehmens. Diese bilden als schwer imitierbare Ressourcen die Grundlage zur Hervorbringung daraus abgeleiteter Kernkompetenzen und müssen in lang andauernden Innovationsprozessen bzw. Prozessen des organisationellen Lernens erworben werden.[47] Die im Unternehmen vorhandenen Geschäftsregeln reflektieren

---

[41] Vgl. z. B. Davenport (1993), Krickl (1995), Österle (1995), Scheer (1996). Eine Gegenüberstellung verschiedener Methoden ist in Hess / Brecht / Österle (1995) enthalten.

[42] Schlageter / Stucky (1983), S. 13.

[43] Vgl. z. B. Scheer (1994).

[44] Vgl. Tab. 2-2.

[45] Vgl. Hall (1992).

[46] Vgl. Osterloh / Frost (1996), S. 137 ff.

[47] Vgl. z. B. Osterloh / Frost (1996), S. 151.

diese dynamischen Kernkompetenzen und sind damit die wesentlichen Bausteine zum Aufbau einer wissensorientieren Unternehmung:

> *"Most enterprises craft a unique set of business rules for guiding its areas of core competence to differentiate itself from its competition."*[48]

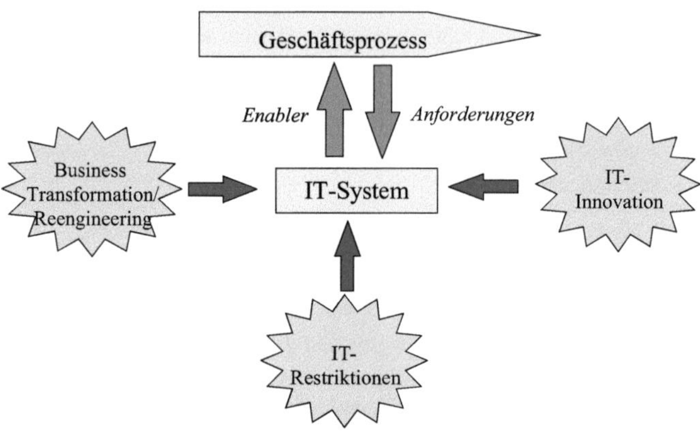

Abb. 2-3: Geschäftsprozessgestaltung und Informationstechnologie

Die geschilderten Charakteristika prozessorientierter Unternehmensorganisationen[49] legen den Schluss nahe, dass der Organisationsgrad und damit die im Unternehmen vorhandenen Regelungen tendenziell abnehmen. Auf der anderen Seite bekommen aber die für die Durchführung der Leistungserstellung notwendigen Regeln einen besonderen Stellenwert: So unterstreichen Hall[50] und Osterloh/Frost[51] die Bedeutung des im Unternehmen vorhandenen Wissens u. a. als Bestandteil einer *dynamischen Kernkompetenz* (*strategic asset*) des Unternehmens. Diese bilden als schwer imitierbare Ressourcen die Grundlage zur Hervorbringung daraus abgeleiteter Kernkompetenzen und müssen in lang andauernden Innovationsprozessen bzw. Prozessen des organisationellen Lernens erworben werden.[52] Die im Unternehmen vorhandenen Geschäftsregeln reflektieren diese dynamischen Kernkompetenzen und sind damit die wesentlichen Bausteine zum Aufbau einer wissensorientieren Unternehmung:

[48] von Halle (2001), S. 4.

[49] Vgl. Tab. 2-2.

[50] Vgl. Hall (1992).

[51] Vgl. Osterloh / Frost (1996), S. 137 ff.

[52] Vgl. z. B. Osterloh / Frost (1996), S. 151.

> *"Most enterprises craft a unique set of business rules for guiding its areas of core competence to differentiate itself from its competition."*[53]

Für den Begriff *Geschäftsregel* existiert keine allgemein anerkannte Definition.[54] Oft wird dieser informell als eine Vereinbarung oder Weisung aufgefasst, die einen Aspekt des betrieblichen Handelns regelt. Im Zusammenhang mit der Entwicklung von Informationssystemen wurde in den letzten Jahren die Bedeutung der Geschäftsregeln für die Entwicklung betrieblicher Informationssysteme hervorgehoben, oft aber nur im Zusammenhang mit der Sicherstellung der Integrität in Datenbanken verwendet.[55] Diese technische Betrachtungsweise vernachlässigt den Aspekt, dass Geschäftsregeln die Art und Weise definieren, wie ein Unternehmen organisiert ist und seinen Geschäftszweck erfüllen soll. Beispiele für derartige Geschäftsregeln sind:

> *„Ein Kunde ist ein Stammkunde, wenn er innerhalb der letzten zwei Jahre mehr als fünf Bestellungen platziert hat."*

> *„Ein Stammkunde, der seine Bestellung über das Internet platziert, erhält die bestellten Artikel frei Haus geliefert."*

Allgemein können Geschäftsregeln daher aufgefasst werden als

- Formulierungen von Vereinbarungen und Restriktionen, die im Rahmen der Bearbeitung einer betrieblichen Aufgabe erfüllt sein müssen[56]
- *"Units of business knowledge"*.[57]

Eine umfassendere Definition wurde von der Business Rule Group (BRG) im Rahmen des *Guide Business Rules Project* vorgeschlagen.[58] Demnach ist eine Geschäftsregel

> *"[...] a statement that defines or contrains some aspect of the business. It is intended to assert business structure or to control or influence the behavior of the business [...]"*.[59]

In Anlehnung an diese Definition werden auch in dieser Arbeit Geschäftsregeln als Richtlinien und Restriktionen aufgefasst, die sich sowohl auf Zustände als auch auf Prozesse einer Organisation beziehen:

---

[53] von Halle (2001), S. 4.

[54] Im Kontext dieser Arbeit werden die Begriffe Regel und Geschäftsregel, sofern nicht explizit unterschieden, synonym verwendet.

[55] Vgl. z. B. Appleton (1986); von Halle (1993); Ross (1998).

[56] Vgl. OMG (1992).

[57] Odell (1998), S. 12.

[58] Das GUIDE-Projekt wurde von der IBM-User Group 1993 gegründet und wurde später in Business Rule Group umbenannt, vgl. Hay / Healy / Hall (2000).

[59] Hay / Healy / Hall (2000), S. 4-5.

> *"Business Rules are statements about how business is done, i.e. about guidelines and restrictions with respect to states and processes in an organization."*[60]

Zuvor wurde die Bedeutung von Geschäftsregeln als Bausteine wissensorientierter Unternehmen betont. Darüber hinaus wurde festgestellt, dass die Informationstechnologie eine zentrale Rolle in prozessorientierten Unternehmensorganisationen spielt. Die zunehmende Informatisierung bei der Durchführung von Geschäftsprozessen führt aber auch zu einer stärker ausgeprägten Prozess-Automatisierung. Dies hat zur Folge, dass die im Prozessverlauf zu erledigenden Aufgaben mit immer weniger menschlichen Interaktionen durchgeführt werden. Damit die Prozesse im Sinne der Leistungserbringung dennoch jederzeit korrekt ablaufen, müssen die relevanten Geschäftsregeln konsistent in den Informationssystemen implementiert werden.

2.2 Geschäftsregeln als Instrument für die Modellierung von Systemen

Im letzten Abschnitt wurde festgestellt, dass moderne Organisationsformen vor allem im Hinblick auf Flexibilität, Reaktionsfähigkeit und Schnelligkeit der Prozessausführung gestaltet werden müssen. Dabei ist der Einsatz von Informationssystemen ein kritischer Erfolgsfaktor: Einerseits dienen diese als strategisches Instrument im Wettbewerb, andererseits limitieren sie in der Praxis häufig die Flexibilität und Reaktionsfähigkeit einer Unternehmung. Die für die Prozess gültigen Anforderungen müssen daher notwendigerweise auch für die den Prozess unterstützenden Informationssysteme gelten. Das Software-Qualitätskriterium *Flexibilität,* mit den Ausprägungen *Adaptierbarkeit* und *Portabilität,*[61] gewinnt damit stark an Bedeutung.

Moderne Managementkonzepte wie z. B. Customer Relationship Management (CRM),[62] Supply Chain Management (SCM)[63] oder Mass Customization,[64] werden erst durch den massiven Einsatz von Informationstechnologien realisierbar. Sie betrachten die Flexibilität der unterstützenden Informationssysteme als notwendige Voraussetzung. Ein Beispiel aus dem Bereich CRM soll dies verdeutlichen:

> Im Rahmen des Teilprozesses „Verkaufsvorbereitung" sollen von einem CRM-System auf Basis bestimmter Regeln automatisch Kontaktvorschläge für die Vertriebsmitarbeiter erzeugt werden. Drei einfache Regeln zur Erzeugung von Kontakt-

---

[60] Herbst (1997), S. 1.

[61] Vgl. z. B. Böhm / Fuchs / Pacher (1993), S. 350 f.

[62] Vgl. z. B. Duffner / Henn (2001). In Pfahrer / Walser (2002) wird die Bedeutung von Geschäftsregeln für das analytische CRM ausführlich diskutiert.

[63] Vgl. z. B. Knolmayer / Mertens / Zeier (2000).

[64] Vgl. z. B. Piller (1998); Knolmayer (1999).

vorschlägen im Aussendienst eines Handelsunternehmens im Investitionsgüterbereich könnten beispielsweise lauten:

> *„Kunden im A-Segment sollten alle 4 Wochen persönlich besucht werden."*
>
> *„Kunden im B-Segment sollten alle 8 Wochen persönlich besucht werden."*
>
> *„Kunden im C- und D-Segment sollten nur bei Bedarf persönlich besucht werden. Ein Kontakt sollte aber alle 12 Wochen stattfinden."*

Diese Regeln müssen in dem unterstützenden CRM-System im Rahmen des *Customizing* programmiert werden. Eine Veränderung des Kundensegmentierungs-Verfahrens, zur Generierung der Kontaktvorschläge oder der Vertriebsstruktur würde bedeutende Aufwände für die Anpassung der Algorithmen verursachen. Hinzu kommt, dass den Vertriebsmitarbeitern viele Vorschläge vom CRM-System häufig nicht transparent sind, da sie die zugrunde liegenden Regeln nicht oder nicht mehr kennen. Dadurch wird die Akzeptanz dieser Funktionalität bedeutend eingeschränkt.

Weitere Beispiele für in CRM-Systemen zu implementierende Regeln könnten sein:[65]

> *„Stammkunden, die über die E-Commerce-Plattform bestellen, erhalten die Lieferung frei Haus."*
>
> *„Der maximale Rabatt auf der Warengruppe D beträgt 5% für Bestellungen via Call Center."*
>
> *„Auf alle Artikel in der Warengruppe A wird vom 2003-01-10 bis 2003-12-31 ein Rabatt von 5% gewährt."*

Viele dieser Regeln müssen oft redundant, d.h. in unterschiedlichen Systemen implementiert werden. Denn in der Praxis sind heterogene System-Architekturen sehr verbreitet. So werden beispielsweise die verschiedenen Kontaktkanäle im CRM – z.B. E-Commerce, Call Center oder Verkaufsinnendienst - meist durch unterschiedliche Systeme unterstützt. Auch führen viele Regeln zusätzlich zu Anpassungen in nachgelagerten Systemen, z. B. im Auftragsabwicklungssystem, in dem u.a. die Preisfindungsverfahren implementiert sind. Damit aber z.B. der Aussendienst dem Kunden ebenfalls eine Offerte erstellen kann, sind die Regeln zur Preisfindung oft redundant auch im CRM-System programmiert. Auch hier betreffen Änderungen mehr als ein System. Dies kann neben redundantem Programm-Code vor allem zu Inkonsistenzen führen, wenn die Regeln von unterschiedlichen Entwicklern mit unterschiedlichem Verständnis des Sachverhaltes implementiert werden.

Ein weiteres Problem betrifft die Überprüfbarkeit der Korrektheit der programmierten Ergebnisse: Der Programm-Code ist für die Auftraggeber aus den Fachabteilungen nicht

---

[65] Vgl. Duffner / Henn (2001), S. 147.

oder nur sehr schwer verständlich und muss durch Prototyping-Massnahmen und umfassende Programm-Tests nachgewiesen werden. Diese sind in allen Systemen durchzuführen, die eine bestimmte Regel implementieren. Während des Entwicklungsprozesses muss sich dabei das für die Implementierung der Regel notwendige Know How von den Fach-Anwendern zu den Programmierern verlagern. Dieser Know How-Transfer ist nicht nur zeitaufwändig und teuer, vor allem können bei der Übertragung wichtige Informationen verloren gehen. Und schliesslich gestaltet sich der Prozess bei Änderung der Regeln aufwändig, da wiederum mehrere Personen mit unterschiedlichen Fähigkeiten koordiniert werden müssen.

Unternehmen, die ihre Abläufe mit Hilfe von Informations- und Kommunikationstechnologien steuern und kontrollieren, müssen zahlreiche Regelungen in diesen Systemen implementieren. Voraussetzung dazu ist die präzise Formulierung der Regeln derart, dass sie durch ein Informationssystem ausgeführt oder überprüft werden können. Die in den Unternehmen verbreitet eingesetzten Verfahren der Softwareentwicklung fokussieren jedoch vor allem auf die effiziente Entwicklung von Software-Systemen, während der Aspekt der Adaptierbarkeit bestehender Systeme in den Hintergrund rückt. Die Regeln werden in Form von Datenbank-Triggern oder Programm-Code in der Datenbank oder im Anwendungssystem implementiert. Dies hat zur Folge, dass im Änderungsfall die Logik der betroffenen Informationssysteme analysiert, die zu ändernden Stellen in den Programmen identifiziert sowie durchgeführte Änderungen implementiert und getestet werden müssen.[66]

Häufig führt der Zeitdruck zu unausgereiften oder unzureichend getesteten Lösungen. Oder es werden ad hoc Zusatzprogramme geschrieben, welche die geforderten Funktionalitäten zwar erfüllen, die Komplexität der gesamten Informationssystemarchitektur aber zusätzlich erhöhen.

Auch der Einsatz einer betriebswirtschaftlichen Standard-Software (SSW), bei der grosse Teile der Anwendungslogik über Einträge in Steuerungstabellen parametrisiert werden, bringt häufig nicht die erhoffte Flexibilität.[67] Die Anzahl und Grösse dieser Tabellen und deren Abhängigkeiten untereinander stehen im umgekehrt proportionalen Verhältnis zu der angebotenen Flexibilität, d.h. je flexibler das System gestaltet wird, umso mehr müssen Tabellen bzw. –Einträge angelegt und gepflegt werden und desto komplexer ist deren Zusammenhang zu durchschauen.

Die ursprüngliche Intention der SSW-Hersteller war vor allem, für die SSW einen möglichst breiten Anwenderkreis zu erschliessen. Dafür müssen branchenübergreifend möglichst viele potenzielle Anwendungsfälle abgedeckt werden können. Aus Sicht des

66 Vgl. Struck (1999), S. 6.

67 Der bekannteste Vertreter tabellengesteuerter Standard-Software ist das SAP R/3-System von der SAP AG (http://www.sap.com).

Kunden birgt dies den Vorteil, dass nicht das gesamte System programmiert werden muss. Aufsetzend auf einer Grundfunktionalität kann es über Programmierung der Steuerungstabellen an den konkreten Anwendungsfall angepasst werden kann. Die Parametrisierung des Systems selbst ist jedoch eine komplexe Tätigkeit. Auch wenn die Verwendung von Steuerungstabellen einen positiven Einfluss auf die Änderungsfreundlichkeit haben kann, verursachen Änderungen in einem vollständig parametrisierten System meist komplexe, zeitraubende und kostenintensive Tätigkeiten, die nur von Spezialisten durchgeführt werden können.

Als Ausweg aus diesem Dilemma wird immer häufiger die regelbasierte Entwicklung von Anwendungssystemen gesehen. In Wissenschaft und Praxis verstärken sich die Anstrengungen zur Entwicklung von Methoden und Systemen, die Geschäftsregeln als expliziten Gegenstand bei Analyse, Entwurf und Implementierung von Anwendungssystemen zu berücksichtigen.[68] Eine deutlich verbesserte Adaptierbarkeit der Systeme kann erwartet werden, wenn die Regeln unabhängig von der übrigen Anwendung an einem logisch zentralen Ort abgelegt und verwaltet werden. Dies hätte den Vorteil, dass Änderungen in der Anwendungslogik nur noch an einer Stelle durchgeführt werden müssten. Die Geschäftsregeln werden von den Fach-Anwendern in einer vorgegebenen Form so definiert, dass spezialisierte Entwicklungs- und Laufzeitumgebungen den entsprechenden Programmcode generieren können. Die so implementierten Regeln werden anschliessend in den produktiven Systemen propagiert (vgl. Abb. 2-4).

Besonders bemerkenswert an dem skizzierten Vorgehen ist, dass Fach-Anwender und Implementator dieselbe Spezifikation des zu betrachteten Realitätsausschnitts besitzen. Aus dieser können je nach Bedarf automatisch ausführbare Regeln oder eine deklarativ beschriebene Sicht auf die Anwendungslogik generiert werden.

Nachfolgend wird ein kurzer Überblick über bekannte Initiativen in Wissenschaft und Praxis gegeben, die für die Beschreibung von Geschäftsregeln und deren effiziente (Re-) Implementierung Methoden und Werkzeuge entwickelt haben. Zuvor soll jedoch noch der Begriff der *Methode* definiert werden als

> *eine planmässig angewandte, begründete Vorgehensweise zur Erreichung festgelegter Ziele.*[69]

Zu einer Methode gehören eine Notation, systematische Handlungsanweisungen und Regeln zur Überprüfung der Ergebnisse.[70] Auch sollte eine Methode anwendungsneutral, d. h. beispielsweise für verschiedene Programmiersprachen verwendbar sein.

---

[68] Vgl. z. B. Halpin (1996); Gottesdiener (1997); Herbst (1997); Ross (1998); Knolmayer (1998); Schlesinger (1999); Aberdeen-Group (2000); Hay / Healy / Hall (2000); Knolmayer / Endl / Pfahrer (2000); Raffel / Taveter / Wagner (2001); von Halle (2001); Morgan (2002); Ross (2003).

[69] Vgl. Fischer / Biskup / Müller-Luschnat (1998), S. 26.

[70] Vgl. Balzert (2000), S. 36 f.

Als systematische Handlungsvorschrift beruht diese auf einem oder mehreren Prinzipien. Letztere wiederum sind allgemeine Grundsätze, die bei der Anwendung einer Methode bzw. Vorgehensweise zugrunde gelegt werden. Beispiele dafür sind das *Prinzip der Abstraktion* oder das *Prinzip der Modularisierung*.[71]

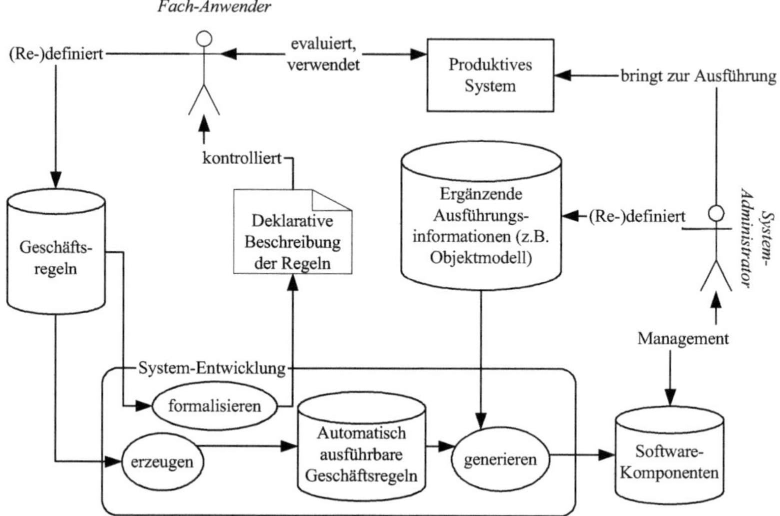

Abb. 2-4: Die Vision zur Entwicklung regelbasierter Systeme[72]

Nach der Publikation von Morgenstern, in der Aufgabe und Nutzen von aktiven Datenbanksystemen begründet wurde,[73] stellte Dayal 1988 den Event-Condition-Action-(ECA-)Ansatz als Instrument zur Implementierung von Integritätsbedingungen in Datenbanksystemen vor.[74] Es folgten verschiedene Veröffentlichungen, die sich vertieft mit dieser Thematik befassten und verschiedene Formalismen und Implementierungsvarianten vorschlugen.[75] Eine Verallgemeinerung des Ansatzes und eine erste Methode zur Erfassung und formalen Beschreibung von Geschäftsregeln wurde von Ross vorgeschlagen.[76] Aber auch dessen Vorgehen orientiert sich vor allem am konzeptionellen Datenmodell. Aus diesem werden in Form von Regeln systematisch Anforderungen an

[71] Vgl. Balzert (2000), S. 36 f.

[72] Vgl. Morgan (2002), S. 9.

[73] Vgl. Morgenstern (1983).

[74] Vgl. Dayal (1988).

[75] Vgl. z. B. Kotz-Dittrich (1992), Gatziu (1995).

[76] Vgl. Ross (1994), Ross (1998).

die Funktionalität eines Software-Systems abgeleitet. Prozessuale Aspekte können mit der von Ross vorgeschlagenen Methode nicht direkt spezifiziert werden.[77] In ähnlicher Weise fassen auch die Vorschläge von Date[78] und Mallens[79] Geschäftsregeln vor allem als Ergänzung der Datenmodellierung auf.

In allen diesen Vorschlägen wird der Frage nach der Integration des regelbasierten Ansatzes in existierende Software-Entwicklungsmethoden keine Beachtung geschenkt. Vielmehr wird die Orientierung an den Geschäftsregeln als eigenständiges Entwicklungsparadigma betrachtet. Demgegenüber betrachtet Morgan die Geschäftsregeln zwar ebenfalls als ein zentrales Element der Anwendungsentwicklung, er ordnet ihre Verwendung jedoch in das objektorientierte Entwicklungsparadigma ein.[80]

Die Basis vieler, die regelbasierte Anwendungsentwicklung fokussierenden Ansätze war das GUIDE-Projekt.[81] Das aus einer *IBM-User Group* entstandene Projekt wurde in den Jahren 1993 bis 1998 durchgeführt und hatte das Ziel,

> *"[...] to formalize an approach for identifying and articulating the rules which define the structure and control the operation of an enterprise."*[82]

Als wichtiges Ergebnis wurde in diesem Projekt ein Klassifikationsschema entwickelt, das in Form eines Metamodells formuliert wurde.[83] Dieses Schema stellt die Grundlage vieler anderer Ansätze zur regelbasierten Systementwicklung dar. Das Projekt wurde 1998 beendet. Verschiedene, im Verlauf dieses Projektes nicht abgeschlossene Arbeiten werden seitdem von der *Business Rule Group* (BRG) weiter geführt.[84]

Aufbauend auf den Arbeiten im GUIDE-Projekt stellt von Halle eine Beschreibung zur regelorientierten Systementwicklung vor.[85] Sie beschreibt detailliert das Vorgehen zur Analyse von Geschäftsregeln und den Entwurf regelbasierter Anwendungen. Das Ergebnis ist im wesentlichen eine Sammlung von Vorgehensschritten und (Meta-)Regeln.

Auch in der *Object Management Group* (OMG) wurde Ende des Jahres 2002 eine Arbeitsgruppe gegründet.[86] Ein wesentliches Ziel dieser Gruppe ist, eine am Fach-Anwender orientierte, technologieunabhängige Sprache zur Formulierung von Geschäftsregeln zu definieren. Mit der *Object Constraint Language* (OCL) hatte die OMG bereits 1995

---

[77] Vgl. Raffel / Taveter / Wagner (2001), S. 33.

[78] Vgl. Date (2000).

[79] Vgl. Mallens (1997).

[80] Vgl. Morgan (2002).

[81] Vgl. Hay / Kolber / Healy (1995); Hay / Healy / Hall (2000).

[82] Hay / Healy / Hall (2000), S.1.

[83] Vgl. Kap. 2.2.1.

[84] Informationen zu dieser Gruppe sind unter http://www.businessrulesgroup.org verfügbar.

[85] Vgl. von Halle (2001).

[86] Vgl. Hendryx (2003).

eine Sprache als Teil der *Unified Modeling Language* (UML) adaptiert, welche die Definition von Restriktionen und Bedingungen auf den Modellierungselementen von UML ermöglicht. OCL ist jedoch in seinen Ausdrucksmöglichkeiten nicht befriedigend:[87] Zum einen kann dieselbe Regel an mehreren Stelle innerhalb von UML definiert werden, zum anderen wird die Spezifikation von Reaktionen auf eine Verletzung einer definierten Restriktion nicht unterstützt. Darüber hinaus ist die Sprache vor allem für den Systemanalytiker konzipiert und daher für Fach-Anwender nur schwer verständlich. Mit der neu gegründeten Gruppe soll die Modellierung von Geschäftsregeln in UML verbessert werden.

In einem speziell an den Anforderungen von *Web Services* orientierten Ansatz zur konzeptionellen Regel-Modellierung wurde die Modellierungsmethode ORM (*Object Role Modeling*)[88] für die Repräsentation von Regeln verwendet.[89] Zu diesem Zweck wurde eine Beschreibungssprache entwickelt, die *ORM-Markup Language (ORM-ML)*

> *„[...] as exchange protocol for representing ORM conceptual models.“*[90]

Die ORM-ML basiert auf XML und erlaubt die Transformation von Regeln, die in einem ORM-Modell spezifiziert sind. Diese können zwischen allen XML unterstützenden Applikationen ausgetauscht werden.

Die bisher skizzierten Ansätze konzentrieren sich vor allem auf die Analyse und den Entwurf von regelbasierten Anwendungssystemen. Daneben bilden die Verbesserung der Interoperabilität regelbasierter Systeme und die Standardisierung formaler Regel-Sprachen weitere Schwerpunkte.

Im Anschluss an das GUIDE-Projekt publizierte die BRG einen Ansatz zur Modellierung von Unternehmen.[91] In diesem wurde ein Meta-Modell vorgestellt, das die Elemente eines Unternehmensmodells und deren Beziehungen zueinander enthält. Die Betrachtung der Geschäftregeln spielt dabei eine wesentliche Rolle, ohne dass jedoch ein Bezug zu der Ablauforganisation hergestellt wird.

Parallel zu dem GUIDE-Projekt wurden in den Arbeiten von Knolmayer und Herbst die *konzeptionelle Modellierung* auf Basis von Geschäftsregeln und deren Eignung für die Modellierung von Unternehmensorganisationen untersucht.[92] Dazu wurde der von Dayal vorgeschlagene ECA-Ansatz zu dem *Event-Condition-Action-Alternative Action-*

---

[87] Zu einer Untersuchung der Probleme bei der Verwendung von OCL vgl. z.B. Haggerty (2001).

[88] Vgl. z. B. Halpin (1996), Gersappa (2002).

[89] Vgl. Demey / Jarrar / Meersman (2002).

[90] Demey / Jarrar / Meersman (2002), S. 5.

[91] Vgl. BRG (2000).

[92] Vgl. Knolmayer / Herbst (1993); Herbst / Knolmayer (1995); Herbst (1997); Knolmayer / Endl / Pfahrer (2000).

(ECAA-)Ansatz verallgemeinert.[93] Herbst entwickelte dazu BROCOM (Business Rule Oriented COnceptual Modeling), eine auf Petri-Netzen aufbauende Methode zur Modellierung von Geschäftsregeln. Diese Methode wird von einem Regel-Repository BURRO (BUsiness Rule RepOsitory) unterstützt, mit dem in ECAA-Notation formulierte Regeln unabhängig von deren Implementierungsart verwaltet werden können. Mit zunehmender Bedeutung der Ideen der prozessorientierten Unternehmensorganisation wurde der ECAA-Ansatz auf die Modellierung von Geschäftsprozessen adaptiert und erweitert.[94] Darin wird der Prozess selbst als eine Folge ECAA-modellierter Geschäftsregeln aufgefasst. Die Bedingungs- und Aktionsteile einer Regel repräsentieren die im Rahmen des Prozesses auszuführenden Aktivitäten. Zudem können auch temporale Aspekte der Prozessausführung berücksichtigt und in die Modellierung mit einfliessen.[95] Als Nachfolger von BURRO wird zur Zeit der Prototyp eines Repositories entwickelt, der Spezifika der regelbasierten Prozessmodellierung berücksichtigt.[96]

Und schliesslich wurde von Schlesinger, ebenfalls aufbauend auf dem ECAA-Ansatz, mit dem System ALFRED ein Prototyp einer Entwicklungs- und Laufzeitumgebung für die Definition und Ausführung von Geschäftsregeln entwickelt.[97] Daneben sind heute verschiedene Implementationen von *Rule Engines* und *Regel-Repositories* verfügbar, welche die Verwaltung und Automatisierung von Geschäftsregeln unterstützen.[98]

Bei einer Analyse der vorliegenden Arbeiten fällt auf, dass bislang folgende Fragen noch nicht befriedigend beantwortet werden konnten:

- Die regelbasierte Modellierung von Geschäftsprozessen und deren systematische Detaillierung mit dem Ziel der Implementierung in heterogenen Informationssystemarchitekturen ist noch nicht näher untersucht. Auf der einen Seite existieren Ansätze zur regelbasierten Prozessmodellierung, während andererseits verschiedene Entwicklungsumgebungen für regelbasierte Anwendungen kommerziell verfügbar sind. Auf welche Art und Weise die Regeln systematisch, ausgehend von einer semi-formalen Beschreibung der Prozesse, zu einer von der Entwicklungsumgebung ausführbaren formalen Spezifikation transformiert werden können, ist bislang unklar. Aufgrund der Ausführungen in den vorangegangenen Abschnitten erscheint es jedoch notwendig, die Regeln aus dem Prozessmodell der Unternehmung abzuleiten. Denn nur ein an den Geschäftsprozessen orien-

---

93 Der ECAA-Ansatz wird in Kap. 3 im Detail erläutert.

94 Vgl. Knolmayer / Endl / Pfahrer (2000).

95 Vgl. Hoheisel (2000).

96 Vgl. Pfahrer (1999). In Kap. 6.3 wird das Konzept dieses Repositories näher erläutert.

97 Vgl. Schlesinger / Lörincze (1997), Schlesinger (1999). In Kap. 6.3 wird dieses System näher erläutert.

98 Vgl. z. B. Mallens (1997); Mann (2000); ILOG (2001b). Kap. 6.3 gibt einen Überblick über bekannte Systeme.

tierter Entwurf von Informationssystemen kann deren optimale Unterstützung sicherstellen (vgl. Abb. 2-5).

- Die Integration des regelbasierten Modellierungsansatz in verbreitete Methoden zur Prozessmodellierung sowie zur Entwicklung von Anwendungssystemen ist bislang nur in Teilbereichen untersucht worden.[99] Dieser Aspekt hat in der Praxis eine erhebliche Bedeutung, da viele Unternehmen bereits eine Methodik verwenden. Deren Einführung hat häufig sehr viel Zeit benötigt, hohe Kosten verursacht und stellt eine wichtige strategische Komponente des Informationsmanagements dar. Die Integrationsfähigkeit des regelbasierten Ansatzes in diese Methoden ist daher ein kritischer Erfolgsfaktor für dessen Akzeptanz und Verbreitung. Die Bedeutung der Integration wird durch die seit dem Jahr 2003 von der OMG durchgeführten Untersuchung unterstrichen.[100]
- Um die Vorteile des regelbasierten Ansatzes bei der Nutzung der Informationssysteme ausschöpfen zu können, muss zudem das Geschäftsregelmanagement im Unternehmen etabliert werden. Obwohl verschiedene Publikationen den Begriff Regel-Management verwenden,[101] sind deren Aufgaben bislang nur sehr vage definiert worden. Eine Systematik dieser Aufgaben ist jedoch von grosser Bedeutung, da sich daraus auch wesentliche Anforderungen an unterstützende Systeme, z. B. an Regel-Repositories, ergeben.

Die skizzierten Fragestellungen werden in dieser Arbeit aufgegriffen und näher untersucht. Dabei wird die Auffassung vertreten, dass durch die explizite Betrachtung von Geschäftsregeln bei Analyse und Entwurf von Informationssystemen kein neues Paradigma konstituiert wird.[102] Vielmehr wird gezeigt, wie sich dieser Ansatz in bestehende Paradigmen, vor allem in die objektorientierte Entwicklung von Informationssystemen, integrieren lässt. Um dies zum Ausdruck zu bringen, wird in dieser Arbeit anstelle von *regelorientiert* der Begriff *regelbasiert* verwendet.

In den nachfolgenden Abschnitten werden die Eigenschaften und Erscheinungsformen von Geschäftsregeln untersucht und systematisiert. Es wird ein Überblick über die Möglichkeiten gegeben, wie Geschäftsregeln mit Hilfe formaler Sprachen formuliert werden können. Schliesslich wird ein Meta-Modell vorgestellt, das die verschiedenen Regelarten und deren formale Beschreibung repräsentiert.

---

[99] Vgl. z. B. Haggerty (2001), Brücher / Endl (2002).

[100] Vgl. Hendryx (2003).

[101] Vgl. z. B. Moriarty (2000a); von Halle (2001), S. 491 ff.

[102] Diese Auffassung setzt sich in jüngerer Vergangenheit zunehmend durch und wird z.B. von Rymer (1999); von Halle (2001), S. 9 oder Morgan (2002), S. 289 vertreten. Hingegen betrachten Moriarty (1993) und Struck (1999), S. 5, Geschäftsregeln als neues Paradigma des Systementwurfs.

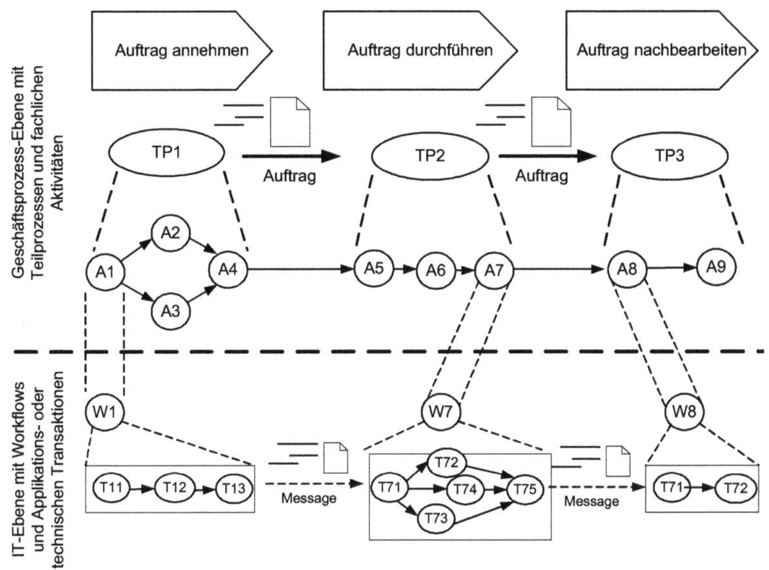

Abb. 2-5: Zusammenhang der Geschäftsprozess- und der IT-Ebene[103]

2.2.1 Notwendige Eigenschaften von Geschäftsregeln

Damit Geschäftsregeln als Instrument zur Modellierung von Systemen und insbesondere für die Implementierung von Informationssystemen verwendet werden können, müssen sie bestimmte Eigenschaften aufweisen. Letztere können in Abhängigkeit vom gewählten Vorgehensmodell, der eingesetzten Methoden, Darstellungstechniken und Entwicklungswerkzeugen unterschiedliche Ausprägungen besitzen. Im Kern lassen sich folgende Anforderungen an die Repräsentation von Regeln identifizieren:[104]

- **Orientierung am Unternehmen bzw. am Geschäftsprozess**: Geschäftsregeln sind Aussagen über bestimmte Aspekte im Unternehmen. Sie müssen die Geschäftslogik präzise und eindeutig beschreiben. Entsprechend müssen bei der Formulierung von Regeln betriebswirtschaftlich relevante Begriffe und Fakten präzise und eindeutig verwendet werden.
- **Deklarative Beschreibung**: Die Geschäftsregeln müssen deklarativ formuliert sein, d.h. keinen Ausführungs- oder Lösungsweg beschreiben.

---

[103] Vgl. Spruth / Franz (2003), S. 85.

[104] Vgl. z. B. Morgan (2002), S. 292 ff.; Ross (2003), S. 109 ff.

- **Angelehnt an die natürliche Sprache**: In Ergänzung zur deklarativen Beschreibung müssen die Regeln in natürlicher Sprache formulierbar sein. Sie sind damit allgemein verständlich und bedürfen keiner besonderen Übersetzung.
- **Atomare Regeln**: Eine einzelne formulierte Regel muss atomar sein in dem Sinne, dass sie keine weiteren Regeln enthält. Diese Eigenschaft kann meist jedoch erst am Ende des Analyse- und Entwurfsprozesses erreicht werden. Sie stellt ein Qualitätsmerkmal für eine Geschäftsregel auf der niedrigsten Detallierungsstufe dar.
- **Nachvollziehbarkeit**: Die Herkunft der Regeln und deren Intention muss jederzeit nachvollziehbar sein. Darüber hinaus sollte auch feststellbar sein, welche Regeln aus welchen anderen Regeln entstanden sind.
- **Strukturiertheit**: Im Sinne einer Vereinheitlichung der Terminologie und der Formulierung muss der vollständig freie Gebrauch der natürlichen Sprache eingeschränkt werden. Die Vielfalt der Ausdrucksmöglichkeiten für einen gegebenen Sachverhalt wird damit reduziert. Die Verwendung von standardisierten, natürlichsprachlichen Ausdrücken ist daher empfehlenswert.

Sind die aufgezählten Eigenschaften vor allem für einzelne Geschäftsregeln gültig, so können in gleicher Weise auch Eigenschaften auf Regelmengen angegeben werden. Eine *Regelmenge* beschreibt einen bestimmten, genau abgegrenzten Bereich in einem Unternehmen, z. B. einen Geschäftsprozess oder Teile davon.[105] Für eine logisch zusammengehörende Menge von Regeln müssen folgende Eigenschaften angestrebt werden:[106]

- **Vollständigkeit**: Die Regelmenge ist vollständig, d.h. sie beinhaltet alle notwendigen Regeln in Bezug auf den betrachteten Realitätsausschnitt.
- **Schnittfremd**: Die Geschäftsregeln innerhalb der Regelmenge dürfen sich nicht überschneiden oder überlappen. Diese Gefahr besteht vor allem in einer frühen Phase der Analyse, wenn Geschäftsregeln auf einem hohen Abstraktionsniveau formuliert werden und noch nicht in atomarer Form vorliegen.[107]
- **Konsistenz**: Innerhalb einer Menge dürfen sich zwei Regeln nicht widersprechen. Andernfalls würde deren Ausführung zu einem inkonsistenten Zustand oder zu einem nichtdeterministischen Verhalten führen. In der Praxis ist häufig ein Zustand inkonsistenter Regeln anzutreffen, vor allem dann, wenn dieselbe Geschäftsregel in unterschiedlichen Systemen zur Anwendung kommt. So können z. B. im Auftragserfassungssystem des Verkaufsinnendienst andere Auf-

[105] Zur Bedeutung der Regelmenge vgl. auch Kap. 6.3.2.

[106] Vgl. Kap. 5.2.

[107] Vgl. Kap. 5.2.1.5.

tragskonditionen berechnet werden als in dem korrespondierenden E-Commerce-System.

- **Aktiv verwaltet und mit eindeutiger Verantwortlichkeitszuordnung**: Eine Regelmenge und die darin enthaltenen Geschäftsregeln müssen eindeutig einem Verantwortungsbereich zugeordnet sein. Dieser ist verantwortlich für deren Pflege und Weiterentwicklung. Veränderungen in dem relevanten Realitätsausschnitt müssen in Form von Regeln bzw. Regelanpassungen ausgedrückt und implementiert werden können.

2.2.2 Klassifizierung von Geschäftsregeln

Eine Unternehmensorganisation und die darin eingesetzten Informationssysteme umfassen eine hohe Anzahl von Geschäftsregeln. Die Verwaltung einer derartigen Menge ist ohne geeignete Klassifizierung sehr komplex oder sogar unmöglich. Mit der Einordnung der Regeln anhand klassifizierender Merkmale kann die regelbasierte Systemmodellierung in allen Phasen des Entwicklungsprozesses unterstützt werden:[108]

- Die Geschäftsregeln können nach betriebswirtschaftlich-organisatorischen und systemtechnischen Kriterien ausgewertet und verwaltet werden,
- Den verschiedenen Geschäftsregel-Klassen können, abhängig vom Stand der Technik und von der vorhandenen Systemumgebung, verschiedene Implementierungsalternativen zugeordnet werden,
- In Abhängigkeit von der Regel-Klasse können nur bestimmte Ausdrücke und Schlüsselwörter zur Formulierung von Regeln zulässig sein,
- Geschäftsregeln können über klassifizierende Merkmale besser analysiert werden, z.B. hinsichtlich ihrer Übereinstimmung mit der Realwelt oder ihrer Widerspruchsfreiheit gegenüber anderen Regeln.

Bildlich gesprochen stellen die Klassen Gefässe dar, in denen gleichartige Geschäftsregeln zusammengefasst werden.

Grundsätzlich ergeben sich folgende zentrale Anforderungen an ein Klassifikationsschema für die regelbasierte Entwicklung von Informationssystemen:

- **Verständlichkeit:** Das Klassifikationsschema muss für alle in den Entwicklungsprozess einbezogenen Personen verständlich sein. Da die Regeln zentrale Entwurfsobjekte bei der Systementwicklung sind, erhält dieser Aspekt eine wichtige Rolle, auch im Hinblick auf die Kommunizierbarkeit.

---

[108] Vgl. Herbst / Knolmayer (1995), S. 150 f.

- **Anwendbarkeit:** Ein wichtiger Aspekt der Anwendbarkeit eines Klassifikationsschemas ist, dass die Regel-Klassen orthogonal zueinander stehen. Dem Anwender muss ein Leitfaden in die Hand gegeben werden, mit dessen Hilfe eine eindeutige Zuordnung einer Regel zu einer Regel-Klasse möglich ist.
- **Unterstützung des gesamten Entwicklungsprozesses:** Das Klassifikationsschema sollte ohne Modifikation den gesamten Entwicklungsprozess unterstützen, d.h. für alle in den Entwicklungsprozess involvierten Zielgruppen - Anwender, Systemanalytiker, Programmierer, Datenbankadministratoren usw. - ein einheitliches Schema zur Verfügung stellen. Im Minimum muss die eindeutige Zuordnung eines bei der Anforderungsdefinition und der Systemanalyse verwendeten Schemas auf ein implementierungsnahes bzw. vom Software-Hersteller unterstütztes Klassifikationsschema ermöglicht werden (*mapping*).

In der Literatur und bei den Herstellern von regelbasierten Entwicklungsumgebungen finden sich unterschiedliche Klassifikationsschemata, die auf der jeweiligen Geschäftsregel-Definition aufbauen. In Tab. 2-3 werden bekannte Schemata aufgelistet.

Quelle	Klassifikation
Herbst (1997)[109]	• Integritätsregeln: Diese beschreiben die erlaubten Zustände von Daten. Die Verletzung der Bedingung in einer Integritätsregel führt immer zu einem Fehler. Beispiel: Eine Bestellung ist immer genau einem Kunden zugeordnet. • Ausführungs-/Automatisierungsregeln: Diese beschreiben die Logik der Ausführung einer Aufgabe. Die Nichterfüllung einer Bedingung für die Ausführung einer Aktion ist kein Fehler, sondern kann die Ausführung von Folgeaktionen anstossen. Beispiel: Wenn die Bonität eines Kunden ungenügend ist, sende eine Nachricht an den Kundenbetreuer.
Ross (1998)[110], Ross (2001)[111], Ross (2003)[112]	• Integritätsregeln: Diese beschreiben die erlaubten Zustände von Daten. Die Verletzung der Bedingung in einer Integritätsregel führt immer zu einem Fehler. Beispiel: Eine Bestellung ist immer genau einem Kunden zugeordnet. • Heuristiken: Heuristiken drücken Empfehlungen aus. Im Gegensatz zu den Integritätsregeln führen diese zu keinem Fehler, wenn die Regel verletzt wird. Beispiel: Ein Kunde sollte zu einem gegebenen Zeitpunkt nicht mehr als 10 offene Bestellungen haben. • Berechnungsvorschriften: Das sind Regeln zur Berechnung neuer Werte aus bestehenden Informationen. Regeln von diesem Typ beinhalten immer einen Berechnungsalgorithmus. Beispiel: Der Umsatz eines Kunden berechnet sich aus dem Einzelumsatz der abgeschlossenen Aufträge. • Ableitungsregeln (Inferenzregeln): Eine Inferenzregel prüft eine Bedingung und leitet daraus eine neue Information ab. Beispiel: Wenn ein Kunde mehr als fünf Bestellungen mit einem Volumen von mehr als CHF 1000.- platziert hat, dann erhält er den Status „bevorzugt". • Zeitorientierte Regeln: Dieser Regeltypus ist ein Spezialfall einer Ableitungsregel. Die Prüfung der Bedingung beinhaltet einen zeitbezogenen Ausdruck. Beispiel: Wenn ein Kunde über einen Zeitraum von 24 Monaten keine Bestellung platziert hat, wird er nicht mehr als Kunde angesehen.

---

109 Vgl. Herbst / Myrach (1997), S. 56 f. In Herbst / Knolmayer (1995) werden zudem weitere Klassifizierungsverfahren diskutiert.

110 Vgl. Ross (1998), S. 21 f.

111 Vgl. Ross (2001a).

112 Vgl. Ross (2003), S. 141 ff.

Date (2000)[113]	• Präsentationsregeln: Dieser Regeltypus regelt allgemein die Präsentation von Daten, im Speziellen das Erscheinungsbild von Daten aus einer Datenbank auf dem Bildschirm. Beispiel: *Kunden mit unbezahlten Rechnungen werden mit roter Hintergrundfarbe markiert.*
	• Datenbank-Regeln sind Regeln, welche Zustände und Transitionen von Daten definieren und somit in der Datenbank selbst spezifiziert werden. Datenbank-Regeln lassen sich weiter unterteilen in
	  ◦ Zustandsbedingungen: Diese definieren Zustände über Daten, die zu jedem Zeitpunkt erfüllt sein müssen. Beispiel: *Eine Bestellung ist immer genau einem Kunden zugeordnet.*
	  ◦ Transitionsbedingungen: Diese regeln die erlaubten Zustandsübergänge von Daten. Beispiel: *Eine Person mit Familienstatus „verheiratet" kann nicht den Familienstatus „ledig" erhalten.*
	• Stimulus/Response: Diese Regeltypen definieren, wie auf ein Datenbank-Ereignis (Create, Update, Delete) reagiert werden soll. Dieser Typus stellt daher eine Kombination von auslösendem Ereignis und ausgelöster (Datenbank-) Aktion dar. Beispiel: *Die Anweisung ON DELETE CASCADE definiert, dass beim Eintreten des DELETE-Ereignisses auch alle referenzierten Einträge in der entsprechenden Detail-Tabelle gelöscht werden sollen.*
	• Anwendungsregeln sind Regeln, die entweder Berechnungsvorschriften beinhalten oder neue Fakten aus bestehenden Fakten ableiten. Diese sind analog zu dem von Ross vorgeschlagenen Schema (Berechnungsvorschriften und Inferenzregeln) definiert.

[113] Vgl. Date (2000), S. 19 ff.

Business Rule Group (2000)[114]	Strukturbezogene Regeln (structural assertions) unterteilen sich in nachstehende Typen: • Definition betriebswirtschaftlich relevanter Begriffe (business terms). Beispiel: *Ein Kunde ist eine natürlich oder juristische Person, welche in unserem Unternehmen in den letzten 24 Monaten mindestens eine Bestellung platziert hat.* Die Begriffe werden bei der Entwicklung von Informationssystemen normalerweise in einem Entity-Relationship-Diagramm – als Entitätstypen oder Attribute -dokumentiert. • Fakten (facts relating terms to each other) definieren Beziehungen zwischen zwei oder mehreren business terms. In einem Entity-Relationship-Diagramm werden Fakten z.B. über Beziehungstypen dokumentiert. • Ableitungsregeln (derivation) definieren, wie neue Informationen aus den bestehenden Informationen abgeleitet oder berechnet werden. Diese neuen Informationen entstehen aus Fakten. • Aktionsregeln (action assertions) sind Anweisungen, welche Bedingungen oder Restriktionen auf Daten formulieren.
Versata (2000)[115]	• Regeln zur Sicherung der referentiellen Integrität (referential integrity rules) zwischen Entitäten (Beispiel s.o.). • Auf Attributen definierte Berechnungsvorschriften (attributive computations) beinhalten einen Algorithmus, wie ein oder mehrere auf Entitätstypen definierte Attribute zur Berechnung neuer Werte kombiniert werden müssen. Beispiel: *Der Umsatz eines Kunden berechnet sich aus dem Einzelumsatz der abgeschlossenen Aufträge.* • Validierungsregeln (validation rules) definieren auf Attributen eines Entitätstyps einerseits zwingend gültige Bedingungen, andererseits aber auch Empfehlungen oder Vorschläge. Beispiel: *Die Kundenummer ist ein sechsstelliger alphanumerischer Ausdruck.* • Ereignis-Aktions-Regeln (event/action) definieren, aufgrund welcher Ereignisse die auf einem Objekt definierten Objekt-Methoden ausgelöst werden. Beispiel: *Bei einer Bestellung von mehr als CHF 10.000.-, sende E-Mail an den zuständigen Vertriebsleiter.* • Präsentationsregeln (presentation rules): Dieser Regeltypus regelt allgemein die Präsentation von Daten, im Speziellen das Erscheinungsbild von Daten aus einer Datenbank auf dem Bildschirm. Beispiel: *Kunden mit unbezahlten Rechnungen werden mit roter Hintergrundfarbe markiert.*

[114] Vgl. Hay / Healy / Hall (2000), S. 6 ff.

[115] Vgl. Versata (2001), S. 4.

USoft Inc. (1997)[116]	• Instruktionsregeln (instruction rules) definieren, wie auf ein geschäftsrelevantes Ereignis reagiert werden soll. Regeln dieses Typs finden sich meist in Form von Weisungen in Organisationshandbüchern. Beispiel: *Bei der Stornierung einer Bestellung durch einen Kunden muss der reservierte Lagerbestand freigegeben werden.* • Restriktionsregeln (restriction rules) definieren Restriktionen auf Daten. Eine Integritätsregel ist in diesem Sinne ebenfalls eine Restriktionsregel. • Verhaltensregeln (behavior rules) definieren, wie sich ein System in einer gegebenen Situation, d.h. welche Schritte durch das System automatisch ausgeführt werden sollen. Beispiel: *Wenn der Lagerbestand die Bestellgrenze unterschreitet, sende E-Mail an Benutzer.* • Deduktionsregeln (deductive rules) definieren, wie neue Informationen aus den bestehenden Informationen abgeleitet oder berechnet werden. Beispiel: *Der Umsatz eines Kunden berechnet sich aus dem Einzelumsatz der abgeschlossenen Aufträge.* • Präsentationsregeln (presentation rules) definieren, wie Daten dem Benutzer präsentiert werden.
Klassifizierung nach OCL (1999)[117]	Die Object Constraint Language (OCL) ist eine Beschreibungssprache für Regeln. Sie wird im Zusammenhang mit der UML-Modellierungssprache verwendet. Entsprechend ist auch das Klassifikationsschema von OCL stark an die Konzepte von UML angepasst. Unterschieden werden • klasseninvariante Bedingungen • typeninvariante Bedingungen zur Definition von Stereotypen • Navigationsregeln: Das sind Bedingungen, formuliert auf Beziehungen zwischen Objekten. • Vor- und Nachbedingungen für Operationen auf Objekten • Inferenz- oder Ableitungsregeln • Wächter (Guard): Das sind Regeln, welche auf Zustandsübergängen von Objekten oder auf Objekten definierten Aktivitäten definiert sind. Sie definieren die Bedingungen, unter denen ein bestimmter Zustandsübergang zulässig ist.

[116] Vgl. Mallens (1997), S. 268 ff.

[117] Vgl. OMG (1999a), S. 6 ff.

Barbara von Halle (2001)[118]	**Strukturbezogene Regeln** (*terms* and *facts*) beinhalten analog zu der Business Rules Group die Definition betriebswirtschaftlich relevanter Begriffe und deren Beziehungen zueinander. Eine ***rule*** im engeren Sinne wird als eine deklarative Anweisung definiert, deren Resultat entweder aus einer Berechnung bzw. Ableitung einer neuen Information hervorgeht oder die eine Entscheidung über das Auslösen einer Aktion trifft.[119] Diese lassen sich in fünf Sub-Klassen einteilen: o **Restriktionen (*mandatory constraints*)** definieren unbedingt einzuhaltende Regeln. Diese gelten unabhängig von dem eingetretenen Ereignis. Beispiel: *Ein Kunde darf höchstens 10 offene Bestellungen haben.* o **Empfehlungen (*Guidelines*)** repräsentieren ebenfalls Restriktionen. Im Gegensatz zu den *zwingenden Restriktionen* führen sie jedoch zu keinem Fehler oder Abbruch einer Aktion. Die Entscheidung darüber, ob der Empfehlung gefolgt werden soll oder nicht, liegt bei einem menschlichen Akteur. Beispiel: *Ein Kunde sollte nicht mehr als zehn offene Bestellungen haben.* o **Aktionsauslösende Regeln (*action enablers*)** sind Anweisungen, welche nach dem Prüfen einer Bedingung eine weitergehende Aktion auslösen. Eine solche Aktion kann z.B. das explizite Auslösen eines geschäftsrelevanten Ereignisses oder das Versenden einer Mitteilung an bestimmte Personen sein. Beispiel: *Wenn der Kundenauftrag erfasst wurde, initiiere den Prozess zur Reservierung des Lagerbestandes.* o **Berechnungsvorschriften (*computations*)** sind Anweisungen zur Berechnung neuer Werte aus bestehenden Informationen. Diese Regeln beinhalten einen Algorithmus zur Berechnung neuer Werte auf Basis bestehender *terms*. o **Inferenzregeln (inferences)** sind logische Schlussfolgerungen auf der Basis von Bedingungen. Dies bedeutet, dass zunächst bestimmte Vor-Bedingungen erfüllt sein müssen. In Abhängigkeit von dem Ergebnis dieser Prüfungen werden neue Fakten erzeugt. Beispiel: *Wenn ein Kunde den Status eines Stammkunden hat, dann erhält er auf jede Bestellung 10% Rabatt.*

Tab. 2-3: Schemata zur Klassifikation von Geschäftsregeln

---

[118] Vgl. von Halle (2001), S. 31 ff.

[119] Der Begriff *rule* ist in der Definition von *von Halle* zu unterscheiden von dem Begriff *Geschäftsregel (business rule)*. Letztere schliesst neben den *rules* auch die Definition der betriebswirtschaftlich relevanten Begriffe (*terms*) und deren Beziehungen zueinander ein. Im Gegensatz dazu werden in dieser Arbeit die Begriffe Regeln und Geschäftsregeln synonym verwendet.

Gemeinsam ist allen betrachteten Schemata, dass sie die Definition der betriebswirtschaftlich relevanten Begriffe und deren Beziehungen zueinander *(terms* und *facts)* implizit oder explizit als eine Form von Geschäftsregeln auffassen. Diese bilden die Basis für komplexere, verhaltensbezogene Geschäftsregeln, die z. B. in dem Klassifikationsschema von *von Halle* unter dem Begriff *rule* subsummiert werden.

Bei der Betrachtung der verschiedenen Klassifikationsschemata fällt auf, dass die Regelklassifikationen von Date, Versata und USoft vorwiegend auf die *Implementierung* von Geschäftsregeln zielen. Sie unterstützen den Programmierer bei dem Entscheid, auf welcher System-Ebene, also Präsentations-, Datenbank- oder Applikationsebene, eine Regel implementiert werden soll. In den frühen Phasen der Systementwicklung, z.B. bei der Systemanalyse und der Definition der Anforderungen, bieten sie hingegen keine Unterstützung. So hat beispielsweise in diesen Phasen die Erhebung der Präsentationsregeln keine Relevanz, deren Spezifikation ist zu diesem Zeitpunkt meist noch gar nicht möglich. Zudem ist die Trennung zwischen Anwendungs- und Datenbankregeln selbst in der Phase der Implementierung nur schwer möglich:

> *„(...) it's hard to draw a sharp dividing line between database rules and application rules".*[120]

So könnte beispielsweise eine Berechnungsvorschrift oder Ableitungsregel auch auf der Datenbank-Ebene spezifiziert werden. Es ist sogar häufig notwendig, Teile von logisch zusammenhängenden Regeln auf mehreren System-Ebenen zu definieren: Die Prüfung einer Bedingung könnte auf der Datenbank-Ebene implementiert sein, die auf die Bedingungsprüfung folgende Aktion wird jedoch auf der Applikationsebene durchgeführt. In einer realen Anwendung wird beispielsweise die Meldung des Datenbankmanagementsystems über die Verletzung einer Integritätsbedingung nicht zu einem Abbruch der Applikation führen. Vielmehr wird die Fehlermeldung an die Applikation übergeben, welche dann die notwendigen Folgeaktionen, z. B. Ausgabe einer Fehlermeldung oder Wechsel in eine andere Bildschirmmaske zur Erfassung fehlender Daten, durchführt.

Ein von der jeweiligen Implementierungsebene unabhängiges Schema wurde von Herbst vorgeschlagen.[121] Dieses erlaubt auf der obersten Abstraktionsebene nur eine grobe Einteilung in *Integritäts-* und *Automatisierungsregeln*, kann jedoch stufenweise verfeinert werden. Die besondere Rolle von Inferenzregeln und Berechnungsvorschriften als Wissen erzeugendes Elemente wird durch die Klassenbildung jedoch nicht betont. Der Zielsetzung dieses Schemas entsprechend ist auch die Zuordnung der Regeln in implementierungsnahe Klassifikationsschemata nur mit zusätzlichem analytischen Aufwand möglich.

---

[120] Date (2000), S. 25.

[121] Vgl. Herbst (1997), S. 56 ff.

Weitere Schemata werden wie beschrieben von Ross, der Business Rule Group und von von Halle angeboten. Bezogen auf die Forderung nach Orthogonalität sind bei dem Schema nach Ross die Abgrenzungen nicht eindeutig definiert. So bleibt beispielsweise unklar, unter welchen Bedingungen eine Regel als zeitorientierte Regel oder als Ableitungsregel aufgefasst werden soll.

Das Klassifikationsschema von Barbara von Halle unterscheidet sich von jenem der Business Rules Group im wesentlichen darin, dass die Klassen der *derivations* und der *action assertions* einerseits in der Gruppe der *rules* zusammengefasst, andererseits diese Gruppe aber auch weiter detailliert wird (vgl. Abb. 2-6):

- Innerhalb der von der Business Rules Group als *Aktionsregeln* bezeichneten Klasse wird unterschieden zwischen *mandatory constraints* und *guidelines*, also zwischen zwingend einzuhaltenden Bedingungen (Restriktionen) einerseits und Empfehlungen andererseits.
- Die als *Ableitungsregeln* bezeichnete Klasse wird unterteilt in *computations* und *inferences*, also einerseits in Regeln, die mit Hilfe mathematischer Berechnungsvorschriften neue Daten berechnen, und andererseits in Regeln, die aufgrund einer Bedingungsprüfung neue Informationen ableiten.

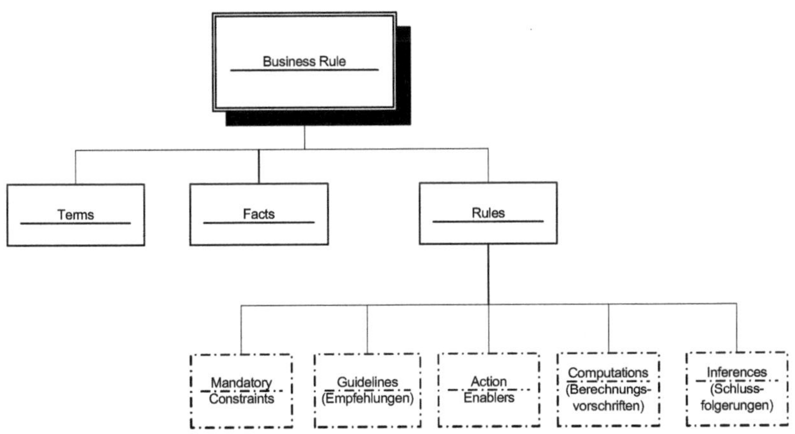

Abb. 2-6: Klassifikationsschema nach Barbara von Halle[122]

Erwähnenswert ist, dass in diesem Schema eine klare Trennung zwischen den einzelnen Regeltypen gezogen wird, während bei dem Schema der BRG die Abgrenzung zwischen Berechnungsvorschriften und Inferenzregeln nicht klar definiert, sondern nur beispiel-

---

[122] Vgl. von Halle (2001), S. 31 ff.

haft erläutert wird. Grundsätzlich erfüllen jedoch beide Schemata die postulierten Anforderungen. Beim in Abb. 2-6 gezeigten Schema ist jedoch die Unterscheidung zwischen *Rules* und *Business Rules* sehr missverständlich.

In Zusammenfassung der in Tab. 2-3 angegebenen Vorschläge werden die Klassifikationsschemata in der Abb. 2-7 grob eingeordnet. Dabei ist zu beachten, dass diese Einteilung keine Bewertung der verschiedenen Schemata darstellt. Der konkrete Nutzen eines Klassifikationsschemas hängt vor allem vom jeweiligen Verwendungszweck ab.

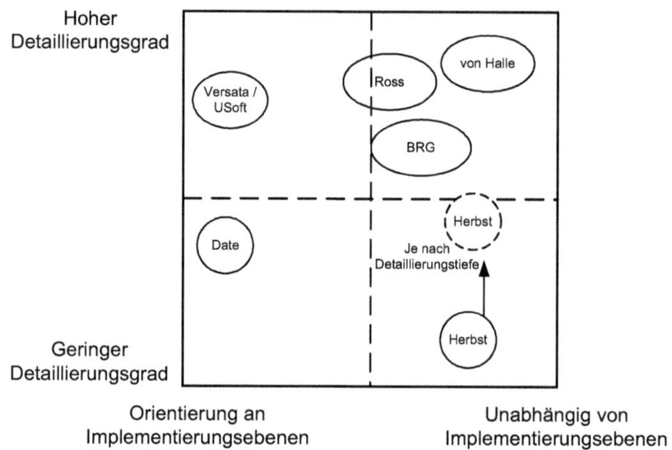

Abb. 2-7: Einordnung der unterschiedlichen Klassifikationsschemata

Mit Ausnahme des Klassifikationsschemas von Herbst sind die vorgestellten Schemata vor allem zur Entwicklung regelbasierter Anwendungssysteme entstanden. Entsprechend hängen die verschiedenen Klassen auch auf unterschiedliche Art und Weise mit Daten bzw. auf diesen definierten Operationen zusammen:

- Relevante betriebswirtschaftlicher Begriffe (*terms*) definieren Entitätstypen und deren Attribute,
- Fakten (*facts*) definieren Beziehungstypen zwischen Entitätstypen oder Attributen,
- Restriktionen und Empfehlungen (*mandatory constraints* und *guidelines*) sind auf Dateninhalten definierte Prüfungen,
- Berechnungen (*computations*) beziehen sich auf Attribute und werden abhängig von den Dateninhalten durchgeführt,

- Inferenzen (*inferences*) prüfen auf Dateninhalten definierte Bedingungen und ziehen daraus logische Schlüsse,

Ebenso prüfen aktionsauslösende Regeln (*action enablers*) auf Dateninhalten definierte Bedingungen und initiieren in Abhängigkeit von dem Prüfungsergebnis weitere Aktionen.

Welche Geschäftsregeln im konkreten Fall ausgeführt werden, wird ausschliesslich durch die Datenbank-Ereignisse *Einfügen*, *Mutieren*, *Abfragen* und *Löschen* bestimmt.[123] Im Hinblick auf die regelbasierte Modellierung von Geschäftsprozessen greift der enge Bezug zu den Anwendungsdaten jedoch zu kurz. So können Prozesse auch durch *Zeit- oder Benutzer-Ereignisse* ausgelöst werden. Diese schlagen sich nicht direkt in einer Datenmanipulation nieder und können daher auch nicht durch ein Datenbank-Ereignis signalisiert werden.

Per se erfüllt daher keine der erläuterten Klassifikationschemata die Forderung nach der Unterstützung des gesamten Entwicklungsprozesses, von der Prozessmodellierung bis hin zum Systementwurf. Es bedarf eines zusätzlichen Klassifikationsmerkmals, das die Regeln in Abhängigkeit von den Verwendungsbereichen klassifiziert:[124] Eine Geschäftsregel kann innerhalb einer bestimmten Applikation, eines ganzen Informationssystems oder auch systemübergreifend, d.h. auf organisatorischer Ebene verwendet werden (vgl. Abb. 2-8). Systemübergreifende Regeln wiederum können einerseits unternehmensweit gültige Strukturen definieren oder den Ablauf eines Geschäftsvorfalls steuern. Sie werden daher im folgenden *prozesssteuernde* bzw. *Prozess-Regeln* genannt und sind durch verschiedene Eigenschaften gekennzeichnet, die sie von den übrigen Regelklassen abgrenzen. Die Prozess-Regeln

- repräsentieren prozessrelevantes Wissen. Sie stellen unabhängig von der Implementierungsart die korrekte Abwicklung eines Geschäftsvorfalls im Rahmen eines Prozesses sicher,
- müssen mit einem für alle betroffenen Organisationseinheiten zentralen Mechanismus implementiert werden. Beispielsweise können diese Regeln mit Hilfe eines Workflow-Management-Systems automatisiert werden und damit systemübergreifend die Vorgangsabwicklung unterstützen,[125]
- initiieren Aktionen, die im Rahmen des Prozesses ausgeführt werden müssen. Sie sind daher verwandt mit den *aktionsauslösenden Regeln*. Im Gegensatz zu diesen können Prozess-Regeln aber auch durch Zeit- oder Benutzer-Ereignisse ausgelöst werden. Auch sind Prozess-Regeln im Gegensatz zu den aktionsauslö-

---

[123] Vgl. Herbst / Knolmayer (1995), S. 155 f.
[124] Vgl. Herbst / Knolmayer (1994), S. 21 f.
[125] Vgl. Herbst / Knolmayer (1994), S. 22.

senden Regeln nicht nur lokal zu einem Informationssystem oder zu einer Applikation definiert,[126]

- aktivieren nicht notwendig Programm-Module, -objekte oder Applikationen. Vielmehr können die auszuführenden Aktionen auch durch Personen oder Personengruppen durchgeführt werden und
- sind immer genau einem, einfachen oder komplexen,[127] Ereignis im Prozess-Verlauf zugeordnet. Dies ebenfalls im Gegensatz zu den übrigen Regelklassen, die durch unterschiedliche (Datenbank-)Ereignisse ausgelöst werden können.

Die Inter-IS-Geschäftsregeln können auch unternehmensübergreifend definiert werden. So sind Prozesse z.B. für das Supply Chain Management dadurch gekennzeichnet, dass die darin definierten Regeln für alle beteiligten Unternehmen Gültigkeit besitzen.

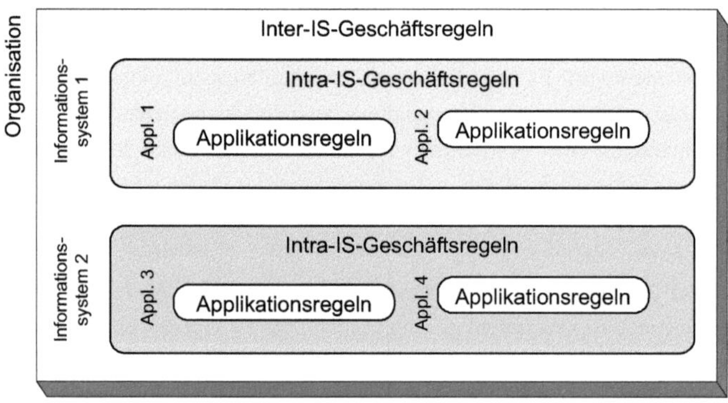

Abb. 2-8: Klassifizierung von Geschäftsregeln hinsichtlich des Gültigkeitsbereiches[128]

Die Klassen der *Intra-IS-* und *Applikationsregeln* umfassen die in den Informationssystemen bzw. in den einzelnen Applikationen automatisierten bzw. implementierten Regeln. Die im Schema der BRG aufgeführten Regelklassen können alle als Intra-IS bzw. Applikationsregeln aufgefasst werden. Die Intra-IS- und Applikationsregeln unterscheiden sich lediglich in ihrem Potential zur Wiederverwendung: So können Intra-IS-Geschäftsregeln potenziell in mehreren Applikationen verwendet werden. Sie müssen daher so implementiert werden, dass sie von allen Applikationen des Informationssystems verwendet werden können. In Kap. 5.2 werden diese Regelklassen genauer untersucht.

[126] Vgl. Kap. 3.

[127] Der Ereignis-Begriff wird in Kap. 3.3.1.1 detailliert erläutert.

[128] Vgl. Herbst / Knolmayer (1995), S. 157.

2.2.3 Formale Beschreibung von Geschäftsregeln

Bisher wurden die Geschäftsregeln ausschliesslich in natürlicher Sprache ausgedrückt. Beispielsweise finden sich in Organisationshandbüchern oder in schriftlich formulierten Weisungen Regeln, die für den Anwender meist gut verständlich formuliert sind:

> *„Ein Kunde kann von seinem Konto kein Geld abheben, wenn das Konto überzogen oder eingefroren ist."*

Eine Geschäftsregel kann unabhängig von der Klassifizierung in unterschiedlichen Formen ausgedrückt werden. Diese Formulierungen bilden den Ausgangspunkt für die Ableitung und Definition formaler Beschreibungen von Geschäftsregeln.

Während des Prozesses der Systementwicklung durchlaufen die Geschäftsregeln verschiedene Phasen. Werden sie zu Beginn der Analysephase noch in natürlichsprachlicher und informeller Form ausgedrückt, müssen sie im Verlauf des Entwicklungsprozesses zunehmend detailliert und formalisiert werden. Wie in Abb. 2-9 gezeigt, sind dabei mindestens drei Abstraktionsebenen zu unterscheiden.

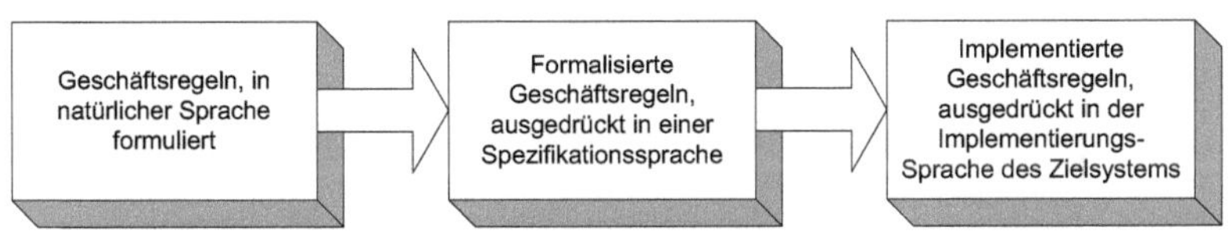

Abb. 2-9: Transformation von Geschäftsregelausdrücken im Entwicklungsprozess[129]

- **Informal**: Auf dieser Ebene wird eine Regel in natürlicher Sprache beschrieben. Aber schon auf dieser Ebene können Konventionen vereinbart werden, welche die Freiheitsgrade der Formulierung einschränken.[130]
- **Formal**: Es werden normierte Sprachkonstrukte zur Definition einer Regel angeboten. Für eine bestimmte Regelklasse können nur bestimmte Schlüsselwörter in einer vorgegebenen Art und Weise verwendet werden. Die formale Ebene dient zur zielsystemunabhängigen Spezifikation von Geschäftsregeln. Beispielsweise können hier PROLOG-[131] oder auch SQL-[132] ähnliche Anweisungen zum Einsatz gelangen.

---

[129] Vgl. von Halle (2001), S. 38.
[130] Vgl. Kap. 2.2.1.
[131] Vgl. z. B. Schacher (2002).
[132] Vgl. z. B. Mallens (1997), S. 38 ff.

- **Technisch**: Auf dieser Ebene werden die Geschäftsregeln in der Programmiersprache der Zielumgebung ausgedrückt.

Während die konkrete Ausprägung der Sprache auf der technischen Ebene von der jeweiligen Implementierungsumgebung abhängig ist, beschreibt die formale Ebene die Regel präzise und in einer vom Zielsystem unabhängigen Art und Weise. Nachfolgend werden wichtige Anforderungen an eine derartige Sprache formuliert. Anschliesend wird ein im Kontext dieser Arbeit verwendeter Sprachansatz vorgestellt.

2.2.3.1 Anforderungen an eine formale Sprache zur Beschreibung von Geschäftsregeln

Ein geeignetes Klassifikationsschema einerseits und die Verwendung einer strukturierten Beschreibungssprache andererseits vereinfacht den Transformationsprozess von Geschäftsregeln in die jeweils nachgelagerte Phase. Die Sprache sollte schon zu einem frühen Zeitpunkt im Entwicklungsprozess eingesetzt werden können, wobei sie zu Beginn des Prozesses semi-formal mit umgangssprachlichen Elementen verwendet und zunehmend durch formale Ausdrücke ersetzt wird.

Darüber hinaus muss eine Sprache zur Beschreibung von Geschäftsregeln

- **unabhängig** von dem Zielsystem sein, in dem die Geschäftsregeln schlussendlich implementiert werden. So könnte beispielsweise die zu Beginn von Kap. 2.2.3 angegebene Regel in verschiedenen Zielsystemen implementiert werden, z.B. als datenbankgestützte Applikation zur Steuerung von Geldautomaten oder als Teil einer zentralen Host-Applikation, die auf Basis eines ISAM-Dateisystems implementiert wurde. Im ersten Fall könnte die Geschäftsregel als *stored procedure* oder als *update constraint* in der Datenbank implementiert, während sie im zweiten Fall Teil des Programm-Codes ist.
- **einfach** in die Zielsprache der Implementierungsplattform **transformierbar** sein, beispielsweise in XML[133] oder JAVA.[134]
- genügend **mächtig** sein, um die Formulierung aller Geschäftsregeltypen konsistent zu unterstützen. Diese Mächtigkeit findet seinen Ausdruck darin, dass für das gewählte Klassifikationsschema geeignete Sprachkonstrukte zur Verfügung stehen.
- die Geschäftsregeln in **deklarativer** Form beschreiben. Damit wird abstrahiert von der Art und Weise, wie die Geschäftsregel durchgeführt wird.

---

[133] Vgl. Grosof / Labrou / Chan (1999).

[134] Vgl. ILOG (2001b).

Die Spezifikation von Geschäftsregeln in deklarativer Form unterstützt einerseits die erstgenannte Forderung nach der Implementierungsunabhängigkeit. Andererseits trägt sie aber auch zur **Verständlichkeit** des zu spezifizierenden Systems bei, da sie als verständliche Basis für die Kommunikation zwischen Anwender und Systementwickler dienen kann. Der Nachweis der Korrektheit der formulierten Geschäftsregeln wird damit unterstützt. Und schliesslich können deklarativ formulierte Anweisungen mit Hilfe einer geeigneten Implementierungsumgebung direkt interpretiert und ausgeführt werden, ohne dass ein weiterer Übersetzungsschritt notwendig wäre.[135] Damit können zusätzliche Nutzenpotentiale erschlossen werden:[136]

- Erhöhung der **Produktivität**. Dies insbesondere dadurch, weil die Umsetzung der Geschäftsregeln in eine prozedurale Sprache entfällt.
- Erhöhung der **Flexibilität**, insbesondere des Aspekts der Änderbarkeit: Deklarativ formulierte Regeln sind leichter identifizierbar als prozedural definierte Geschäftsregeln und lassen sich entsprechend leichter an geänderte Rahmenbedingungen anpassen.[137] Die Re-Implementierung der geänderten Geschäftsregel entfällt.

2.2.3.2 Sprachen zur formalen Beschreibung von Geschäftsregeln

Es existieren mehrere Sprachen zur Formulierung und Spezifikation von Geschäftsregeln, ohne dass sich bislang ein Standard herausgebildet hätte. Jede kommerziell verfügbare Umgebung zur Entwicklung regelbasierter Anwendungen beinhaltet eine eigene Beschreibungssprache, die zudem auf einem meist proprietären Klassifikationsschema aufbaut. Diese erfüllen jedoch nicht die Forderung nach der Zielsystemunabhängigkeit der Sprache und werden nachstehend nicht näher betrachtet.

Daneben existieren zielsystemunabhängige Vorschläge zur Formulierung und Spezifikation von Geschäftsregeln. Nachfolgend wird der in dieser Arbeit verwendete Sprach-Ansatz vorgestellt und diskutiert.

Die erwähnte, von Herbst[138] vorgeschlagene und von Knolmayer et al.[139] weiter entwickelte Notation adaptiert die im Bereich aktiver Datenbanksysteme verwendete Sprache zur Formulierung von Datenbank-Triggern. Darin werden Regeln durch die drei Komponenten *event* (Ereignis), *condition* (Bedingung) und *action* (Aktion) beschrieben,

---

[135] Vgl. Kap. 6.3.

[136] Vgl. Date (2000).

[137] Das Retrieval der Geschäftsregeln kann durch ein geeignetes Regel-Repository bedeutend unterstützt werden (vgl. z.B. Herbst / Myrach (1997); Knolmayer / Endl / Pfahrer (2000)).

[138] Vgl. Herbst / Myrach (1997).

[139] Vgl. Knolmayer / Endl / Pfahrer (2000).

woraus sich die Bezeichnung *ECA-Regel* ableitet.[140] Für die Formalisierung und Spezifikation von Geschäftsregeln auf konzeptioneller Ebene wird dieses Konstrukt erweitert zu *ECAA*, d.h. es wird eine zweite Aktionskomponente hinzugefügt, welche die Spezifikation einer Selektion innerhalb einer Regel ermöglicht (vgl. Abb. 2-10). Neben ECAA- und ECA- können aber auch EA-Regeln formuliert werden, d.h. Regeln ohne Bedingungskomponente sind ebenfalls zulässig.

ON	*Event*
IF	*Condition*
DO	*Action*
ELSE	*Alternative Action*

Abb. 2-10: ECAA-Notation einer Geschäftsregel

Der Begriff *Action* ist in dieser Notation als Ausführung einer Aktivität zu verstehen. Sie kann z. B. zur Spezifikation einer Berechnungsvorschrift oder auch zur Formulierung einer Inferenzregel verwendet werden. Beispielsweise kann die Geschäftsregel

> *"Ein Stammkunde erhält für eine Bestellung 10% Rabatt, wenn der Bestellwert mehr als 100 Geldeinheiten beträgt"*

in ECAA-Notation formuliert werden als

```
ON    Kunde platziert Bestellung
IF    Kunde ist Stammkunde AND Bestellwert > 100
DO    Kunde erhält 10% Rabatt auf den Bestellwert
```

Mit Hilfe des ECAA-Konstruktes können prinzipiell auch strukturbezogene Regeln spezifiziert werden.[141] Beispielsweise kann die eine Integritätsbedingung darstellende Regel

> *Eine Bestellung muss eindeutig einem Kunden zugeordnet sein*

wie folgt formuliert werden:

```
ON    Erfassen einer Bestellung
IF    Einer Bestellung ist kein Kunde zugeordnet
DO    ErrorMessage („Der Bestellung
                  ist kein Kunde zugeordnet")
```

[140] Vgl. Dayal (1988). Die Komponenten der ECAA-Notation werden in Kap. 3.3.1 detailliert erläutert.

[141] Vgl. Tab. 2-3.

Die Formulierung einer Geschäftsregel in ECAA-Notation ist deklarativ, leicht lesbar und grundsätzlich unabhängig von der jeweiligen Implementierungsumgebung. Auch können in dieser Form grundsätzlich alle in Tab. 2-3 aufgeführten Geschäftsregeltypen spezifiziert werden. Die Notation gibt aber auch keinen expliziten Hinweis auf den Typ der durch sie formulierten Geschäftsregel.

Problematisch im Hinblick auf die Entwicklung von Informationssystemen und Applikationen ist an dieser Notation, dass das auslösende Ereignis integraler Bestandteil jeder Regel sein muss. Denn wie bereits festgestellt, wird innerhalb des Informationssystems das eine Regel auslösende Ereignis immer auf ein Datenbank-Ereignis abgebildet. Nun kann aber dieselbe Geschäftsregel durch unterschiedliche Datenbank-Ereignisse ausgelöst werden. So muss die angegebene Regel nicht nur bei der Erfassung einer Bestellung ausgelöst werden, sondern auch dann, wenn ein Kunde aus der Datei gelöscht oder der Wert des Fremdschlüsselattributs, das auf die Kundendatei verweist, geändert werden soll.[142]

Eine Lösungsmöglichkeit ist, mehrere gleichlautende Regeln mit unterschiedlichen auslösenden Ereignissen zu formulieren. Dies erscheint jedoch nicht sinnvoll, da dann dieselbe Geschäftsregel durch drei verschiedene Formulierungen repräsentiert wird. Eine andere Möglichkeit besteht darin, alle möglichen auslösenden Ereignisse disjunktiv zu verknüpfen und in derselben Geschäftsregel anzugeben. Die angegebene Regel würde dann wie folgt formuliert werden:

```
ON    Erfassen einer Bestellung
      OR Mutation der Kundendaten
      OR Löschen eines Kunden
IF    Einer Bestellung ist kein Kunde zugeordnet
DO    ErrorMessage („Der Bestellung
                      ist  kein Kunde zugeordnet")
```

Aber auch dann bleibt ein Problem dieser Notation bestehen: Bei strukturellen Veränderungen des Systems können eine Regel auslösende Ereignisse neu entstehen oder wegfallen. So könnte das Beispiel derart verändert werden, dass die provisorische Erfassung einer Bestellung gestattet ist, obwohl noch nicht alle Kundendaten erfasst sind. Substantiell hat die ursprüngliche Geschäftsregel dann immer noch Gültigkeit, die Formulierung der Geschäftsregel müsste aber geändert werden, da die Regel nun nicht mehr bei der Erfassung einer Bestellung ausgelöst wird.[143] Und schliesslich existieren Restriktionen, die unabhängig von einem eintretenden Ereignis grundsätzlich nicht verletzt werden

---

[142] Vgl. Ross (1998), S. 24 f.

[143] Der Vollständigkeit halber muss hier angemerkt werden, dass in der Praxis die o.a. Regel dann natürlich durch folgende zusätzliche Regel ergänzt werden muss: „Eine Bestellung darf ohne Bezug zu einem Kunden nur mit dem Status *provisorisch* erfasst werden“.

dürfen.[144] Die Suche und explizite Formulierung von auslösenden Ereignissen ist im Hinblick auf die Entwicklung und Veränderbarkeit von Anwendungssystemen eine zeitintensive Aktivität.

Die Forderung nach einer deklarativen Beschreibung einer Geschäftsregel bedeutet also auch, dass bei deren Formulierung keine Referenzen zu den auslösenden Ereignissen angegeben werden. Der Grund liegt wie gezeigt darin, dass es einerseits potenziell mehrere verschiedene, eine Regel auslösende, Ereignisse geben kann, andererseits aber Konzepte und Systeme existieren, welche die automatische Identifikation von Ereignissen unterstützen und so den Systementwickler bei der Gestaltung des Anwendungssystems entlasten.[145]

Von Morgan wird zudem darauf hingewiesen, dass ECA-Regeln

> „*[...] tend to mix together the* what *and the* how; *they blur the distinction between specification and realization.*“[146]

Die genannten Nachteile und Einschränkungen der ECAA-Notation haben jedoch ausschliesslich in Bezug auf die Intra-IS-Regeln Gültigkeit. Bei der Modellierung von Prozessen und Workflows auf der Basis von Geschäftsregeln hingegen müssen die eine Aktion auslösenden Ereignisse expliziter Modellierungsgegenstand sein.[147] Um einen deterministischen Ablauf des Geschäftsprozesses zu gewährleisten, darf nämlich eine bestimmte Aktion nur genau dann ausgelöst werden, wenn das für den Prozessverlauf relevante, mit der Aktion korrespondierende Ereignis eingetreten ist.[148] In Abhängigkeit davon werden dann bestimmte Aktionen ausgeführt. Für die Beschreibung und Formulierung von *Prozessregeln* ist diese Notation daher nicht nur geeignet, sondern in seiner Ausdrucksmächtigkeit vielfach anderen Methoden der Prozessmodellierung überlegen.[149]

Eine weitere Notation wurde ursprünglich von Ross vorgeschlagen.[150] In dieser wird eine Geschäftsregel als Kombination formaler Ausdrücke definiert. Der einfachste Ausdruck für eine Regel ist von der Form

```
<term1> <op> <term2>
```

[144] Das sind z.B. die *mandatory constraints* in dem von B. von Halle vorgeschlagenen Klassifikationsschema (vgl. Tab. 2-3).

[145] Vgl. Kap. 6.

[146] Morgan (2002), S. 46.

[147] Die Eignung von ECA-Regeln als Beschreibungssprache für Geschäftsprozesse wird u.a. auch in Ross-Talbot / Boley / Tabet (2002), S. 40 betont.

[148] Vgl. Galler (1997); Scheer (1998a); Knolmayer / Mertens / Zeier (2000).

[149] Vgl. Kap. 3.5 sowie z.B. Hoheisel (2000), S. 152 ff.

[150] Vgl. Ross (1994).

wobei *<term1>* bzw. *<term2>* gemäss betriebswirtschaftlich relevante und eindeutig definierte Begriffe, ein Wert oder eine Wertemenge sein können. Der konkrete Wertebereich für den Operator *<op>* ist abhängig von dem Typ der zu formulierenden Geschäftsregel. In Tab. 2-4 werden die für die jeweilige Regelklasse möglichen Formulierungen dargestellt. Dabei werden in Anlehnung an die *Extended Backus-Naur form* (EBNF) folgende Symbole verwendet:[151]

- **Fettgedruckte** Ausdrücke repräsentieren Ausprägungen des Operators <op>.
- Zwischen geschweifte Klammern „{}"gesetzte und durch das *Oder*-Symbol „|" getrennte Ausdrücke geben Selektionen an. Genau ein Ausdruck muss ausgewählt werden.
- Zwischen spitzen Klammern „< >" stehende Ausdrücke repräsentieren EBNF entsprechend *non-terminal symbols.*[152] Das sind Ausdrücke, die sich in weitere Subklassen detaillieren lassen. Die fett gedruckten, das *non-terminal symbol* *<op>* repräsentierenden Ausdrücke sind demzufolge *terminal symbols* im Sinne der EBNF.
- In runden Klammern stehende Ausdrücke „( )" sind optional, d.h. sie können auch weg gelassen werden.
- Wörter in Grossbuchstaben sind fix definierte Schlüsselwörter bzw. Komponenten in der jeweiligen Ausdrucksdefinition.

---

[151] Vgl. Scowen (1998).

[152] Mit Ausnahme von <op> wird auf die weitere Detaillierung der *non-terminal symbols* im Rahmen dieser Arbeit verzichtet. Stattdessen werden für diese möglichst aussagekräftige Bezeichnungen verwendet.

Geschäftsregel-Klasse	**Formulierungen**
Berechnungsvorschrift (*computation*)	<term1> **is computed as** <Berechnungsformel>

Restriktion
(*mandatory constraints*)
	(IF <condition > THEN)
	{
	<term1>
	must have {**at least**¦**at most**¦**exactly N of**}
	<term2>
	¦
	<term1> **must (not) be** {=¦<¦>¦<>¦}
	{<term2>¦<wert>}
	¦
	<term> **must (not) be in list** <werteliste>
	}

Empfehlung
(*guideline*)
	(IF <condition> THEN)
	{
	<term1>
	should have {at least¦at most¦exactly N of}
	<term2>
	¦
	<term1> **should (not) be**
	{=¦<¦>¦<>¦}{<term2>¦<wert>}
	¦
	<term> **should (not) be in list** <werteliste>
	}

Ableitung (*inference*)	IF <condition> THEN <term1> {=¦<¦>¦<>¦**in**¦**not in**¦**at least** ¦**at most**¦**exactly N of**} {<term2>¦<wert>}
Aktionsauslösende Regel *(action enabler)*	IF <condition> DO <action>

Tab. 2-4: Eine Notation zur formalen Beschreibung von Geschäftsregeln[153]

Die Geschäftsregel

> *"Ein Stammkunde erhält für eine Bestellung 10% Rabatt, wenn der Bestellwert mehr als 100 Geldeinheiten beträgt"*

wird entsprechend des in Tab. 2-4 angegebenen Schemas als Inferenzregel erkannt und wie folgt formuliert:

---

[153] Vgl. von Halle (2001), S. 39 ff.

```
IF      Kunde ist Stammkunde AND Bestellwert > 100
THEN    Bestellwert = Bestellwert - 10%
```

Bei dieser Sprache ist kein Konstrukt für die Definition regelauslösender Ereignisse vorgesehen. Vielmehr wird eine Regel immer dann ausgelöst, wenn ein darin enthaltener *Term* abgefragt oder mutiert werden soll. So wird die in dem o.a. Beispiel formulierte Regel immer dann ausgelöst, wenn die in dem IF-Teil angegebenen *Terms Kunde* und *Bestellwert* in irgendeiner Weise geändert werden sollen.

Es gibt noch weitere Sprach-Vorschläge zur Formalisierung von Geschäftsregeln, die hier nicht näher betrachtet werden.[154] Vielen dieser Vorschläge ist gemeinsam, dass sie die explizite Definition regelauslösender Ereignisse nicht unterstützen. Auch basieren sie auf einem bestimmten Klassifikationsschema. Die Zugehörigkeit einer Regel zu einer Klasse ist damit häufig schon aufgrund der Formulierung ersichtlich.

Aufgrund fehlender Möglichkeiten zur expliziten Formulierung von Ereignissen ist die vorgestellte Sprache für die Beschreibung regelbasierter Geschäftsprozesse, im Gegensatz zur ECAA-Notation, nicht geeignet.[155] Sollen die Regeln hingegen in einem Informationssystem oder in einer Applikation implementiert und automatisiert werden, bietet sich hingegen die Verwendung der in Tab. 2-4 vorgeschlagenen Notation an. Zusammenfassend kann daher festgestellt werden, dass *Prozessregeln* mit Hilfe des ECAA-Konstruktes formuliert, während die übrigen, Intra-IS-Regeltypen mit den der jeweiligen Klasse zugeordneten Sprach-Ausdrücken spezifiziert werden müssen.

2.2.4 Ein Metamodell zur Beschreibung regelbasierter Systeme

In dem in Abb. 2-9 dargestellten dreistufigen Transformationsprozess werden Regeln zunächst in einer natürlichen oder semi-formalen Sprache beschrieben, um diese dann sukzessive zu detaillieren und zu formalisieren. Jeder Regel-Ausdruck repräsentiert dabei eine Geschäftsregel eines bestimmten Typs.[156] Unabhängig von der gewählten Beschreibungssprache liegt jeder Entwicklungsmethodik eine bestimmte Struktursemantik zugrunde, die in einem Metamodell dargestellt werden kann. Derartige Modelle haben sich sowohl in der Wissenschaft als auch in der Praxis durchgesetzt. Sie dienen dazu, die wesentlichen Elemente einer Methodik, eines Konzeptes oder Systems und deren Zusammenhänge untereinander zu erkennen.[157]

---

[154] Vgl. z.B. von Halle (2001), S. 39 ff.; Morgan (2002), S. 59 ff.; Ross (2003), S. 141 ff. Zudem existieren weitere, an PROLOG, XML oder SQL angelehnte Sprachvorschläge (vgl. Kap. 5.2.1.5 und die dort angegebenen Literaturhinweise).

[155] Vgl. Kap. 3.

[156] Vgl. Tab. 2-4.

[157] Zu der Bedeutung von Metamodellen in der Praxis vgl. z.B. Scheer / Nüttgens / von der Schulenburg (1994). Die Grundlagen der Metamodellierung werden in Ferstl / Sinz (1998), S. 117 ff. besprochen.

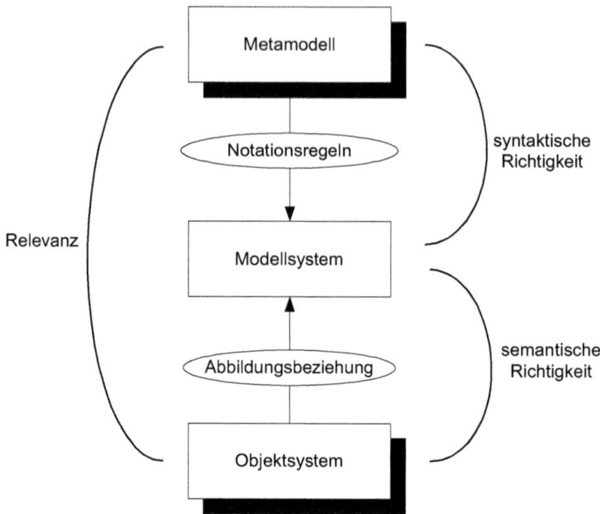

Abb. 2-11: Zusammenhang zwischen Metamodell, Modell- und Objektsystem[158]

Mit Hilfe von Metamodellen kann die syntaktische Korrektheit eines Modellsystems überprüft werden. Sie sind vor allem geeignet[159]

- zur Darstellung der grundlegenden Elemente einer Methodik, eines Konzeptes oder eines Systems und
- als eine Art „*Landkarte*", welche die Beziehungen zwischen den einzelnen Elementen einer Methodik, eines Konzeptes oder Systems aufzeigt.

Im Zusammenhang mit Geschäftsregeln wurden verschiedene Metamodelle entwickelt. So formulierte beispielsweise Joosten ein Metamodell zur Spezifikation von Workflows[160] auf der Basis von Geschäftsregeln. Von Herbst und Myrach wird für die konzeptionelle Modellierung von Regeln auf Basis der ECAA-Notation ebenfalls ein Modell vorgeschlagen.[161] Weiter wurde von der Business Rule Group ein Metamodell für deren Klassifikationsschema entwickelt, das vor allem die geschäftsregelbasierte Systementwicklung fokussiert.[162]

---

[158] Vgl. Becker / Rosemann / Schütte (1995), S. 438.

[159] Vgl. Galler (1997), S. 46.

[160] Vgl. Joosten (1994).

[161] Vgl. Herbst / Myrach (1997), S. 89 ff.

[162] Vgl. Hay / Healy / Hall (2000).

Das in diesem Kapitel beschriebene Metamodell lehnt sich an letztgenanntes Modell an, erweitert dieses jedoch mit dem von Herbst formulierten ECAA-Ansatz. Diese Erweiterungen ermöglichen die Integration von prozesssteuernden Regeln.

Für die Spezifikation der Kardinalitäten des Metamodells wird eine (min,max)-Notation verwendet. Ein Beispiel für eine (1,1:0,N)-Beziehung ist in Abb. 2-12 angegeben. Die Bezeichnungen der Beziehungstypen werden „von links nach rechts" bzw. von „oben nach unten" interpretiert. Für die Darstellung von *Generalisierungen* wird die in Abb. 2-13 angegebene Notation verwendet. Eine *is-part-of*-Beziehung wird gemäss dem in Abb. 2-14 angegebenen Beispiel notiert.

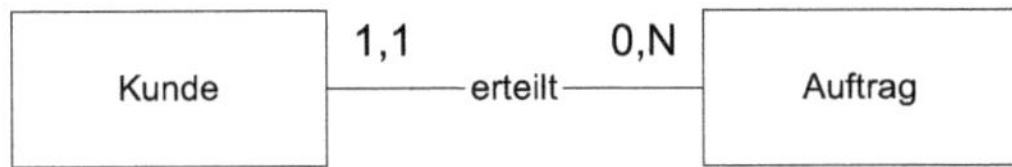

Abb. 2-12: Beispiel für die Notation der Kardinalitäten

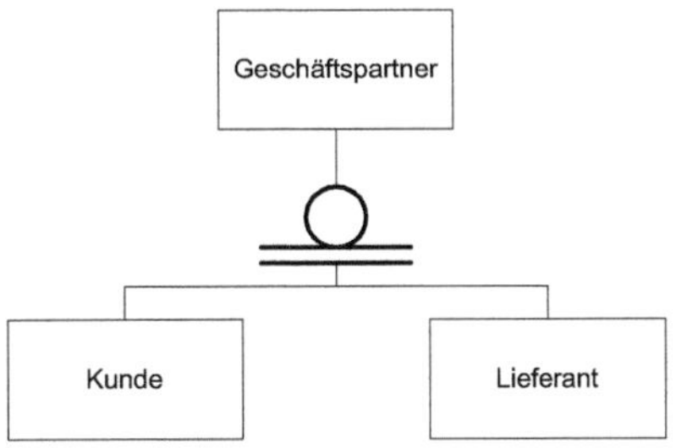

Abb. 2-13: Abbildung der Generalisierung-Spezialisierung-Beziehung: Supertyp-Subtype-Notation

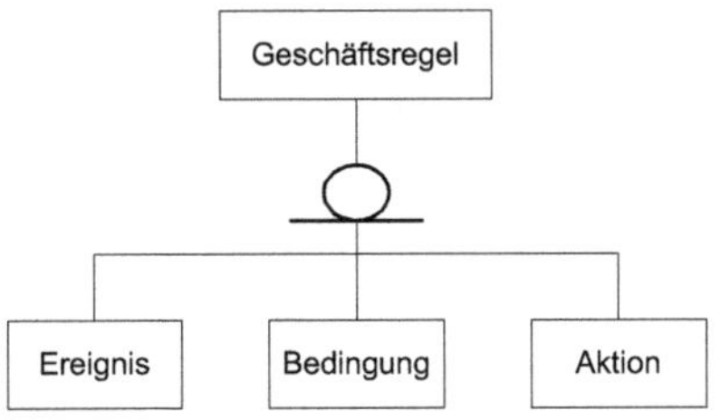

Abb. 2-14: Darstellung einer „is-part-of-Beziehung"

Die in den letzten Abschnitten eingeführten Geschäftsregeltypen werden in der Abb. 2-15 in einem Metamodell dargestellt.

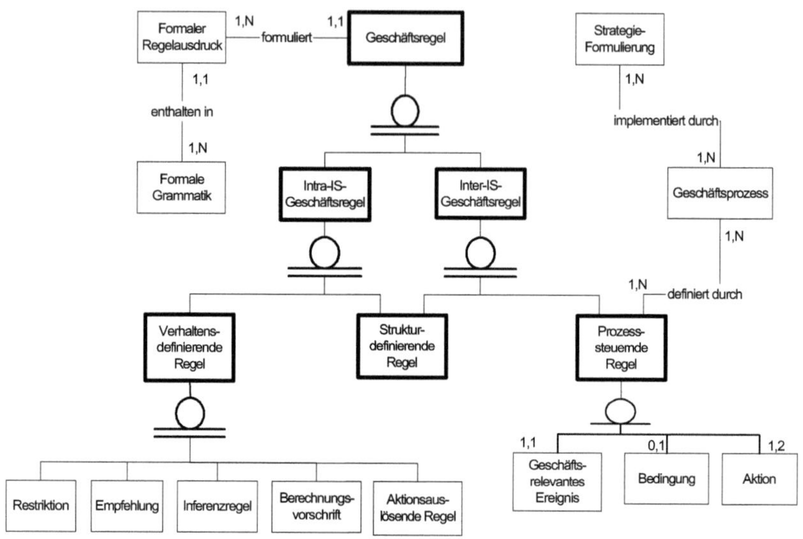

Abb. 2-15: Überblick über das Metamodell zur Entwicklung regelbasierter Systeme

Die in einem Unternehmen vorhandenen Geschäftsprozesse implementieren die Strategie eines Unternehmens. Sie können als eine Folge von Geschäftsregeln definiert werden. Die Strategie selbst wird mit einer *Strategieformulierung* ausgedrückt, die ein Ziel formulieren oder Ausdruck der allgemeinen Unternehmenspolitik sein kann, z. B.

> *„Wir sind bestrebt, unsere Kunden mit qualitativ hochwertigen Dienstleistungen und Produkten zufrieden zu stellen."*

Die Geschäftsregeln werden mit Hilfe einer Sprache beschrieben, die in Abhängigkeit vom Regeltyp und von der jeweiligen Abstraktionsebene unterschiedlich ausgeprägt sein kann. Die Sprache selbst muss jedoch einer formalen Grammatik genügen.[163]

Eine Prozessregel wird wie bereits beschrieben als ECAA-Ausdruck formuliert, d.h. ausgehend von einem geschäftsrelevanten Ereignis kann eine Bedingung geprüft und in Abhängigkeit von dem Ergebnis der Prüfung alternativ eine der beiden möglichen Aktionen ausgelöst werden.

---

[163] vgl. Kap. 2.2.3.2.

Unter den Begriff *verhaltensdefinierende Regel* werden alle Geschäftsregeln subsummiert, die das Verhalten eines Informationssystems oder einer Applikation beeinflussen. Diese können in weitere Sub-Klassen eingeteilt werden.[164]

Strukturdefinierende Geschäftsregeln existieren entweder als Begriff, welcher für den zu betrachtenden Ausschnitt der realen Welt von Bedeutung ist (*Term*)[165] oder als Beziehung zwischen diesen Begriffen (Faktum, *fact*). Sie können sowohl im Intra-IS- als auch Inter-IS-Bereich Verwendung finden. So werden bei der Unternehmensmodellierung häufig die für das gesamte Unternehmen bedeutsamen Begrifflichkeiten und deren Beziehungen zueinander definiert.[166] Aber es können bestimmte Begriffe auch nur lokale Verwendung finden, d.h. auf ein Informationssystem oder auf eine Applikation beschränkt sein. Im Rahmen der Entwicklung von Anwendungssystemen werden strukturdefinierende Regeln häufig in einem Entity-Relationship-Diagramm dokumentiert.

Eine Detaillierung des. Metamodells bezüglich der strukturbezogenen Geschäftsregeln und deren Beziehungen zueinander ist in Abb. 2-16 dargestellt.

Die *Terms* können unterteilt werden in

- Begriffe, die nicht notwendigerweise explizit definiert werden müssen, da für deren Bedeutung ein allgemeingültiges Verständnis vorhanden ist. Beispielsweise muss der Begriff *Auto* nicht kontextspezifisch definiert werden, sofern dieser in der allgemeingültigen Definition verwendet wird.
- Begriffe, die in Abhängigkeit von dem verwendeten Kontext eine spezifische Bedeutung haben und daher explizit definiert werden müssen, z.B. *Kunde*.

Beiden Ausprägungen ist gemeinsam, dass sie gemäss der Definition der BRG[167] zur Formulierung von Fakten benötigt werden. Ein Faktum muss daher mindestens zwei *Terms* beinhalten. So setzt z.B. das Faktum

„Ein Auftrag muss immer einem Kunden zugeordnet sein"

die beiden *Terms Auftrag* und *Kunde* zueinander in Bezug.

Fakten können weiter unterteilt werden in

- **Basis-Fakten**. Das sind originäre Fakten, die innerhalb des betrachteten Ausschnitts der realen Welt aus keinem anderen Faktum abgeleitet werden können. Die in der o.a. Regel angegebenen Faktum ist ein Basis-Faktum.

---

[164] Die Definitionen der im Metamodell angegebenen Sub-Klassen sind in Tab. 2-3 enthalten.

[165] Im Rahmen dieser Arbeit wird die englische Bezeichnung *Term* als Synonym für einen betriebswirtschaftlich relevanten Begriff verwendet.

[166] Vgl. Kap. 3.1.1.

[167] Vgl. Tab. 2-3.

- **Abgeleitete Fakten** sind Fakten, die durch Anwendung einer Inferenz- oder Berechnungsregel aus bestehenden Fakten abgeleitet werden. Ein Beispiel ist die Regel *„Der Rechnungsbetrag einer Rechnung berechnet sich aus der Summe der Rechnungsbeträge aller aufgeführten Auftragspositionen"*.

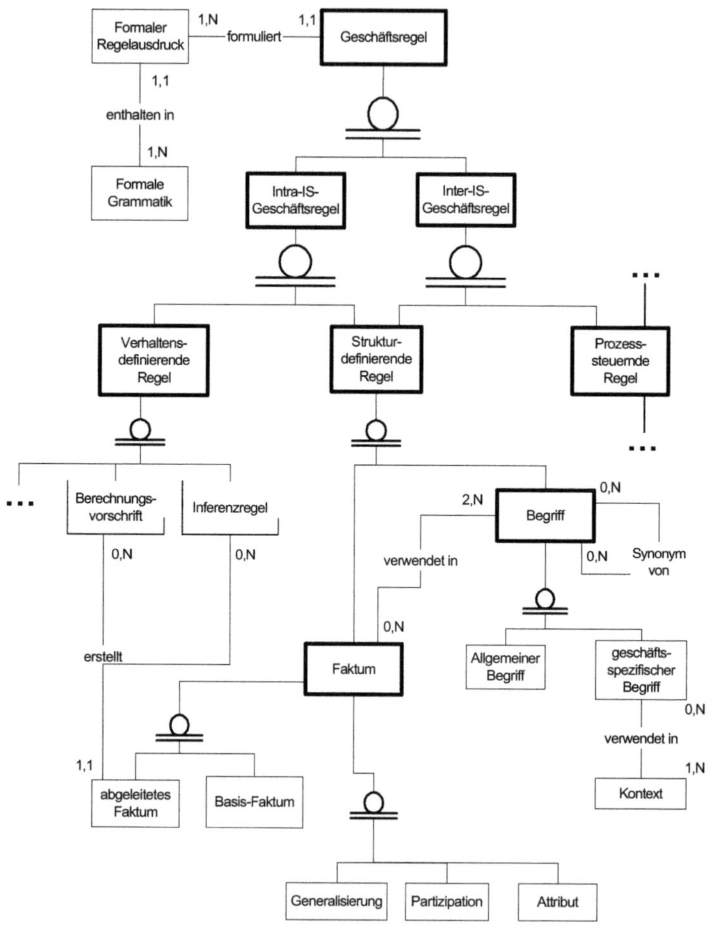

Abb. 2-16: Detaillierung der strukturbezogenen Geschäftsregeln.[168]

---

[168] Die mit Punkten versehenen Beziehungstypen symbolisieren in der Abbildung weitere Beziehungen zu anderen Entitätstypen, die aus Gründen der Übersicht weg gelassen wurden (vgl. Abb. 2-15).

Und schliesslich können Fakten noch spezialisiert werden in:

- **Attribute**: Dies sind Fakten, in denen ein Begriff einen anderen Begriff bzw. einen Ausschnitt davon beschreibt. Ein Beispiel ist die Regel „*Der Name ist ein Attribut des Kunden*".
- **Generalisierung:** Das sind Fakten, in denen ein Begriff einen Oberbegriff für andere Begriffe darstellt. Ein Beispiel dafür ist die Regel „*Ein Abteilungsleiter ist ein Angestellter*".
- **Partizipation:** Diese Fakten werden in einem Entity-Relationship-Diagramm als Beziehungstypen dargestellt und repräsentieren die Beziehungen zwischen Begriffen, die in einer bestimmten Hinsicht für den betrachteten Ausschnitt aus der realen Welt relevant sind.

Die *strukturdefinierenden* Regeln sind die elementaren Bausteine einer Geschäftsregel. Jede *verhaltensdefinierende* und jede *prozesssteuernde* Regel nimmt auf diese Bezug.

Das vorgestellte Metamodell beschreibt das Klassifikationsschema und definiert die Elemente zur Entwicklung regelbasierter Informationssysteme. Die besondere Berücksichtigung der Prozess-Regeln Modell schafft die Voraussetzung dafür, dass Intra-IS- und Applikationsregeln aus einem regelbasierten Prozessmodell abgeleitet werden können.

In dem angegebenen Metamodell wurden zunächst nur die Entitäts- und Beziehungstypen berücksichtigt, die für das Verständnis der Zusammenhänge der verschiedenen Regelklassen notwendig sind. Im Modell nicht enthalten sind die Beziehungen zwischen den Prozess- und den Intra-IS-Regeln. Diese legen z. B. fest, wie die Komponenten der Prozess-Regeln mit Hilfe von verhaltens- oder strukturdefinierenden Regeln implementiert werden können. Das Metamodell wird daher in den nachfolgenden Kapiteln detailliert und vervollständigt.

2.3 Zusammenfassung

Moderne Unternehmensorganisationen und Management-Konzepte setzen die optimale Gestaltung der relevanten Geschäftsprozesse voraus. Sie betonen deren Flexibilität sowie die Fähigkeit, kundenindividuelle Produkte und Dienstleistungen herzustellen und sich schnell an Veränderungen in der Unternehmensumwelt anpassen zu können. Eine Schlüsselrolle spielt dabei der effiziente Einsatz der Informationstechnologie, der bestimmte Strategien und Prozessvarianten – z. B. weltweiter Vertrieb bisher nur lokal angebotener Produkte via Internet – erst ermöglicht und unterstützt.

Regeln bilden die Basis für das im Unternehmen vorhandene geschäftsrelevante Wissen. Die Unternehmen, welche die Abläufe mit Hilfe von Informations- und Kommunikationstechnologien steuern und kontrollieren, müssen diese Geschäftsregeln in den entsprechenden Informationssystemen implementieren. Durch die zunehmende Informatisierung wird die Fähigkeit, Geschäftsregeln in Informationssystemen aufzufinden, zu ändern und zu re-implementieren, ein bedeutender Erfolgsfaktor. Die Flexibilität und Reaktionsfähigkeit eines Unternehmens wird dadurch im hohen Masse beeinflusst:

> *"So-called soft assets are becoming increasingly important. [...] many companies already acknowledge the worth of intangible assets, such as brand names. There's now a growing and widespread recognition of the potential value of the intellectual capital that exists in most [...] organizations. [...] One of the problems in assessing this kind of intellectual capital is that its value will remain as potential unless a way can be found to give it a tangible existence. Business rules offer a systematic way of capturing knowledge in a form that can be preserved and replicated."*[169]

Mit der regelbasierten Modellierung von Systemen wird die *Explizierung* des Regel-Wissens angestrebt. Denn die zielgerichtete Veränderung bzw. Anpassung von Prozessen an sich ändernde Bedingungen setzt voraus, dass die betroffenen Regeln sowie deren Implementierungsort und –art bekannt sind bzw. schnell ermittelt werden können. Auch müssen Regeln bestimmte Eigenschaften erfüllen, damit diese als Modellierungselemente Verwendung finden und die angestrebten Nutzenpotentiale ausgeschöpft werden können. So müssen Geschäftsregeln einerseits deklarativ und für den Fach-Anwender gut verständlich formuliert werden, andererseits aber hinreichend präzise sein, um die Interpretation und Ausführung der Regeln durch Informationssysteme zu ermöglichen. Dazu bedarf es neben einem Klassifikationsschema auch einer geeigneten formalen Sprache.

Die Geschäftsprozesse bilden den Bezugsrahmen für den zielgerichteten Einsatz von Informationssystemen. Aus diesem werden die Anforderungen bzw. Spezifikationen an die Anwendungssysteme abgeleitet. Die den Prozess steuernden Bedingungen und Aktionen können ihrerseits auch wieder als Regeln aufgefasst und modelliert werden. Aus diesen können dann systematisch weitere, die Struktur und das Verhalten prozessunterstützender Informationssystemen definierende Regeln abgeleitet werden. Das vorgestellte Metamodell bildet auf hoher Abstraktionsebene die Struktursemantik dieses Vorgehens ab. Es zeigt den Zusammenhang der verschiedenen Regelklassen und bildet die Basis für die in den nachfolgenden Kapiteln beschriebenen detaillierten Sichten.

---

[169] Morgan (2002), S. 292.

3 Die regelbasierte Modellierung von Geschäftsprozessen

Die Wechselwirkungen zwischen Prozess und Informationstechnologie begründen die Notwendigkeit, die Informationssysteme in Abstimmung mit den Geschäftsprozessen zu gestalten. Für ein Unternehmen relevante Prozesse werden meist in einem Unternehmensmodell definiert. Dieses beinhaltet neben den Prozessmodellen u.a. die Informations- und Organisationsaspekte des Unternehmens. Das Unternehmensmodell und die darin enthaltenen Prozessmodelle sind der Ausgangspunkt für die Entwicklung betrieblicher Informationssysteme, die in Bezug auf die Geschäftsprozesse integriert werden sollten.

Aufgrund der gegenseitigen Abhängigkeiten zwischen Unternehmensorganisation und Informationssystem ist es von Vorteil, wenn dieselben Konzepte und Konstrukte sowohl für die Modellierung von Unternehmen als auch für die Beschreibung von Informationssystemen verwendet werden. Ausgehend von der Modellierung betriebswirtschaftlich-semantischer Aspekte wird dann die durchgängige Verfeinerung der Modelle bis hin zur Spezifikation der Informationssysteme ermöglicht. Konkret ergeben sich daraus folgende Vorteile:[170]

- Die Kommunikation zwischen *Business Engineering* und *Software Engineering* wird verbessert, da dieselben Konzepte verwendet werden.
- Die Orthogonalität der Methoden innerhalb einer Modellierungssprache kann besser gewährleistet werden. Dies ist eine wichtige Voraussetzung zur Modellierung, da sie garantiert, dass die Repräsentationsformen unabhängig voneinander sind und die einzelnen Modellierungsaspekte sich ergänzen, ohne sich zu überschneiden.
- Die Qualität der entstehenden Software-Spezifikationen wird unterstützt, da Transformationen von einer Beschreibungssprache in eine andere wegfallen. Damit wird eine potenzielle Fehlerquelle eliminiert. Der semantische Bruch zwischen den Prozess- und Informationssystem-Modellen wird vermindert.
- Die durchgängige Dokumentation der Prozesse, Informationssysteme und Applikationen wird durch die Verwendung gleichartiger Modellierungskonzepte verbessert.

In diesem Kapitel wird die regelbasierte Modellierung von Prozessen beschrieben mit dem Ziel, diese als Ausgangspunkt für die Entwicklung regelbasierter Anwendungs-

---

[170] Vgl. Brücher / Endl (2002), S. 146.

systeme zu verwenden. Für die durchgängige Modellierung ist es von grossem Vorteil, wenn die aus betriebswirtschaftlicher Sicht definierten Prozesse ebenfalls regelbasiert vorliegen. Damit können dann alle im Unternehmen vorhandenen Regeln unabhängig von ihrer Implementierungsart und Klassifikation erfasst und systematisch dargestellt werden.

Während die Begriffe *Geschäftsprozess* und *Prozess* bereits in Kap. 2.1 definiert wurden, müssen die bisher informell verwendeten Begriffe *Unternehmens-* und *Prozessmodell* noch genauer erläutert und voneinander abgegrenzt werden. Daran anschliessend werden wichtige Anforderungen an *Methoden zur Unternehmens- und Prozessmodellierung* formuliert.

Die Modellierung von Prozessen mit Hilfe prozesssteuernder Regeln bildet das Kernthema dieses Kapitels. Nach der Erläuterung der wesentlichen Elemente wird ein Konzept zur systematischen Detaillierung regelbasierter Prozessmodelle vorgestellt. Denn die einen Prozess steuernden Regeln sind zu Beginn des Modellierungsprozesses nicht atomar, sondern im Sinne einer *policy*[171] eher umgangssprachlich und ungenau formuliert. So könnte zu Beginn der Modellierung der gesamte Prozess in einer einzigen Regel ausgedrückt werden. Diese muss dann sukzessive detailliert werden, meist über mehrere Abstraktionsstufen hinweg. Für die sinnvolle Verwendung von Regeln als Instrument zur Prozessmodellierung muss daher ein geeigneter Detaillierungsmechanismus angeboten werden.

Weiter werden Erweiterungen von regelbasierten Prozessmodellen, beispielsweise zur Definition temporaler Ereignisse und zur Abbildung strukturdefinierender Elemente, diskutiert. Die Beschreibung des Metamodells, in dem die für die Prozessmodellierung relevanten Komponenten und deren Beziehungen zueinander dargestellt werden, ist ebenfalls Bestandteil dieses Kapitels. Schliesslich wird der regelbasierte Ansatz zur Prozessmodellierung zusammenfassend bewertet.

3.1 Prozessmodellierung als Element der Unternehmensmodellierung

3.1.1 Unternehmens- und Prozessmodellierung

Der erfolgreiche Einsatz von Informationssystemen wurde in der Vergangenheit häufig durch „Insellösungen" und damit verbunden durch redundante und inkonsistente Datenhaltung eingeschränkt. Die Konsolidierungsanstrengungen konzentrierten sich daher zunächst auf die Modellierung der Informationsressourcen im Unternehmen mit

[171] Im Metamodell wurde dafür der Begriff „Strategieformulierung" verwendet (vgl. Abb. 2-15).

dem Ziel, diese unternehmensweit einheitlich zu planen und zu koordinieren.[172] Damit wurde jedoch der dynamische Aspekt der Leistungserstellung – die prozessorientierte Sicht auf das Unternehmen - vernachlässigt. Die Verwendung eines transparenten Modells der eigenen Wertschöpfungsketten und, daraus abgeleitet, der relevanten Geschäftsprozesse erleichtern jedoch die Identifikation der anzupassenden Bereiche. Die Art und Weise der Gestaltung der wertschöpfenden Prozesse hat einen grossen Einfluss auf die Unternehmensflexibilität. Mit Hilfe eines Modells können Auswirkungen von Veränderungen auf benachbarte Bereiche einfacher festgestellt werden.[173] Der Trend, nicht wertschöpfende Prozesse auf Kooperationspartner auszulagern, führt ebenfalls zu erhöhten Anforderungen an die Prozess-Transparenz, insbesondere im Hinblick auf die Beschreibung der Prozess-Interdependenzen und der gemeinsam zu nutzenden Ressourcen. Auch hier kann ein geeignetes Modell bedeutende Unterstützung leisten.

Diese Überlegungen führten zur Idee der integrierten Unternehmensmodellierung.[174] Das Unternehmensmodell ist die Basis für das Verständnis eines Unternehmens. Es beinhaltet allgemein eine Aufzählung der relevanten strukturellen und dynamischen Komponenten des Unternehmens sowie Informationen darüber, wie diese untereinander interagieren (vgl. Abb. 3-1).[175] Innerhalb eines umfassenden Unternehmensmodells bildet das Prozessmodell die dynamische Sicht auf das Unternehmen.[176]

Welche strukturellen Komponenten im Rahmen der Unternehmensmodellierung betrachtet werden, ist vom jeweils verwendeten methodischen Bezugsrahmen abhängig. Im von Jaeschke vorgeschlagenen Ansatz werden neben der dynamischen Sicht die Strukturelemente *(Aufbau-)Organisation* und *Information* betrachtet. Das von Scheer entwickelte und in der Praxis häufig verwendete ARIS-Konzept (ARIS-Haus) unterscheidet demgegenüber vier statische Sichten. Neben der Informations- und Organisationsschicht werden noch die Funktions- und Leistungssicht des Unternehmens modelliert (vgl. Abb. 3-2).

Die Funktionssicht repräsentiert die statische Struktur der im Unternehmen notwendigen Funktionen. Jede der modellierten Funktionen muss auch in der Prozess-Sicht, von Scheer *Steuerung* genannt, enthalten sein. So kann z. B. die betriebswirtschaftliche Funktion *Auftrag abwickeln* durch Dekomposition in Teilfunktionen zerlegt werden. Deren Einordnung in einen Prozess hingegen zeigt die dynamische Wechselwirkung mit

---

[172] Vgl. z. B. Scheer (1990b), Endl / Fritz (1992).

[173] Vgl. Becker / Kahn (2002), S. 10.

[174] Vgl. z. B. Scheer (1994); Jaeschke (1996); Scheer (1996).

[175] Vgl. z. B. Scheer / Nüttgens / Zimmermann (1995); Vernadat (1996).

[176] Im Bereich der Informationswissenschaften wird unter einem Modell eine Beschreibungssprache verstanden, mit deren Hilfe Schemata beschrieben werden. In der Praxis werden die Begriffe *Modell* und *Schema* oft synonym verwendet.

anderen Funktionen im Hinblick auf die Erfüllung einer betrieblichen Aufgabe. Die Leistungssicht repräsentiert demgegenüber die Struktur zwischen den einzelnen Leistungen, die als Ergebnisse der Prozessdurchführung entstehen.[177]

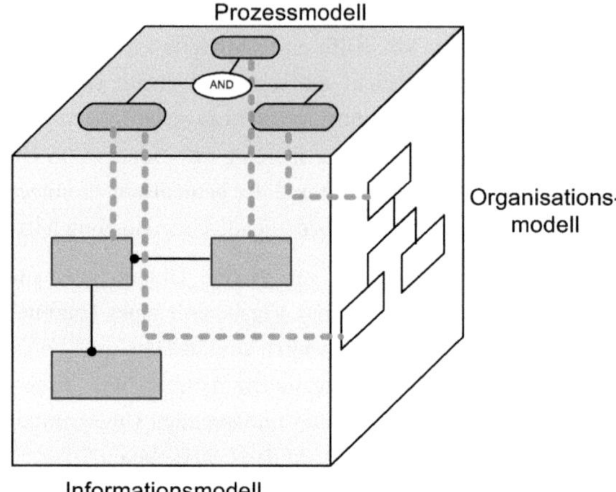

Abb. 3-1: Sichten des Unternehmensmodells[178]

Unabhängig vom gewählten Bezugsrahmen bildet das Prozessmodell die integrierende Sicht auf das Unternehmen.[179] Der geschäftsprozessorientierte Ansatz der Unternehmensmodellierung trägt damit dem Umstand Rechnung, dass gerade die Reorganisation der Geschäftsprozesse als Ausgangspunkt für eine Effizienz- und Effektivitätssteigerung wichtig ist.[180]

---

[177] Vgl. Scheer (2001), S. 93.

[178] Vgl. Jaeschke (1996), S. 3.

[179] Neben den angesprochenen Bezugsrahmen ist, insbesondere im angelsächsischen Raum, das z.B. in Zachmann (1987) beschriebene *Zachman-Framework* populär. In dieser Arbeit wird auf eine weiterführende Diskussion der verschiedenen Bezugsrahmen verzichtet.

[180] Vgl. Ferstl / Sinz (1993).

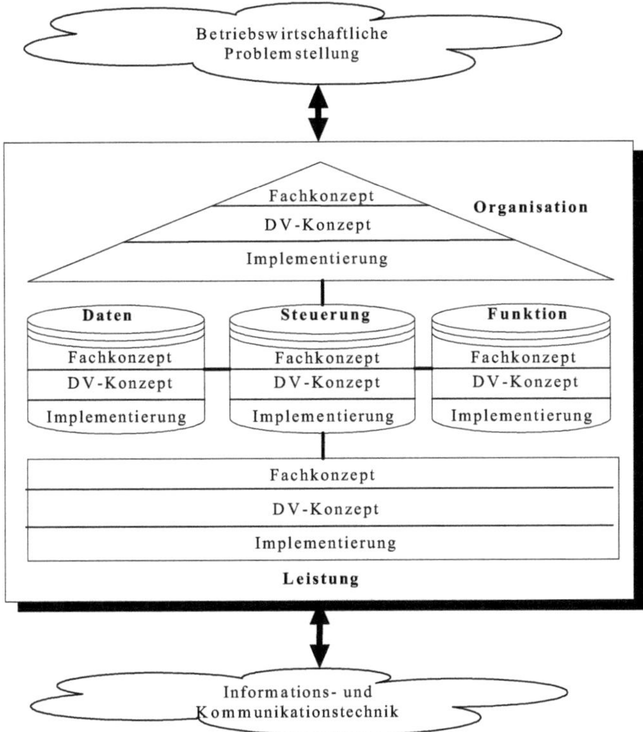

Abb. 3-2: Das ARIS-Haus[181]

3.1.2 Einsatz der Prozessmodellierung

Die Modellierung von Geschäftsprozessen kann, isoliert oder im Rahmen der Unternehmensmodellierung, unterschiedliche Ziele verfolgen bzw. unter verschiedenen Gesichtspunkten eingesetzt werden. In Abb. 3-3 wird eine Übersicht über mögliche Einsatzzwecke gegeben, die im Folgenden skizziert werden.

Bei der Modellierung der Geschäftsprozesse zum *Zweck der Organisationsgestaltung* kommt dem kommunikativen Aspekt grosse Bedeutung zu. Die einheitliche und leicht verständliche Dokumentation der Prozesse soll die Transparenz über die im Unternehmen vorhandenen Prozesse erhöhen, um

[181] Vgl. Scheer (2001), S. 1.

„[...] dadurch die Kommunikation über diese Prozesse (z. B. für den Zweck der Mitarbeiterschulung) in ihrer Effizienz zu erhöhen.“[182]

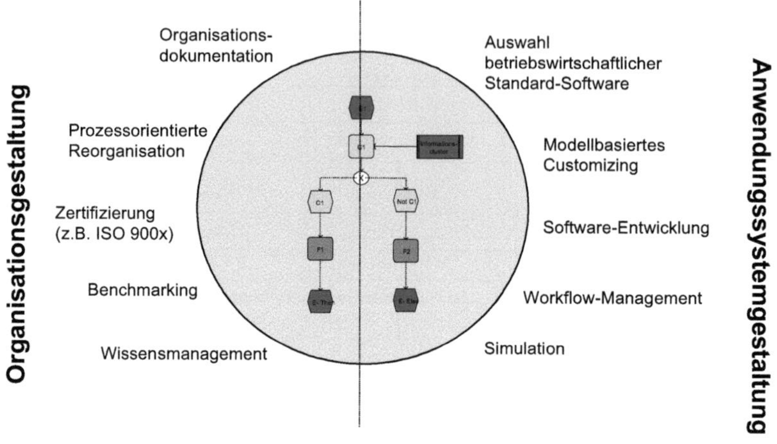

Abb. 3-3: Einsatzzwecke von Prozessmodellen[183]

Eine weitere Zielsetzung ist die Verbesserung der Verfügbarkeit und des Aktualitätsgrades der Prozessbeschreibungen. Aus diesen können dann z.B. Stellenbeschreibungen abgeleitet bzw. aktuell gehalten werden. Auch bei der *prozessorientierten Reorganisation*, dem *kontinuierliches Prozessmanagement* sowie für *Benchmarking* und *Wissensmanagement* sind anschaulich formulierte Prozessmodelle eine wesentliche Voraussetzung. Diese können auch einen Soll-Zustand abbilden, der für Simulationen verwendet werden, die wiederum den Nachweis von angestrebten Verbesserungen erbringen sollen. Zum Zwecke der Werkzeug gestützten Simulation müssen die erstellten Prozessmodelle hinreichend detailliert und formalisiert werden.[184] Zudem müssen diese auch attributierbar sein, d.h. die Erfassung und Zuordnung von Kennzahlen und anderer beschreibender Merkmale ermöglichen. Für das Benchmarking und den Soll-Ist-Vergleich könnten beispielsweise Prozessdurchlaufzeit und -kosten erhoben und in den Prozessmodellen hinterlegt werden.

Auch bei der Gestaltung von Anwendungssystemen kommt der Prozessmodellierung eine besondere Bedeutung zu. So wurde bereits auf deren Rolle bei der *strategischen Informationssystemplanung* und bei der *Entwicklung von Anwendungssystemen* hinge-

[182] Rosemann / Schwegmann (2002), S. 52.

[183] Vgl. Rosemann / Schwegmann (2002), S. 58.

[184] Vgl. Oberweis / Schönthaler (1993).

wiesen: Auf der Basis der Prozessmodelle lassen sich die Bereiche festlegen, die durch entsprechende Informationssysteme unterstützt werden sollen.[185] Diese können einerseits als Grundlage für die Strategische Planung von Informationssystemen dienen. Andererseits können aber auch Anforderungen sowohl an die Funktionalität der unterstützenden Systeme als auch an deren Integrationsfähigkeit abgeleitet werden. Das Prozessmodell oder Teile davon werden soweit detailliert, dass diese als formale Anforderungsdefinition für die Systementwicklung dienen können.

Weitere wesentliche Anwendungsbereiche in Bezug auf die Gestaltung von Informationssystemen sind:

- **Auswahl betriebswirtschaftlicher Standard-Software und modellbasiertes Customizing**: Einer betriebswirtschaftlichen Standard-Software liegt meist ein Unternehmensmodell zugrunde, dessen Funktionalität in Form von Referenzmodellen dokumentiert ist. Unternehmensspezifische Prozessmodelle erleichtern die Vergleichbarkeit der Prozesse mit den in der Standard-Software möglichen Prozessvarianten. Eine Vergleichbarkeit der Modelle setzt allerdings voraus, dass eine vergleichbare Modellierungsmethodik verwendet wird.
- **Workflow-Management**: Ein Workflow ist ein Prozess, der in der Kontrollsphäre eines Anwendungssystems ausgeführt wird.[186] Er setzt die formale Beschreibung des zu steuernden (Teil-)Prozesses voraus. Dazu muss das zugrunde liegende Prozessmodell um Rollen, der präzisen Struktur der Input- und Outputdaten sowie um Angaben zu den eingebundenen und zu steuernden Applikationen erweitert werden. Bei der Ableitung von Workflow-Spezifikationen aus Prozessbeschreibungen verändert sich oft die Semantik der Beziehung zwischen Aktivitäten und Organisationseinheiten: Während im Prozessmodell diese Beziehung meist im Sinne von *ist verantwortlich für* interpretiert wird, ist im Workflow-Modell vor allem die *führt aus*-Beziehung relevant. Allgemein weisen Workflow-Modelle eine bedeutend höhere Anzahl an Modellattributen auf.

Prozessmodelle, die zum Zwecke der Gestaltung von Informationssystemen erstellt werden, müssen wohldefinierte Beziehungen zu den Datenmodellen aufweisen. Dazu müssen die für die Anwendungsentwicklung relevanten Attribute ermittelt und detailliert werden. Die betriebswirtschaftlichen Attribute hingegen, z.B. die Ausführungszeit einer bestimmten Aktivität, treten mit zunehmender Detaillierung in den Hintergrund.[187] Sie repräsentieren dann vielmehr Anforderungen, die vom Anwendungssystem erfüllt werden müssen.

---

[185] Vgl. Riedl (1991), Scheer (1994).

[186] Vgl. z. B. Oberweis (1996), S. 33; Rosemann / Schwegmann (2002), S. 57.

[187] Vgl. Rosemann / Schwegmann (2002), S. 57.

3.2 Anforderungen an Methoden zur Modellierung von Prozessen

Welche Methoden bei der Prozessmodellierung verwendet werden, wird einerseits durch deren Einsatzzweck und andererseits durch die Anforderungen der Modell-Adressaten beeinflusst.[188] Der im Kontext dieser Arbeit fokussierte Einsatzzweck, die Überführung in Workflow-Modelle bzw. die Modellierung von Anwendungssystemen, erfordert Methoden, welche die Erstellung detaillierter und formal spezifizierter Modelle ermöglichen. So sind beispielsweise Wertschöpfungskettendiagramme[189] in diesem Zusammenhang keine geeignete Methode, da sich diese auf die Darstellung der Funktionsabfolge innerhalb eines Prozesses auf einer hoch aggregierten Ebene beschränken. Eine detaillierte Darstellung der Ablauffolge ist aufgrund fehlender Modellierungskonstrukte nicht möglich.

Allgemein sollten bei jeder Modellierungsaktivität die *Grundsätze der ordnungsgemässen Modellierung* eingehalten werden:[190]

- **Grundsatz der Richtigkeit**: Das Modell muss den abzubildenden Sachverhalt korrekt wiedergeben.
- **Grundsatz der Relevanz**: Alle im Hinblick auf den Modellierungszweck relevanten Sachverhalte müssen in dem Modell abgebildet sein.
- **Grundsatz der Wirtschaftlichkeit**: Die Modellierungsaktivitäten müssen in einem angemessenen Kosten-Nutzen-Verhältnis stehen.
- **Grundsatz der Klarheit**: Abhängig von dem Empfängerkreis muss das Modell so erstellt werden, dass es von den Empfängern auch verstanden wird.
- **Grundsatz der Vergleichbarkeit**: Zwei mit derselben Methode modellierten Modelle sollten miteinander vergleichbar sein.
- **Grundsatz des systematischen Aufbaus**: Die verschiedenen Sichten des Modells sollten miteinander im Einklang stehen, d.h. über wohldefinierte Schnittstellen zu korrespondierenden Modellen bzw. Sichten verfügen.

Aufbauend auf diesen Grundsätzen werden nachstehend weitere Anforderungen an eine Modellierungsmethode angegeben.[191]

---

[188] Vgl. Becker / Vossen (1996), S. 19.

[189] Vgl. Porter (1992).

[190] Vgl. Becker / Rosemann / Schütte (1995).

[191] Die angegebenen Anforderungen stützen sich auf Jablonski (1996); Oberweis (1996); Endl et al. (1997).

Modellierungsmächtigkeit

Die Modellierungsmethode soll einerseits die semi-formale Beschreibung von Prozessen, andererseits aber auch deren mehrstufige Detaillierung ermöglichen. Ein kontrollierter Übergang von semiformalen zu formalen Darstellungsformen muss unterstützt werden. Dabei ist die *Methodeneinheitlichkeit* von besonderer Bedeutung:[192] Oftmals werden unterschiedliche Methoden für die Beschreibung von Prozessen und deren systemtechnische Umsetzung in Workflows bzw. zur Entwicklung von Anwendungssystemen genutzt. Eine Modellierungsmethode sollte eine möglichst einheitliche Modellierungsumgebung für alle Ebenen des Modellierungs- und Umsetzungsprozesses zur Verfügung stellen.

Weitere Anforderungen in diesem Zusammenhang sind:

- Die Methode muss einerseits *anwendungs- und zielsystemunabhängig* sein. Andererseits sollte sie bei Bedarf zielsystemspezifisch erweiterbar sein.
- Zeitliche Aspekte wie z. B. Termine oder Lieferfristen müssen beschreibbar sein.[193]
- Die Formulierung von Geschäftsregeln, die bei der Durchführung des Prozesses eingehalten werden müssen, muss unterstützt werden.[194]
- Die Modellierung von Sequenzen, Nebenläufigkeiten und alternativen Verzweigungen müssen modellierbar und in der Prozessbeschreibung ersichtlich sein.
- Organisatorische Sachverhalte, z. B. die Zuordnung von Verantwortlichkeiten für eine Aktivität oder für deren Durchführung müssen modellierbar sein.

Unterstützung der Entwicklung von Informationssystemen

- Für das Verständnis des Prozessmodells ist seine grafische Darstellung ein wichtiges Instrument. Entsprechend muss eine Modellierungsmethodik die grafische Visualisierung des Modells ermöglichen.
- Im Verlauf der Modellierung werden Prozessmodelle sukzessiv verfeinert. Die Methode muss daher *top-down-* bzw. *bottom-up*-Vorgehensweisen unterstützen. In Abhängigkeit von der Abstraktionsstufe müssen gegebenenfalls weitere Modellierungskonstrukte hinzugefügt werden. So ist bspw. der Name einer zu startenden Anwendung mit den zu übergebenden Parametern erst bei der Spezifikation eines Workflows relevant. Diese zusätzlichen Konstrukte müssen sich konsistent in das Modell einfügen lassen.

---

[192] Vgl. Hoheisel (2000), S. 152.

[193] Vgl. Hoheisel (2000), S. 12 ff.

[194] Vgl. Oberweis (1996), S. 32; Herbst (1997); Eriksson / Penker (2000), S. 133.

- Mit Hilfe der Simulation werden quantitative Aussagen über die modellierten Prozesse ermöglicht, beispielsweise über die Bearbeitungszeit eines Objektes, deren Ressourcen-Beanspruchung oder über Kosten. Die Modellierungsmethodik sollte analytische Verfahren zur Validierung des Prozesses ermöglichen.
- In vielen Unternehmen werden bereits unterschiedliche Modellierungsmethoden eingesetzt. Zudem müssen Prozessmodelle mit zunehmender Detaillierung meist in eine andere Zielsprache transformiert werden, z.B. in die Beschreibungssprache eines Workflow-Management-Systems. Daraus ergibt sich die Anforderung der *Transformierbarkeit* in dem Sinne, dass ein Prozessmodell in methodisch eindeutiger Weise in eine andere Beschreibungssprache überführt werden kann.

3.3 Geschäftsregelbasierte Prozessmodellierung

Wie in Kap. 2.1 diskutiert, existieren in jedem Unternehmen Geschäftsregeln für die alltägliche Aufgabenerfüllung. Durch diese werden die Abläufe zur Erreichung von Organisationszielen vorgeschrieben. Die Regeln beruhen auf ethischen und kulturellen Normen, auf rechtlichen Vorgaben oder auf innerbetrieblichen Festlegungen. Viele davon sind nicht explizit beschrieben, sondern nur informell vorhanden. Sie gehören zum implizit vorhandenen Wissen der am Ablauf beteiligten Personen. Auch unterscheiden sie sich im Hinblick auf den Grad der Detailliertheit: Während einige Regeln so präzise formuliert sind, dass sie automatisiert ausgeführt werden können, lassen andere Regeln Handlungsspielräume offen oder bedürfen einer Interpretation. Beim Übergang von manuellen auf computergestützte Informationssysteme kann ein Teil der Regeln in Workflow-Management-, Anwendungs- oder Datenbanksystemen implementiert werden, während ein anderer Teil auch weiterhin manuell ausgeführt werden muss.[195]

In einigen Vorgehensvorschlägen zur Modellierung von Prozessen werden Regeln explizit ermittelt und dem Prozess zugeordnet.[196] Ein anderer Ansatz besteht darin, den Geschäftsprozess selbst als eine Folge von Geschäftsregeln aufzufassen, d.h. die kausalen und temporalen Ablaufvorschriften in geeigneter Weise zu modellieren. Die unter bestimmten Bedingungen auszuführenden Aktivitäten und die sie auslösenden Ereignisse können in Beziehung zueinander gesetzt werden, so dass Prozesse auf der Grundlage von Geschäftsregeln beschrieben und ausgeführt werden können.[197]

---

[195] Vgl. Knolmayer / Herbst (1993), S. 386.

[196] Vgl. z. B. Herbst / Myrach (1997), S. 175; Eriksson / Penker (2000), S. 133.

[197] Vgl. Kap. 2.2.2.

Nachfolgend wird eine auf der ECAA-Notation basierende Methode zur regelbasierten Modellierung von Geschäftsprozessen vorgestellt. Diese ist vor allem durch folgende Eigenschaften gekennzeichnet:

- Die durchgeführten Aktionen lösen bei ihrer Terminierung mindestens ein Ereignis aus, das mit einer weiteren, im Prozessverlauf nachgelagerten Prozessregel korrespondiert.
- Im Gegensatz zu den Intra-IS-Regeln muss das durch eine Aktion ausgelöste Ereignis nicht notwendigerweise mit einem Datenbankereignis korrespondieren. So ist es möglich, dass die durch eine Person ausgeführte Aktivität zu keiner in einem Informationssystem gespeicherten Information führt. Beispielsweise könnte das Versenden eines Briefes die Beendigung einer Aktivität signalisieren und so eine nachgelagerte Prozessregel auslösen, ohne dass dies zu einem datenbank- oder systemrelevanten Ereignis führt.

Die Methode soll eine einheitliche Modellierungsumgebung für alle Ebenen des Modellierungsprozesses zur Verfügung stellen, d.h. sie unterstützt eine regelbasierte Beschreibung der Geschäftsprozesse und deren sukzessive Verfeinerung bis hin zur Spezifikation der Informationssysteme. Das Resultat besteht aus einer Menge strukturierter Regeln, die zusammen den Geschäftsprozess auf unterschiedlichen Abstraktionsebenen beschreiben. Dabei werden während des gesamten Modellierungsprozesses dieselben Konstrukte genutzt, die in Abhängigkeit von dem jeweiligen Abstraktionsgrad durch zusätzliche Konstrukte ergänzt werden können.[198]

3.3.1 ECAA-Notation

Die Prozessmodellierung mit Geschäftsregeln basiert auf ECAA-Regeln.[199] Durch die drei Konstrukte *Ereignis*, *Bedingung* und *Aktion* ergibt sich so eine Analogie zu den in aktiven Datenbanksystemen verwendeten ECA-Regeln. Das ECA-Konstrukt wird um eine zweite Aktionskomponente erweitert, um bei Nichteintreten einer Bedingung eine alternative Aktion ausführen zu können. Damit können für einen Geschäftsprozess typischen Entscheidungsaktivitäten modelliert werden. Die ECA- und EA-Regeln, d.h. Regeln ohne Bedingungskomponente, werden als Sonderfälle von ECAA-Regeln betrachtet (vgl. Abb. 3-4).

Bei der Modellierung von Geschäftsregeln können Abgrenzungsprobleme zwischen den einzelnen Regelkomponenten auftreten.[200] So kann beispielsweise das Ereignis *Defektes Gerät kommt innerhalb der Garantiezeit zurück* auch als Ereignis *Defektes Gerät kommt*

---

[198] Vgl. Knolmayer / Endl / Pfahrer (2000), S. 16.

[199] Vgl. Kap. 2.2.3.2.

[200] Vgl. Herbst / Knolmayer (1995), S. 150.

zurück und als Bedingung *Gerät ist in Garantiezeit* formuliert werden. Eine genaue Abgrenzung der einzelnen Regelkomponenten zueinander ist daher notwendige Voraussetzung für eine möglichst präzise Abbildung der Realität.[201]

ON	*Event*
IF	*Condition*
DO	*Action*
ELSE	*Alternative Action*

ON	*Event*
IF	*Condition*
DO	*Action*

ON	*Event*
DO	*Action*

Abb. 3-4: Geschäftsregeln in ECAA-, ECA- und EA-Notation

3.3.1.1 Ereignis

Eine in Bezug auf die Prozessmodellierung sinnvolle Definition ist die Folgende:

> *„Ein Ereignis ist ein Phänomen, welches durch sein Auftreten eine bestimmte Situation beeinflusst."*[202]

Entsprechend dieser Definition spezifiziert die Ereigniskomponente in der Geschäftsregel, wann eine Regel ausgeführt werden soll. Durch das Eintreten des Ereignisses wird ein Zustandsübergang innerhalb des Prozesses angezeigt. In diesem Kontext kennzeichnet ein Ereignis also den Übergang von einem betriebswirtschaftlich definierten Zustand in einen anderen.

Ein wesentliches Merkmal von Ereignissen ist, dass diese aus Sicht des Prozesses nicht *zeitkonsumierend* sind, d.h. keinen Zeitbedarf aufweisen. Sie beinhalten damit auch keine Aktivität, die durch einen in den Prozess involvierten Akteur ausgeführt werden muss.

Grundsätzlich können zwei Ereignistypen unterschieden werden:[203]

- **Elementare Ereignisse**: Die diesem Typ zugehörenden Ereignisse lassen sich nicht weiter zerlegen. Sie können daten-, zeit- oder benutzerbezogen sein: *Datenbezogene* Ereignisse werden als Ergebnis einer Datenmanipulation oder –abfrage ausgelöst, während *zeitbezogene* Ereignisse durch das Eintreten eines bestimmten Zeitwertes gekennzeichnet sind. *Benutzerbezogene* Ereignisse werden durch einen in den Prozess involvierten Anwender erkannt und signalisiert.[204]

---

[201] Vgl. Knolmayer / Endl / Pfahrer (2000), S. 19.

[202] Hoheisel (2000), S. 93.

[203] Vgl. Chakravarthy / Mishra (1993), S.7; Gatziu (1995), S. 30; Herbst / Knolmayer (1995), S. 151.

[204] Für eine detaillierte Darstellung von zeitbezogenen Ereignissen siehe Myrach (1996); Hoheisel (2000).

- **Komplexe Ereignisse**: Diese Ereignisse werden durch die Anwendung von Operatoren auf Ereignisse spezifiziert. Letztere können ihrerseits entweder elementar oder wiederum komplex sein. Im Kontext der regelbasierten Prozessmodellierung können Ereignisse durch den logischen Operator *UND* konjunktiv (*Konjunktionsereignis*) verknüpft werden. Analog wird die Verknüpfung durch EXKLUSIV ODER bzw. ODER als *Disjunktionsereignis* bezeichnet.

Im Rahmen der regelbasierten Modellierung von Geschäftsprozessen erfüllen Ereignisse zwei **Aufgaben**:

- Als *auslösende Ereignisse* starten sie die Ausführung einer oder mehrerer Geschäftsregeln. Ein Spezialfall ist dabei das Ereignis, das die erste Regel innerhalb einer Prozessregelkette auslöst. Dieses Ereignis wird als *prozessexternes* oder *prozessauslösendes Ereignis* bezeichnet.
- Als *Transitionsereignis* signalisieren sie einen nach der Terminierung einer Geschäftsregel erreichten Zustand.[205]

3.3.1.2 Bedingung

Diese Komponente innerhalb des ECAA-Konstruktes spezifiziert eine *Vorbedingung*, die vor der Ausführung einer Aktion erfüllt sein muss. Die Prüfung der Bedingung findet dabei innerhalb des Prozesses statt. Aus dessen Sicht ist die Bedingungsprüfung eine Aktivität, die durch einen am Prozess beteiligten Akteur durchgeführt wird. Die Prüfung stellt damit aus Sicht des Prozesses eine zeit- und ressourcenkonsumierende Grösse dar, die ein Boole'sches Ergebnis liefert. Ein weiteres Merkmal dieser Komponente ist, dass Anwendungsinformationen ausschliesslich als *Input* benötigt werden. Ausser dem Boole'schen Ergebniswert werden von der Bedingung keine weiteren Informationen erzeugt, verändert oder gelöscht.

Analog zu der Ereigniskomponente wird auch hier zwischen elementaren und komplexen Bedingungen unterschieden.

3.3.1.3 Aktion

Mit der Aktionskomponente wird ebenfalls eine auszuführende Aktivität modelliert.[206] Mit Hilfe von Aktionen

---

[205] Im Zusammenhang mit Ereignisgesteuerten Prozessketten werden diese Ereignisse auch als *Bereitstellungsereignisse* bezeichnet (vgl. Kap. 4.1.1 und Rosemann / Schwegmann (2002), S. 66).

[206] Dies in Analogie zu dem in Keller / Nüttgens / Scheer (1992) verwendeten Funktionsbegriff.

> *„werden durch physische oder geistige Aktivitäten zu verwirklichende Soll-Leistungen definiert.“*[207]

Diese können entweder durch ein Anwendungssystem oder durch eine in den Prozess involvierte Person durchgeführt werden.

Die Aktionskomponente ist die zweite aktive Komponente einer Geschäftsregel. So werden Aktionen innerhalb eines Prozesses durch einen Akteur ausgeführt und sind damit ebenfalls zeit- und ressourcenkonsumierend. Auch benötigen Aktionen für ihre korrekte Ausführung bestimmte Input-Informationen. Von der Bedingungskomponente grenzen sich die Aktionen jedoch wie folgt ab:

- Im Gegensatz zu Bedingungen erzeugen oder manipulieren Aktionen für die Erreichung des Prozess-Ziels relevante Informationen.
- Eine Aktion besteht aus einer oder mehreren Operationen, die sequenziell ausgeführt werden müssen. Innerhalb des Aktionsteils sind also keine Operationen zugelassen, die ein Boole'sches Ergebnis erzeugen.
- Der Abschluss der letzten Operation im Aktionsteil führt zum Auslösen von einem - elementaren oder komplexen - Transitionsereignis.

3.3.1.4 Das EC^{m}A^{n}-Paradigma

Der vorgestellte ECAA-Ansatz beschränkt sich auf Bedingungen mit binären Entscheidungsergebnissen. Im Rahmen der Prozessmodellierung kann es jedoch notwendig sein, aus mehr als zwei Alternativen eine geeignete Ablaufvariante auszuwählen. Diese Anforderung kann durch eine Verallgemeinerung des ECAA-Ansatzes zu EC^{m}A^{n} erfüllt werden: Innerhalb einer Geschäftsregel können mehrere Bedingungen und mehrere Aktionen spezifiziert werden. Jede Aktion korrespondiert dabei mit einem der möglichen Ergebniszustände der Bedingungskomponenten.

Bei dieser Verallgemeinerung des ECAA-Ansatzes ergeben in Bezug auf die Formulierung mehrerer Bedingungskomponenten folgende Konsequenzen:

- Die Freiheitsgrade bei der Modellierung werden erhöht: Beim Modellieren muss wiederholt entschieden werden, ob die Bedingungen innerhalb einer Geschäftsregel zu spezifizieren sind oder mehrere unterschiedliche Geschäftsregeln verwendet werden sollen. Durch die Möglichkeit, mehrere Bedingungskomponenten innerhalb einer Geschäftsregel zu formulieren, nimmt jedoch auch die Modellierungskomplexität zu.

---

[207] Hoheisel (2000), S.116.

- Innerhalb der Bedingungskomponente können bereits beim ECAA-Ansatz komplexe Bedingungen formuliert werden, deren Teile über logische Operatoren miteinander verknüpft werden. Damit können grundsätzlich alle Bedingungen einer EC^mA^n- auch als ECA^n-Regel formuliert werden, wobei die Bedingungskomponente eine komplexe Bedingung mit äquivalenter Entscheidungslogik enthält.

Eine Verallgemeinerung des Ansatzes in Form von ECA^n hingegen ermöglicht die Formulierung von Geschäftsregeln, deren Bedingungskomponenten nicht auf binäre Ergebniszustände beschränkt sind, sondern die Modellierung diskreter Ergebniszustände ermöglichen. In einigen Fällen kann dies die Lesbarkeit der Prozessmodelle erhöhen, so dass deren Verwendung durchaus sinnvoll ist. Jede mit EC^mA^n oder ECA^n-formulierte Regel kann formal jedoch durch eine Folge von ECAA-Regeln ausgedrückt werden. Im Folgenden werden daher vor allem als EA-, ECA- ECAA-formulierte Regeln näher betrachtet. Ohne Beschränkung der Allgemeingültigkeit können die folgenden Ausführungen auch auf Regeln in ECA^n-Notation angewendet werden.

3.3.2 Modellierung von Abläufen mit der ECAA-Notation

Nachfolgend werden die Modellierungsmöglichkeiten von Prozessen durch Geschäftsregeln anhand der Ablaufformen *Sequenz*, *Selektion*, *Iteration* und *Parallelität* beschrieben. Bei der Diskussion der Anforderungen an eine Methode zur Prozessmodellierung wurde erläutert, dass diese Ablaufformen in geeigneter Weise modellierbar sein müssen.[208]

Ähnlich wie bei der *Ereignisgesteuerten Prozesskette*[209] entsteht ein regelbasierter Prozessablauf dadurch, dass bei Ausführung des Aktionsteils einer Geschäftsregel ein Transitionsereignis eintritt. Dieses löst wiederum andere im Prozessverlauf definierte Regeln aus. Dieser Sachverhalt wird innerhalb der Aktionskomponente einer Geschäftsregel mit einem Pfeil angezeigt (vgl. Abb. 3-5).[210]

3.3.2.1 Sequenz

Sequenzielle Prozessausführungen lassen sich einfach unter Verwendung von EA-Regeln modellieren. Dabei muss in deren Aktionsteil das für die Folgeaktivität relevante Ereignis eintreten.[211] Die Abb. 3-5 zeigt eine aus drei Geschäftsregeln bestehende Sequenz. Der Aktionsteil einer Geschäftsregel löst bei der Terminierung ein Ereignis aus, das wiederum eine Geschäftsregel zur Ausführung bringt.

---

[208] Vgl. Kap. 3.2.

[209] Vgl. Keller / Nüttgens / Scheer (1992).

[210] Vgl. Knolmayer et al. (1997), S. 17.

[211] Vgl. Knolmayer et al. (1997), S. 17.

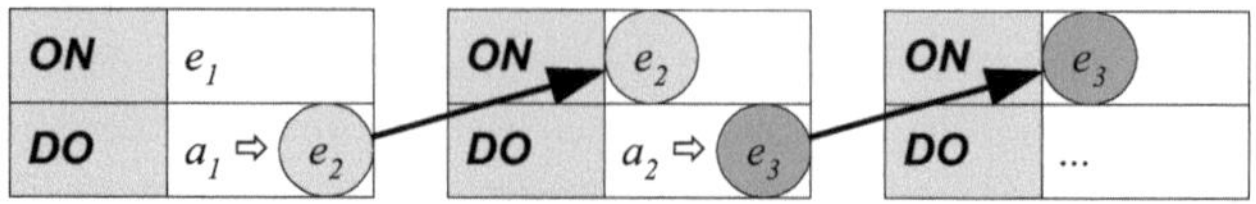

Abb. 3-5: Modellierung von Sequenzen mit EA-Regeln

3.3.2.2 Selektion

Eine Selektion kann grundsätzlich sowohl exklusiv *(XOR)* als auch nicht-exklusiv *(OR)* sein. Sie werden daher auch als *XOR- bzw. OR-Split* bezeichnet.[212]

Eine ECAA-Regel beinhaltet implizit immer auch einen XOR-Split: In Abhängigkeit von dem Ergebnis der Bedingungsprüfung wird eine der beiden in der Regel enthaltenen Aktionen ausgeführt. Dies führt zu unterschiedlichen Transitionsereignissen, die in der Regel wiederum verschiedene nachfolgende Geschäftsregeln aktivieren. In diesem Fall wird der Prozessverlauf über die Bedingungskomponente der auslösenden Regel gesteuert (vgl. Abb. 3-6).

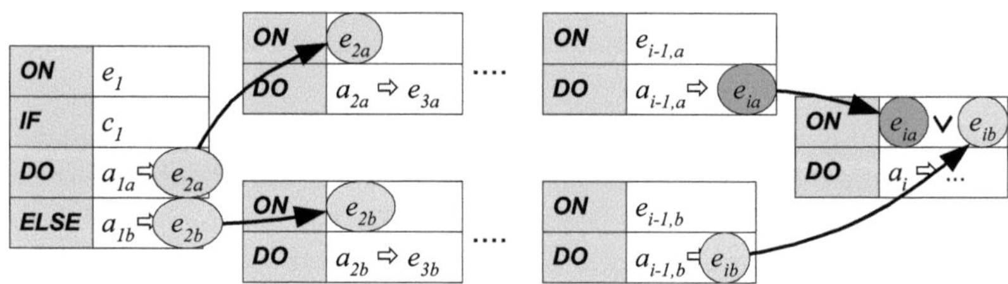

Abb. 3-6: Modellierung alternativer Abläufe mit ECAA-Regeln

Die Zusammenführung alternativer Abläufe (XOR-Join) ist auf zwei unterschiedliche Arten möglich:

- Die alternativen Abläufe lösen im weiteren Prozessverlauf dasselbe Transitionsereignis aus.
- Die terminierenden Ereignisse der alternativen Abläufe werden in der nachfolgenden Geschäftsregel mit einer Disjunktion verknüpft. Diese repräsentiert damit ein komplexes Ereignis (vgl. Abb. 3-6).[213]

---

[212] Vgl. Keller / Nüttgens / Scheer (1992), S. 13.

[213] Vgl. Kap. 3.3.1.1.

Eine spezielle Form von sich gegenseitig ausschliessenden Handlungsalternativen ergibt sich aus der Definition einer ECAA-Regel, in der sowohl die Aktion als auch die alternative Aktion auf das gleiche Ereignis führen (vgl. Abb. 3-7).[214]

ON	e_1
IF	c_1
DO	$a_{1a} \Rightarrow$ e2
ELSE	$a_{1b} \Rightarrow$ e2

Abb. 3-7: Alternative Aktionen mit identischen Folgeereignissen

Dieses Konstrukt kann sinnvoll sein, wenn auf hoher Aggregationsstufe der gesamte Prozess durch ein einzige Geschäftsregel ausgedrückt werden soll. Dieser beinhaltet alternative Abläufe, terminiert jedoch mit einem für alle Alternativen gemeinsamen Schlussereignis. Mit zunehmender Detaillierung werden dann die Aktionen dieser aggregierten Regel in Teilprozesse aufgesplittet.[215]

Daneben kann aber auch ein durch dieselbe Aktion ausgelöstes Transitionsereignis alternative Prozessabläufe signalisieren (vgl. Abb. 3-8). Dabei werden ECAA-Regeln verwendet, die zwar in den Ereigniskomponenten übereinstimmen, jedoch unterschiedliche Bedingungen zu prüfen haben. Dieses Konstrukt kommt normalerweise bei der Modellierung paralleler Abläufe zur Anwendung.[216] Werden jedoch

- die Bedingungen in den nachfolgenden Geschäftsregeln so formuliert, dass immer nur genau eine von ihnen erfüllt sein kann und
- verweisen die von den Alternativ-Aktionen in den nachfolgenden Regeln erzeugten Ereignisse direkt auf die zusammenführende Geschäftsregel,

dann entspricht dieses Modellierungskonstrukt einem XOR-Split. Aus der Abb. 3-8 ist ersichtlich, dass die Zusammenführung der alternativen Prozess-Zweige in diesem Fall über ein *Konjunktionsereignis* durchgeführt werden muss. Diese Variante kann zur Modellierung von mehr als zwei alternativen Abläufen angewendet werden. Sie kann aber schnell zu unübersichtlichen und schwer verständlichen Prozessmodellen führen.

---

[214] Vgl. Knolmayer et al. (1997), S. 17.

[215] Zur systematischen Detaillierung von Geschäftsregeln vgl. Kap. 3.3.3.

[216] Vgl. Kap. 3.3.2.3.

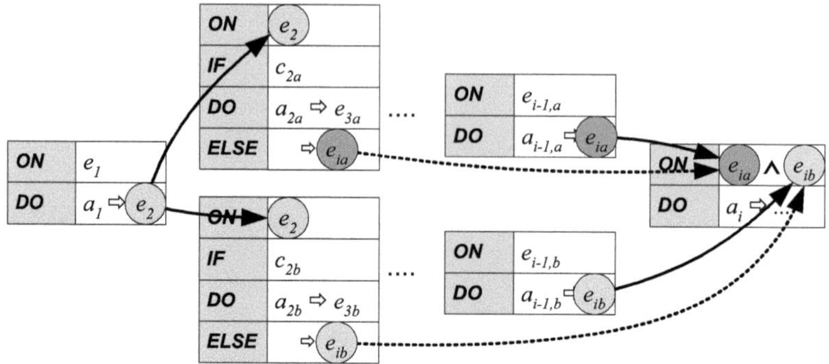

Abb. 3-8: Alternative Teilprozesse, modelliert mit Hilfe sich gegenseitig ausschliessender Bedingungskomponenten

Wenn die Bedingungskomponenten aber nicht in der beschriebenen Form voneinander abhängen, so wird damit ein OR-Split modelliert: In Abhängigkeit von dem Ergebnis der Bedingungsprüfung gelangen in den nachfolgenden Regeln alle, mehrere, einer oder auch keiner der Teilprozesse zur Ausführung. Problematisch ist dabei, dass die Ausführung von nur einem Teil der definierten Aktionen bei einer wenig sorgfältigen Modellierung zu nichtdeterministischen Abläufen führen kann. Von Hoheisel wird aus diesem Grund die Auffassung vertreten, dass die Modellierung von OR-Splits im Rahmen der Prozessmodellierung unzulässig ist.[217] Entsprechend ist auch kein explizites Konstrukt zur Modellierung eines OR-Splits im regelbasierten Modellierungsansatz vorgesehen.

In Abb. 3-9 schliesslich wird noch ein weiterer Spezialfall der Selektion, die *Iteration*, dargestellt. Bei dieser kann eine im Prozessverlauf bereits durchgeführte Regel zum wiederholten Male aktiviert werden. Dieser Zyklus kann modelliert werden, in dem in einem der Aktionsteile einer Regel ein Ereignis ausgelöst wird, das zur wiederholten Ausführung einer Geschäftsregel führt. Dieser Zyklus wird so lang durchlaufen, bis die Abbruchsbedingung in der terminierenden Regel erfüllt ist.

[217] Vgl. Hoheisel (2000), S. 135.

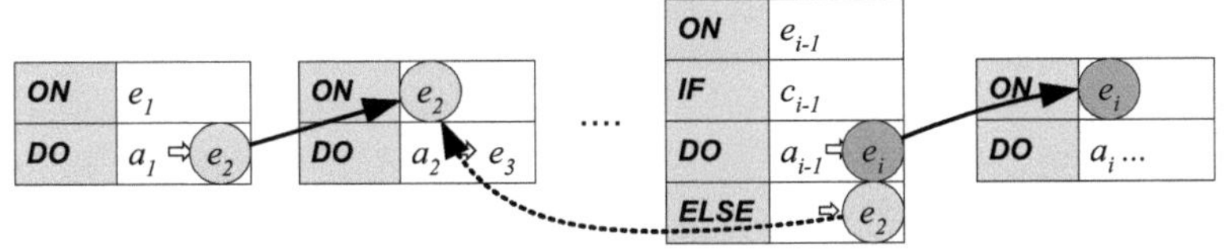

Abb. 3-9: Modellierung von Iterationen

Sowohl in Abb. 3-8 als auch Abb. 3-9 sind *leere* Aktionskomponenten modelliert. Dies sind Aktionen, die lediglich das explizite Auslösen eines Transitionsereignisses zum Ziel haben. Beispielsweise wird in Abb. 3-9 das Ereignis $\mathbf{e_2}$ ausgelöst, ohne dass in der ELSE-Komponente eine Aktion durchgeführt wird. Offenbar tritt also das Ereignis $\mathbf{e_2}$ ein, wenn die Bedingung $\mathbf{c_{i-1}}$ nicht erfüllt ist. Dieses explizite Auslösen von Ereignissen ist eine *Pseudo-Aktion*.[218] Sie ist notwendig, um in Abhängigkeit von dem Ergebnis einer Bedingungsprüfung eine andere Geschäftsregel direkt zu aktivieren. Das Konstrukt wird zur Modellierung von ECA-Regeln sowie im Zusammenhang mit der Selektion benötigt. In dem in Abb. 3-10 gezeigten Beispiel müssen die Kundendaten nur dann erfasst werden, wenn es sich um einen Neukunden handelt. Diese Aktion entfällt im Fall eines bereits bekannten Kunden.

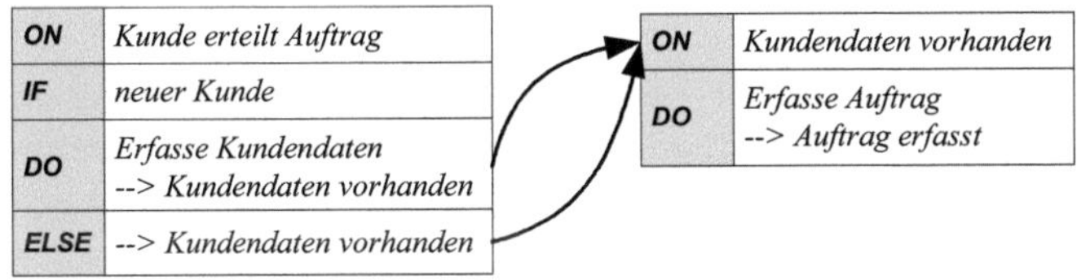

Abb. 3-10: Modellierung einer Selektion mit Pseudo-Aktion

Das Auslösen eines Disjunktionsereignisses durch den Aktionsteil einer ECAA-Regel ist nicht erlaubt (vgl. Abb. 3-11). Denn in diesem Fall müsste innerhalb des Aktionsteils entschieden werden, welches Ereignis in Abhängigkeit des konkreten Geschäftsvorfalls ausgelöst werden muss. Damit würde aber implizit eine Bedingungsprüfung innerhalb des Aktionsteils zugelassen. Dies ist jedoch genau die Rolle der Bedingungskomponente innerhalb einer Geschäftsregel. Zur Vermeidung einer Vermischung von Bedingungs-

---

[218] Vgl. Gatziu (1995), S. 46. Darin werden die explizit ausgelösten Ereignisse als "Abstrakte Ereignisse" bezeichnet. Diese haben eine eindeutige Bezeichnung und werden durch einen Akteur, entweder ein Benutzer oder eine Applikation durch das reservierte Schlüsselwort RAISE EVENT <name> ausgelöst.

und Aktionskomponenten muss die Bedingungsprüfung innerhalb eines Aktionsteils verboten werden.

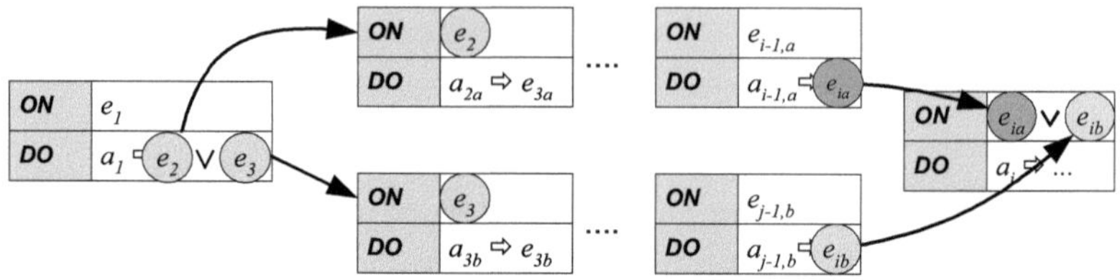

Abb. 3-11: Ungültiges Konstrukt: Durch ein Disjunktionsereignis ausgelöster XOR-Split

Durch diese inhärente Konsistenzbedingung wird der Modellierer bei der Ermittlung prozesssteuernder Geschäftsregeln und vor allem bei der Abgrenzung der Komponenten unterstützt. Im Verlauf der Detaillierung von Prozessen können jedoch Fälle auftreten, bei denen es temporär notwendig ist, dass Aktionen auch Disjunktionsereignisse auslösen. In Kap. 3.3.5 wird dieser Aspekt diskutiert. Darin werden auch (Meta-) Regeln zur Beschreibung der erlaubten Situationen angegeben.

3.3.2.3 Parallelität

Parallele Abläufe können mit Geschäftsregeln auf zwei unterschiedliche Arten modelliert werden. In Abb. 3-12 wird eine Variante gezeigt, bei der mehrere ECAA-Regeln durch dasselbe Ereignis ausgelöst werden. Nach dessen Eintreten werden alle assoziierten Geschäftsregeln ausgeführt.

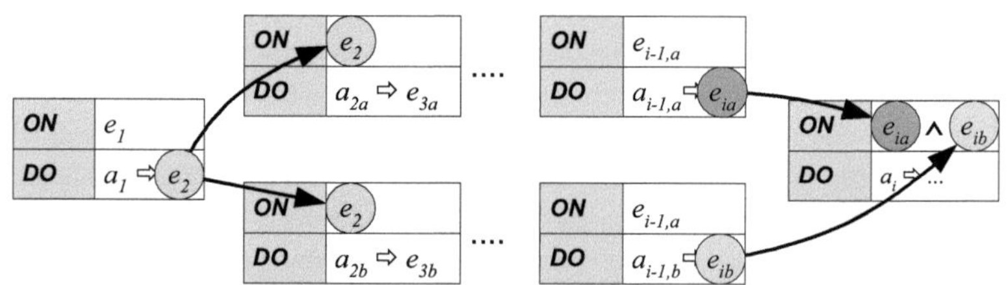

Abb. 3-12: Parallele Abläufe, ausgelöst durch dasselbe Ereignis

Die zweite Möglichkeit besteht darin, dass eine Aktion mehrere konjunktiv verknüpfte Ereignisse aktiviert. Die Abb. 3-13 veranschaulicht diesen Fall: Im Aktionsteil der ersten Geschäftsregel werden die Ereignisse *e2* und *e3* ausgelöst, die ihrerseits für das Auslösen der parallelen Abläufe verantwortlich sind.

Das Zusammenführen der parallelen Prozess-Zweige (AND-Join) erfolgt ebenfalls durch Anwendung eines Konjunktionsereignisses.[219] Dieses verknüpft die Transitionsereignisse, welche durch die jeweils letzten Aktionen der parallel ablaufenden Teilprozesse ausgelöst werden (vgl. Abb. 3-13).

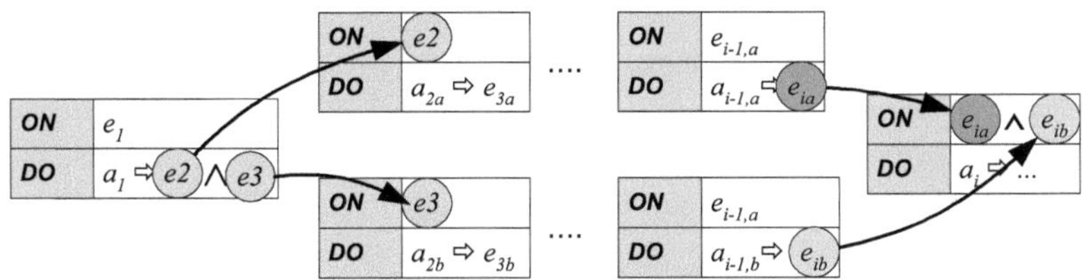

Abb. 3-13: Parallele Abläufe mit unterschiedlichen Ereignissen als Auslöser.

Eine Notwendigkeit zur Zusammenführung paralleler Abläufe besteht jedoch nicht in jedem Fall. So kann ein Teil-Prozess ausgelöst werden, dessen Ausführung auf den weiteren Ablauf des auslösenden Prozesses keinen Einfluss haben soll, z.B. die Aktivierung des Prozesses *Bestandskontrolle* nach der Entnahme von Waren aus dem Lager.

3.3.3 Erweiterungen regelbasierter Prozessmodelle

Die bisher vorgestellte Methode dient zur Modellierung der sachlich-logischen Zusammenhänge eines Ablaufes. Im Rahmen der Unternehmensmodellierung sind neben dem Prozessablauf aber auch andere Aspekte relevant. So muss z. B. modelliert werden können, welche Regel-Komponente auf welche Weise welche Informationsobjekte benötigt. Für eine vollständige Modellierung müssen daher auch die relevanten strukturellen Komponenten des Unternehmens sowie Informationen darüber, wie diese mit den Prozess-Elementen interagieren, erfasst werden.[220]

In Bezug auf die regelbasierte Prozessmodellierung ergibt sich damit die Notwendigkeit der Erweiterung der ECAA-Notation. Neben dieser Ergänzung mit Komponenten zur Modellierung der strukturellen Aspekte spielen häufig auch zeitliche Zusammenhänge eine wichtige Rolle.[221] So kann beispielsweise eine Geschäftsregel aufgrund eines Zeit-

[219] Vgl. Gatziu (1995), S. 48; Herbst / Knolmayer (1995), S. 151.

[220] Vgl. Kap. 3.1.

[221] Vgl. Jasper / Zukunft / Behrends (1996), S. 70.

ereignisses ausgelöst werden. Es ist aber auch möglich, für die Prüfung von Bedingungen oder die Durchführung von Aktionen Gültigkeitszeiten anzugeben.

In den folgenden Abschnitten werden die skizzierten Erweiterungen des regelbasierten Prozessmodells näher erläutert.

3.3.3.1 Erweiterung des regelbasierten Prozessmodells um strukturelle Aspekte

Das Prozessmodell als integrierendes Element der Unternehmensmodellierung muss eine Verbindung zu den Teilmodellen ermöglichen, welche die strukturorientierte Sicht auf das Unternehmen abbilden. Entsprechend der Abb. 3-1 sind dies vor allem Verbindungen zum Organisations- und dem Informationsmodell. Mit zunehmender Detaillierung gewinnen aber auch weitere Elemente an Bedeutung. So ist für die Erstellung von Workflow-Modellen unter anderem bedeutsam, welche Aktionen oder Bedingungen innerhalb einer Geschäftsregel von welchen Anwendungssystemen durchgeführt werden sollen. Die ECAA-Notation muss daher bedarfsabhängig um weitere Konstrukte zur Modellierung struktureller Aspekte angereichert werden können.

Prinzipiell könnten die erweiterten Konstrukte entweder der gesamten Regel oder den einzelnen Regelkomponenten zugeordnet werden. Die Definition struktureller Aspekte auf der Ebene der gesamten Geschäftsregel ist jedoch nicht ausreichend: Innerhalb einer Geschäftsregel ist es möglich, dass für die Bedingungsprüfung z. B. eine andere Organisationseinheit zuständig ist als für die Durchführung der assoziierten Aktion (vgl. Abb. 3-14).

ON	*Auftrag trifft ein*	
IF	*Kundenbonität o.k.*	Debitorenbuchhaltung
DO	*Auftrag abwickeln* *--> Artikel versendet*	Vertrieb / Produktion / Spedition
ELSE	*Auftrag ablehnen* *--> Ablehnungsschreiben erstellt*	Vertrieb

Abb. 3-14: Beispiel für unterschiedliche Verantwortlichkeiten innerhalb einer Geschäftsregel

Vor allem aber werden Informationsobjekte in einer Bedingungsprüfung anders verwendet als bei der Durchführung einer Aktion.

Daher muss das Erweiterungskonzept auf die Ebene der aktiven Regelkomponenten verlagert werden.[222] In Abb. 3-15 ist die allgemeine Form einer ECAA-Regel angegeben, bei der die aktiven Komponenten mit organisatorischen Aspekten erweitert sind.

Entsprechend zeigt Abb. 3-16 eine um Informationsobjekte erweiterte Regel. Zu beachten ist dabei, dass die Bedingungskomponente ausschliesslich lesend auf Informationsressourcen zugreift. Die Spezifikation eines Output-Informationsobjektes auf der Bedingungskomponente ist nicht zulässig.

ON	*Event*		
IF	*Condition*	**Actor**	*Rolle oder Organisationeeinheit*
Then DO	*Action*	**Actor**	*Rolle oder Organisationeeinheit*
Else DO	*Alternative Action*	**Actor**	*Rolle oder Organisationeeinheit*

Abb. 3-15: Erweiterung der aktiven Komponenten einer Regel mit organisatorischen Aspekten

ON	*Event*		
IF	*Condition*	**Input**	*Informationsobjekt*
Then DO	*Action*	**Input**	*Informationsobjekt*
		Output	*Informationsobjekt*
Else DO	*Alternative Action*	**Input**	*Informationsobjekt*
		Output	*Informationsobjekt*

Abb. 3-16: Erweiterung der aktiven Komponenten einer Regel mit Informationsobjekten

Die Beschreibung der ECAA-Komponenten erfolgt deklarativ, d.h. modelliert wird das *Ziel* der Ausführung. Die Beschreibung der auszuführenden Situation kann jedoch fallweise ergänzt werden durch eine detaillierte Beschreibung der einzelnen Arbeitsschritte, die durchlaufen werden müssen. Zu diesem Zweck kann beispielsweise die Aktionskomponente um einen *Arbeitsplan* ergänzt werden (vgl. Abb. 3-17).

[222] Vgl. Knolmayer / Endl / Pfahrer (2000), S. 23.

ON	*Event*		
IF	*Condition*		
DO	*Action*	**Checklist**	*jobstep1* *jobstep2* ...

Abb. 3-17: Erweiterung der Aktionskomponente durch einen Arbeitsplan.[223]

In ähnlicher Weise wird von Hoheisel die Erweiterung der Bedingungskomponente mit einer Checkliste vorgeschlagen. Diese beinhaltet die detaillierten Arbeitsschritte zur Durchführung der Bedingungsprüfung.[224]

ON	*Event*		
IF	*Condition*	**Checklist**	*jobstep1* *jobstep2* ...
DO	*Action*		

Abb. 3-18: Erweiterung der Bedingungskomponente durch eine Checkliste[225]

Die Checklisten können zur Vorgabe von Arbeitsschritten genutzt werden, die zur Prüfung einer Bedingung oder zur Ausführung einer Aktion von einem einzigen Akteur durchgeführt werden müssen. Dieses Konstrukt ist z.B. am Ende des Detaillierungsprozesses hilfreich, wenn eine weitere Detaillierung der Regelkomponenten nicht mehr sinnvoll erscheint.[226] Die Checklisten geben dann konkrete Arbeitsschritte zur Durchführung einer Bedingungsprüfung oder zur Ausführung einer Aktion vor. Insbesondere bei der Überführung des Prozessmodells in eine Workflow-Definition kann dieses Konstrukt nützlich sein: Viele Workflow-Management-Systeme unterstützen Konzepte zur Definition von Arbeitsschritten, die im Rahmen einer Aktion von einem Akteur an einem Arbeitsort durchgeführt werden.

Der einer aktiven Komponente zugeordnete *Arbeitsplan* darf seinerseits jedoch keine Schleifen oder bedingte Verzweigungen enthalten, da diese selbst wieder für den Prozess relevante Geschäftsregeln manifestieren könnten. Auf einer detaillierteren Modellierungsstufe kann der Aktionsteil einer ECAA-Regel jedoch ein Anwendungsprogramm aufrufen, das seinerseits Schleifen und bedingte Verzweigungen beinhalten

[223] Vgl. Hoheisel (2000), S. 113.
[224] Vgl. Hoheisel (2000), S. 113.
[225] Vgl. Hoheisel (2000), S. 113.
[226] Vgl. Kap. 3.3.5.

kann. Sofern diese nur ein Hilfsmittel zur Implementierung darstellen und keine betrieblich relevanten Geschäftsregeln beinhalten, kann dies auch durchaus sinnvoll sein. So setzt beispielsweise die Auswahl eines geeigneten Druckers durch ein Anwendungsprogramm eine Entscheidungslogik innerhalb des Programmes voraus. Diese implementiert jedoch keinen betriebswirtschaftlich relevanten Sachverhalt. Die für den betriebswirtschaftlichen Ablauf relevanten Regeln sind jedoch immer in ECAA-Notation zu modellieren.

Weitere Ergänzungen der ECAA-Notation sind in analoger Weise möglich, beispielsweise um ausführende oder unterstützende Anwendungssysteme zu modellieren. Auch können zu einer Regel-Komponente mehrere Erweiterungen angegeben werden. Zur Verbesserung der Lesbarkeit kann dazu eine tabellarische Darstellung verwendet werden.[227]

Die im Prozessmodell angegebenen Struktur-Objekte repräsentieren die Schnittstelle zu den strukturdefinierenden Teilmodellen eines Unternehmensmodells. In einem konsistenten Modell muss jedes im Prozessmodell enthaltene Struktur-Objekt eine Entsprechung in einem dieser Teilmodelle besitzen.

3.3.3.2 Temporale Erweiterungen des regelbasierten Prozessmodells

Neben der Modellierung der sachlich-logischen Zusammenhänge spielen auch zeitliche Aspekte eine wichtige Rolle. So wird beispielsweise der Lohnverarbeitungsprozess durch ein zeitbezogenes Ereignis, z.B. der 25. Kalendertag eines Monats, ausgelöst. Über temporale Erweiterungen der Ereigniskomponente, insbesondere durch die explizite Modellierung von Gültigkeitszeiten von Ereignissen können auch Zeitpläne oder periodisch auszuführende Aktivitäten spezifiziert werden.[228] Damit wird auch die Modellierung von Reaktionen auf nicht eingetretene Ereignisse möglich, d. h. eine Reaktion wird ausgelöst, wenn während eines definierten Zeitintervalls ein erwartetes Ereignis nicht eingetreten ist.

Die zeitliche Komponente wird bei der Prozessmodellierung meist nicht berücksichtigt. Dies zeigt sich beispielsweise darin, dass populäre Modellierungsmethoden wie z.B. die EPK keine Konstrukte zur Unterstützung temporaler Aspekte anbieten. Neben der kausal-logischen Modellierung der Prozesse müssen aber auch zeitliche Phänomene innerhalb und zwischen den Prozess-Aktivitäten modelliert werden können. Im Hinblick auf die regelbasierte Modellierung ist damit auch der Vorteil verbunden, dass eine bessere Abgrenzung der einzelnen Regelkomponenten unterstützt wird. So werden z. B.

---

[227] Vgl. Kap. 3.3.4. Darin wird eine grafische Notation vorgeschlagen, welche die Lesbarkeit und Transparenz des Prozessmodells verbessern soll. Die in diesem Kapitel eingeführten Erweiterungen können in analoger Weise in die grafische Notation übernommen werden.

[228] Vgl. Hoheisel (2000), S. 99.

Ereignisse und Bedingungen dadurch unterschieden, dass ein Ereignis im Kontext des Prozesses im Gegensatz zur Bedingungsprüfung keine zeitkonsumierende Aktivität ist.[229] Die eindeutige und strukturierte Modellierung von Geschäftsprozessen wird damit zusätzlich gefördert.

In den nachfolgenden Abschnitten werden die verschiedenen Möglichkeiten skizziert, wie Zeitwerte bei den einzelnen Regelkomponenten modelliert werden können.[230]

3.3.3.2.1 Die Modellierung der Zeit bei Ereignissen

Ein Ereignis kann aufgefasst werden als Tupel, bestehend aus den Komponenten *Ereignisbeschreibung* und *Zeit*. Die Ereignisbeschreibung kennzeichnet den Anlass des Ereignisses, während die Zeit beschreibt, wann dieser Anlass der entsprechenden Prozess-Aktivität mitgeteilt wird. Auch bei der regelbasierten Modellierung können zeitabhängige Ereignisbeschreibungen existieren. Eine Regel wird dann ausgelöst, wenn der spezifizierte Zeitwert erreicht wird.[231] Da Zeitwerte allein jedoch keine betriebswirtschaftliche Semantik beinhalten, muss dieser immer im Kontext mit der Ereignisbeschreibung betrachtet werden. So markiert beispielsweise der Zeitwert *25. des Monats* für sich genommen keinen betriebswirtschaftlich relevanten Sachverhalt. Erst im Zusammenhang mit dem Anlass *Lohnzahlung* erhält der Zeitwert eine betriebswirtschaftliche Bedeutung.

Da bei der Modellierung eines Prozesses die Transitionsereignisse explizit aufgrund der Terminierung einer vorangegangenen Aktion ausgelöst werden, hat bei diesen die Zeitkomponente keine Bedeutung. Anders verhält es sich bei externen Ereignissen, die eine Geschäftsregel bzw. einen Prozess auslösen. Da diese von dem Prozess selbst nicht beeinflusst werden, kann die Modellierung der Zeit von besonderer Relevanz sein.

Der folgende Diskurs bezieht sich daher auf prozessextern ausgelöste Ereignisse. Dabei können grundsätzlich drei Varianten unterschieden werden: Absolute Zeitwerte, sich periodisch wiederholende Ereignisse und Ereignisse mit Verzögerungszeiten.

Ereignisse mit absoluten Zeitwerten

Der absolute Zeitwert spezifiziert einen Zeitpunkt, zu dem das modellierte Ereignis gültig ist. So werden z.B. in einem Kreditinstitut beim Eintreten des Ereignisses *Jahreswechsel*, dann und nur dann, die Jahreszinsen berechnet.

---

[229] Vgl. Kap. 3.3.1.

[230] Für eine detaillierte Diskussion über den Zeitbezug in Prozessmodellen und Datenbanken vgl. z.B. Hoheisel (2000); Myrach (2000).

[231] Vgl. Endl / Knolmayer / Pfahrer (1998).

ON	*Jahreswechsel, T=2000-01-01*
DO	*Jahreszins berechnen* *--> Jahresznis berechnet*

Abb. 3-19: Beispiel einer Geschäftsregel mit absolutem Zeitwert[232]

Wie die Abb. 3-19 zeigt, wird die entsprechende Gültigkeitszeit explizit in der Regel angegeben, womit die Zeitbindung des Ereignisses klar ersichtlich wird.

Mit der Angabe eines absoluten Zeitwertes ist genau ein Zeitpunkt definiert, an dem die Regel ausgeführt wird. Diese wird also entweder nie oder nur genau einmal ausgelöst. Diese Situation ist in der Modellierungspraxis eher selten anzutreffen. Demgegenüber ergibt sich vielfach die Notwendigkeit zur Modellierung periodisch wiederkehrender Ereignisse.

Periodisch wiederkehrende Ereignisse

Eine Regel bzw. ein Geschäftsprozess kann periodisch ausgelöst werden. So ist z. B. die Auszahlung der Löhne und Gehälter in einem Unternehmen immer am 25. jeden Monats vorgesehen (vgl. Abb. 3-20).

ON	*Lohnauszahlung, T=EVERY MONTH 25*
DO	*Lohn auszahlen* *--> Lohn ist ausgezahlt*

Abb. 3-20: Beispiel einer Geschäftsregel mit periodisch wiederkehrendem Ereignis

In dem in Abb. 3-20 angegebenem Beispiel ist eine bestimmte Syntax zur Definition des Zeitwertes angegeben. Denn bei der Modellierung von periodisch wiederkehrenden Ereignissen muss neben dem Zeitwert auch die Periodizität (MONTH) spezifiziert werden.[233]

In bestimmten Fällen ist über die Angabe der Periodizität hinaus oft auch der Zeitraum von Interesse, in dem sich das Ereignis periodisch wiederholen soll. Von Hoheisel wird in diesem Zusammenhang vorgeschlagen, die Zeitangabe in dem periodisch wiederkehrenden Ereignis mit einer Intervallangabe zu ergänzen.[234] In dem in Abb. 3-21 gezeigten

---

[232] Vgl. Hoheisel (2000), S. 101.

[233] Auf die Angabe einer formalen Sprache zur Beschreibung periodischer Ereignisse wird an dieser Stelle verzichtet. Eine solche Sprache wird z.B. in Hoheisel (2000), S. 102 ff. ausführlich erläutert.

[234] Vgl. Hoheisel (2000), S. 103.

Beispiel wird die Lohnzahlung – z.B. bei temporär angestellten Mitarbeitern - genau zwölfmal wiederholt (WITHIN).

ON	*Lohnauszahlung, T=EVERY MONTH 25* *WITHIN (2000-01-01, 2001-01-01)*
DO	*Lohn auszahlen* *--> Lohn ist ausgezahlt*

Abb. 3-21: Beispiel einer Geschäftsregel mit periodisch wiederkehrendem Ereignis innerhalb eines bestimmten Zeit-Intervalls

Die Angabe eines Intervalls definiert jedoch eine Bedingung. So muss in dem in Abb. 3-21 angegebenen Beispiel nämlich immer zum Zeitpunkt der Lohnauszahlung geprüft werden, ob man sich noch in der vorgegebenen Periode befindet. Diese Prüfung stellt eine im Prozessverlauf zeitkonsumierende Aktivität dar. Demzufolge muss das Beispiel wie in Abb. 3-22 gezeigt modifiziert werden:

ON	*Lohnauszahlung, T=EVERY MONTH 25*
IF	*T im Intervall (2000-01-01, 2001-01-01)*
DO	*Lohn auszahlen* *--> Lohn ist ausgezahlt*
ELSE	...

Abb. 3-22: Prüfung, ob ein periodisch wiederkehrendes Ereignis innerhalb eines bestimmten Zeit-Intervalls liegt

Wenn die Überprüfung der Intervallangabe nicht Gegenstand der betrachteten Regel bzw. des Prozesses wäre, ist auch die Angabe einer Verzögerungszeit im Ereignisteil wenig sinnvoll: Das Eintreten des Ereignisses würde der Regel nämlich genau zu dem Zeitpunkt mitgeteilt, an dem das vollständige Ereignis eingetreten ist und somit die Regel direkt ausgeführt werden kann. In dem in Abb. 3-22 angegebenen Beispiel würde das auslösende Ereignis dann einfach als Lohn muss ausgezahlt werden bezeichnet werden. Die Berechnung und Überwachung des korrekten Auszahlungszeitpunktes würde aber innerhalb eines anderen Prozesses erfolgen.

Durch die explizite Modellierung periodisch eintretender Ereignisse wird die Lesbarkeit des Prozessmodells erhöht, da die Vorschrift zur Auslösung der Regel direkt im Modell ersichtlich ist. Damit werden die Grundsätze der Klarheit und der Vollständigkeit unterstützt.[235] Analog zu der Modellierung von absoluten Zeitwerten werden auch hier die Automatisierungsmöglichkeiten des Prozessablaufs verbessert.

Ereignisse mit Verzögerungszeiten

Bei der Modellierung von Ereignissen mit Verzögerungszeit wird die dazugehörige Geschäftsregel erst dann ausgelöst, wenn die definierte Zeitverzögerung abgelaufen ist. Als Beispiel ist in der Abb. 3-23 eine Geschäftsregel angegeben, die erst 30 Tage nach dem Eintreten des eigentlichen Ereignisses, dem Eingang der Rechnung, ausgelöst wird.[236]

ON	*Rechnungseingang, T=+30 DAY*
DO	*Rechnung bezahlen* *--> Rechnung bezahlt*

Abb. 3-23: Beispiel einer Geschäftsregel mit Verzögerungszeit[237]

Im Gegensatz zu den Ereignissen mit absoluten Zeitwerten steht hier der Zeitpunkt der Auslösung der Geschäftsregel erst fest, wenn das referenzierte Ereignis eingetreten ist.

Analog zu der bereits bei der Modellierung von *periodisch wiederkehrenden Ereignissen* getroffenen Aussage gilt auch hier, dass die Überprüfung des Ablaufes der Verzögerungszeit eine von der Regel selbst auszuführende Aktivität darstellt. Sie ist somit Gegenstand der Bedingungsprüfung innerhalb der ECAA-Regel. Das in Abb. 3-23 angegebene Beispiel muss also, wie in Abb. 3-24 gezeigt, modifiziert werden:

ON	*Rechnung ist eingegangen , T*
IF	*T + 30 DAYS*
DO	*Rechnung bezahlen* *--> Rechnung ist bezahlt*
ELSE	...

Abb. 3-24: Formulierung einer Verzögerungszeit als Bedingung

Neben den beschriebenen Möglichkeiten der Modellierung von Zeitwerten bei Ereignissen existiert noch eine weitere Variante: Die Modellierung von Ereignissen mit Aktivie-

[235] Vgl. Kap. 3.2.

[236] Für die formale Beschreibung von Ereignissen mit Verzögerungszeiten sei auf Hoheisel (2000), S. 104 verwiesen.

[237] Vgl. Hoheisel (2000), S. 105.

rungszeiten.[238] Diese ist jedoch im Rahmen der Modellierung von Geschäftsprozessen nicht relevant, da sie ein Ereignis als ein zeitraumbezogenes Konstrukt auffasst. Dies steht jedoch im Widerspruch zu der in Kap. 3.3.1.1 eingeführten Definition eines Ereignisses.

3.3.3.2.2 Die Modellierung der Zeit bei Bedingungen und Aktionen

In Kap. 3.3.1 wurde definiert, dass das Durchlaufen einer Bedingungsprüfung bzw. die Ausführung einer Aktion in einer Geschäftsregel zeitkonsumierend ist. Ähnlich wie bei der Ereignisdefinition mit Zeitwerten können die aktiven Komponenten ebenfalls als Tupel aufgefasst werden, d.h. neben der Beschreibung der Komponente wird die vorgegebene *Ausführungsdauer* definiert (vgl. Abb. 3-25).

ON	*Kreditantrag gestellt*
IF	*Bonität o.k.,* ***T=1 DAY***
DO	...
ELSE	...

Abb. 3-25: Beispiel einer Geschäftsregel mit Ausführungsdauer

Die Möglichkeit zur Modellierung von Ausführungszeiten findet sich auch in anderen Modellierungsmethoden. In Abhängigkeit vom Modellierungszweck[239] können diese Zeitinformationen eine wichtige Meta-Information darstellen: So ist deren Ermittlung notwendige Voraussetzung für die Simulation von Prozessmodellen und für die Spezifikation von Workflows. Im von Rosemann vorgeschlagenen Meta-Modell zur Modellierung von Prozessen wird die Ausführungszeit als explizites Modellierungselement aufgefasst.[240] Auch Oberweis trägt in dem von ihm vorgeschlagenen Ansatz zur Workflow-Modellierung dem temporalen Aspekt Rechnung.[241] Beispielsweise kann eine temporale Bedingung in einem Workflow-Modell angeben, dass z. B. ein Kreditantrag spätestens 6 Wochen nach Versand des Angebotes eingehen muss, damit die im Angebot unterbreiteten Konditionen noch gültig sind.[242]

Der für die Überprüfung von Bedingungen erforderliche Zeitbedarf kann innerhalb einer Geschäftsregel im Verhältnis zu der zur Ausführung der Aktionskomponente benötigten

[238] Vgl. z.B. Bowden (1996).

[239] Vgl. Kap. 3.1.2.

[240] Vgl. Rosemann (1996), S. 122.

[241] Vgl. Oberweis (1996), S. 164.

[242] Vgl. Galler (1997), S. 77.

Zeit gering ausfallen. Beispielsweise kann ein Blick auf ein Dokument oder die Prüfung der Anwesenheit eines Kunden für die abschliessende Bedingungsprüfung ausreichen. Letztere entscheidet z. B. darüber, ob direkt vor Ort bestimmte Formulare ausgefüllt werden können oder der Kunde schriftlich benachrichtigt werden muss. In derartigen Fällen erscheint die explizite Modellierung der vorgegebenen Prüfungszeit nicht sinnvoll. Die Angabe eines Zeitwertes zur Definition einer Ausführungszeit sollte jedoch für die Bedingungskomponente optional sein.

Wird eine Geschäftsregel durch ein kausal-logisches Ereignis ausgelöst, dann ist der Ausführungsbeginn einer aktiven Regel-Komponente nicht im Vorhinein bestimmbar, da zum Modellierungszeitpunkt nicht bekannt ist, wann das Ereignis eintritt. Wurde jedoch die Ereignisbeschreibung durch einen absoluten Gültigkeitszeitwert modelliert, kann bereits zum Modellierungszeitpunkt der Gültigkeits-Beginn der auf das Ereignis folgenden aktiven Komponente abgeleitet werden.

3.3.4 Die grafische Repräsentation ECAA-strukturierter Prozessmodelle

Die in dem Kap. 3.3.1 eingeführte EA-, ECA- bzw. ECAA-Notation ist bestenfalls für kleine Prozessmodelle ausreichend übersichtlich. Bei grösseren Prozessmodellen erfüllt die Notation vor allem im Hinblick auf die Visualisierungsmöglichkeiten die in Kap. 3.2 formulierten Anforderungen nur ungenügend:

- Die logischen Verknüpfungen zwischen den einzelnen Geschäftsregeln sind nicht direkt ersichtlich. Beispielsweise erkennt man einen AND-Join nur am Konjunktionsereignis der JOIN-Regel. Allerdings muss ein Konjunktionsereignis aber nicht zwingend einen AND-Join anzeigen. Das Verständnis der Prozesslogik wird dadurch erheblich erschwert.
- Die Geschäftsregeln werden als eine Einheit modelliert. Bei AND-Splits werden nun aber beispielsweise zwei oder mehr Geschäftsregeln durch dasselbe Ereignis ausgelöst. In der ECAA-Notation bedeutet dies, dass das auslösende Ereignis redundant in jeder Geschäftsregel notiert werden muss.[243] Diese Redundanz stellt eine potenzielle Fehlerquelle bei der Erstellung grösserer Prozessmodelle dar.
- Die sukzessive Verfeinerung von Prozessmodellen wird bei Verwendung der oben angegebenen Notation sehr schnell intransparent.

Die mit Geschäftsregeln modellierten Prozesse müssen daher mit Hilfe einer geeigneten graphischen Darstellung visualisiert werden können. Dabei werden entweder ganze

---

[243] Vgl. Abb. 3-12.

Regeln[244] oder einzelne Regelkomponenten mit Hilfe unterschiedlicher Symbole abgebildet. Der Prozessablauf wird durch Pfeilverbindungen dargestellt, welche die entsprechenden Symbole miteinander verbinden. Die so entstehende Darstellung entspricht einem gerichteten Graph und ist vergleichbar mit den Notationen anderer Prozess- Modellierungstechniken, wie z.B. EPK oder Petri-Netzen.[245] In Abb. 3-26 wird ein Beispiel für eine mögliche grafische Repräsentation gezeigt.

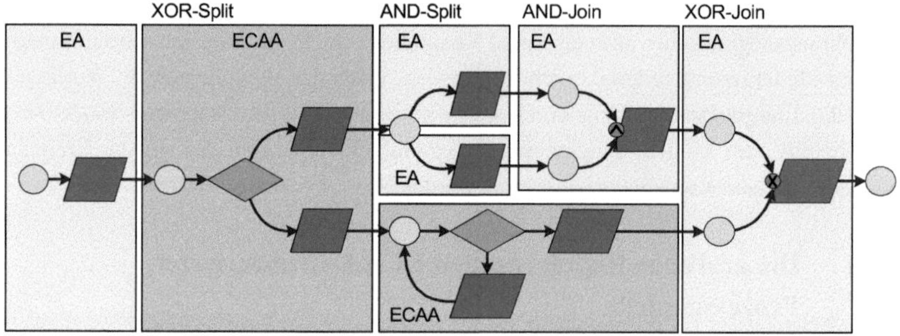

Abb. 3-26: Graphische Darstellung eines regelbasierten Prozessmodells

In der obigen Abbildung lassen sich fünf grundlegende, in Tab. 3-1 beschriebene Symbole zur Darstellung regelbasierter Abläufe erkennen.

Symbol	Bedeutung
	Ereignis.
	Bedingung innerhalb einer Geschäftsregel.
	Aktion innerhalb einer Geschäftsregel.
	Kontrollfluss innerhalb des Geschäftsprozesses.
	Logische Konnektoren: Logische UND- bzw. XOR-Verknüpfung.

Tab. 3-1: Symbole zur grafischen Darstellung regelbasierter Prozessmodelle

244 Vgl. Herbst (1997), S. 137.

245 Vgl. Scheer (1990b), Oberweis (1996).

Bei der Verwendung dieser Modellierungssymbole sind folgende Notationsvorschriften zu beachten:

- Grundsätzlich muss jeder XOR-Split auch mit einem XOR-Join beendet werden (vgl. Abb. 3-27).[246] Diese Konsistenzbedingung gilt grundsätzlich für jede Modellierungsmethode, kann bei der regelbasierten Prozessmodellierung jedoch auf unterschiedliche Art realisiert werden.[247] Einerseits können die alternativen Abläufe im weiteren Prozessverlauf dasselbe mit einer Regel verbundenes Ereignis auslösen. Andererseits besteht die Möglichkeit, die terminierenden Ereignisse der alternativen Abläufe in der nachfolgenden Geschäftsregel in einem Disjunktionsereignis zu verknüpfen. Der in Abb. 3-6 dargestellte Prozess kann mit Hilfe der grafischen Notation wie in Abb. 3-27 gezeigt ausgedrückt werden. Das Disjunktionsereignis wird dabei durch den logischen XOR-Konnektor ausgedrückt, der mit dem auszuführenden Aktionsteil verbunden ist.[248]
- Analog zu der Selektion muss jeder AND-Split mit einem AND-Join zusammen geführt werden. Der AND-Join wird über ein Konjunktionsereignis modelliert, welches durch den logischen AND-Konnektor ausgedrückt wird. Dieser Konnektor ist entweder einer Bedingung, d.h. das Konjunktionsereignis löst eine ECA- bzw. ECAA-Regel aus, oder einer Aktion, d.h. das Konjunktionsereignis löst eine EA-Regel aus, zugeordnet. Eine zum in Abb. 3-12 abgebildeten Prozessmodell äquivalente Darstellung ist in Abb. 3-28 angegeben.

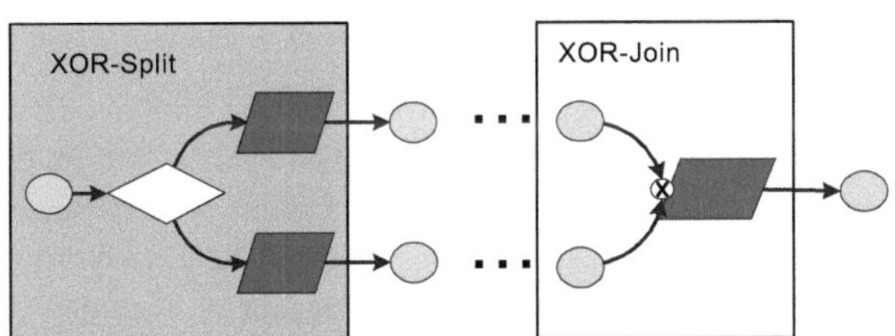

Abb. 3-27: XOR-Split und XOR-Join im grafischen Prozessmodell

---

246 Vgl. Kap. 3.3.2.2.

247 Diese Konsistenzbedingung wird beispielsweise auch im Zusammenhang mit der Modellierung mit Ereignisgesteuerten Prozessketten betont (vgl. Keller / Nüttgens / Scheer (1992), S. 14).

248 In Abb. 3-27 wird der XOR-Join in einer EA-Regel durchgeführt. Analog dazu ist der XOR-Join aber auch in Form einer ECA- oder ECAA-Regel modellierbar.

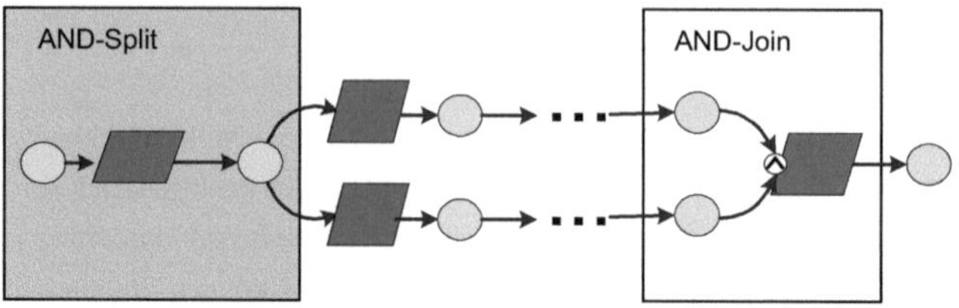

Abb. 3-28: AND-Split und AND-Join im grafischen Prozessmodell

Die vorgeschlagene Notation ist eine speziell für die regelbasierte Prozessmodellierung angepasste Notation. In der Praxis sind in vielen Unternehmen jedoch schon verschiedene Darstellungstechniken im Einsatz. Für diese Fälle ist die Frage relevant, ob und auf welche Weise der beschriebene ECAA-Ansatz mit Hilfe verbreiteter Notationen dargestellt werden kann. In Kap. 4 wird dieser Aspekt genauer untersucht.

3.3.5 Die schrittweise Verfeinerung regelbasierter Prozessmodelle

Zur wirkungsvollen Reduktion der Komplexität bieten die meisten Methoden zur Entwicklung von Informationssystemen - Datenflussdiagramme, Structured Analysis and Design Technique, Jackson Diagramme, usw. - Mechanismen zur sukzessiven Verfeinerung von Modellen an.[249] Das Konzept der Verfeinerung wird bereits von Wirth verwendet.[250] Dieser fordert auch die Verwendung einer möglichst einheitlichen Notation über möglichst viele Abstraktionsebenen hinweg:

> *„During the process of stepwise refinement, a notation which is natural of the problem in hand should be used as long as possible".*[251]

Es ist heute unbestritten, dass derartige Detaillierungskonzepte auch für die Modellierung von Prozessen zur Verfügung stehen müssen. Um die Durchgängigkeit zwischen Prozess- und Workflow-Modell sicherzustellen, werden in der Literatur über Workflow-Management Prozessmodelle als wesentliche Grundlage für die Workflow-Spezifikation betrachtet.[252] In vielen Vorgehensbeschreibungen werden Verfahren zur Ableitung von Workflow- aus Prozess-Modellen diskutiert.[253] Daneben existieren methodenabhängige

---

[249] Vgl. Simon (1962).

[250] Vgl. Wirth (1971).

[251] Vgl. Wirth (1971), S. 222.

[252] Dieser Aspekt wird in Kap. 5 noch einmal aufgegriffen und näher erläutert.

[253] Vgl. z. B. Bullinger / Rathgeb (1994), S. 24, Galler (1997), S. 33. Auch in Krickl (1995), S. 246-248 wird diesem Thema im Rahmen eines Vorgehensmodells zum Business Redesign Beachtung geschenkt.

Verfahren zur Detaillierung von Prozessen. So wird beispielsweise die Verfeinerung von Petri-Netz-basierten Prozessmodellen von Padberg[254] und Oberweis[255] diskutiert.

Findet die Analyse im Rahmen der Unternehmensmodellierung statt, werden meist zunächst die *Kernprozesse* identifiziert. Diese dienen zur Erstellung der eigentlichen Marktleistung des Unternehmens. Daneben existieren noch die *Support-Prozesse*, denen zwar ein direkter Bezug zu den unternehmensexternen Märkten fehlt, die jedoch für die effiziente Durchführung der Kernprozesse unerlässlich sind. Die identifizierten, in Kern- und Supportprozesse eingeteilten Prozesse werden häufig übersichtsartig in Form sogenannter Prozess-Landkarten dargestellt (vgl. Abb. 3-29). Letztere bilden einen Ordnungsrahmen für die weitere detailliertere Modellierung, d.h. sie repräsentieren und klassifizieren in einer kompakten Darstellungsweise die als relevant eingestuften Geschäftsprozesse.

Die in der Prozess-Landkarte enthaltenen Prozesse bilden, als Geschäftsregeln formuliert, den Ausgangspunkt für die Geschäftsvorfallanalyse und die Detaillierung der Prozesse.[256] Durch dieses *Top-Down-Vorgehen* wird nicht nur der Bezug zu den Kernprozessen sichergestellt. Vielmehr wird damit auch gewährleistet, dass die aus den detaillierten Prozessen abgeleiteten Informationssysteme die Kern- bzw. Support-Prozesse optimal im Hinblick auf die zu erbringende Marktleistung unterstützen.

Für jeden der in der Prozesslandkarte enthaltenen Prozess werden im ersten Schritt nur die auf den Prozess wirkenden, von der Umgebung ausgelösten Ereignisse und die daraus resultierenden Reaktionen betrachtet.[257] Letztere manifestieren sich in Form von *prozessterminierenden* bzw. *Schluss-Ereignissen.*

Die auslösenden Ereignisse mit den korrespondierenden, in der Prozessumgebung beobachtbaren Reaktionen können z. B. im Rahmen einer *Geschäftsvorfall-Analyse* ermittelt werden:[258] Dabei werden zunächst diejenigen Ereignisse ermittelt, die für den Prozess relevante Geschäftsvorfälle signalisieren. Im nächsten Schritt werden für jeden Geschäftsvorfall die notwendigen Aktivitäten zur Behandlung dieser Ereignisse defi-

---

[254] Vgl. Padberg (1996).

[255] Vgl. Oberweis (1996), S. 186. Aber auch schon früher wurden, unabhängig von der Verwendung als Instrument zur Prozessmodellierung, Verfahren zur Hierarchisierung von Petri-Netz-Modellen vorgeschlagen, so z. B. von Jensen (1992) oder Fehling (1992).

[256] Eine Definition der Begriffe *Kern-* und *Support-Prozess* ist z.B. in Osterloh / Frost (1996), S. 34 ff. enthalten. Zum Verhältnis von Kernkompetenz und Kernprozess vgl. Becker / Meise (2002), S. 107 ff.

[257] In der Strukturierten Systemanalyse findet sich mit dem *Kontextdiagramm* ein Konstrukt, mit dem dasselbe Ziel, die Modellierung der Interaktion des Systems mit der Systemumwelt, angestrebt wird.

[258] Vgl. z. B. Jaeschke (1996), S. 79-81. Eine detaillierte Beschreibung der Analyse von Geschäftsvorfällen findet sich z.B. in McMenamin / Palmer (1988), S. 47-62.

niert. Diese Aktivitäten sowie deren sachlogisch-dynamischer Zusammenhang können dann als regelbasierte Prozessmodelle beschrieben und sukzessive verfeinert werden:

> *„Die Verfeinerung [...] erfolgt [...], indem jeweils die Funktionsschritte zur Erstellung der Gesamtleistung bzw. einer Teilleistung ausgehend von diesen ermittelt und definiert werden.“*[259]

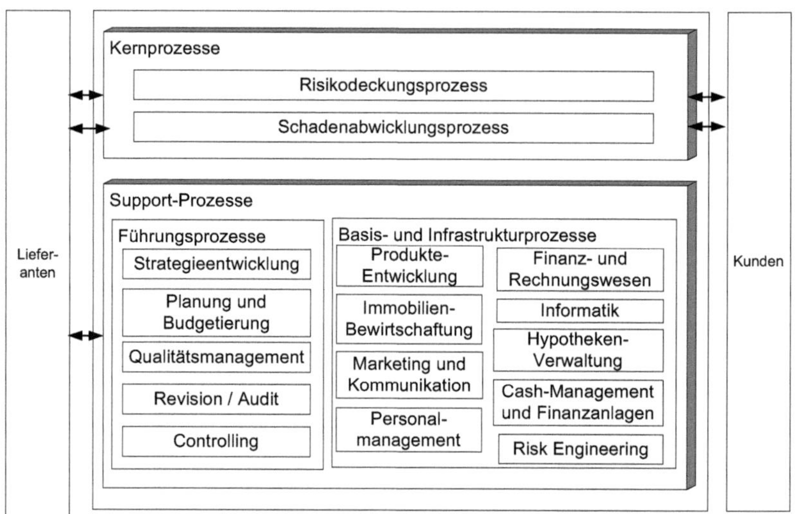

Abb. 3-29: Beispiel einer Prozess-Landkarte aus dem Versicherungsbereich

Bei Knolmayer et al. wird die Notwendigkeit eines Detaillierungsmechanismus für die sukzessive Verfeinerung regelbasierter Prozessmodelle betont, der Mechanismus selbst aber nur skizziert.[260] Dessen wesentliches Merkmal ist aber, dass nicht jeweils die gesamte Regel, sondern die einzelnen aktiven Regelkomponenten – Bedingungs- und Aktionsteil – als Verfeinerungsobjekte betrachtet werden (vgl. Abb. 3-30). Dieses Prinzip bildet den Kern des Verfahrens.

Als Ergebnis der Geschäftsvorfall-Analyse lässt sich ein Geschäftsprozess auf der obersten Abstraktionsebene in einer einzigen semi-formalen Geschäftsregel, z.B. als EA-Regel, formulieren (vgl. Abb. 3-31).

---

[259] Speck / Schnetgöke (2002), S. 192.

[260] Vgl. Knolmayer / Endl / Pfahrer (2000), S. 23.

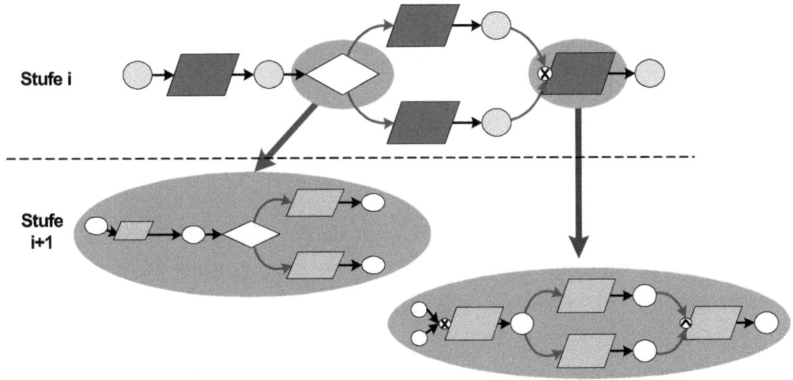

Abb. 3-30: Detaillierung einer Bedingungs- und einer Aktionskomponente.

ON	Auftrag erhalten
DO	Auftrag bearbeiten --> Auftrag bearbeitet

Abb. 3-31: Beispiel eines in einer EA-Regel formulierten Geschäftsprozesses

Die semi-formal beschriebenen Aktions- und Bedingungskomponenten werden im Verlauf des Detaillierungsprozesses durch eine Menge von zunehmend konkreteren Regeln beschrieben. Sie repräsentieren ihrerseits in sich geschlossene Teilprozesse.

Obwohl bei der Formulierung von Regeln in der ECAA-Notation die Bedingungs- vor der Aktionskomponente ausgeführt wird, wird nachstehend zunächst die Detaillierung der Aktionskomponente erläutert. Dies ist vor allem dadurch begründet, dass eine Bedingung als Spezialfall einer Aktion aufgefasst werden kann. Die Konzepte der Verfeinerung von Aktionskomponenten können daher weitgehend auch bei der Verfeinerung des Bedingungsteils angewendet werden.

Zunächst wird daher die Verfeinerung der Aktionskomponente diskutiert. Die Detaillierung der Bedingungs- und Ereigniskomponenten sind Themen der daran anschliessenden Abschnitte. Den Abschluss bildet die Diskussion von Kriterien zur Beurteilung des „richtigen" Detaillierungsgrades eines Prozessmodells.

3.3.5.1 Die Detaillierung der Aktionskomponenten

Die Detaillierung der Aktionskomponenten einer Regel bedeutet, dass eine Aktion auf der höheren Abstraktionsebene durch eine Menge von EA-, ECA- oder ECAA-Regeln auf der nächst niedrigeren Ebene beschrieben wird.

Wie erwähnt, lässt sich auf der obersten Abstraktionsebene ein Geschäftsprozess als eine einzige Geschäftsregel darstellen. Die regelauslösenden Ereignisse entsprechen dabei den Ereignissen, die den gesamten Geschäftsprozess starten. Der Aktions- und der Bedingungsteil enthalten die Beschreibungen der für die Erzeugung des Prozessergebnisses notwendigen Aktivitäten. In Abb. 3-32 ist das Beispiel eines Prozess angegeben, der durch eine EA-Regel beschrieben wird.

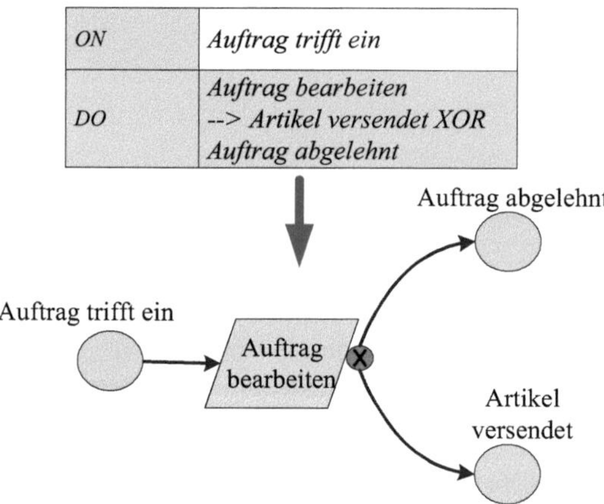

Abb. 3-32: Beispiel eines mit einer einzigen Geschäftsregel formulierten Prozesses

Bei Betrachtung der Abb. 3-32 fällt auf, dass der Aktionsteil der Regel einen *XOR-Split* realisiert. Dies steht im Widerspruch zu der in Kap. 3.3.2.2 getroffenen Vereinbarung, dass in der Aktionskomponente einer Geschäftsregel keine Bedingungsprüfung erfolgen darf. Nun ist es jedoch auf dieser hohen Abstraktionsebene meist noch nicht möglich, eine Aussage über die Art und Reihenfolge der einzelnen Bedingungsprüfungen zu treffen. D.h. wenn ein Prozess verschiedene Ergebniszustände erzeugen kann, ist zu Beginn der Modellierung noch nicht klar, an welcher Stelle im Prozess die Entscheidung für eine der möglichen Alternativen stattfindet.

Die Vereinbarung, dass eine Aktionskomponente kein Disjunktionsereignis auslösen darf, muss daher im Rahmen der Detaillierung modifiziert werden: Während der Detaillierung dürfen sich die einzelnen Regeln temporär in einem inkonsistenten Zustand befinden, d.h. deren Aktionskomponenten dürfen auch disjunktiv verknüpfte Ereignisse auslösen. Dann wird jedoch mindestens ein weiterer Detaillierungsschritt notwendig, in dem die Modellierungsinkonsistenzen aufgehoben werden (vgl. Abb. 3-33). Der Detaillierungsprozess ist formal also frühestens dann beendet, wenn die resultierenden, auf der niedrigsten Abstraktionsebene stehenden Prozessmodelle keine Disjunktionsereignisse mehr enthalten, die durch Aktionskomponenten einer Regel ausgelöst werden.

In dem in Abb. 3-33 gezeigten Beispiel wird der Aktionsteil der Regel durch eine vollständige Geschäftsregel auf der nächst niedrigeren Abstraktionsebene repräsentiert. Das ursprünglich als Ergebnis des Aktionsteils modellierte Disjunktionsereignis kann auf dieser Ebene nun als Bedingung der detaillierten ECAA-Regel formuliert werden. Diese befindet sich damit in einem modellierungskonformen, formal konsistenten Zustand.

Weiter ist erkennbar, dass sowohl das auslösende als auch die terminierenden Ereignisse über den Verfeinerungsschritt hinweg identisch bleiben. Die Verfeinerung einer Regel-Komponente beschränkt sich nur auf die Komponente selbst, während die für die Regel geltenden Vor- und die Nachbedingungen konstant bleiben. Dies ist eine wichtige Voraussetzung nicht nur für den strukturierten Detaillierungsprozess. Bei der späteren Modellpflege bleiben so die Ableitungsbeziehungen transparent. Spätere Änderungen auf niedrigeren Abstraktionsebenen können dann konsistent in Prozessmodelle auf höherer Ebene übertragen werden und umgekehrt.

Für die Verfeinerung von Aktionen, die Bestandteil einer ECAA-Regel mit einer Bedingungskomponente sind, gibt es grundsätzlich zwei Alternativen:

- Verfeinerung jeder der alternativen Aktionskomponenten in separaten Verfeinerungsschritten
- Verfeinerung der alternativen Aktionskomponenten in demselben Verfeinerungsschritt.

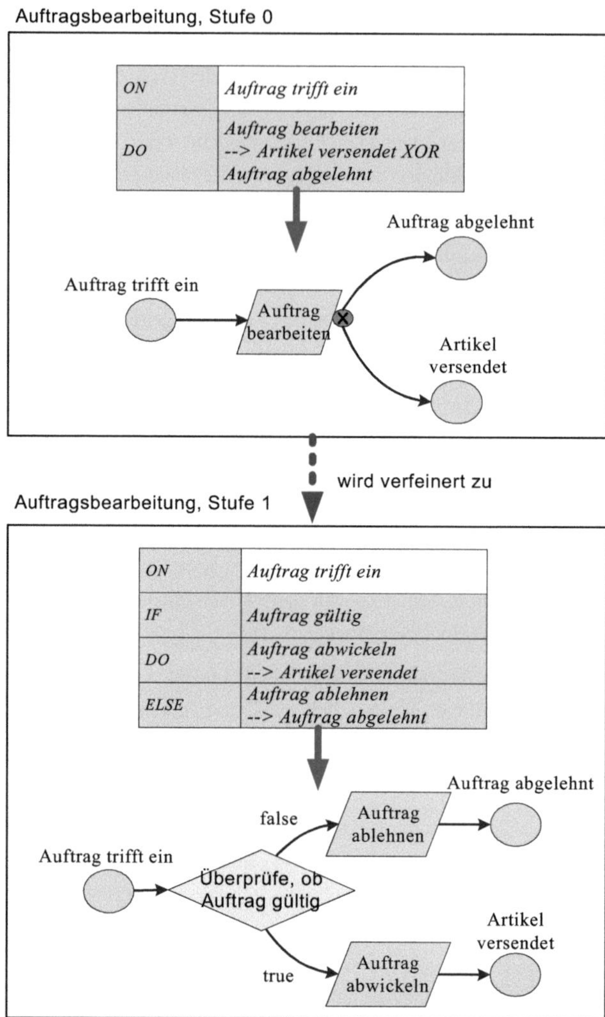

Abb. 3-33: Beispiel für die Detaillierung einer Geschäftsregel

Verfeinerung jeder der alternativen Aktionskomponenten in separaten Verfeinerungsschritten

Die alternativen Aktionskomponenten werden unabhängig voneinander in separaten Schritten detailliert. Dabei bildet die Geschäftsregel auf der übergeordneten Abstraktionsebene den gemeinsamen Bezugspunkt für die beiden detaillierten Komponenten (vgl. Abb. 3-34).

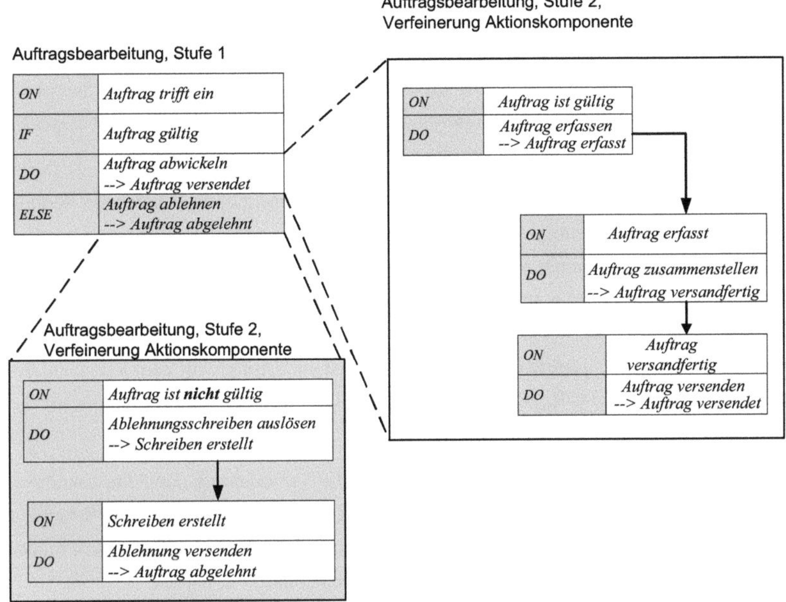

Abb. 3-34: Separate Verfeinerung der Aktionskomponenten einer ECAA-Regel

Da die Auslösung der Aktion direkt von dem Ergebnis der Bedingungsprüfung abhängt, muss das Ergebnis dieser Prüfung auf der nächsttieferen Stufe explizit als auslösendes Ereignis modelliert werden.

Die Nachteile dieses Detaillierungskonzeptes liegen zum einen darin, dass mit jedem Detaillierungsschritt neue Ereignisdefinitionen eingeführt werden müssen, welche die Ergebnisse aus den Bedingungsprüfungen repräsentieren. Dies impliziert auch ein anderes Vorgehen bei der Verfeinerung von ECAA-Regeln als bei EA-Regeln. Denn bei letzteren werden die Ereignisse direkt von der übergeordneten Regel übernommen.

Zum anderen entsteht eine grössere Anzahl von Teilmodellen auf derselben Detaillierungsstufe. Der Aufwand, die einzelnen Teilmodelle transparent zu modellieren und zueinander konsistent zu halten, ist daher als eher hoch einzuschätzen.

Diesen Nachteilen steht gegenüber, das sich durch die separate Modellierung der Aktionskomponenten im Hinblick auf die Wiederverwendung von Teil-Prozessen eine höhere Flexibilität ergibt.

Verfeinerung der alternativen Aktionskomponenten in demselben Verfeinerungsschritt

Bei diesem Konzept werden die beiden Aktionskomponenten gemeinsam, d.h. in demselben Schritt detailliert. Der Verfeinerungsschritt ist also erst dann vollständig abgeschlossen, wenn beide Aktionskomponenten in detaillierter Form vorliegen. Die Ereignis- und Bedingungskomponente wird auf die nächst tiefere Abstraktionsstufe übernommen. Diese werden zum Bestandteil der ersten Regel auf der detaillierteren Ebene (vgl. Abb. 3-35). Der XOR-Split ist vollständig auch auf dieser Stufe ersichtlich.

Nachteilig bei dieser Detaillierungsvariante ist die eingeschränkte Wiederverwendung der einzelnen Aktionskomponente. Dem steht aber der Vorteil gegenüber, dass im Gegensatz zu der erstgenannten Variante keine zusätzlichen Ereignisdefinitionen zur Repräsentation der Ergebnisse aus den Bedingungsprüfungen eingeführt werden müssen. Vielmehr werden die für die Aktionsausführungen geltenden Vorbedingungen direkt auf die nächste Detaillierungsstufe übernommen. Dies ist auch kongruent zum Vorgehen bei der Verfeinerung von EA-Regeln. Denn auch dort wird das auslösende Ereignis auf die nächste Stufe übernommen.

Auf der nächsten Detaillierungsstufe entsteht für die Verfeinerung der Aktionskomponenten genau ein Prozessmodell. Aufgrund der geringeren Anzahl der entstehenden Prozessmodelle kann die Transparenz und Konsistenz der Modelle auf den verschiedenen Hierarchie-Stufen einfacher gewährleistet werden kann.

Für die Verfeinerung von Aktionskomponenten mit Hilfe letztgenannter Variante können allgemein folgende Modellierungsregeln angegeben werden:

- Wird die Aktionskomponente einer Geschäftsregel in eine Menge detaillierterer Regeln verfeinert, so wird die erste Regel der Verfeinerungsstufe durch dasselbe Ereignis ausgelöst wie die übergeordnete Regel.
- Wird die Aktionskomponente einer ECAA-Regel in eine Menge detaillierterer Regeln verfeinert, dann enthält auch die erste Regel der Verfeinerungsstufe dieselbe Bedingung oder eine Präzisierung davon.

Der Unterschied zwischen *Verfeinerung* und *Präzisierung* einer Bedingung besteht darin, dass bei der Präzisierung eine einfache Bedingung auf derselben Stufe des Abstraktionsprozesses durch einen äquivalenten komplexen Bedingungsausdruck ersetzt wird. Bei einer Verfeinerung hingegen wird eine Regelkomponente durch mindestens eine vollständige ECAA-Regeln detailliert (vgl. Kap. 3.3.5.2).

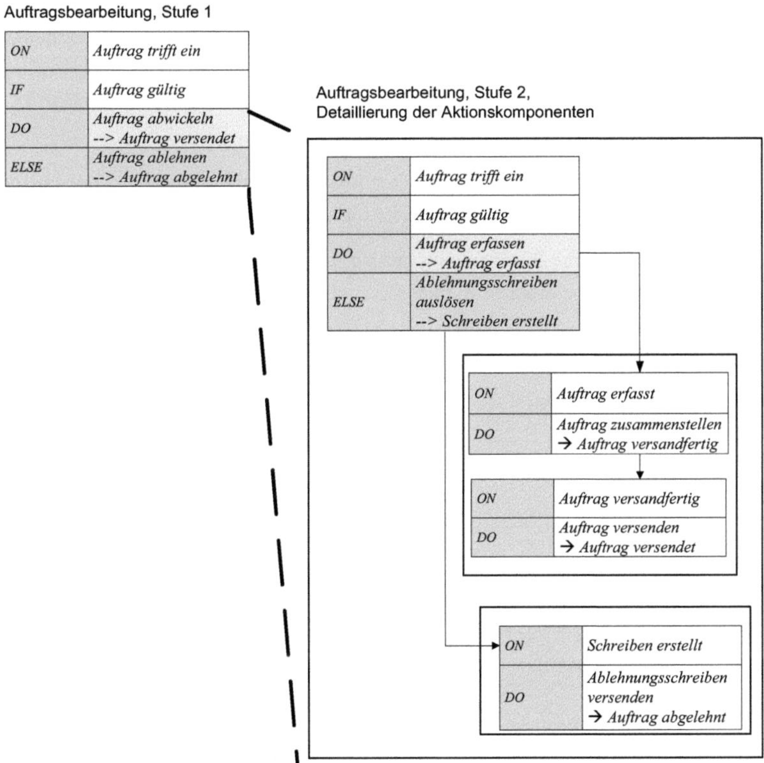

Abb. 3-35: Synchrone Verfeinerung der Aktionskomponenten einer ECAA-Regel

Unabhängig von der verwendeten Detaillierungsvariante gilt, dass

- auf der nächst tieferen Abstraktionsebene dieselben Vor- und Nachbedingungen gelten müssen. Insbesondere entsprechen die von der letzten Regel der Verfeinerungsstufe ausgelösten Ereignisse den Schlussereignissen der übergeordneten Regel.
- der Detaillierungsprozess formal frühestens dann beendet ist, wenn sich die Aktionskomponenten aller Geschäftsregeln in einem konsistenten Zustand befinden. Vor allem dürfen Aktionskomponenten auf der untersten Abstraktionseben keine Disjunktionsereignisse erzeugen.

Diese Modellierungskonventionen unterstützen die Transparenz des Detaillierungsprozesses und ermöglichen deren Nachvollziehbarkeit. Die transparente Verwaltung der Ableitungsbeziehungen ist auch eine notwendige Voraussetzung für die Simulation von

Prozessen über mehrere Hierarchiestufen hinweg. Ein geeignetes Repository muss den Detaillierungsprozess unterstützen und die formale Konsistenz der Prozessmodelle sicherstellen.[261]

3.3.5.2 Die Detaillierung der Bedingungskomponenten

Die Bedingungskomponente ist ein weiterer aktiver Teil der Geschäftsregel. Entsprechend muss diese ebenfalls Gegenstand einer sukzessiven Verfeinerung sein.

Eine umgangssprachliche Beschreibung der Verfeinerung der in Abb. 3-36 enthaltenen Bedingungskomponente könnte z.B. lauten:

> *„Der Auftrag ist gültig, wenn die Bezeichnungen der bestellten Artikel korrekt sind und der Kunde entweder ein Stammkunde ist oder dessen Bonität als ausreichend beurteilt wird."*

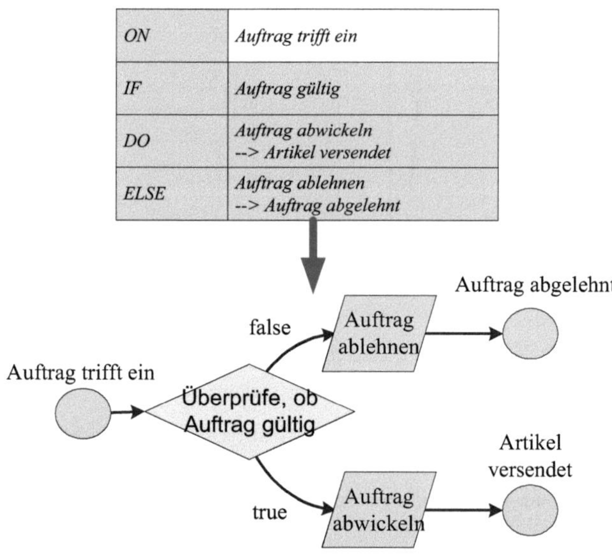

Abb. 3-36: Verfeinerung einer Bedingung: Ausgangslage

Die Ermittlung der Voraussetzungen, unter denen eine Bedingung erfüllt ist, stellt den Ausgangspunkt für dessen weitere Detaillierung dar. Die Abb. 3-37 zeigt eine mögliche Detaillierung der in Abb. 3-36 enthaltenen Bedingungskomponente:

---

[261] Vgl. Kap. 6.3.

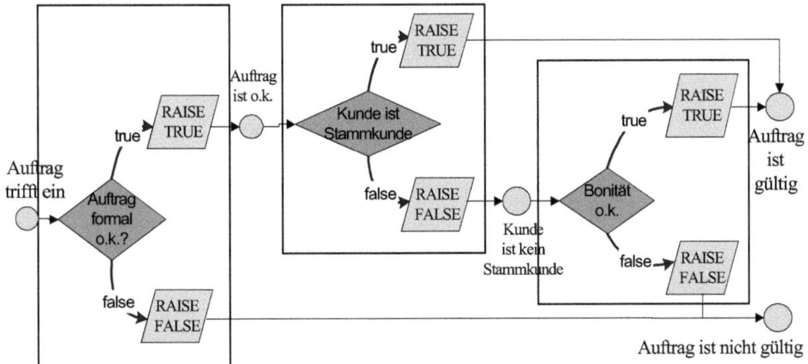

Abb. 3-37: Verfeinerung einer Bedingung: Erste Verfeinerungsstufe entsprechend der ECAA-Notation

Eine Bedingungsprüfung kann gemäss der in Kap. 3.3.1.2 formulierten Definition keine Informationen persistent transformieren bzw. manipulieren, sondern lediglich die Ergebniszustände TRUE oder FALSE annehmen. Entsprechend darf die Detaillierung einer Bedingungsprüfung keine Aktionen beinhalten, die persistent Daten manipulieren, löschen oder erzeugen. Die Aktionskomponenten innerhalb einer detaillierten Bedingungsprüfung beinhalten daher häufig nur Pseudo-Aktionen zur expliziten Auslösung eines Ergebniszustandes.[262] Diese sind in der Abb. 3-37 mit dem Schlüsselwort *RAISE <event>* gekennzeichnet.[263] Grundsätzlich ist jedoch die Verwendung von Aktionen erlaubt, sofern diese nur die Informationen zur Vorbereitung der Bedingungsprüfung sammeln und interpretieren.

Aus Gründen der Übersichtlichkeit kann in der praktischen Modellierung bei der Detaillierung einer Bedingungskomponente die Pseudo-Aktivität „RAISE <event>“ auch eliminiert werden, sofern bei der Detaillierung der Bedingungskomponente keine Aktionen zur expliziten Ermittlung entscheidungsrelevanter Informationen notwendig sind (vgl. Abb. 3-38).

262 Die Bedeutung eines Konstruktes zur Erzeugung einer Pseudo-Aktion wird in Kap. 3.3.2.2 erläutert.

263 Dieses Schlüsselwort zur expliziten Auslösung von Ereignissen ist aus dem Bereich der Aktiven Datenbanksysteme entlehnt (vgl. z.B. Dittrich / Kotz / Mülle (1986), Gatziu (1995)).

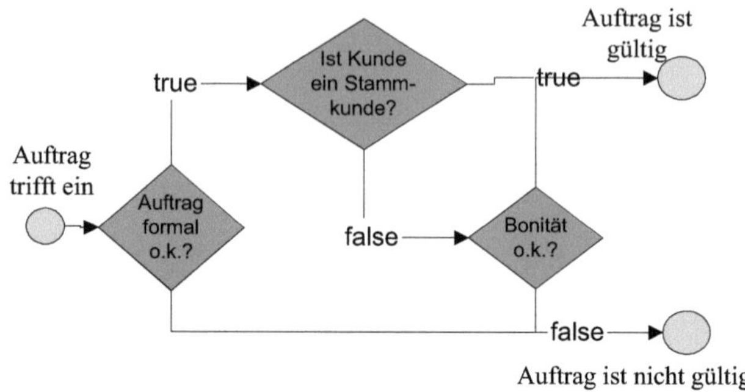

Abb. 3-38: Verfeinerung einer Bedingung: Vereinfachte Darstellung der Bedingungsprüfung

Derartige Abweichungen von der streng formalen Anwendung einer Modellierungsmethode sind auch bei anderen Methoden zu finden. So werden z.B. bei der praktischen Anwendung der Ereignisgesteuerten Prozesskette häufig Funktionsabfolgen ohne triviale Zwischenereignisse modelliert.[264] Diese Technik verfolgt das Ziel, kürzere und komplexitätsärmere Modelle zu erstellen.

Die Modellierung von Entscheidungsfolgen auf einer detaillierteren Stufe ist immer dann sinnvoll, wenn die Reihenfolge der Ausführung der einzelnen Entscheidungsschritte von Bedeutung ist oder Aktionen zur Ermittlung prüfungsrelevanter Anwendungsdaten durchgeführt werden müssen.

Eine andere Möglichkeit ist es, eine einfache Bedingung auf der derselben Abstraktionsebene durch eine komplex formulierte Bedingung zu ersetzen (vgl. Abb. 3-39):

Diese Variante kann dann verwendet werden, wenn die Prüfungsreihenfolge der einzelnen Komponenten unerheblich ist. Damit die ursprünglich allgemein formulierte Bedingung durch eine präzisere Beschreibung ersetzt. Dies stellt dann jedoch keine Detaillierung im eigentlichen Sinne dar: Die ursprünglich allgemeine Beschreibung der zu überprüfenden Situation wird lediglich präzisiert. Dabei muss die *Präzisierung* auf alle Ebenen der Ableitungshierarchie übernommen werden, da gemäss der im letzten Abschnitt getroffenen Konvention auf allen Abstraktionsebenen dieselben Vor- und Nachbedingungen gelten müssen. Eine Präzisierung liefert aber im Gegensatz zur Detaillierung keine die Prozess-Steuerung bzw. den Ablauf beeinflussenden ergänzenden Erkenntnisse.

---

[264] Vgl. z.B. Rosemann / Schwegmann (2002), S. 67.

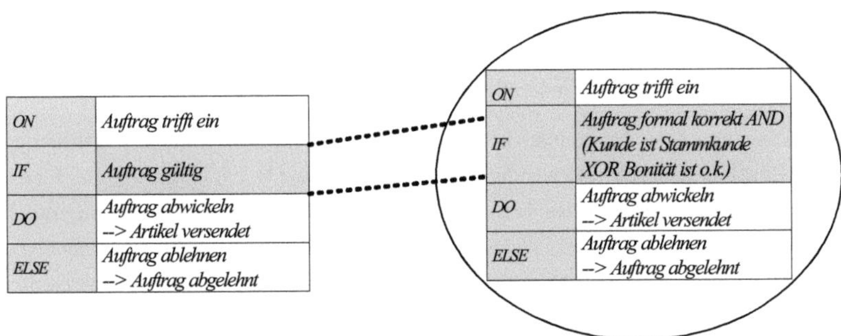

Abb. 3-39: Detaillierung einer Bedingungskomponente durch ein komplexes Bedingungskonstrukt

Als Möglichkeit der Darstellung einer *Präzisierung* kann der Bedingungskomponente eine Checkliste oder eine Entscheidungstabelle zugeordnet werden (vgl. Abb. 3-40).[265]

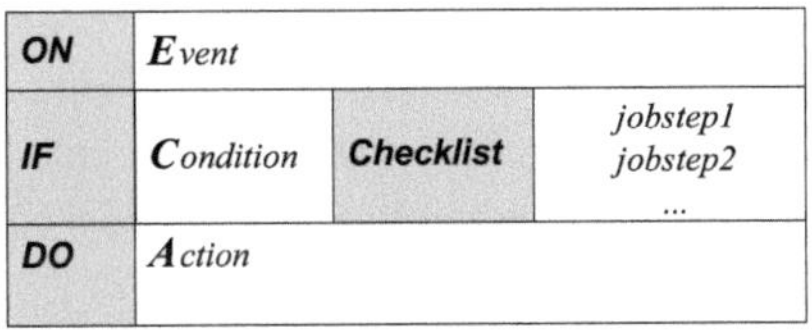

ON	*Event*		
IF	*Condition*	**Checklist**	*jobstep1* *jobstep2* ...
DO	*Action*		

Abb. 3-40: Erweiterung der Bedingungskomponente durch eine Checkliste[266]

Werden jedoch z. B. Teile der Bedingungsprüfung von unterschiedlichen Akteuren ausgeführt, ist eine Detaillierung die sinnvollere Modellierungsvariante. Denn dann müssen Reihenfolge und Abhängigkeiten der Kollaboration der beteiligten Akteure modelliert werden. Diese beeinflussen jedoch den Ablauf des Prozesses und müssen daher explizit dargestellt werden.

3.3.5.3 Detaillierung von Ereignissen

Bei regelauslösenden komplexen Ereignissen ist die Reihenfolge des Eintretens der Ereigniskomponenten unerheblich. Analog zu der Bedingungskomponente kann ein einfaches Ereignis auf jeder beliebigen Abstraktionsebene durch ein komplex formuliertes Ereignis substituiert werden. Aber auch hier gilt, dass dadurch keine Detaillierung des Prozesses bewirkt wird, sondern vor allem eine Präzisierung der

---

[265] Vgl. Kap. 3.3.3.1 und Hoheisel (2000), S. 113-114.

[266] Vgl. Hoheisel (2000), S. 113.

prozessexternen oder der Transitionsereignisse stattfindet. Die ursprünglich allgemeine Beschreibung der Situation wird auf derselben Abstraktionsebene konkretisiert, ohne dass der Prozessverlauf eine Änderung erfährt.

Die Präzisierung eines Ereignisses kann jedoch in der Folge eine weitere Detaillierung aktiver Regelkomponenten notwendig machen. So könnte z.B. ein einfaches, durch eine Aktionskomponente ausgelöstes Transitionsereignis im Verlauf der Präzisierung durch ein Disjunktionsereignis ersetzt werden. Dann würde sich die die Aktionskomponente beinhaltende Regel in einem inkonsistenten Zustand befinden und müsste daher weiter detailliert werden.

3.3.5.4 Fallbeispiel zur Detaillierung regelbasierter Prozesse: Auftragsabwicklung bei Lagerfertigung

Die wesentlichen Merkmale der Detaillierung von Geschäftsregeln werden nachstehend an einem Fallbeispiel veranschaulicht. Dieses beinhaltet einen vereinfachten Auftragsabwicklungsprozess bei einem Unternehmen vom Typ *Lagerfertiger*.[267]

In Abb. 3-41 wird der gesamte Geschäftsprozess in einer EA-Regel dargestellt. Die Aktion *Auftrag abwickeln* erzeugt ein Disjunktionsereignis: Entweder wird der Auftrag abgelehnt oder der Auftrag wird ausgeliefert. Die Regel ist auf einem hohen Abstraktionsniveau formuliert und befindet sich zudem formal in einem inkonsistenten Zustand. Die Aktionskomponente muss daher weiter detailliert werden.

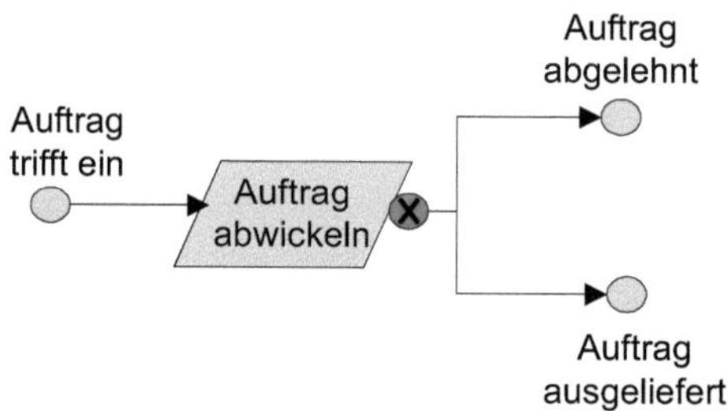

Abb. 3-41: Fallbeispiel: Darstellung des Geschäftsprozesses als EA-Regel

Die Verfeinerung der Aktionskomponente *Auftrag abwickeln* führt zum in Abb. 3-42 gezeigten Prozess, der aus einer Folge von zwei Geschäftsregeln besteht:

[267] Das vorgestellte Fallbeispiel ist angelehnt an Kargl (1996), S. 83 ff.

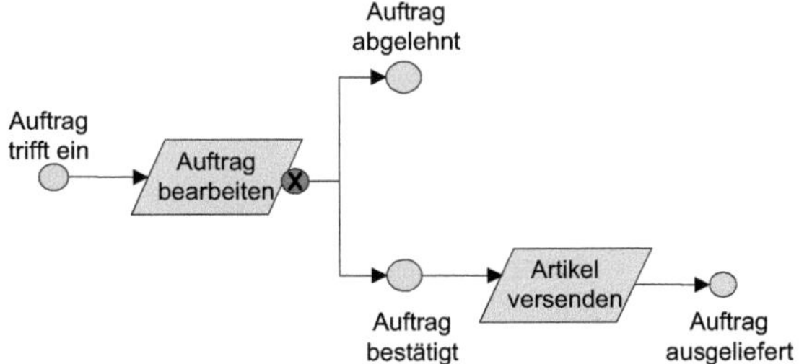

Abb. 3-42: Fallbeispiel: Erste Detaillierungsstufe

Auf der ersten Detaillierungsstufe bleiben sowohl die den Gesamtprozess auslösenden und als auch die terminierenden Ereignisse bestehen. Aber noch immer befindet sich die Aktionskomponente *Auftrag bearbeiten* in einem inkonsistenten Zustand und muss in einem weiteren Schritt verfeinert werden (Abb. 3-43) .

In analoger Weise können, wie in Kap. 3.3.5.2 gezeigt, auch die Bedingungskomponenten sukzessive verfeinert werden. So kann z. B. die Prüfung der Kundenbonität in dem Prozessmodell wie in Abb. 3-44 gezeigt präzisiert werden.

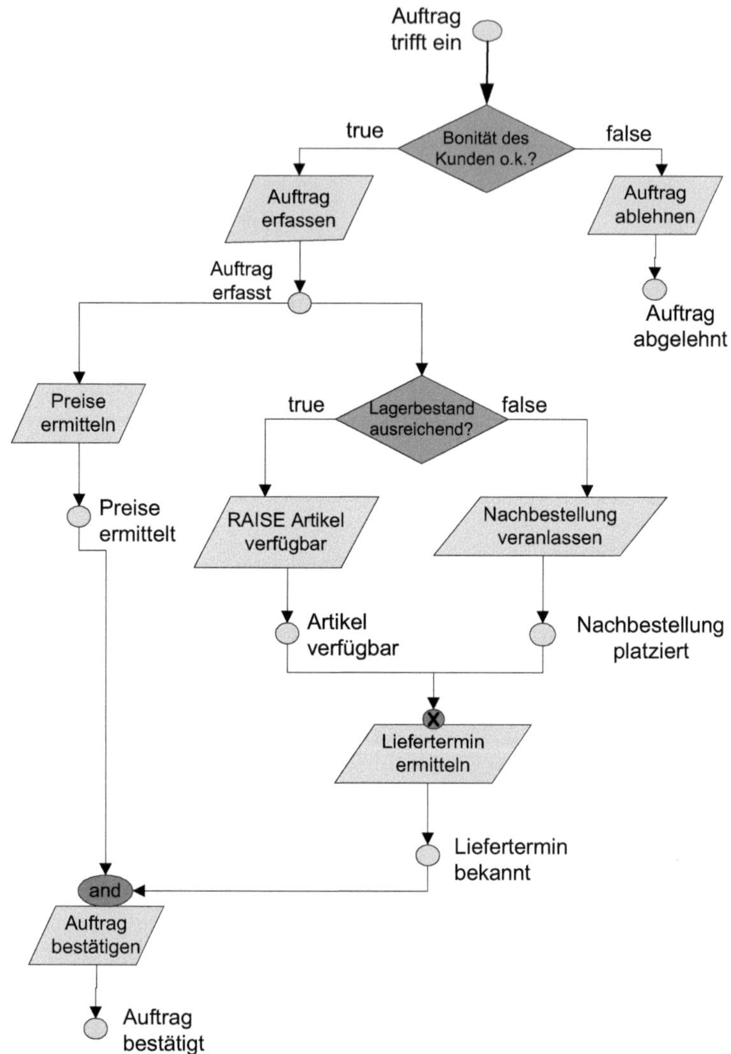

Abb. 3-43: Fallbeispiel: Detaillierung der Aktionskomponente „Auftrag bearbeiten"

Wenn die Reihenfolge der Bedingungsprüfung bedeutsam ist, so kann die für die Bonitätsprüfung notwendige Entscheidungsfolge wie in Abb. 3-45 gezeigt verfeinert werden.

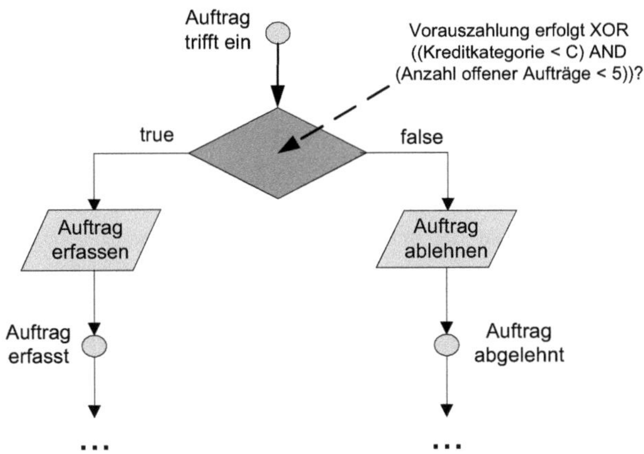

Abb. 3-44: Fallbeispiel: Präzisierung einer Bedingungskomponente

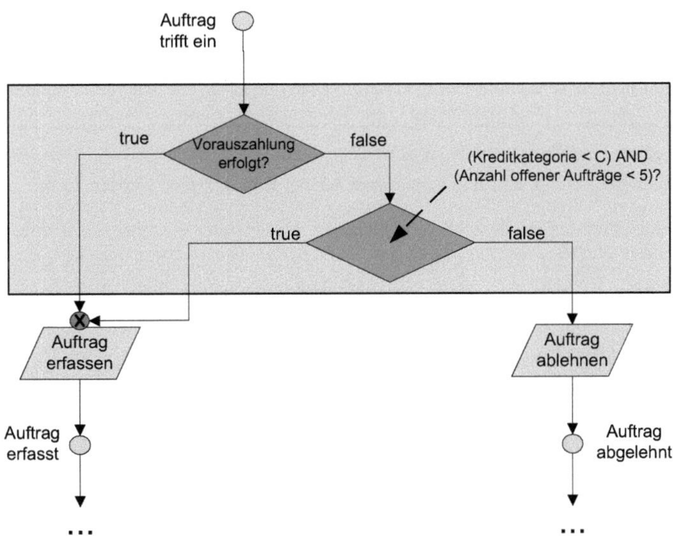

Abb. 3-45: Fallbeispiel: Verfeinerung einer Bedingungskomponente

Die Modellierung der Entscheidungsfolge bei einer Bedingungsprüfung kann z.B. immer dann eine Rolle spielen, wenn einzelne Prüfungen von verschiedenen Stellen vorgenommen werden oder Abhängigkeiten zwischen den Prüfungsergebnissen bestehen.

3.3.5.5 Kriterien zur Hierarchisierung von Prozessmodellen

Die Verfeinerung kann je nach Komplexität des Gesamtprozesses über mehrere Stufen fortgesetzt werden. Der gesamte Prozess wird so durch eine Hierarchie von Teilprozessen beschrieben. Der vorgesehene Modellierungszweck[268] determiniert dabei den Detaillierungsgrad der untersten Hierarchie-Ebene. Besteht beispielsweise der Modellierungszweck in der Generierung einer Workflow-Spezifikation, so muss der Prozess soweit detailliert werden, dass auf der untersten Ebene eine ausreichend strukturierte und präzise Beschreibung des Prozesses entsteht, um daraus eine Workflow-Spezifikation ableiten zu können. Die Frage, an welcher Stelle der Verfeinerungsprozess als abgeschlossen gilt, ist nicht allgemeingültig zu beantworten. In einem Modellierungsprojekt stellt die Vorgabe eines bestimmten Detaillierungsgrades für die Prozessmodelle jedoch eine wichtige Aufgabe dar.[269] Denn daran werden u.a. auch die Zielerreichung und der Projektfortschritt gemessen.

Besteht der Modellierungszweck vor allem in der Entwicklung von Informationssystemen und zur Spezifikation von Workflows, so können einige allgemeine Kriterien für einen hinreichenden Detaillierungsgrad angegeben werden: [270]

- Wenn eine betriebswirtschaftliche Funktion innerhalb eines Prozesses von *mehreren Rollen bzw. Akteuren* durchgeführt werden muss, so ist dies ein Indikator für eine weitere Detaillierung dieser Funktion. Zu beachten ist, dass bei der regelbasierten Modellierung eine betriebswirtschaftliche Funktion durch eine aktive Regelkomponente repräsentiert wird. Es ist anzustreben, dass eine aktive Komponente gesamthaft von einem Akteur durchgeführt werden kann;
- Bei einer hohen Anzahl *verschiedener auslösender Ereignisse* ist eine weitere Zerlegung der Regelkomponente zu prüfen. Erfahrungen zeigen, dass häufig bereits bei drei verschiedenen auslösenden Ereignissen die Steuerungsinformationen nicht hinreichend detailliert sind.[271] In gleicher Weise kann auch eine hohe Anzahl von *Bereitstellungsereignissen* auf eine ungenügende Detaillierung der Aktionskomponente hinweisen;
- Wenn eine Aktionskomponente innerhalb einer Geschäftsregel mehr als eine Leistung erzeugt und diese keine Varianten zueinander darstellen, ist häufig eine weitere Detaillierung sinnvoll;
- Können Aktivitäten innerhalb einer aktiven Komponente auch nebenläufig ausgeführt werden, sollte diese weiter detailliert werden;

---

[268] Vgl. Kap. 3.1.2.

[269] Vgl. Rosemann / Schwegmann (2002), S. 80.

[270] Vgl. z. B. Gaitanides (1983), S. 80 ff.

[271] Vgl. Speck / Schnetgöke (2002), S. 200.

- Leistet eine Aktionskomponente einen hohen Beitrag zur gesamten Leistungserstellung des Prozesses, sollte diese differenzierter betrachtet werden. Damit wird eine präzisere Analyse von Schwachstellen und Verbesserungspotentialen ermöglicht.

Umgekehrt ist bei aktiven Komponenten, die von einem Aktor oder einer Aktoren-Gruppe in Selbstabstimmung und ohne Unterstützung von Informationssystemen durchgeführt werden, eine weitere Detaillierung kritisch zu prüfen. Denn hier besteht die Gefahr, dass vorhandene Handlungsspielräume unnötigerweise eingeengt werden.

3.4 Ein Metamodell zur regelbasierten Modellierung von Geschäftsprozessen

Die Eigenschaften und Vorteile eines Metamodells wurden bereits in Kap. 2.2.4 diskutiert. Darin wurde auch ein erstes Metamodell zur Entwicklung regelbasierter Systeme vorgestellt. Auf diesem aufbauend wird nachstehend der für die regelbasierte Prozessmodellierung relevante Teil detailliert.

Das Metamodell zur regelbasierten Modellierung von Geschäftsprozessen muss vor allem den ECAA-Ansatz mit seinen möglichen Erweiterungen abbilden können und die Detaillierung der Regelkomponenten unterstützen. In der Abb. 3-46 ist das erweiterte Metamodell veranschaulicht. Darin sind die ergänzten, detaillierten Komponenten grau hinterlegt. Die für die Darstellung der Prozess-Sicht weniger relevanten Elemente des Metamodells sind aus Gründen der Übersichtlichkeit nicht dargestellt. Die mit „...“ gekennzeichneten offenen Beziehungen zeigen die Verbindung zu den in Kap. 2.2.4 beschriebenen Elementen des Metamodells auf.[272]

Das Modell zeigt die im Kap. 3.3 beschriebenen Konstruktionselementen der regelbasierten Prozessmodellierung und deren Beziehungen zueinander. Mit den Beziehungstypen und deren Kardinalitäten werden im Metamodell bereits wichtige Modellierungsbedingungen formal spezifiziert. Diese sind nachstehend noch einmal zusammengefasst:[273]

- Eine als prozesssteuernd klassifizierte Geschäftsregel besteht aus einem Ereignis, keiner oder genau einer Bedingung sowie einer oder zwei Aktionen.[274]
- Ein Ereignis kann elementar oder komplex sein. Komplexe Ereignisse sind mit logischen Operatoren verknüpfte Elementarereignisse. Dieser Zusammenhang

---

[272] Vgl. Abb. 2-15 und Abb. 2-16.

[273] Vgl. Kap. 3.3.

[274] Zur Modellierung von $EC^{m}A^{n}$-notierter Regeln vgl. Kap. 3.3.1.4.

wird durch den Meta-Entitätstyp *Logische Verknüpfung* ausgedrückt. In gleicher Weise kann auch die Bedingungskomponente einer Regel elementar oder komplex formuliert werden. Damit wird die Unterscheidung zwischen *Präzisierung* und *Detaillierung* einer Komponente in dem Metamodell manifestiert.

- Eine Bedingung ist mit ein oder zwei Aktionen verbunden. In Abhängigkeit vom Ergebnis der Prüfung wird genau eine von diesen Aktionen ausgelöst. Ein Aktionsteil kann jedoch auch nur eine Pseudo-Aktion zum expliziten Auslösen eines Transitionsereignisses beinhalten.[275]
- Eine Aktion wiederum löst immer genau ein *Transitionsereignis* aus. Dieses ist definiert als ein Ereignis, das innerhalb des Prozesses durch die Beendigung einer oder mehrerer Aktionen hervor gerufen wird. Im Gegensatz dazu startet ein - aus Sicht des Prozesses - *externes Ereignis* den Prozess, der durch eine Menge prozesssteuernder Geschäftsregeln beschrieben wird.
- Die aktiven Komponenten einer Geschäftsregel können über mehrere Stufen sukzessive verfeinert werden.
- Aktive Komponenten lesen Informationen und transformieren diese. Sie benötigen also In- bzw. Output-Informationen. Letztere müssen in ihrer Bedeutung und ihrem Sinnzusammenhang definiert werden. Sie sind daher mögliche Ausprägungen von strukturdefinierenden Regeln.
- In gleicher Weise können aktive Komponenten in Abhängigkeit von der Hierarchiestufe von einem oder mehreren Aktoren ausgeführt werden.[276] Ein Aktor, repräsentiert als *Term*, wird wiederum als strukturdefinierende Regel aufgefasst.

Die Darstellung des Metamodells beschränkt sich auf die Prozess-Sicht, d.h. auf den dynamischen Aspekt des Unternehmensmodells. Ausführliche Metamodelle zur Abbildung struktureller Aspekte, insbesondere der Informations- und der Organisationssicht, sind z. B. von Galler[277] und Rosemann[278] beschrieben. Diese können in das angegebene Modell integriert werden. Mit den Beziehungen der strukturellen Komponenten *Informationseinheit* und *Aktor* zu der Komponente *Strukturdefinierende Regel* wird aber dokumentiert, dass die strukturgebenden Elemente eines Unternehmens- bzw. Systemmodells ihrerseits wieder als Regeln formuliert werden müssen.[279]

Neben der ausführenden Funktion kann im Metamodell auch eine *„ist verantwortlich für“*-Beziehung zwischen den Meta-Elementen *Aktiven Komponente* und *Aktor* definiert

---

[275] Vgl. Kap. 3.3.2.2.

[276] Vgl. auch Herbst (1997), S. 97. Herbst verwendet in seinem Metamodell die Bezeichnung „Processor“.

[277] Vgl. Galler (1997), S. 73.

[278] Vgl. Rosemann (1996), Rosemann / zur Mühlen (1998).

[279] Vgl. Kap. 5.2.

werden. In einer konkreten Modellierungssituation sollte dieser Sachverhalt jedoch genauer hinterfragt werden. Denn prinzipiell widerspricht die Trennung von Durchführungskompetenz und Verantwortlichkeit der Idee, dass in den Prozess involvierte Aktoren nicht nur für dessen korrekte Durchführung, sondern auch für dessen Weiterentwicklung und sukzessive Verbesserung verantwortlich sind.[280]

Einige Modellierungsbedingungen sind nicht unmittelbar aus dem Metamodell ersichtlich und müssen in Form von *Meta-Regeln* innerhalb der Modellierungsmethode verankert werden:

- Eine *Informationseinheit* darf von der Bedingungskomponente einer Regel nur lesend verwendet werden.[281] Diese Konvention ist in dem Metamodell nicht direkt enthalten, da die *Informationseinheit* nur eine Beziehung zu dem Generalisierungskonstrukt *Aktive Komponente* hat und somit grundsätzlich sowohl Input- als auch Output-Objekte zu einer aktiven Regelkomponente zuordenbar sind. Dieser Sachverhalt könnte auch in dem Metamodell direkt abgebildet werden, in dem die Komponente *Informationseinheit* direkt mit den spezialisierten Komponenten *Bedingung* und *Aktion* verbunden wird. Durch Zuordnung unterschiedlicher Semantiken könnte so auch der Unterschied bei der Verwendung von In- und Output-Informationen modelliert werden. Die Übersichtlichkeit des Modells wird dadurch jedoch beeinträchtigt, weshalb darauf verzichtet wurde.
- Eine Aktion darf auf der höchsten Detallierungsstufe kein Disjunktionsereignis auslösen. Ein *Transitionsereignis* kann einfacher oder komplexer Natur sein. Ein Disjunktionsereignis ist eine mögliche Ausprägung eines komplexen Ereignisses. Durch die *löst aus*-Beziehung zu dem Meta-Entitätstyp *Aktion* ist es also grundsätzlich erlaubt, dass eine Aktion mit einem Disjunktionsereignis terminiert. Dies ist während des Detaillierungsprozesses auch zulässig. Auf der höchsten Detaillierungsstufe hingegen ist dies, wie in Kap. 3.3.5.1 gezeigt, nicht mehr zulässig.
- Auf der untersten Detaillierungsstufe sollten die aktiven Komponenten nur noch von genau einem Aktor ausgeführt werden. Andernfalls ist zu prüfen, ob weitere Detaillierungsschritte notwendig sind.

[280] Vgl. Osterloh / Frost (1996), S. 50 ff.

[281] Siehe Kap. 3.3.3.1.

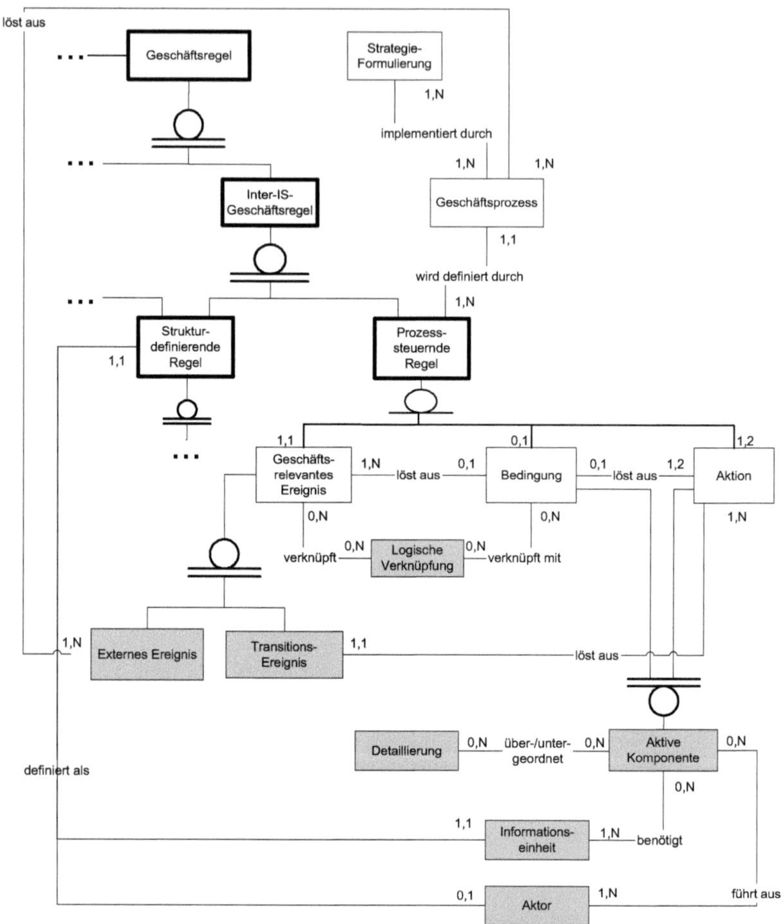

Abb. 3-46: Für die regelbasierte Prozessmodellierung erweitertes Metamodell

Wird das angegebene Metamodell in einem geeigneten Repository implementiert, kann damit auch die syntaktische Korrektheit des entstehenden Modells überwacht werden. Relationale Datenbanksysteme stellen mit dem Fremdschlüsselkonzept sowie der referentiellen Integrität ausreichend mächtige Mechanismen zur Verfügung und sind daher, zumindest im Hinblick auf die Datenverwaltung, eine geeignete Plattform. Die

Umsetzung eines Metamodells zur regelbasierten Prozessmodellierung in ein relationales Datenbanksystem wird von Pfahrer beschrieben.[282]

3.5 Bewertung der regelbasierten Prozessmodellierung

In den vorangegangenen Kapiteln wurde an verschiedenen Stellen auf die Eigenschaften und Vorteile des regelbasierten Ansatzes zur Prozessmodellierung eingegangen. Nachfolgend werden diese systematisch zusammengefasst.

3.5.1 Methodeneinheitlichkeit

Oftmals werden auf verschiedenen Ebenen des Modellierungs- und Entwicklungsprozesses unterschiedliche Methoden zur konzeptionellen Beschreibung von Geschäftsprozessen und deren Implementierung, in Workflows oder Anwendungssystemen, verwendet. Demgegenüber stellt die regelbasierte Modellierungsmethode eine einheitliche Modellierungsumgebung für alle Phasen dieses Prozesses zur Verfügung. Sie erlaubt eine regelbasierte Beschreibung von Geschäftsprozessen und kann in einer oder mehreren Verfeinerungsstufen z.B. in eine geeignete Workflow-Spezifikation transformiert werden.[283]

Neben dieser auf allen Ebenen strukturell gleich bleibenden Darstellung der Prozesse kann der regelbasierte Ansatz auch als Integrationsschicht dienen, um auf unterschiedlichen Ebenen verschiedene Prozessmodellierungsmethoden zu integrieren. Wie in Abb. 3-47 gezeigt, kann ein hinreichend verfeinertes Modell in verschiedene Zielumgebungssprachen transformiert werden. Dies wird von Knolmayer et al. als bedeutender Vorteil angesehen, insbesondere bei der Modellierung unternehmensübergreifender Geschäftsprozesse:

> *"In a decentralized organization, a virtual enterprise, or in coordinating processes in a supply chain often different methods and tools are employed for representing processes and workflows. To support the development of coordinated process or workflow models across enterprise boundaries or locations, a layer into which the different (sub-)process models can be transformed and another layer from which the specifications for different workflow tools may be derived, are highly desirable. We suggest to use business rule layers for these descriptions."*[284]

---

[282] Vgl. Pfahrer (1999).

[283] Vgl. Knolmayer / Endl / Pfahrer (2000). Die Transformationen in mögliche Zielumgebungen werden in den Kap. 5.1 und 5.2 detailliert erläutert.

[284] Knolmayer / Endl / Pfahrer (2000), S. 17.

Somit ergeben sich Integrationsmöglichkeiten in beide Richtungen: Einerseits können mit anderen Methoden modellierte Prozesse in den ECAA-Ansatz transformiert werden, andererseits ist aber auch, mit Hilfe geeigneter Modellierungsvorschriften, die Abbildung des ECAA-Ansatzes in verschiedene Modellierungsmethoden möglich. In den Kap. 4.1 und 4.2 wird dies für eEPK und UML noch näher diskutiert werden. Zudem hat Herbst bei der Entwicklung des BROCOM-Ansatzes eine Petri-Netz-Notation für die Modellierung von Geschäftsregeln verwendet und damit implizit gezeigt, dass eine geschäftsregelbasierte Modellierung auch mit Petri-Netzen erfolgen kann.[285] Diese Integrierbarkeit unterstützt eine rasche Einführung der regelbasierten Prozessmodellierung im Unternehmen.

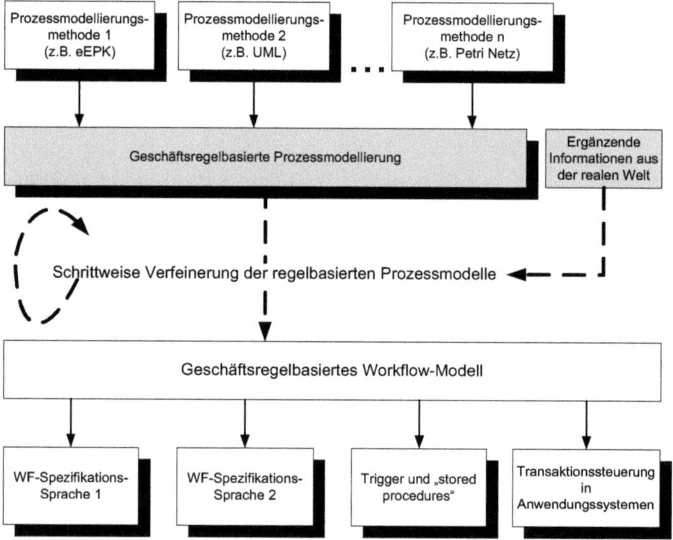

Abb. 3-47: Geschäftsregelbasierte Prozessmodelle als integrierende Ebene[286]

3.5.2 Modellierungsmächtigkeit

Der ECAA-Ansatz beinhaltet zwei semantisch unterschiedliche aktive Regelkomponenten. Die Mächtigkeit des Ansatzes wird dadurch erhöht, da sie die separate Mo-

[285] Vgl. Herbst (1997), S. 140 ff. Auf die regelbasierte Modellierung von Prozessen mit Hilfe von Petri-Netzen wird hier daher nicht näher eingegangen. Neben der Arbeit von Herbst sei dazu auf Knolmayer et al. (1997) verwiesen.

[286] Vgl. Knolmayer (1998).

dellierung semantisch unterschiedlicher Funktionstypen – Prüfung einer Bedingung und Ausführung einer Aktion - ermöglicht. Diese Eigenschaft, verbunden mit einer klaren Abgrenzung der Regel-Komponenten untereinander, führt zu einer erhöhten Modellierungssicherheit und zu einer stärkeren Strukturierung der Prozessmodelle. Am Beispiel des in Abb. 4-163-48 gezeigten, mit EPK modellierten Prozess-Auschnitts wird dies verdeutlicht.

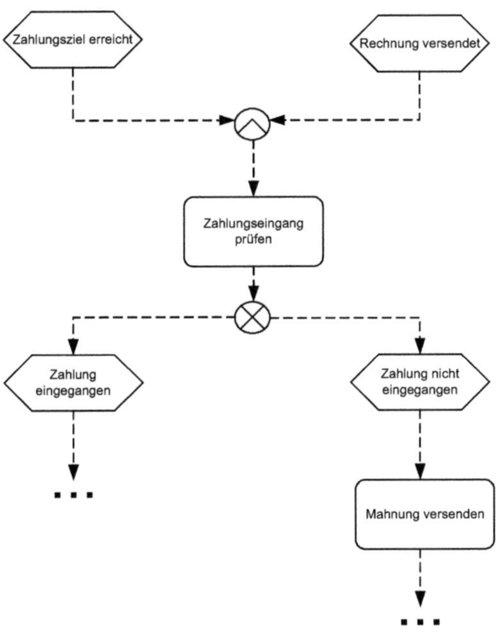

Abb. 3-48: Beispiel eines semantisch ungenauen Prozessmodells[287]

In dem gezeigten Prozessmodell kann zunächst die Funktion *Zahlungseingang prüfen* aufgrund der Notation nicht direkt als Bedingung erkannt werden. Lediglich durch die Benennung und das von der Funktion erzeugte Disjunktionsereignis wird deutlich, dass es sich um eine bedingungsprüfende Funktion handeln muss. Problematischer ist jedoch, dass der Sachverhalt *Zahlung nicht eingegangen* in der EPK als Ereignis modelliert werden kann. Die Abbildung der modellierten Realität erfolgt damit sachlich falsch, da das Ausbleiben einer Zahlung gerade kein Ereignis ist. Demgegenüber wäre der

[287] Vgl. Hoheisel (2000), S. 155.

Sachverhalt *Zahlung nicht* eingegangen im ECAA-Ansatz eindeutig als Bedingungsprüfung zu modellieren, die darüber entscheidet, welche Nachfolgeaktion auszuführen ist.

Durch die explizite Berücksichtigung temporaler Aspekte zur Kontrollfluss-Steuerung erhöht sich die Mächtigkeit des Ansatzes weiter. Es müssen keine zusätzlichen Methoden heran gezogen werden müssen, um Prozesse zeitlich zu planen und zu steuern. Demgegenüber wird von Galler festgestellt, dass bei Verwendung der EPK die Ereignisse zusätzlich um Bedingungen erweitert werden müssen, sobald die EPK-Modell in zu Workflow-Modellen verfeinert werden sollen.[288]

Im Rahmen des regelbasierten Ansatzes sind diese Bedingungen auf jeder Detaillierungsebene bereits explizit modelliert und damit integraler Bestandteil des Prozessmodells. In dieser Hinsicht entfällt dieser Ergänzungsschritt bei der Transformation der Prozess- in Workflow-Modelle oder bei der Modellierung von Anwendungssystemen.

Nachteilig ist anzumerken, dass der erhöhte Strukturierungsgrad der ECAA-Notation die Freiheitsgrade der Modellierung einschränkt. Im Extremfall kann dies zu umständlich formulierten Prozessabläufen führen.

Im Kontext mit der Entwicklung regelbasierter Anwendungssysteme hat die auf Regeln aufbauende Prozessmodellierung den grossen Vorteil, dass die Prozess-Regeln gemeinsam mit den Geschäftsregeln der Anwendungssysteme in demselben Regel-Repository verwaltet werden können. Damit kann prinzipiell die gesamte im Unternehmen vorhandene Geschäftslogik an einem zentralen Ort abgelegt werden. In Kap. 5.2 wird dieser Sachverhalt diskutiert.

3.6 Zusammenfassung

In diesem Kapitel wurde ein Konzept zur regelbasierten Modellierung von Prozessen vorgestellt. Für die durchgängige Modellierung und Entwicklung regelbasierter Systeme ist es von grossem Vorteil, wenn die aus betriebswirtschaftlicher Sicht modellierten Prozesse ebenfalls regelbasiert vorliegen. So wird einerseits sichergestellt, dass bereits zu Beginn der Analyse die Geschäftslogik als expliziter Betrachtungsgegenstand in den Vordergrund rückt. Andererseits wird durch diesen Modellierungsansatz auch eine stärkere Strukturierung der Prozessmodelle ermöglicht. Dies führt nicht nur zu einer Verbesserung der Modellierungssicherheit, sondern unterstützt auch die Vergleichbarkeit der Modelle. Und schliesslich sind auf ECAA basierende Prozessmodelle aufgrund des höheren Strukturierungsgrades einfacher in Workflow-Spezifikationen umsetzbar.

Bei der regelbasierten Modellierung wird der Prozess als eine Folge von ECAA-Regeln aufgefasst. Jede ECAA-Regel löst bei ihrer Beendigung ein Ereignis aus, das wiederum

---

[288] Galler (1997), S. 77.

eine oder mehrere nachfolgende Regeln aktiviert. Ein geeigneter Mechanismus unterstützt die sukzessive Detaillierung der aktiven Regelkomponenten. Das Ergebnis besteht aus einer Menge von Regeln, die den gesamten Geschäftsprozess auf unterschiedlichen Abstraktionsebenen repräsentieren.

Zur Modellierung struktureller Prozess-Elemente ist der ECAA-Ansatz bedarfsorientiert erweiterbar. Den aktiven Komponenten einer Regel können so beispielsweise Organisations- oder Informationseinheiten zugeordnet werden. Als mögliche Erweiterung wurden auch temporale Aspekte diskutiert. So müssen vor allem bei der Modellierung von Zeit-Ereignissen entsprechende Konstrukte vorhanden sein.

Die Prozessmodellierung auf Basis des ECAA-Ansatzes muss in den allgemeinen Kontext der regelbasierten Systementwicklung integriert werden, damit deren Durchgängigkeit gewährleistet werden kann. Notwendige Voraussetzung dazu ist ein integriertes Metamodell, in dem neben den prozesssteuernden auch die die Struktur bzw. das Verhalten des Gesamtsystems definierenden Regeln enthalten sind. Dazu wurde das in Kap. 2.2.4 vorgestellte Metamodell weiter detalliert und mit den prozessrelevanten Elementen ergänzt.

4 Integration der regelbasierten Prozessmodellierung in verbreitete Modellierungsmethoden

In Kapitel 3.1.1 wurde das Prozessmodell als dynamische Sicht auf das Unternehmen interpretiert. Ein vollständiges Unternehmensmodell beinhaltet darüber hinaus alle relevanten strukturellen Komponenten des Unternehmens sowie Informationen über deren Beziehungszusammenhang. Es bildet einerseits die Basis für das Verständnis eines Unternehmens und andererseits den Bezugspunkt für die zielgerichtete Entwicklung und Einführung von Informationssystemen.

Für die Erstellung sowohl eines Unternehmens- als auch Systemmodells sind verschiedene Elemente notwendig (vgl. Abb. 4-1): Ein Vorgehensmodell beinhaltet verschiedene Modellierungsaktivitäten, die mit Hilfe einer Methode durchgeführt werden, um zu einem eindeutig definierten Modellierungsergebnis zu gelangen. Das Vorgehensmodell selbst basiert auf einem Metamodell, deren Struktur in einem Repository hinterlegt werden kann. Und schliesslich müssen Modellierungsmethoden durch geeignete Werkzeuge unterstützt werden.

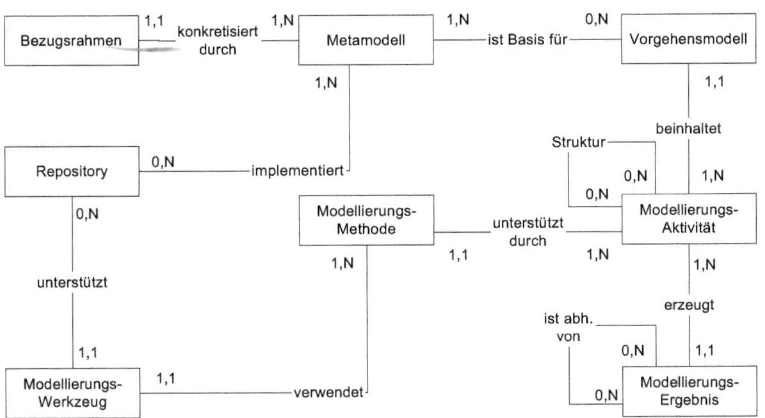

Abb. 4-1 Komponenten der Modellierung und deren Zusammenhänge[289]

---

[289] Vgl. Gutzwiller (1994), S. 11. Bei Gutzwiller wird von den Komponenten *Modellierungsmethode* und *–werkzeug* abstrahiert.

In vielen Unternehmen existieren bereits Meta- und Vorgehensmodelle, Methoden und Werkzeuge zur Erstellung, Weiterentwicklung und Pflege von Unternehmensmodellen oder zur Entwicklung von Informationssystemen. So müssen beispielsweise in ISO-9002-zertifizierten Unternehmungen die Prozesse definiert und in adäquater Art und Weise beschrieben sein. Die Einführung neuer Methoden zur Modellierung von Prozessen wird daher auch bei Nachweis längerfristiger Nutzenpotentiale häufig nur schwer akzeptiert:

- Wie Abb. 4-1 zeigt, beeinflusst eine neue Modellierungsmethode sowohl die Verwendung des Vorgehensmodells als auch der vorhandenen Modellierungswerkzeuge. Letztere müssen mindestens angepasst, häufig aber ersetzt werden. Dies hat neben zusätzlichen Investitionen in Software auch Schulungsaufwände sowie Umstellungs- und Integrationsarbeiten zur Folge.
- Eine neue Modellierungsmethodik impliziert oft auch eine neue Notation. Die verschiedenen Anspruchs- und Benutzergruppen müssen in dieser Notation ausgebildet werden.
- Bereits bestehende, mit anderen Methoden modellierte Modelle müssen gegebenenfalls in die neue Beschreibungssprache transformiert werden, um deren dauerhafte Wartung und Weiterentwicklung zu gewährleisten.

Für die regelbasierte Prozessmodellierung ergibt sich daraus die Forderung nach einer möglichst einfachen Integrierbarkeit in bestehende Modellierungsmethoden. Aufgrund der in Abb. 4-1 gezeigten Beziehungszusammenhänge kann damit auch eine Weiterverwendung vorhandener Vorgehensmodelle in einem gegebenen Bezugsrahmen gewährleistet werden. Denn viele verbreitete Vorgehensmodelle zur Unternehmensmodellierung, z. B. *PROMET/BPR*[290] oder *Income*[291], setzen den Einsatz einer bestimmter Modellierungsmethodik voraus, also z. B. EPK oder Petri-Netze für die Prozessmodellierung. Ein regelbasiertes Modell sollte daher auch mit Hilfe dieser Methoden erstellt werden können. Der grafischen Präsentation eines Prozesses in der gewohnten Notation kommt dabei besondere Bedeutung zu, um die Lesbarkeit und Transparenz der Prozessmodelle ohne zusätzlichen Schulungs- und Einführungsaufwand sicher stellen zu können.[292]

Der Ansatz der Integration der regelbasierten Modellierung in bestehende Methoden besteht darin, eine eingeführte Methodik mit einer aus der ECAA-Notation abgeleiteten Modellierungsvorschrift zu ergänzen. Dabei können z.B. vorhandene Konstruktionselemente in ihrer ursprünglichen semantischen Aussage eingeschränkt, ergänzt oder in an-

---

[290] Vgl. IMG (1997).

[291] Vgl. PROMATIS (2000), S. 3 ff.

[292] Vgl. Kap. 3.2.

derer Weise interpretiert werden. Für die anderen in der Abb. 4-1 enthaltenen Elemente kann dies folgende Konsequenzen haben:

- Das Meta- und daraus folgend auch Teile des Vorgehensmodells müssen mit zusätzlichen, die regelbasierte Modellierung unterstützenden Konventionen ergänzt bzw. angepasst werden.[293]
- Die Anpassung des Vorgehensmodells hat unter Umständen Einfluss auf die Durchführung der Aktivitäten und der daraus erzeugten Ergebnistypen.
- Das Metamodell bildet gleichzeitig auch die konzeptionelle Basis des verwendeten Repositories. Eine Änderung des Metamodells impliziert daher auch eine Anpassung des Repositories. Viele Repositories und darauf aufbauende Modellierungswerkzeuge sind parametrisierbar und können an geänderte Modellierungsmethoden angepasst werden.

Mit der Verbesserung der Integrierbarkeit kann eine rasche Einführung der regelbasierten Prozessmodellierung im Unternehmen bedeutend unterstützt werden. Im nachfolgenden Abschnitt wird die Integration des ECAA-Ansatzes in eine in der Praxis weit verbreitete Prozessmodellierungsmethode beschrieben: Die erweiterte Ereignisgesteuerte Prozesskette (eEPK).[294] Von speziellem Interesse ist darüber hinaus die Integration von ECAA in die Software-Entwicklungsmethodik UML, die im daran anschliessenden Kapitel betrachtet wird. Denn wurde UML in der Vergangenheit vor allem zur objektorientierten Entwicklung von Software-Systemen verwendet, gibt es in jüngster Zeit Bemühungen, diesen Standard um Instrumente zur Beschreibung von Prozessen zu erweitern.[295] Aufgrund der grossen Verbreitung von UML muss der Integration regelbasierter Konzepte in diese Entwicklungsmethodik besondere Beachtung geschenkt werden.

4.1 Regelbasierte Modellierung mit Ereignisgesteuerten Prozessketten

Die Ereignisgesteuerte Prozesskette wurde als Methode zur Prozessmodellierung im Rahmen der *Architektur integrierter Informationssysteme* (ARIS) unter Leitung von

[293] vgl. Kap. 3.4.

[294] In Galler (1997), S. 33 ff. werden weitere Methoden zur Prozess- und Workflow-Modellierung beschrieben.

[295] Erste Ansätze in diese Richtung sind z.B. schon in Oesterreich (1998b) beschrieben. Ein umfassendes Rahmenwerk für die Unternehmens-, insbesondere der Prozessmodellierung auf Basis von UML wurde erstmals in Eriksson / Penker (2000) beschrieben.

Prof. Scheer an der Universität Saarbrücken entwickelt.[296] In ARIS können vier Anwendungsaspekte unterschieden werden:[297]

- Das *ARIS-Haus* stellt einen Bezugsrahmen zur Modellierung von Unternehmen bereit (vgl. Abb. 3-2).
- Das *ARIS-Konzept* beinhaltet Modellierungsmethoden, unter anderem auch die Beschreibung von Prozessen auf Basis von EPK.
- Das *ARIS-Toolset* (ARIS-eBusiness Suite) ist ein Software-System, dass die Modellierung von Unternehmen bzw. Geschäftsprozessen unterstützt und als Repository für das Unternehmensmodell dienen kann.
- Das *ARIS-HOBE* (*House of Business Engineering*) stellt als Spezialisierung des ARIS-Hauses einen Bezugsrahmen zum ganzheitlichen Geschäftsprozessmanagement bereit.

Innerhalb des ARIS-Hauses sind die EPK auf der Fachkonzeptebene der Steuerungssicht angesiedelt. Neben der Darstellung von Geschäftsprozessen bietet das ARIS-Haus auch die Möglichkeit, Daten, Funktionen und Organisationseinheiten als eigenständige Sichten zu beschreiben:[298]

> *„Die Steuerungssicht behandelt die Verbindung zwischen Funktionen, Organisationen und Daten. Dadurch werden die aus Vereinfachungsgründen zunächst getrennt entwickelten Entwurfsergebnisse miteinander verknüpft.“*[299]

In den nachfolgenden Abschnitten werden die grundlegenden Modellkonstrukte der eEPK dargestellt und deren Verwendung zur Modellierung verschiedener Ablaufformen – Sequenz, Parallelität, Verzweigung und Iteration – erläutert. Daran anschliessend werden die Möglichkeiten der Integration des regelbasierten Ansatzes in die eEPK diskutiert.

4.1.1 Modellkonstrukte und –beschreibung der EPK

Bei den EPK handelt es sich um eine besondere Ausprägung der Kanal-Instanzen-Netze.[300] Sie sind ähnlich wie Petri Netze gerichtete Graphen mit verschiedenen Knotentypen. Es werden zwei Grundformen von Ereignisgesteuerten Prozessketten unterschieden: Während einfache EPK nur die Grundelemente *Ereignis*, *Funktion*, *Steuer-*

[296] Vgl. z. B. Scheer (1990a), Keller / Nüttgens / Scheer (1992), Hoffmann / Kirsch / Scheer (1993).
[297] Vgl. Scheer (2001), S. 1.
[298] Vgl. Scheer / Jost (1996), S. 45.
[299] Scheer (1998b), S. 47.
[300] Vgl. von Uthmann (1998), S. 105.

fluss und *Verknüpfungsoperator* enthalten, werden im eEPK nebst diesen Grundelementen zusätzliche Elemente zur Integration anderer Fachkonzeptsichten zur Verfügung gestellt, unter anderem Konstrukte zur Integration von Organisationseinheiten und Informationsressourcen.

In Abb. 4-2 ist das Metamodell für die wesentlichen eEPK-Elemente dargestellt:[301]

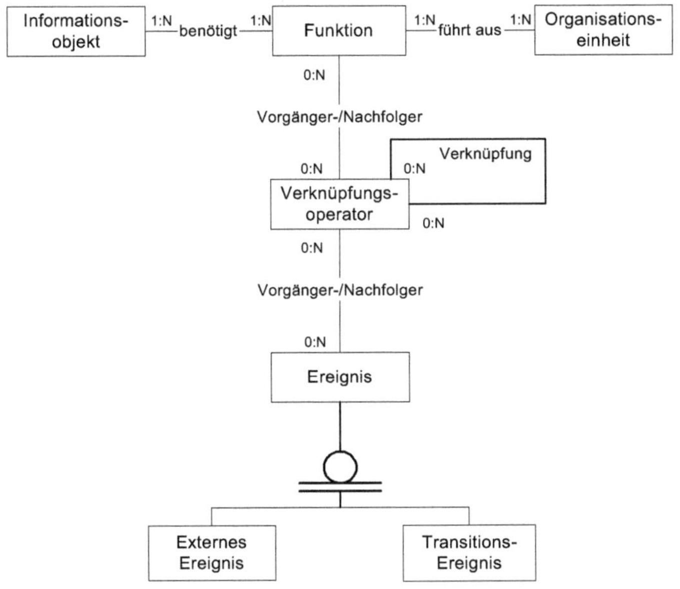

Abb. 4-2: Metamodell der erweiterten Ereignisgesteuerten Prozesskette (eEPK)[302]

Die Ereignisse repräsentieren das Ergebnis der Zustandsänderung von Informationsobjekten, auf die mit Funktionen reagiert werden muss.[303] Eine Funktion im Sinne der EPK kennzeichnet die Transformation eines Eingangs- in einen Zielzustand. Sie repräsentiert eine Menge von Aktivitäten, die auf den zugeordneten Input-Objekten ausgeführt werden und diese in Output-Objekte überführen. Demgegenüber stellen Ereignisse

[301] Die eEPK können aber auch als Modellierungsmethode in Verbindung mit anderen Bezugsrahmen als das ARIS-Haus und im Rahmen unterschiedlicher Vorgehensmodelle verwendet werden. Entsprechend kann auch das EPK mit anderen bzw. zusätzlichen Konstruktionselementen erweitert werden.

[302] Vgl. Galler (1997), S. 76.

[303] Hoffmann / Kirsch / Scheer (1993), S. 5.

„[...] ablaufrelevante Zustandsausprägungen dar“.[304]

Die Ereigniskomponente der EPK hat verschiedene Ausprägungstypen: Innerhalb eines Prozesses löst ein Ereignis als *Auslöseereignis* Funktionen aus, als *Schluss- oder Bereitstellungsereignis* beschreibt es einen mit der Durchführung einer Funktion erreichten Ergebniszustand. In dem in Abb. 4-2 gezeigten Metamodell sind diese Ereignistypen unter dem Begriff *Transitionsereignis* subsummiert. Darüber hinaus starten Ereignisse als (*prozess-*)externe Ereignisse den gesamten Prozess.

Ereignisse und Funktionen können über Verknüpfungsoperatoren miteinander verbunden werden. Mit diesen können komplexe Ereignisse modelliert werden. Als Verknüpfungsoperatoren stehen die Operatoren AND, OR und XOR zur Verfügung.[305] Im Gegensatz zu Ereignissen und Funktionen, die nur jeweils genau einen eingehenden und einen ausgehenden Pfeil besitzen, können Verknüpfungsoperatoren mehrere ein- bzw. ausgehende Pfeile aufweisen.

Mit eEPK lassen sich zusätzlich zum Prozessablauf weitere Aspekte eines Geschäftsprozesses darstellen. Zum einen kann einer Funktion die organisatorische Einheit, die für die Ausführung der Funktion zuständig ist, zugeordnet werden [306] Zum anderen können der Funktion auch mit einer oder mehreren, durch Rechtecke dargestellte Informationsressourcen verbunden werden. Im letzteren Fall legt die Pfeilrichtung der Verbindung fest, ob es sich um eine Input- oder Output-Beziehung handelt.

In der EPK-Notation werden Ereignisse als Sechsecke dargestellt und Funktionen als Rechtecke mit abgerundeten Ecken. Gerichtete Kanten (Pfeile) verbinden Ereignisse und Funktionen und stellen somit den Ablauf dar. In Abb. 4-3 sind die Symbole der Konstruktionselemente der EPK aufgelistet, wobei auf der linken Seite die grundlegenden und auf der rechten Seite ergänzende Elemente der eEPk dargestellt werden.

Darüber hinaus kann das eEPK noch mit weiteren Konstruktionselementen erweitert werden, so z.B. mit Elementen zur Abbildung von Informationssystemen oder Material-Ressourcen.[307]

---

[304] Rosemann / Schwegmann (2002), S. 66.

[305] Um die logischen Verknüpfungen der eingehenden und der ausgehenden Pfeile unterscheidbar zu machen, können die Verknüpfungsoperatoren auch horizontal unterteilt werden: In der oberen Hälfte wird die Eingangslogik dargestellt, in der unteren Hälfte die Ausgangslogik. Zahlreiche Autoren haben sich mit der Prozessmodellierung auf Basis von EPK befasst, z. B. Keller / Nüttgens / Scheer (1992), Hoffmann / Kirsch / Scheer (1993) oder Scheer (2001).

[306] Je nach Vorgehensmodell kann die Verbindung zwischen Funktion und Organisationseinheit auch eine andere Semantik als die beschriebene *führt aus-* Beziehung abbilden, beispielsweise eine *verantwortlich für*-Beziehung.

[307] Vgl. IDS (2000), S. 175 ff. Darin ist eine Übersicht über alle vom ARIS-Toolset unterstützten Konstrukte der eEPK enthalten.

Als Beispiel ist in Abb. 4-4 die Funktion *Auftrag anlegen* innerhalb des *Auftragserfassungsprozesses* in eEPK-Notation dargestellt. Diese wird durch die Organisationseinheit *Verkauf* ausgeführt und benötigt die Informationsressourcen *Produkt* und *Kunde* als Input-Information. Die Informationsressource *Auftrag* wird durch diese Funktion in schreibender Weise verändert, in dem davon z. B. eine neue Instanz angelegt wird.

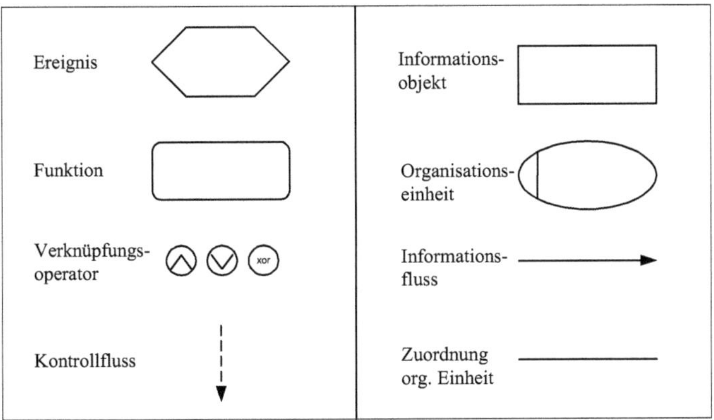

Abb. 4-3: Konstruktionselemente der EPK und eEPK

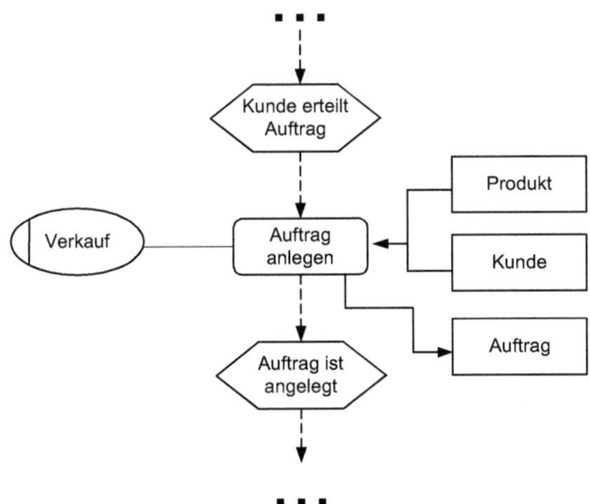

Abb. 4-4: Ausschnitt aus einem mit eEPK modellierten Prozessmodell

Für die Modellierung mit eEPK gelten folgende Konsistenzbedingungen:

- Jede Prozesskette muss mit einem, einfachen oder komplexen, Ereignis beginnen und enden. Dies entspricht dem realen Sachverhalt: Einerseits muss jeder Funktion ein Auslöser voran gehen und andererseits führt jede Funktion zu einer erkennbaren Zustandsänderung.
- Eine EPK ist prinzipiell *bipartit*, d.h. nur unmittelbare Knotentypen dürfen miteinander verbunden werden. Konkret bedeutet dies, dass weder zwei Ereignisse noch zwei Funktionen unmittelbar aufeinander folgen dürfen.[308]
- Ereignisse und Funktionen besitzen, im Unterschied zu den Verknüpfungsoperatoren, jeweils nur genau einen ein- und genau einen ausgehenden Steuerfluss.
- Wird der Kontrollfluss durch einen Verknüpfungsoperator verzweigt (*split*), so muss dieser im weiteren Prozessverlauf auch durch einen Operator des gleichen Typs wieder geschlossen zu werden (*join*).[309]
- Ein Ereignis kann mehrere Funktionen auslösen. Allerdings ist für diese Verknüpfung nur der AND-Operator statthaft, da Ereignisse passive Modellierungselemente sind. Sie besitzen keine Entscheidungskompetenz und können daher auch nicht zwischen alternativen Abläufen entscheiden.[310] In Abb. 4-5 sind die beiden nicht erlaubten Verknüpfungsarten dargestellt.[311]

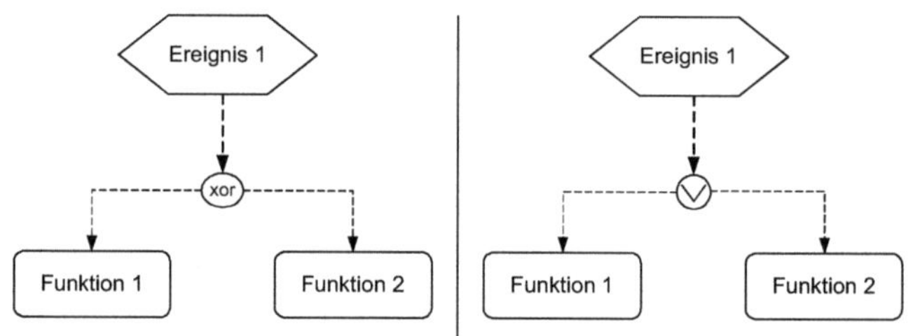

Abb. 4-5: Unzulässige Verknüpfungsarten in einem EPK.

[308] In der praktischen Anwendung hat diese strenge Regelung jedoch Modifikationen erfahren: Um die Lesbarkeit zu erhöhen, werden bei der Modellierung von Prozess-Sequenzen zunehmend auch reine Funktionsabfolgen toleriert, sofern die Transitionsereignisse der Funktionen trivial, d.h. unmittelbar einsichtig sind. Die Vorteile sind komplexitätsärmere und kürzere Modelle (vgl. Rosemann / Schwegmann (2002), S. 67).

[309] Vgl. Staud (1999), S. 69.

[310] Vgl. Rosemann / Schwegmann (2002), S. 66.

[311] Vgl. Staud (1999), S. 63 ff.

4.1.2 Modellierung von Prozessen mit Ereignisgesteuerten Prozessketten

Nachfolgend werden die Möglichkeiten der EPK zur Modellierung verschiedener Ablaufformen beschrieben.[312]

Sequenz

Die Darstellung sequenzieller Abläufe wird in der EPK durch Ketten realisiert, in denen sich Ereignisse und Funktionen abwechseln. Ohne Verwendung von Verknüpfungsoperatoren hat jedes Ereignis und jede Funktion nur je einen eingehenden und einen ausgehenden Pfeil, was somit einer sequenziellen Abarbeitung der Funktionen entspricht. In Abb. 4-4 wurde ein derartiger Ablauf dargestellt.

Selektion: Modellierung alternativer Abläufe im EPK

Alternative Abläufe werden mit Hilfe der Verknüpfungsoperatoren OR oder XOR modelliert. Die Entscheidung, welche Alternative zu wählen ist, erfolgt innerhalb einer Funktion. Da Ereignisse wie erwähnt keine Entscheidungskompetenz haben, dürfen OR- oder XOR-Operatoren nicht unmittelbar im Anschluss von Ereignissen eingesetzt werden, sondern nur nach Funktionen (vgl. Abb. 4-6).

Eine Selektion dokumentiert immer eine Entscheidungssituation innerhalb einer Prozesskette.

---

[312] Vgl. zum Folgenden Knolmayer et al. (1997), S. 14 f.

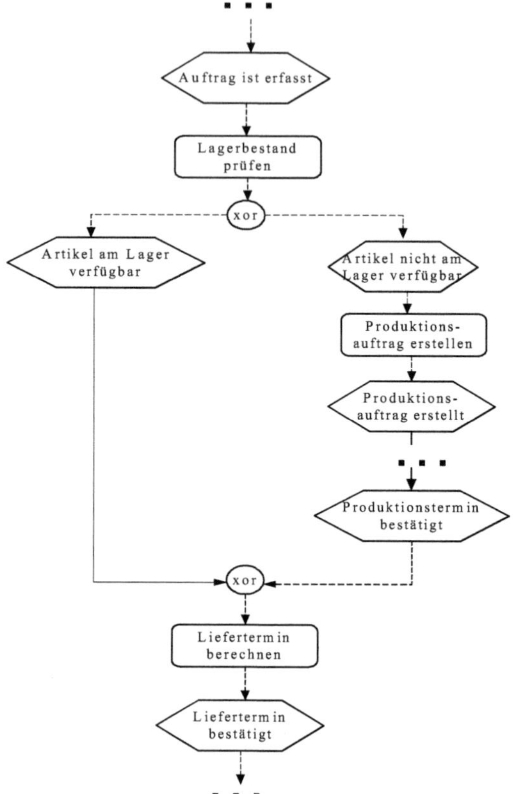

Abb. 4-6: Beispiel einer Selektion im EPK

Iteration

Iterative Teilprozesse beginnen in der EPK mit einer Funktion, in der die Entscheidung über Wiederholung oder Nicht-Wiederholung erfolgt. In Abhängigkeit von dem Ergebnis der Prüfung wird der Schleifenkörper entweder durchlaufen oder der Prozess wird mit der daran anschliessenden Funktion fortgesetzt. Die Abb. 4-7 zeigt eine zyklische EPK.

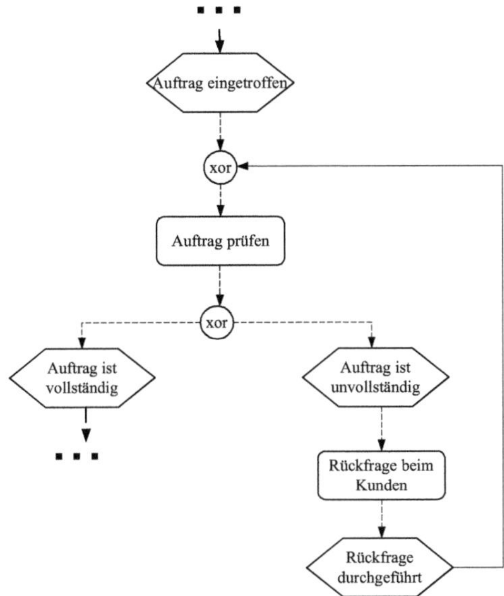

Abb. 4-7: Beispiel einer Iteration im EPK

Parallelität

Parallele Prozessabläufe lassen sich durch Verwendung von AND-Verknüpfungsoperatoren modellieren. Dabei können parallele Teilprozesse entweder von einer Funktion ausgehen, die zwei oder mehrere Transitionsereignisse erzeugen, oder von einem Ereignis, das seinerseits zwei oder mehrere Funktionen zur Folge hat (vgl. Abb. 4-8):

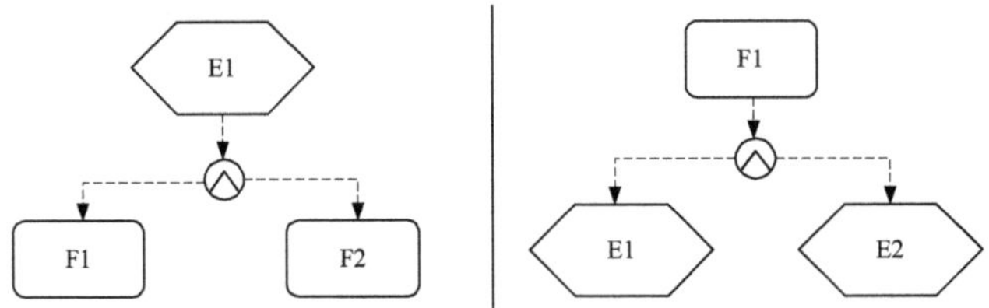

Abb. 4-8: Varianten zur Modellierung paralleler Abläufe im EPK

Die parallel laufenden Teilprozesse werden durch einen AND-Verknüpfungsoperator auch wieder zusammengeführt. Die Abb. 4-9 zeigt den Ausschnitt eines Prozessmodells mit parallelen Abläufen. Diese beinhalten ihrerseits wiederum eine Selektion.

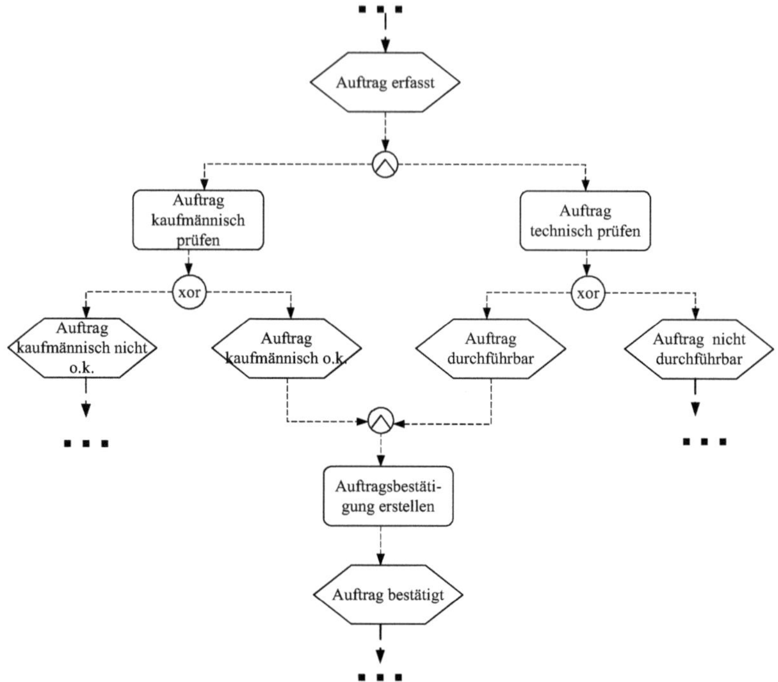

Abb. 4-9: Beispiel eines parallelen Ablaufes in EPK

4.1.3 Die Modellierung von Geschäftsregeln mit EPK

Nachdem die wesentlichen Merkmale der EPK skizziert wurden, wird im folgenden die Integration des regelbasierten Modellierungsansatz in die EPK diskutiert.

Sowohl ECAA als auch EPK modellieren den *Kontrollfluss* in einem Prozess. Dies im Gegensatz zu z. B. Petri-Netz-basierten Ansätzen, bei denen die Modellierung des *Datenflusses* im Vordergrund steht.[313] Im Gegensatz zur EPK verfügt der ECAA-Ansatz über zwei aktive Modellierungselemente: Während die EPK nur die *Funktion* als aktives Element kennt, unterscheidet ECAA zwischen Funktionen zur Bedingungsprüfung und Funktionen zur Ausführung von Aktionen. Es stellt sich damit die Frage, auf welche Weise die durch ECAA gegebene erhöhte Ausdrucksmächtigkeit mit EPK abgebildet werden kann.

---

[313] Vgl. z.B. Jaeschke (1996), S. 81 ff.

4.1.3.1 Sequenz

Die Modellierung einer *Sequenz* von Geschäftsregeln mittels EPK ist weitgehend trivial: Da eine Sequenz als eine Folge von EA-Regeln formuliert wird, kann diese direkt in das EPK transformiert werden. In Abb. 4-10 ist ein Modellierungsbeispiel angegeben.

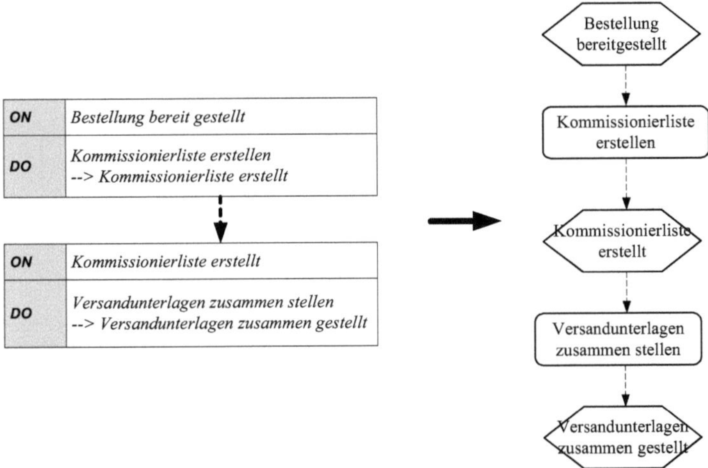

Abb. 4-10: Beispiel für die Modellierung einer EA-Sequenz in EPK

4.1.3.2 Selektion

In einer ECAA-Regel ist der XOR-Verknüpfungsoperator bereits implizit enthalten. Dieser repräsentiert das Ergebnis der Bedingungsprüfung. Die Abb. 4-11 zeigt die allgemeine Form der Modellierung einer ECAA-Regel mit Hilfe von EPK. In Abb. 4-12 ist zur Veranschaulichung ein Modellierungsbeispiel angegeben.

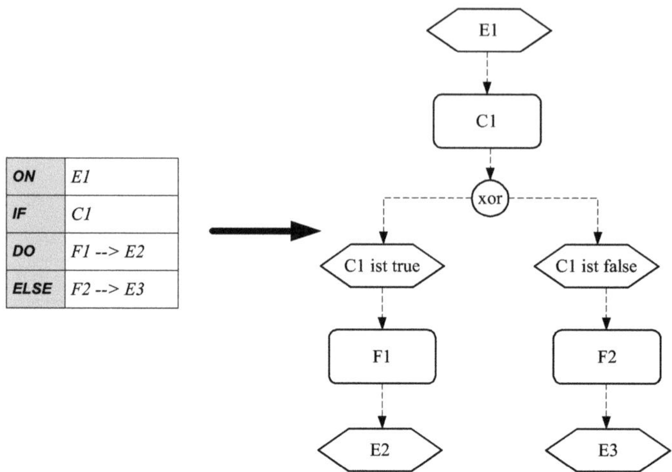

Abb. 4-11: Allgemeine Form zur Modellierung einer ECAA-Regel mittels EPK

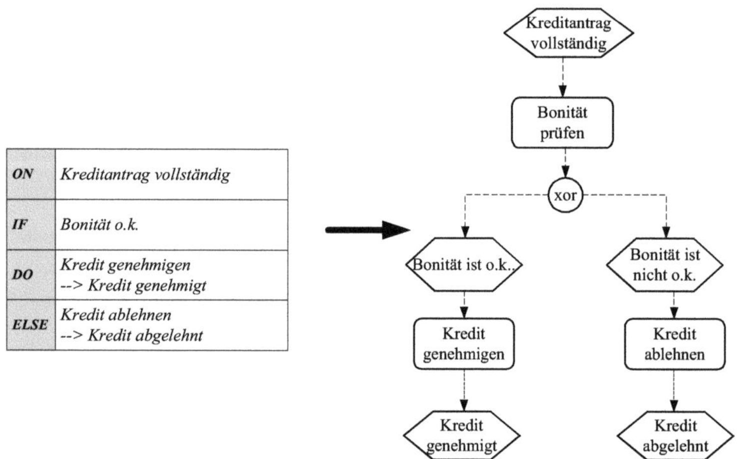

Abb. 4-12: Beispiel zur Modellierung einer ECAA-Regel mittels EPK

In dem gezeigten Beispiel unterscheiden sich die Formulierungen für die Bedingungsfunktion: Während in der ECAA-Notation die Formulierung der eigentlichen Bedingung das Verständnis der Wirkungsweise der Geschäftsregel erleichtert, ist im EPK die Formulierung der Bedingung als Prüffunktion vorteilhaft („*Bonität* ***prüfen***“).

In analoger Weise wird auch eine ECA-Regel im EPK formuliert. Der einzige Unterschied zu der Modellierung von einer ECAA-Regel besteht darin, dass ein Zweig der Regel im EPK lediglich das Schluss-Ereignis der Bedingungsprüfung beinhaltet. Die Abb. 4-13 zeigt eine mit EPK formulierten ECA-Regel. In dieser wird nach dem XOR-Split und dem alternativen Durchlaufen eines Prozess-Zweiges der XOR-Join durch ein komplexes Ereignis modelliert.

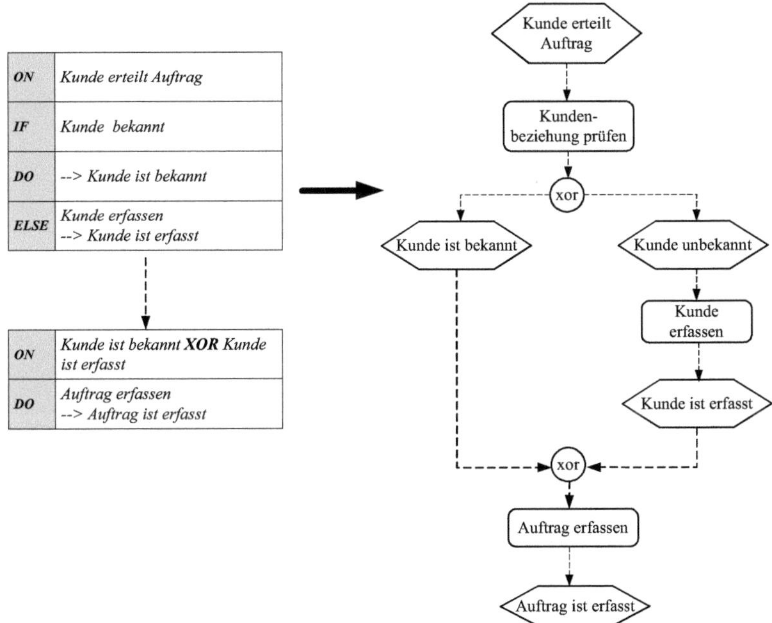

Abb. 4-13: Beispiel zur Modellierung einer ECA-Regel mittels EPK

Die Modellierung einer *Iteration* als Spezialfall der Selektion lässt sich in analoger Weise im EPK formulieren.[314] Das Schlussereignis der Aktion im Aktionsteil einer ECA- bzw. ECAA-Regel ist dabei gleichzeitig Teil eines auslösenden Disjunktionsereignisses einer bereits durchlaufenen Regel (vgl. Abb. 4-7).

4.1.3.3 Parallelität

Im Rahmen der regelbasierten Prozessmodellierung sind zwei Varianten zur Modellierung paralleler Abläufe möglich: Entweder kann der parallele Ablauf von einer Funktion

[314] Vgl. Kap. 3.3.2.2.

ausgehen, die ein aus zwei oder mehreren Ereignissen bestehendes Konjunktionsereignis erzeugt. Oder ein singuläres Ereignis löst seinerseits zwei oder mehrere Funktionen aus.[315] Da beide Möglichkeiten direkt von der EPK-Notation unterstützt werden, ist deren Formulierung sehr einfach.[316]

Der Modellierungsregel entsprechend, dass sowohl im EPK als auch in der ECAA-Notation der Kontrollfluss durch einen Verknüpfungsoperator des gleichen Typs wieder geschlossen werden muss, mit dem die Verzweigung eröffnet wurde,[317] erfolgt die Zusammenführung der parallelen Prozess-Zweige über ein Konjunktionsereignis. Die Abb. 4-14 veranschaulicht die Modellierung paralleler, ECAA-formulierter Abläufe mit EPK.

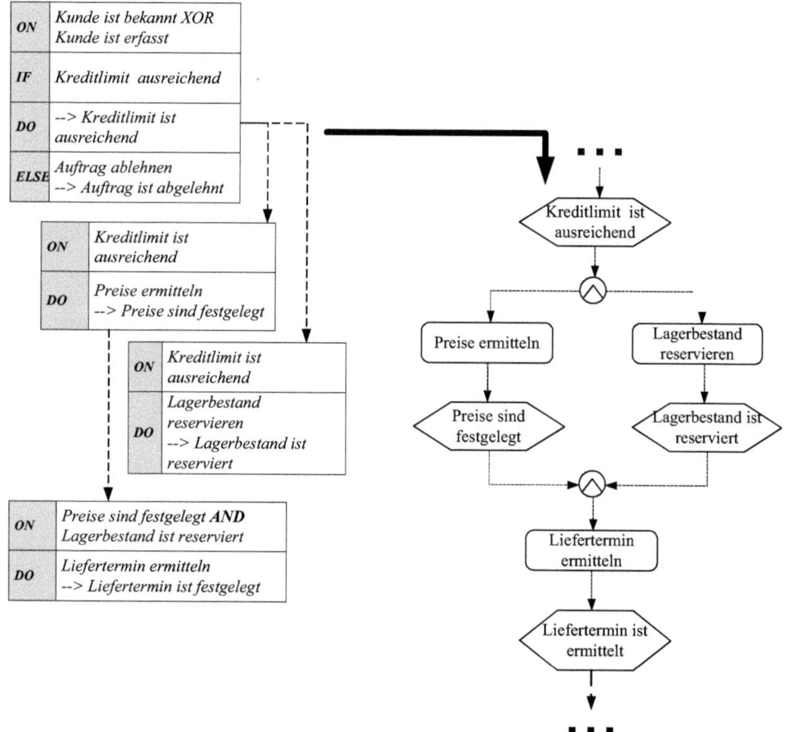

Abb. 4-14: Beispiel zur Umsetzung paralleler ECAA-Abläufe mit EPK

[315] Vgl. Kap. 3.3.2.3.

[316] Vgl. Kap. 4.1.2 und Abb. 4-9.

[317] Vgl. Staud (1999), S. 69.

4.1.4 Die Verwendung erweiterter EPK für die regelbasierte Modellierung

In den Kapiteln 3.1 und 3.3.3 wurde die Rolle des Prozessmodells als integrative Sicht des Unternehmensmodells erläutert. Innerhalb des ARIS-Hauses nimmt die eEPK diese Rolle war, in dem es unter anderem Konstrukte zur Modellierung von Informationsressourcen und Organisationseinheiten anbietet. Diese zusätzlichen Konstrukte werden den Funktionen im Prozessmodell zugeordnet. Auf diese Weise lässt sich einerseits neben dem Kontroll- auch der Informationsfluss in demselben Diagramm modellieren, andererseits stellen die zusätzlichen Konstrukte die Beziehungen zu den strukturdefinierenden Sichten des Unternehmensmodells her.

Die in Kap. 3.3.3.1 formulierten wesentlichen Erweiterungen der ECAA-Notation lassen sich problemlos in die eEPK-Notation übertragen, da in dieser die entsprechenden Konstrukte ebenfalls vorhanden sind.[318] Lediglich für die Modellierung von *Checklisten* zu Bedingungen oder Aktivitäten muss eine geeignete grafische Repräsentation ausgewählt und mit den Funktionen im eEPK verknüpft werden.

In Bezug auf die Modellierung von Zeit-Ereignissen sind vor allem das *Zeitereignis mit absoluter Zeitangabe* sowie *Zeitereignis mit Zeitperiode* von Bedeutung. Denn wie in Kap. 3.3.3.2.1 erläutert, werden Zeit-Intervalle und Verzögerungszeiten nicht als Bestandteile eines Ereignisses, sondern als Bedingungen und damit als aktive Komponenten aufgefasst. Diese können in der eEPK, analog zu den nicht-temporalen Bedingungen, als Funktionen mit anschliessendem XOR-Split formuliert werden.

Bei der Modellierung von Ereignissen mit absoluter Zeitangabe oder einer Zeitperiode hingegen spezifiziert der Zeitwert das auslösende Ereignis. Unter Angabe des Zeitwertes und der Bezeichnung kann das Ereignis direkt im EPK formuliert werden. Dazu muss lediglich eine geeignete Notation zur Darstellung dieser Ereignistypen vereinbart werden. Zur Veranschaulichung ist die in Abb. 3-19 gezeigte Geschäftsregel in Abb. 4-15 als EPK modelliert:

Für die Modellierung von Ausführungszeiten ist im eEPK keine geeignete grafische Repräsentation vorgesehen. Diese werden als Attribute zu den EPK-Funktionen aufgefasst[319] und können als solche auch im *ARIS-Toolset* erfasst werden. Dies hat den Vorteil, dass die Zeitangaben direkt für die Simulation des modellierten Prozesses verwendet werden können.[320] Alternativ könnten die Zeitspezifikationen jedoch auch im

[318] Vgl. Abb. 4-3.

[319] Vgl. IDS (2000), S. 10-1047 ff.

[320] Vgl. IDS (2000), S. 132 ff.

Modell selbst in strukturierter Form, z.B. durch Vereinbarung einer bestimmten Notationsvorschrift, dargestellt werden.[321]

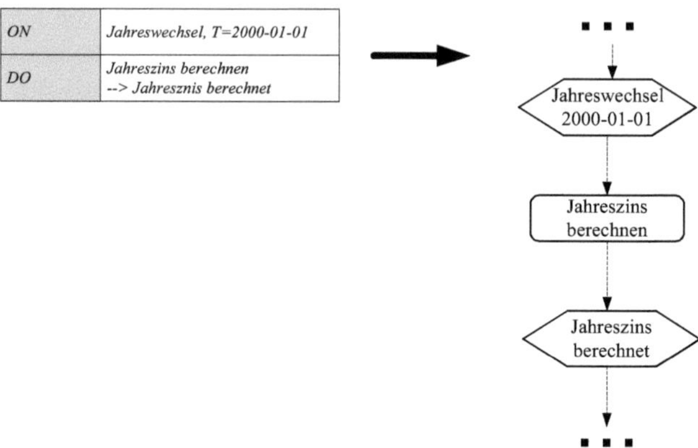

Abb. 4-15: Beispiel zur Darstellung von Ereignissen mit absolutem Zeitwert im EPK

4.1.5 Eigenschaften der regelbasierten Prozessmodellierung mit EPK

Wie erwähnt, besteht das wesentliche Problem bei der Transformation von ECAA-Regeln in die EPK-Notation darin, dass der ECAA-Ansatz zwei semantisch unterschiedlich aktive Komponenten beinhaltet, während die EPK lediglich die *Funktion* als aktive Komponente kennt.

Von Scheer wird die Notwendigkeit einer Bedingungskomponente zurückhaltend beurteilt. Er argumentiert, dass die Bedingung ein Bestandteil des Ereignisses sei:

> *„Die Auswahl der interessierenden Ereignisse kann bereits bei der Modellierung vorgenommen werden, so dass nur solche Ereignisse in das Modell aufgenommen werden, die Einfluss auf den Geschäftsablauf haben. Die Bedingungen sind damit Bestandteil der Ereignisdefinition. Die ECA-Regel verkürzt sich somit zur EA-Regel.“* [322]

---

[321] Ein Vorschlag für die Notation von Zeitaspekten in Prozessmodellen ist in Hoheisel (2000), S. 101 ff. enthalten.

[322] Scheer (2001), S. 124.

In Abb. 4-16 werden beispielhaft die Konsequenzen der Vermischung von Ereignis und Bedingung gezeigt. Im *Fall a* der Abbildung wird, wie im o.a. Zitat vorgeschlagen, nur das für den Prozessverlauf interessierende Ereignis formuliert. In diesem wird bereits vorausgesetzt, dass der Kunde kreditwürdig ist. Es bleibt aber unklar, wann und von welcher Instanz die Prüfung der Kreditwürdigkeit stattfindet bzw. statt gefunden hat. Findet die Prüfung ausserhalb des Prozesses statt, so ist der in *Fall b* gezeigte Modell-Ausschnitt äquivalent zum *Fall a*. Ist die Kreditwürdigkeitsprüfung jedoch Gegenstand des betrachteten Prozesses (*Fall c* der Abbildung), so

- stellt dies eine zeitkonsumierende Aktivität dar,
- führt dies zu unterschiedlichen Prozessverläufen in Abhängigkeit vom Ergebnis der Bedingungsprüfung und damit zu weiteren Entwurfsentscheidungen.

Für den Modellierer besteht bei Verwendung der EPK-Methode kein formaler Anlass, diesen Sachverhalt genauer zu hinterfragen. Die unscharfe Abgrenzung zwischen Ereignis und Bedingung führt so zu einer Modellierungsunsicherheit, aus der eine verfälschte Abbildung der Realität im Prozessmodell entstehen kann. In der praktischen Anwendung finden sich dann auch zahlreiche Fälle von Prozessmodellen, bei denen anstelle einer Bedingungsprüfung Ereignisse formuliert oder Ereignisse mit Bedingungen vermischt wurden. Dies ist mit ein Grund, warum in EPK modellierte Prozessmodelle selten direkt in Workflow-Spezifikationen umgewandelt werden können. Denn bei der detaillierten Spezifikation werden häufig weitere Prozessalternativen gefunden, die aufgrund der Vermischung von Ereignis und Bedingung ursprünglich nicht berücksichtigt wurden.[323]

Durch die klare Trennung zwischen Ereignis- und Bedingungskomponente sind die entstehenden Prozessmodelle nicht nur besser miteinander vergleichbar. Vielmehr wird auch die korrekte Verwendung der angebotenen Konstrukte stärker unterstützt. Der Modellierer wird durch den ECAA-Ansatz gezwungen, im Prozessmodell zwischen den einzelnen Komponenten zu unterscheiden und diese entsprechend zu modellieren.

Während, wie in Kap. 4.1.3 gezeigt, die Ereignisse in ECAA und EPK äquivalent definiert sind und daher direkt übernommen werden können, ist die Abbildung der Bedingungs- und Aktionskomponenten einer Geschäftsregel auf die Funktionskomponenten der EPK nur mit Hilfe geeigneter Modellierungsvorschriften möglich.

[323] Vgl. Galler (1997), S. 77.

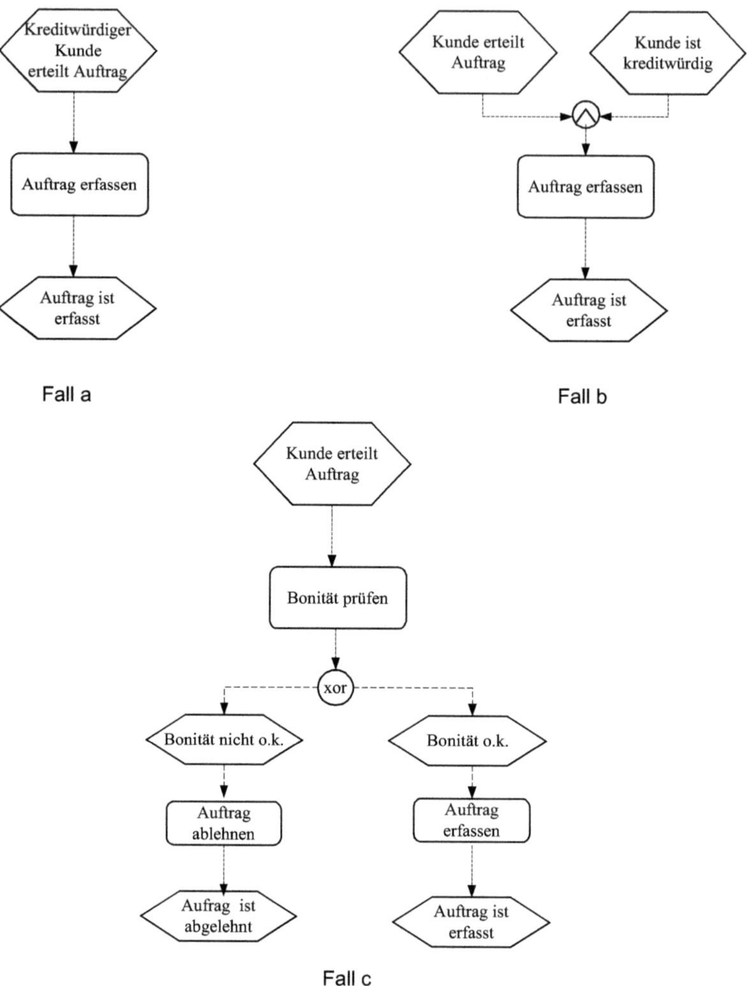

Abb. 4-16: Verschiedene Modellierungsvarianten im EPK

Bedingungskomponente

Die Bedingungskomponente wird im EPK als Funktion mit speziellen Eigenschaften formuliert:

- Eine Bedingungskomponente darf nur lesend auf eine oder mehrere Informationseinheiten zugreifen. Sie darf keine Anwendungsdaten erzeugen, löschen oder mutieren.

- Eine Bedingungskomponente erzeugt zwei disjunktiv verknüpfte Schluss- bzw. Bereitstellungsereignisse. Die eine Bedingungsprüfung repräsentierende Funktion im EPK muss also immer in einen XOR-Operator münden, der seinerseits zwei Ereignisse verbindet.
- Durch die Schlussereignisse der Bedingungskomponente dürfen nur Aktionen ausgelöst werden. D. h. unmittelbar im Anschluss an ein durch eine Bedingungskomponente ausgelöstes Schlussereignis darf keine weitere Bedingungsprüfung stattfinden.

Aktionskomponente

Die Aktionskomponente wird im EPK als Funktion mit folgenden Eigenschaften formuliert:

- Eine Aktionskomponente erzeugt, löscht oder mutiert Anwendungsdaten. Ein ausschliesslich lesender Zugriff auf die Anwendungsdaten ist zwar grundsätzlich möglich, darf jedoch nicht innerhalb der Komponente für eine Entscheidungsfindung herangezogen werden;
- Die durch eine Aktion erzeugten Schluss- bzw. Bereitstellungsereignisse sind entweder singuläre oder Konjunktionsereignisse. Nur während der schrittweisen Verfeinerung von Prozessen sind Ausnahmen möglich, d.h. im Verlauf des Detaillierungsprozesses dürfen Aktionen auch Disjunktionsereignisse erzeugen. Diese müssen jedoch auf einer der nachfolgenden Detaillierungsstufen aufgehoben und durch eine vollständige ECAA-Regel ersetzt werden.[324]

In der Abb. 4-17 werden diese Modellierungsvorschriften an einem Beispiel veranschaulicht.

Zur optischen Unterscheidung von Bedingungs- und Aktionskomponenten im eEPK können beispielsweise unterschiedliche Farben zur Darstellung der Funktionen verwendet werden. Dies wird auch z.B. vom *ARIS-Toolset* unterstützt.[325]

Für die Verwendung der eEPK-Notation zur Modellierung von regelbasierten Prozessen muss das in Kap. 3.4 gezeigte Metamodell nur geringfügig angepasst werden. So muss lediglich der Entitätstyp *Aktive Komponente* durch den Entitätstyp *Funktion* ersetzt werden. Die Struktursemantik zwischen den Komponenten bleibt unverändert, da die korrekte Anwendung der eEPK-Notation ausschliesslich über Modellierungsvorschriften sicher gestellt wird.

---

[324] Vgl. Kap. 3.3.5.1.

[325] vgl. z. B. IDS (2000).

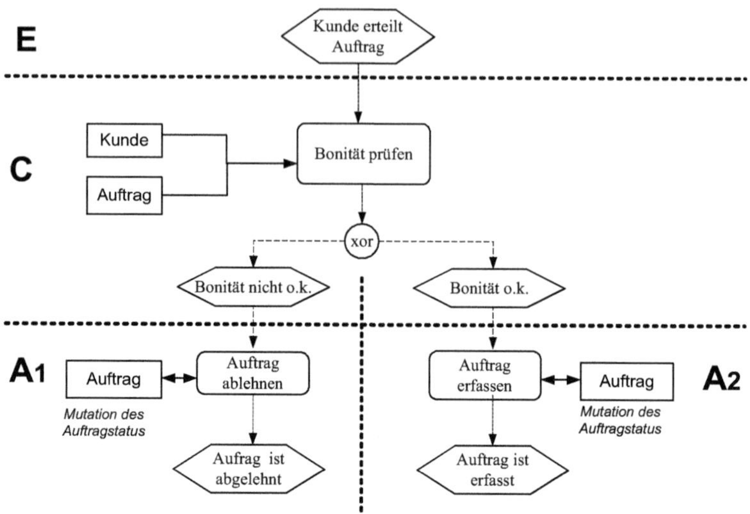

Abb. 4-17: In eEPK transformierte ECAA-Regel

Das skizzierte Vorgehen zur regelbasierten Prozessmodellierung mit Hilfe von eEPK basiert ausschliesslich auf den von der Methode angebotenen Konstrukten. Damit wird die Integration des ECAA-Ansatzes in Vorgehensmodelle, welche für die Prozessmodellierung die EPK verwenden, bedeutend erleichtert. So ist der ECAA-Ansatz einfach in z.B. das ARIS-Haus oder das ARIS-HOBE-Modell integrierbar.

4.2 Die Integration der geschäftsregelbasierten Prozess-Modellierung in UML

In der Vergangenheit wurden zahlreiche Bezugsrahmen und Modellierungsmethoden speziell für die Modellierung von Geschäftsprozessen entwickelt.[326] Mit zunehmender Verbreitung objektorientierter Techniken zur Entwicklung von Informationsssystemen verstärkt sich jedoch auch der Wunsch nach kompatiblen Methoden zur Modellierung betriebswirtschaftlicher Aspekte. Damit gewinnt die Objektorientierung allgemein als Paradigma zur Strukturierung komplexer Systeme an Bedeutung. Sie wird zunehmend auch zur Modellierung von Geschäftsprozessen verwendet:

- Die objektorientierten Programmiersprachen wie z.B. Java oder C++ haben einen hohen Verbreitungsgrad im Zusammenhang mit der Entwicklung betrieb-

[326] Vgl. Martin (1990), Olle et al. (1991), Österle (1995), Jaeschke (1996), Scheer (1998a).

licher Anwendungssysteme erreicht. Insbesondere im Hinblick auf die Entwicklung internetfähiger Systeme wird sich diese Entwicklung fortsetzen. Für eine einheitliche Beschreibung der Geschäftsprozesse und deren Implementierung in Anwendungssystemen ist die Integration von Prozessbeschreibungs- und objektorientierten Sprachen notwendig.

- Objektorientierung unterstützt die Entwicklung von Softwarekomponenten, die je nach Anwendungsziel unterschiedlich assembliert werden können.[327] Die Prozessmodelle als Bezugspunkt bestimmen die Art und Weise der Zusammensetzung der unterstützenden Softwarekomponenten. Eine einheitliche Modellierung der beiden Modellierungssphären vereinfacht die Zuordnung von Prozess-Aktivitäten zu den Software-Komponenten.

Durch die Konvergenz der unterschiedlichen Sphären von objektorientierter Systementwicklung einerseits und den Methoden zur Unternehmensmodellierung andererseits ergeben sich folgende Vorteile:

- Die Kommunikation zwischen dem *Prozessmodellierer* und dem *Software-Entwickler* wird verbessert, da beide mit derselben Methode und in derselben Beschreibungssprache modellieren. Dazu bemerken Eriksson/Penker:

  „It is a major advantage when the same basic concepts (objects, classes, etc.) used to describe the information system that support the business can also be used to describe the business as a whole. Just as object-oriented models have decreased the semantic gap between those who analyse and those who program them; using object-oriented techniques and notation will decrease the gap between the business modelers and information systems modelers and architects."[328]

- Die Orthogonalität der Methoden innerhalb einer Modellierungssprache kann besser gewährleistet werden. Dies ist eine wichtige Voraussetzung zur Modellierung. Sie garantiert, dass die Repräsentationsformen unabhängig voneinander sind und sich die einzelnen Modellierungsaspekte ohne Überschneidung ergänzen.

- Die Qualität der entstehenden Software-Spezifikationen wird verbessert, da Transformationen von einer Beschreibungssprache in eine andere wegfallen und damit eine potenzielle Fehlerquelle eliminiert wird.

---

[327] Vgl. Spurr / Layzell / Jennison (1994), Roman (2001).

[328] Eriksson / Penker (2000), S. 15.

- Die Dokumentation der Entwicklung und der Implementierung von Prozessen, Anwendungen und Informationssystemen wird verbessert durch die Verwendung einheitlicher Methoden.

Ein naheliegender methodischer Ansatz für eine durchgängige objektorientierte Modellierung ist die Verwendung der Unified Modelling Language (UML).[329] Diese Sprache kombiniert viele objektorientierte Modellierungsansätze und bietet die Möglichkeit zur Modellierung einzelner Anwendungssichten unter Verwendung verschiedener Repräsentationsformen. Ein weiteres wesentliches Argument, UML für Modellierung von Unternehmen zu verwenden, liegt darin, dass UML weite Verbreitung gefunden hat und mittlerweile in vielen Unternehmen als Software-Entwicklungsmethodik etabliert ist.

Da UML ausschliesslich zur Entwicklung von Informationssystemen entwickelt wurde, sind Komponenten und Konstrukte für die Unternehmensmodellierung mangelhaft ausgeprägt bzw. überhaupt nicht vorgesehen. Es fehlen vor allem Möglichkeiten zur Beschreibung und Detaillierung von Geschäftsprozessen. Es verwundert daher nicht, dass bedeutende Anstrengungen unternommen werden, um UML auch für die Modellierung von Geschäftsprozessen zu verwenden. So wurden beispielsweise von Oesterreich und von der Rational Software Corp. bereits 1997 erste Vorschläge für die Integration der Prozessmodellierung in UML formuliert.[330] Den bisher umfassendsten Ansatz der Prozessmodellierung mit UML stellten Eriksson/Penker in einem von der OMG geförderten Projekt vor.[331] Allen diesen Ansätzen ist jedoch gemeinsam, dass sie die Modellierung von Geschäftsregeln nicht oder nicht explizit betrachten. Demgegenüber widmet sich Haggerty zwar der Integration von Regeln in UML, konzentriert sich dabei aber ausschliesslich auf die Entwicklung von Anwendungssystemen.[332]

In den folgenden Abschnitten wird ein Ansatz vorgestellt, mit dem die regelbasierte Prozessmodellierung in UML integriert werden kann. Nach einem kurzen Überblick über UML und deren Konstrukte werden zunächst ausgewählte Ansätze zur Erweiterung von UML zum Zweck der Geschäftsprozessmodellierung analysiert. Basierend auf dem Erikson/Penker-Ansatz wird schliesslich ein Vorschlag entwickelt, der die regelbasierte Prozessmodellierung ins Zentrum stellt.[333]

---

[329] Einen guten Überblick über UML bieten z.B. Fowler / Scott (1998) und Oesterreich (2001). Die aktuelle Spezifikation von UML ist z.B. in OMG (2001) enthalten.

[330] Vgl. Rational Software Corporation (1997), Oesterreich (1998b), Oesterreich et al. (2003).

[331] Vgl. Eriksson / Penker (2000).

[332] Vgl. Haggerty (2001)

[333] Vgl. Brücher / Endl (2002).

4.2.1 Überblick über die Unified Modeling Language UML

Die Unified Modeling Language (UML) wurde zur Modellierung, Spezifikation, Konstruktion, Visualisierung und Dokumentation von Softwaresystemen entwickelt. Aus den ursprünglich getrennt entworfenen Methoden von Booch, Rumbaugh und Jacobson entstanden, wurde sie im Jahr 1997 von der Object Management Group (OMG) definiert[334] und fand in der Folge weite Verbreitung.

Die UML-Definition stellt keine Methode im eigentlichen Sinne zur Verfügung, Verwendungsart und –weise der verschiedenen in UML vorhandenen Diagrammtypen werden nicht näher erläutert.[335] Vielmehr stellt sie eine Menge von Modellierungskonstrukten, sogenannte Diagrammtypen, mit einheitlicher Notation und Semantik bereit und bietet damit eine Basis für verschiedene objektorientierte Methoden und Vorgehensmodelle.

Im Folgenden werden die Elemente von UML skizziert.[336] Sie werden gegliedert nach den in UML existierenden und für die Analyse eines Systems relevanten Diagrammtypen:

- Klassendiagramm
- Anwendungsfalldiagramm
- Aktivitätsdiagramm
- Kollaborationsdiagramm
- Sequenzdiagramm
- Zustandsdiagramm

In Abhängigkeit von der verwendeten Methode können weitere Diagrammtypen von UML integriert werden. Diese sind in diesem Kontext jedoch von untergeordneter Bedeutung.[337]

Die Abb. 4-18 gibt einen Eindruck von der Verwendung der einzelnen Diagramme und zeigt exemplarisch deren Beziehungszusammenhang.

---

[334] Die Ausführungen in diesem Kapitel beziehen sich auf die Version 1.3 des UML-Standards. Dieser ist unter anderem in OMG (1999b) dokumentiert und kann zum aktuellen Zeitpunkt als Industrie-Standard angesehen werden. Die Nachfolgeversion 1.4 ist jedoch im Entwurf öffentlich verfügbar (OMG (2001)). Seit Mitte 2001 arbeiten verschiedene OMG-Arbeitsgruppen zudem an der Version 2.0 von UML (vgl. www.omg.com).

[335] Vgl. die Definition einer Methode in Kap. 2.2.

[336] Für eine detaillierte Einführung in die Objektorientierung und die Modellierung mit UML sei z. B. auf Balzert (1999) oder Oesterreich (2001) verwiesen.

[337] Nicht näher betrachtet wird beispielsweise das Objekt Diagramm (*object diagram*), das vor allem zur exemplarischen Veranschaulichung komplexer Klassendiagramme verwendet wird.

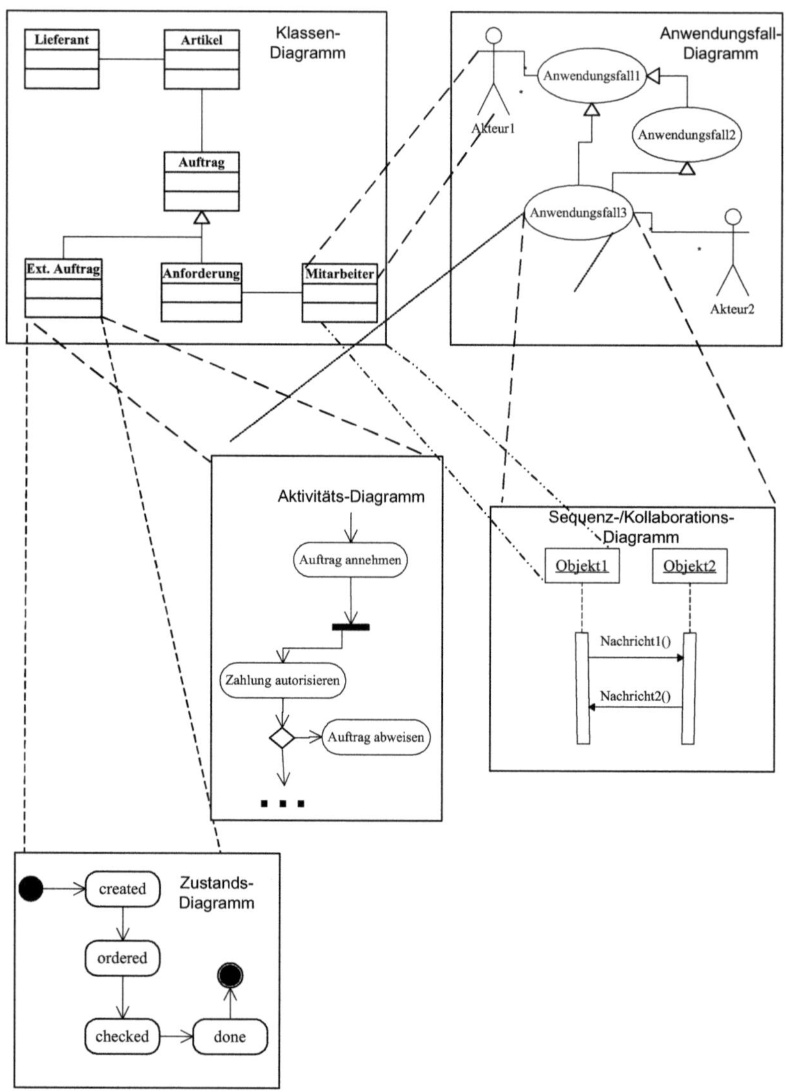

Abb. 4-18: Zusammenhang der wichtigsten UML-Diagrammtypen

4.2.1.1 Klassendiagramm

In einem Klassendiagramm werden die im zu modellierenden Realitätsausschnitt vorhandenen Objektklassen und deren Beziehungen zueinander modelliert. Analog zu einem Entitätstyp beinhaltet eine *Objektklasse* eine Menge gleichartiger Objekte. Letzteres ist eine zur Laufzeit des Systems konkret vorhandene und agierende Einheit.

Die Objektklassen werden, ebenfalls in Analogie zu den Entitätstypen in einem Entity-Relationship-Diagramm, durch *Attribute* beschrieben und deren *Beziehungen* (*Assoziationen*) über Verbindungen zwischen den Objektklassen abgebildet. Diese sind durch einen Rollen-Namen und durch Kardinalitätsangaben in beide Richtungen gekennzeichnet. Neben der Beschreibung der Struktur enthält eine Objektklasse jedoch zusätzlich *Operationen*.[338] Diese definieren das im Kontext des betrachteten Realitätsausschnitts zulässige Verhalten eines von der Klasse erzeugten Objektes.[339]

Die Abb. 4-19 enthält ein Beispiel eines Klassendiagramms. Die einzelnen Elemente des Diagramms sind darin gekennzeichnet. Der UML-Notation entsprechend sind die mit einem „+"-Zeichen gekennzeichneten Attribute und Operationen öffentlich zugänglich, d.h. andere Klassen können direkt auf diese Attribute zugreifen bzw. die Operationen aufrufen. Analog dazu sind die mit einem „-" Zeichen versehenen Attribute und Operationen privat, d. h. nur lokal zu der jeweiligen Objektklasse definiert.[340]

Hinsichtlich der Modellierung von Geschäftsregeln in UML ist zu erwähnen, dass im Klassendiagramm Bedingungen hinterlegt werden können. Diese wiederum können verschiedenen Elementen zugeordnet sein: In der Abb. 4-19 sind zwei Bedingungen angegeben, wobei die eine auf einer *Assoziation* und die andere auf einer *Operation* definiert ist. Zusätzlich können auf den Attributen einer Klasse auch sogenannte *Zusicherungen*[341] definiert werden: Dies sind Bedingungen, welche die Objekte während ihrer Lebenszeit zu jedem Zeitpunkt erfüllen müssen.

---

[338] In der Literatur wird in diesem Zusammenhang häufig auch der Begriff *Methode* verwendet (vgl. z. B. Oesterreich (1998a), S. 38). Dieser wird in dieser Arbeit zur Vermeidung von Missverständnissen mit dem vorgängig eingeführten Methoden-Begriff nicht weiter verwendet.

[339] Vgl. Oesterreich (1998a), S. 223.

[340] Daneben gibt es weitere Konstruktionselemente, z.B. zur Darstellung von Aggregationen und Kompositionen. Diese sind im Kontext dieser Arbeit jedoch nicht relevant.

[341] Vgl. Oesterreich (1998a), S. 38.

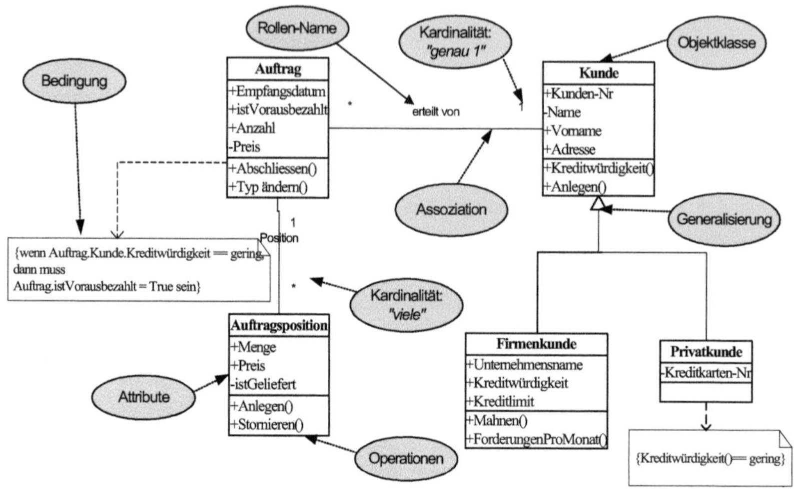

Abb. 4-19: Beispiel eines Klassendiagramms[342]

4.2.1.2 Anwendungsfalldiagramm

Ein Anwendungsfall in UML modelliert eine typische Interaktion zwischen einem Benutzer und einem Anwendungssystem.[343] So sind beispielsweise bei einem Textverarbeitungssystem die Befehle *„Formatiere einen Absatz"* oder *„Erstelle einen Index"* typische Anwendungsfälle. Ein Anwendungsfall[344]

- beschreibt eine Menge von Aktivitäten des Anwendungssystems aus der Sicht der Benutzer (*Akteure*),
- führt für die Akteure zu einem wahrnehmbaren Ergebnis,
- wird stets durch einen Akteur initiiert und
- ist eine komplette, unteilbare Beschreibung einer konkreten Interaktion zwischen Akteuren und dem System.

Ein Anwendungsfall repräsentiert das externe Verhalten eines Systems in einer begrenzten Arbeitssituation aus Sicht des Anwenders und beschreibt die Anforderungen an das zu erstellende System. In diesem Sinne ist ein Anwendungsfalldiagramm mit dem

---

[342] Vgl. Fowler / Scott (1998), S. 62.

[343] Die Verwendung von Anwendungsfällen (use cases) wurde erstmals in Jacobson et al. (1994) publiziert. In diesem wird auch die hier vorgestellte Notation zur Visualisierung von Anwendungsfällen erläutert.

[344] Vgl. Oesterreich (1998a), S. 207.

Kontextdiagramm in der klassischen Strukturierten Analyse vergleichbar. Es wird vorzugsweise für die *Geschäftsvorfallanalyse* eingesetzt. Die Abb. 4-20 zeigt ein Beispiel eines Anwendungsfalldiagramms.

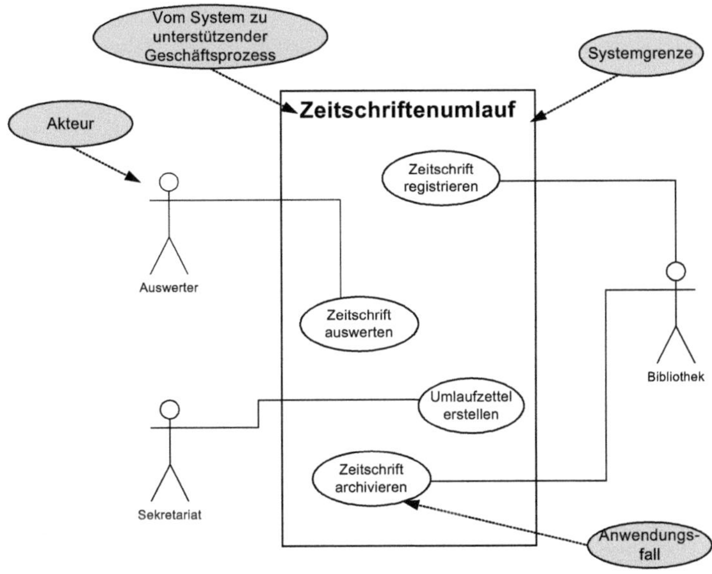

Abb. 4-20: Beispiel eines Anwendungsfalldiagramms[345]

Neben der grafischen Notation in Form eines Anwendungsfalldiagramms kann zu jedem Anwendungsfall eine textuelle Beschreibung angelegt werden. Diese kann u. a. auch Geschäftsregeln, beispielsweise Gültigkeits- und Validierungsregeln, enthalten.

Die ermittelten Anwendungsfälle stellen Operationen dar. Auf welche Weise und in welchem Kontext diese Operationen ausgeführt werden, kann z. B. mit Hilfe eines Aktivitätsdiagramms beschrieben werden. Auch können Beziehungen zwischen Anwendungsfällen direkt im Anwendungsfalldiagramm angegeben werden. Diese Möglichkeiten werden jedoch selten verwendet, da sie besser im Aktivitätsdiagramm dargestellt werden können.

---

[345] Vgl. Oesterreich (1998a), S. 218 f.

4.2.1.3 Aktivitätsdiagramm

Mit Hilfe von Aktivitätsdiagrammen werden Ablaufmöglichkeiten innerhalb eines Systems beschrieben. Damit ähneln sie den traditionellen Flussdiagrammen, können im Gegensatz zu diesen jedoch auch Nebenläufigkeiten darstellen.

Ein Aktivitätsdiagramm betrachtet die Aktivitäten in ihrer zeitlich logischen Abfolge. Dabei wird unter einer *Aktivität* ein einzelner Schritt im Verarbeitungsablauf eines Systems verstanden. Eine auf einer Objektklasse definierte Operation dabei kann aus mehreren Aktivitäten bestehen.

In UML wurden die Aktivitätsdiagramme vor allem zur Beschreibung des internen Verhaltens komplexer, auf Objektklassen definierter Operationen eingeführt.[346] Grundsätzlich eignen sich Aktivitätsdiagramme aber auch gut für die Modellierung von operations- und objektübergreifenden Abläufen. Die im Diagramm enthaltenen Aktivitäten müssen daher nicht notwendig genau einer auf einer Objektklasse definierten Operation zugeordnet sein. Vielmehr ist auch die Darstellung von Objektklassen übergreifenden Prozessen möglich.[347]

Die Abb. 4-21 enthält ein Beispiel eines Aktivitätsdiagramms mit seinen wichtigsten Darstellungselementen. Allgemein ist es durch folgende Eigenschaften gekennzeichnet:

- In eine Aktivität eingehende Transitionen lösen diese immer direkt aus. Existieren mehrere derartiger eingehender Transaktionen, so lösen diese unabhängig voneinander die Aktivität aus.
- Die ausgehenden Transitionen können als Schluss- oder Bereitstellungsereignisse ohne explizite Ereignisbeschreibung aufgefasst werden. Die Transitionen selbst werden durch den Abschluss der Aktivität ausgelöst.
- Der *Split-Balken* stellt immer einen *AND-Split* dar. Er dient zur Modellierung von Nebenläufigkeiten.
- Das Gegenstück zum Split-Balken ist der *Synchronisationsbalken.* Dieser stellt einen *AND-JOIN* dar und dient zur Zusammenführung paralleler Abläufe.

Alle von einer Aktivität ausgehenden Transitionen können mit in eckigen Klammern stehenden Bedingungen versehen werden. Auf diese Weise kann auch ein XOR-Split modelliert werden. Als Alternative hat sich jedoch die Verwendung expliziter Verzweigungspunkte bewährt: Statt die Bedingung direkt an die ausgehende Transition zu binden, wird ein Symbol für eine Entscheidungsaktivität eingeführt. Die alternativen Abläufe gehen dann von diesem Symbol aus (vgl. Abb. 4-22).

---

[346] Vgl. Fowler / Scott (1998), S. 134.

[347] Vgl. Oesterreich (1998a), S. 295 f.

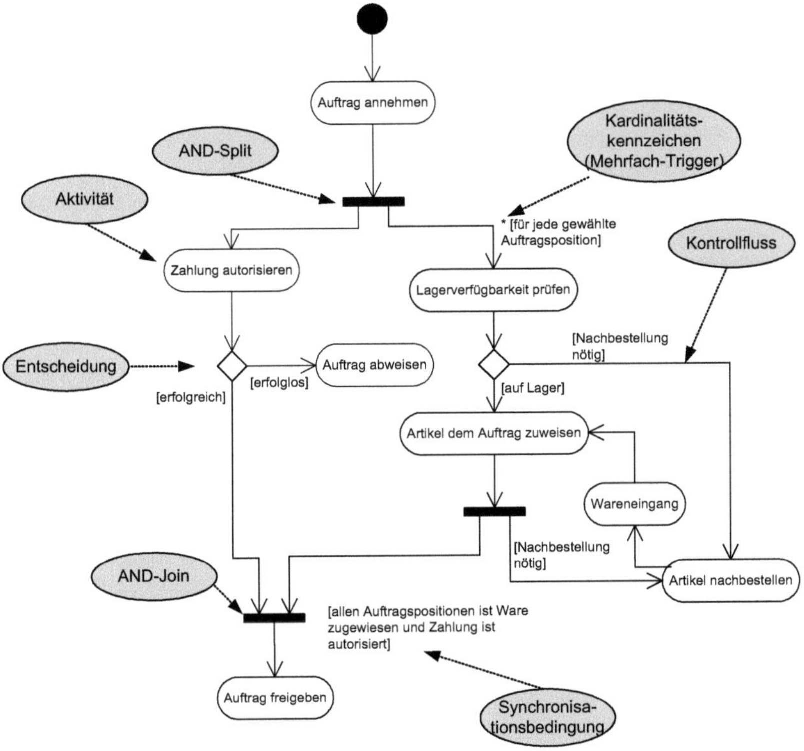

Abb. 4-21: Beispiel eines Aktivitätsdiagramms

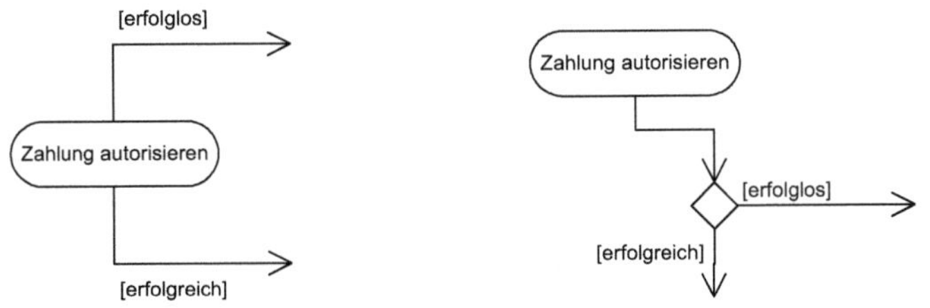

Abb. 4-22: Alternativen zur Modellierung von Entscheidungen im Aktivitätsdiagramm

Eine Besonderheit ist die Möglichkeit zur Modellierung multipler Transitionen. Eine mit dem *Kardinalitätskennzeichen* „*“ versehene Transition wird mehrfach ausgeführt. Zusätzlich muss gekennzeichnet sein, für welchen Fall die Multiplizität zur Anwendung kommt. Dabei ist jedoch nicht ersichtlich, ob die multiple Durchführung einer Transition parallel oder sequenziell erfolgt.[348] Im weiteren Verlauf des Aktivitätsdiagramms müssen diese Transitionen wieder zusammen geführt werden. Dazu wird eine *Synchronisationsbedingung* verwendet, die immer genau einem Synchronisationsbalken zugeordnet sein muss. Die Synchronisation von multiplen Transitionen ist in UML jedoch nicht zwingend vorgeschrieben. Entsprechend existiert auch keine Empfehlung, in welcher Notation deren Synchronisation erfolgen soll.

Die Durchführung einer Aktivität bewirkt häufig eine Änderung des Zustandes des assoziierten Objektes. Diese Objektzustände können ebenfalls in das Diagramm integriert werden (vgl. Abb. 4-23). Die Darstellung erfolgt durch ein Rechteck, das den Namen des Objektes enthält und den jeweiligen Zustand in folgender Form beschreibt:

<Zustandsbeschreibung>:<Name der Objektklasse>

Die Aktivität wird mit dem Objektzustand durch einen gestrichelten Pfeil verbunden. Auf diese Weise ist es einerseits möglich, ähnlich wie bei der eEPK neben den Kontroll- auch den Datenfluss in das Diagramm zu integrieren. Andererseits findet damit auch eine Zuordnung der Aktivitäten zu einer Objektklasse statt.

Eine andere Variante zur Modellierung der Beziehungen zwischen Aktivitäten und Objektklassen ist die Verwendung sogenannter *Verantwortlichkeitsgrenzen (swim lanes*). Diese unterteilen ein Aktivitätsdiagramm in vertikale oder horizontale Bereiche und können z.B. Objektklassen repräsentieren. Die innerhalb einer *swim lane* liegenden Aktivitäten sind dann eindeutig der referenzierten Objektklasse zugeordnet.[349]

---

[348] Vgl. Oesterreich (1998a), S. 298.

[349] Vgl. OMG (1999b), S. 3-156 ff.

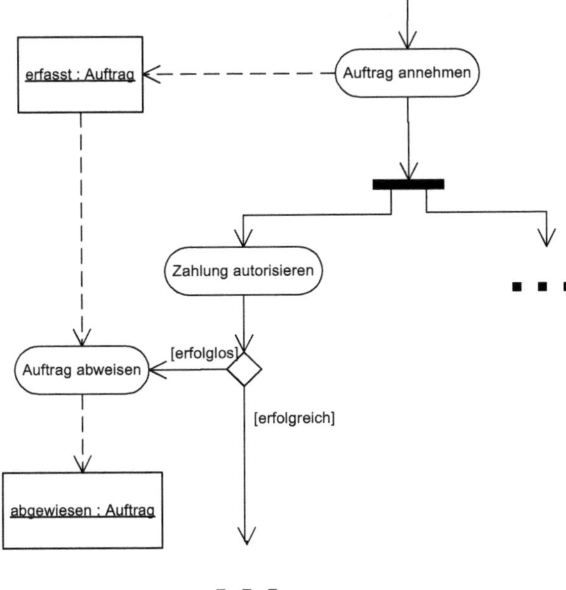

Abb. 4-23: Ausschnitt aus einem Aktivitätsdiagramm mit integriertem Objektfluss

Dieses Konstrukt kann aber auch für die Modellierung von Verantwortungsbereichen in Unternehmen verwendet werden. So können die *swim lanes* beispielsweise Organisationseinheiten im Unternehmen repräsentieren. Die darin enthaltenen Aktivitäten sind dieser dann im Sinne einer *führt aus*-Beziehung zugeordnet. In Abb. 4-24 ist, in Fortsetzung des Beispiels aus Abb. 4-21, das Aktivitätsdiagramm mit integrierten *swim lanes* enthalten.

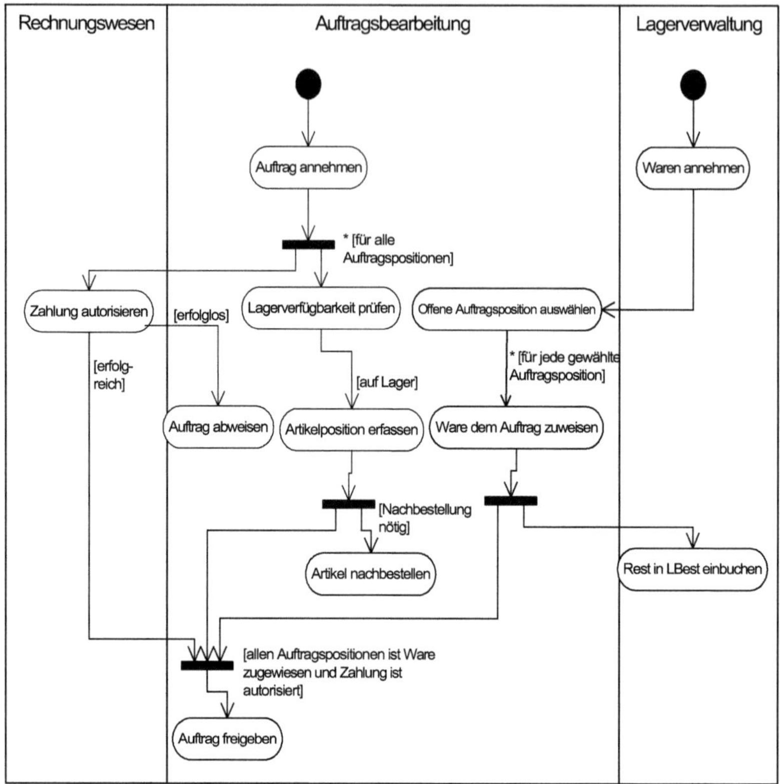

Abb. 4-24: Aktivitätsdiagramm mit Verantwortlichkeitsgrenzen

Eine Alternative zu den *swim lanes* ist die Verwendung des *Sequenz- oder Interaktionsdiagramms.* Es ermöglicht ebenfalls die Zuordnung von Aktivitäten zu Objektklassen. Diese Variante ist bei komplexeren Abläufen zu empfehlen, da durch die Aufteilung des Aktivitätsdiagramms in zahlreiche vertikal und horizontal verlaufende Verantwortungsbereiche dieses schnell unübersichtlich wird.[350]

Das Aktivitätsdiagramm kann schliesslich noch durch *Signale* ergänzt werden. Das sind Nachrichten-Objekte, die von Aktivitäten explizit gesendet oder empfangen werden.[351] Sie müssen daher immer mit einer Aktivität verbunden sein. Ein Signal kann jedoch auch von einem Objekt bzw. einer Aktivität ausserhalb des betrachteten Ablauf gesendet oder empfangen werden.

---

[350] Vgl. Fowler / Scott (1998), S. 139.

[351] Vgl. OMG (1999b), S. 3-159.

Die explizite Modellierung von Signalen in Aktivitätsdiagrammen wird z.B. verwendet, um anzuzeigen, dass die Fortsetzung oder der Start einer Aktivität von einem externen Ereignis abhängt. Die Abb. 4-25 zeigt ein vereinfachtes Beispiel eines Aktivitätsdiagramm mit expliziter Signalmodellierung.

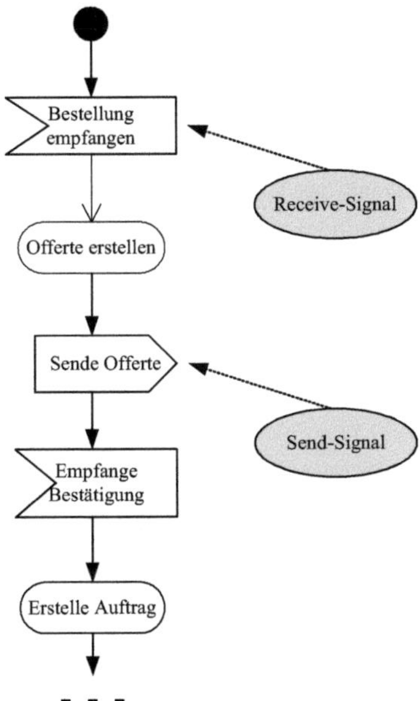

Abb. 4-25: Aktivitätsdiagramm mit expliziter Signalmodellierung

Im Rahmen von UML wird auch ein Verfeinerungsmechanismus für Aktivitätsdiagramme angeboten. Dieses Instrument eignet sich prinzipiell auch für die Detaillierung von Geschäftsprozessen. Wie in dem im Kap. 3.3.5 vorgestellten Mechanismus werden die Start- und Endpunkte von der übergeordneten, zu verfeinernden Aktivität vorgegeben. Die Anfangs- und Endzustände der Aktivitäten müssen damit über alle Abstraktionsstufen hinweg übereinstimmen.[352]

352 Vgl. OMG (1999b), S. 3-154 f. Eine detailliertere Darstellung des Verfeinerungsmechanismus findet sich in Fowler / Scott (1998), S. 141 f. oder in Eriksson / Penker (2000), S. 69 ff. Letztere erläutern auch die Anwendung des Verfeinerungsmechanismus zur Detaillierung von Geschäftsprozessen mit Aktivitätsdiagrammen.

4.2.1.4 Sequenz- und Kollaborationsdiagramme

Die Sequenz- und Kollaborationsdiagramme werden zur Darstellung zulässiger Interaktionen zwischen ausgewählten Objektklassen verwendet. Eine Interaktion zwischen Objekten wird in UML als Übermittlung einer Nachricht interpretiert. Während sich das Sequenzdiagramm jedoch vor allem zur Betrachtung der zeitlichen Abfolge des Nachrichtenaustausches zwischen Objekten verschiedener Objektklassen eignet, stehen beim Kollaborationsdiagramm die grundsätzlichen Möglichkeiten der Objekt-Kollaboration im Vordergrund.[353] Im letztgenannten Diagramm ist die Abbildung der zeitlichen Abfolge zwar durch Nummerierung der Objekte prinzipiell auch möglich, führt aber schnell zu unübersichtlichen Darstellungen. Das Sequenzdiagramm ist tendenziell einfacher zu interpretieren, während das Kollaborationsdiagramm aufgrund seiner höheren Ausdrucksmächtigkeit auch komplexere Sachverhalte angemessen darstellen kann.

Sowohl im Sequenz- als auch im Kollaborationsdiagramm können Nachrichten zusätzlich mit Bedingungen versehen werden. Prinzipiell besteht damit die Möglichkeit zur Abbildung von alternativen Abläufen. Deren Ausdrucksmächtigkeit ist aber im Vergleich zum Aktivitätsdiagramm sehr beschränkt.[354] Daher werden Sequenz- und Kollaborationsdiagramme vorwiegend zur Analyse und Darstellung von Objekt-Lebenszyklen und der Nachrichtenfolge in Bezug auf einen konkreten Anwendungsfall eingesetzt.[355]

Die Abb. 4-26 enthält als Beispiel eines Sequenzdiagramms die beiden Objektklassen *Kunde* und *Lieferant*. Diese werden im Kopf des Diagramms notiert, während die sogenannten *Objekt-Lebenslinien* vertikal eingetragen werden. Bezogen auf einen Anwendungsfall finden innerhalb des Lebenszyklus eines Objektes Aktivitäten statt. Diese Aktivitäten bilden die Schnittstelle zu dem Aktivitätsdiagramm, während die im Diagramm enthaltenen Objektklassen die Beziehung zum Klassendiagramm herstellen.

---

[353] Vgl. OMG (1999b), S. 3-97 ff.

[354] Vgl. Oesterreich (1998a), S. 307.

[355] In Buschmann et al. (1996) sind viele Erweiterungen und Anwendungen in Bezug auf Sequenz- und Kollaborationsdiagramm enthalten.

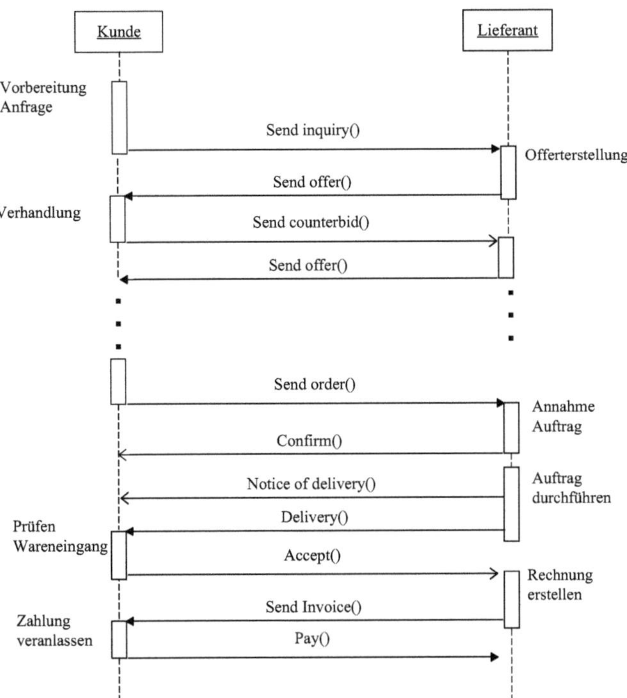

Abb. 4-26: Sequenzdiagramm: Interaktion zwischen Objekten im Zeitverlauf

4.2.1.5 Zustandsdiagramm

In einem Zustandsdiagramm werden die relevanten Zustände eines Objektes mit den die Zustandsänderung durchführenden Operationen modelliert. Das Diagramm entspricht einem *endlichen Automaten*,[356] der sich zu jedem Zeitpunkt in einer endlichen Menge von Zuständen befindet.

In einem Zustandsdiagramm wird der Lebenszyklus eines Objektes unabhängig vom jeweiligen Anwendungsfall modelliert. Es gibt also Auskunft darüber, welche Zustände ein Objekt grundsätzlich annehmen kann und aufgrund welcher Konstellationen sich der Zustand eines Objektes ändert. Ein Zustand wird dabei durch einen Attributswert eines Objektes repräsentiert.

---

[356] Vgl. z.B. Hopcroft / Ullman (1988).

Die Zustandsübergänge werden durch Ereignisse ausgelöst und mit Hilfe definierter Operationen durchgeführt. Ein Übergang kann an Bedingungen gekoppelt sein, so dass dieser nur bei erfüllter Bedingung stattfindet (vgl. Abb. 4-27).

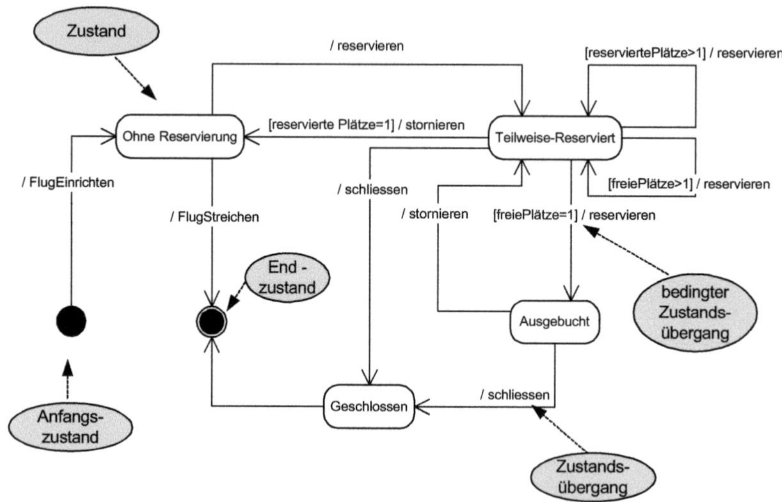

Abb. 4-27: Beispiel eines Zustandsdiagramms[357]

Auch hier bilden die Operationen im Zustands- die Schnittstelle zum Aktivitätsdiagramm: Jede Operation muss durch ein oder mehrere Aktivitäten in Aktivitätsdiagramm repräsentiert werden. Auch müssen die Operationen im Klassendiagramm eindeutig der im Zustandsdiagramm betrachteten Objektklasse zugeordnet sein.

In UML wird auch ein Mechanismus zur Verfeinerung von Zuständen angeboten, mit dem ein Zustand in sequenzielle oder parallele Unterzustände geschachtelt werden kann.[358]

4.2.1.6 Mechanismen zur Erweiterung von UML

Die Klassen, Objekte, Zustände und Aktivitäten bilden als elementare Komponenten das Fundament von UML. In vielen Modellierungssituationen wird jedoch eine angepasste, spezifische Form dieser Elementarkomponenten benötigt. Für diese Zwecke bietet UML

[357] Vgl. Oesterreich (1998a), S. 311.

[358] Für eine detaillierte Darstellung des Verfeinerungsmechanismus siehe z.B. OMG (1999b), S. 3-131.

die Erweiterungsmechanismen *Stereotyp* und *Tagged Value*[359] an. Ein weiterer, hier nicht näher betrachteter Erweiterungsmechanismus wird durch *constraints* realisiert. Dies sind Ausdrücke, mit der Inhalte, Zustände oder Semantik von UML-Komponenten eingeschränkt werden können. In diesem Sinne können auch Stereotypen und Tagged Values als Constraints aufgefasst werden.

Stereotypen

Mit Hilfe von Stereotypen können auf Basis bestehender UML-Komponenten neue, problemadäquate Modellierungsbausteine erstellt werden,[360] die zusätzliche oder speziell auf die Modellierungssituation angepasste Eigenschaften aufweisen. Sie können zudem andere Beziehungen zu den übrigen Modellierungselementen unterhalten als das Ursprungselement. Beispielsweise könnte aus der Komponente *Aktivität* der Stereotyp *Geschäftsprozess* abgeleitet werden. Im Gegensatz zu der Ursprungskomponente benötigt ein Geschäftsprozess aber z.B. Informations- oder Materialressourcen. Letztere könnten dann ebenfalls als Stereotypen der UML-Komponente *Objektklasse* definiert sein.

Grundsätzlich können zu jedem UML-Element Stereotypen definiert werden. Sie werden in den Diagrammen durch einen in spitzen Doppelklammern stehenden Namen bezeichnet. Als Beispiel ist in der Abb. 4-28 der zu der Komponente *Objektklasse* definierte Stereotyp *Information* enthalten. Dieser ist in seiner Semantik gegenüber dem Ursprungselement eingeschränkt, da dieser im Gegensatz zu der *Objektklasse* keine Operationen beinhalten darf. Ein Stereotyp kann zur besseren Unterscheidung auch durch ein eigenes Symbol repräsentiert werden. Während in der Abbildung der in Variante a) gezeigte Stereotyp die ursprüngliche Notation der Komponente *Objektklasse* beibehält, wird er in der Variante b) durch ein eigenes Symbol repräsentiert.

Abb. 4-28: Varianten zur Stereotyp-Notation

[359] *Tagged Value* ist ein feststehender Begriff in UML. In vielen deutschen Übersetzungen wird dieser mit *Eigenschaftswert* übersetzt. Da dies jedoch zu Verwechslungen mit dem Begriff *(Objekt-)Attribut* bzw. *Attributswert* führen kann, wird der Begriff im Kontext dieser Arbeit im Original verwendet.

[360] Die Idee der Stereotypen wurde von Wirfs-Brock geprägt (vgl. Wirfs-Brock / Wilkerson / Wiener (1990)) und später in die UML-Sprachdefinition integriert.

Die Stereotypen werden zur projekt-, unternehmens- oder methodenspezifischen Erweiterung vorhandener UML-Komponenten verwendet.[361] Sie erweitern das UML-Metamodell und unterstützen die Adaption von UML an spezifische Modellierungsmethoden oder Vorgehensmodelle.

Tagged Values

Tagged Values sind benutzerdefinierte, sprach- und werkzeugspezifische Tupel, bestehend aus Schlüsselwort und Wert. Sie dienen dazu, die bestehende Semantik von UML-Komponenten mit charakteristischen Merkmalen zu erweitern. Im Gegensatz zu Stereotypen erweitern die *Tagged Values* das UML-Metamodell nicht. Es werden nur einzelne UML-Elemente mit zusätzlichen Eigenschaften ergänzt. Ein einfaches Beispiel ist die Erweiterung der *Objektklasse* mit dem *Tagged Value {Version=<Versionsnummer>}*.

4.2.2 Die Eignung von UML zur Modellierung von Geschäftsprozessen

Nachdem die wesentlichen Komponenten skizziert wurden, wird in diesem Abschnitt die prinzipielle Eignung von UML für die Modellierung von Geschäftsprozessen erläutert.

Wie bereits erwähnt, fehlen in UML die für die Prozessmodellierung relevanten Beschreibungs- und Darstellungsmittel. Mit dem Anwendungsfall-, Kollaborations-, Sequenz-, Zustands- und dem Aktivitätsdiagramm sind in UML zwar verschiedene Instrumente vorhanden, die auch zur Darstellung von Abläufen verwendet werden können. Jedoch eignen sich diese bis auf das *Aktivitätsdiagramm* nicht oder nur sehr bedingt zur Darstellung betriebswirtschaftlich-organisatorischer Sachverhalte:

- Das *Anwendungsfalldiagramm* dient zur Darstellung der Interaktion von Anwendern mit dem Anwendungssystem. Es beschränkt sich dabei auf die vom Anwender sichtbaren Aktionen und Reaktionen und repräsentiert daher nicht alle vom Geschäftsprozess durchzuführenden Funktionen. Auch existieren keine Konzepte zur Darstellung der zeitlich-logischen Abhängigkeiten der in den Prozess involvierten Funktionen. Mit Hilfe dieses Diagramms kann ein Geschäftsprozess lediglich auf der obersten Abstraktionsebene dargestellt werden.
- Das *Kollaborationsdiagramm* dient zur detaillierten Darstellung des Nachrichtenflusses zwischen Objekten, bezogen auf einen konkreten Anwendungsfall. Es bildet somit potenziell im System vorhandene Kommunikationsbeziehungen ab. Für die Modellierung des Kontrollflusses ist es damit nicht geeignet. Auch

[361] Vgl. Burkhardt (1997), S. 396.

fehlen wichtige Konstrukte z. B. für die Modellierung von Nebenläufigkeiten und Verzweigungen.[362]

- Das *Sequenzdiagramm* dient zur Darstellung des Nachrichtenflusses zwischen Objekten im Zeitablauf und ist gut geeignet, deren Verhalten in genau einem Anwendungsfall zu betrachten. Wie beim Kollaborationsdiagramm kann aufgrund fehlender Verknüpfungsoperatoren aber immer nur ein Ereignisszenario modelliert werden. Ebenso wie das Kollaborationsdiagramm zielt auch das Sequenzdiagramm auf die Modellierung des Informationsflusses. Für präzise Verhaltensdefinitionen sind sie hingegen ungeeignet.[363]
- Und schliesslich dient ein *Zustandsdiagramm* zur Modellierung aller im System erlaubten Zustände und Zustandsübergänge einer Objektklasse. Ein Prozesszusammenhang könnte nur dann abgebildet werden, wenn der komplette Prozess innerhalb dieser Klasse abgewickelt würde, d. h. nur auf genau einer Objektklasse definierte Operationen zur Beschreibung des gesamten Prozesses ausreichen würden. Die Abbildung objektklassenübergreifender Prozess-Zusammenhänge ist nicht möglich. Grundsätzlich könnte man nun den gesamten Prozess als eine Objektklasse auffassen. Damit wird jedoch die Verwendung von UML grundsätzlich sinnlos, da das gesamte System nur noch aus einer Objektklasse bestehen würde. Und schliesslich können in dem Zustandsdiagramm keine zeitlichen, sondern nur kausale Abhängigkeiten modelliert werden.

Grundsätzlich scheint das *Aktivitätsdiagramm* für die Prozessmodellierung gut geeignet zu sein. Es weist aber im Vergleich mit den spezifisch für die Prozessmodellierung entwickelten Methoden – z. B. EPK – Mängel auf. Denn ein Geschäftsprozess besitzt viele zu modellierende Merkmale, die nicht vollständig abgedeckt werden. Ein Prozess

- hat spezifische *Input-Objekte.* Diese Input-Objekte können Informationsobjekte, aber auch physische Objekte wie z. B. Rohmaterial sein. In einem Aktivitätsdiagramm können jedoch nur Informationsobjekte dargestellt werden,
- hat analog dazu auch spezifische *Output-Objekte* unterschiedlichen Typs,
- benötigt *Ressourcen* für die Durchführung von Aktivitäten, z. B. ein Informationssystem, eine Maschine oder eine Person. Im Aktivitätsdiagramm können nur auf Objektklassen definierte Operationen oder Aktivitäten verwendet werden. Die Modellierung anderer Aktionsträger wird nicht unterstützt,
- besteht aus einer Anzahl von *Aktivitäten,* die in Abhängigkeit von *Ereignissen* oder *Bedingungen (Geschäftsregeln)* in einer bestimmten Reihenfolge ausgeführt

[362] Vgl. Scheer / Nüttgens / Zimmermann (1997), S. 13 ff.

[363] Vgl. Scheer / Nüttgens / Zimmermann (1997), S. 14.

werden müssen. Im Aktivitätsdiagramm existiert kein Konstrukt zur Modellierung von Ereignissen,

- betrifft mehr als eine *Organisationseinheit.* Insbesondere können zwischen Organisationseinheit und Aktivität unterschiedliche Beziehungstypen existieren (z. B. *führt aus*, *ist verantwortlich für*). Das Konstrukt zur Modellierung von Verantwortlichkeitsgrenzen *(swim lanes)* dient im Aktivitätsdiagramm vor allem zur Zuordnung von Aktivitäten zu den auf den Objektklassen definierten Operationen.

Unabhängig von den spezifischen Eigenschaften eines Prozesses ergeben sich im Hinblick auf die Modellierung von Geschäftsprozessen mit Aktivitätsdiagrammen noch weitere Probleme:

- Im Aktivitätsdiagramm ist kein expliziter XOR-Join vorgesehen. Die Semantik des im Diagramm vorhandenen Synchronisationsbalkens ist so definiert, dass alle eingehenden Transitionen vorliegen müssen, bevor die abgehende Transition ausgelöst wird *(And-Join).*[364] Alternative Prozessabläufe können nicht wieder zusammengeführt werden.
- Die Verbindung zwischen Objektklassen und Aktivitäten ist in UML nicht näher definiert. So könnte beispielsweise eine Aktivität Entsprechungen in mehreren Objektklassen haben. Auch können Aktivitäten direkt aus einem Anwendungsfalldiagramm übernommen werden. Eine Zuordnung der Aktivitäten zu Objektklassen ist nicht zwingend.
- Es ist unklar, in welchen Fällen eine Bedingung in Form einer OCL-Klausel an eine Transition geschrieben oder das explizite Entscheidungskonstrukt verwendet werden soll.
- In einem Aktivitätsdiagramm sind „tote Enden" grundsätzlich zugelassen, d.h. wenn eine Bedingung für eine Transition nicht zutrifft, stoppt die Ausführung des Ablaufs, sofern keine Alternativ-Transition vorhanden ist. Dies kann bei der Modellierung des Ablaufs einer Programm-Operation eine sinnvolle Variante sein,[365] bei der Modellierung deterministischer Prozesse ist dieses Verhalten jedoch nicht zulässig.

Die Modellierung von Geschäftsprozessen in UML bedingt daher die Einführung einer Reihe zusätzlicher Konzepte. Damit müssen auch die Beziehungen der bisherigen UML-Elementen zu den neu einzuführenden Konzepten definiert werden.

---

[364] Vgl. Oesterreich (1998a), S. 297.

[365] Vgl. Fowler / Scott (1998), S. 135.

Es sei der Vollständigkeit halber noch erwähnt, dass die UML-Spezifikation der OMG wünschenswerte Eigenschaften von Erweiterungskomponenten zum Zweck der Unternehmensmodellierung skizziert.[366] Deren Verwendungsweise und Integration in UML sind darin jedoch nicht näher erläutert. Auch basieren diese Komponenten auf Anwendungsfalldiagrammen. In diesen werden wie erläutert aber nur die prinzipiellen Interaktions-Beziehungen zwischen dem System und den Akteuren (Actor) modelliert. Sie sind daher lediglich für die Geschäftsvorfall-Analyse und zur Modellierung des Prozess-Kontextes geeignet.

4.2.3 Erweiterungen von UML zur Modellierung von Geschäftsprozessen

Aus der zuvor erläuterten Problematik ergibt sich die Notwendigkeit der Erweiterung von UML zur Modellierung von Geschäftsprozessen. Bevor die Integration der **regelbasierten** Prozessmodellierung in UML diskutiert werden kann, wird zunächst die grundsätzliche Eignung von Konzepten zur Prozessmodellierung mit UML untersucht. Dazu werden nachfolgend zwei Lösungsansätze diskutiert:

- Die Integration der Ereignisgesteuerten Prozesskette in UML sowie
- der Bezugsrahmen zur Prozessmodellierung von Eriksson und Penker.

4.2.3.1 Integration der Ereignisgesteuerten Prozesskette in UML

Ein möglicher Ansatz zur Prozessmodellierung in UML ist die Verbindung der EPK mit dem objektorientierten Ansatz.

Als ein wesentlicher Beitrag zu dieser Thematik ist dabei die *objektorientierte Ereignisgesteuerte Prozesskette (oEPK)* zu sehen, die erstmals von Scheer et al. beschrieben wurde.[367] Darin wird der Ansatz verfolgt, die EPK mit ihren korrespondierenden Geschäftsobjekten darzustellen. Das so modellierte Prozessmodell unterscheidet sich optisch nicht wesentlich von einem herkömmlichen EPK. Mit der aktiven Komponente des EPK werden jedoch keine Funktionen, sondern Objektklassen modelliert. Letztere repräsentieren die für einen Prozess relevanten Geschäftsobjekte. Der Nachrichtenaustausch und damit die Interaktion zwischen Objektklassen erfolgt ereignisgesteuert. Dem objektorientierten Ansatz folgend, stellen die Ereignisse damit Nachrichten dar. Aus der Meta-Sicht handelt es sich dabei um Objekte, die mit dem Ereignissymbol der EPK repräsentiert werden:

---

[366] Vgl. OMG (1999b), S. 4-1.

[367] Vgl. Scheer / Nüttgens / Zimmermann (1997).

> *„Dies ist ein wesentlicher Unterschied zur Darstellung objektorientierter Interaktionsdiagramme, in denen Ereignisse nicht explizit dargestellt, sondern an Kanten zwischen zwei Objekten abgetragen werden. Dadurch gehen [...] wichtige semantische Inhalte zur Beschreibung des dynamischen Systemverhaltens verloren."*[368]

In der Abb. 4-29 ist ein Beispiel einer oEPK enthalten.

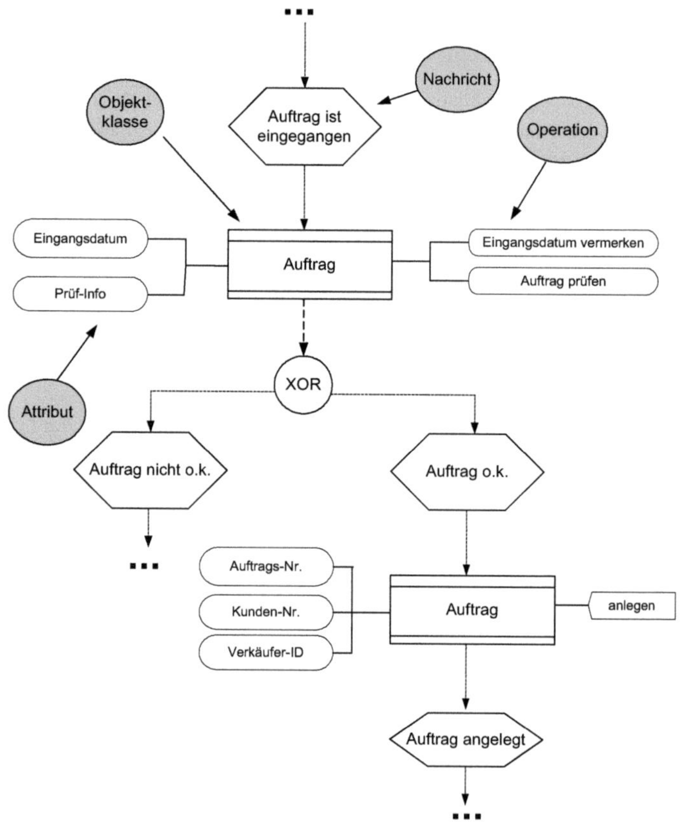

Abb. 4-29: Beispiel einer oEPK[369]

[368] Scheer / Nüttgens / Zimmermann (1997), S. 17.

[369] Vgl. Scheer / Nüttgens / Zimmermann (1997), S. 22.

Einen integrativen Ansatz stellt die *EPK mit assoziierten Objektklassen* dar,[370] bei der die EPK im herkömmlichen Sinne erhalten bleibt. Die modellierten Funktionen werden darin als Operationen aufgefasst, die mindestens einer Objektklasse zugeordnet sein müssen (vgl. Abb. 4-30). Analog zu der oEPK muss eine im EPK modellierte Objektklasse auch im UML-Klassendiagramm vorhanden sein.

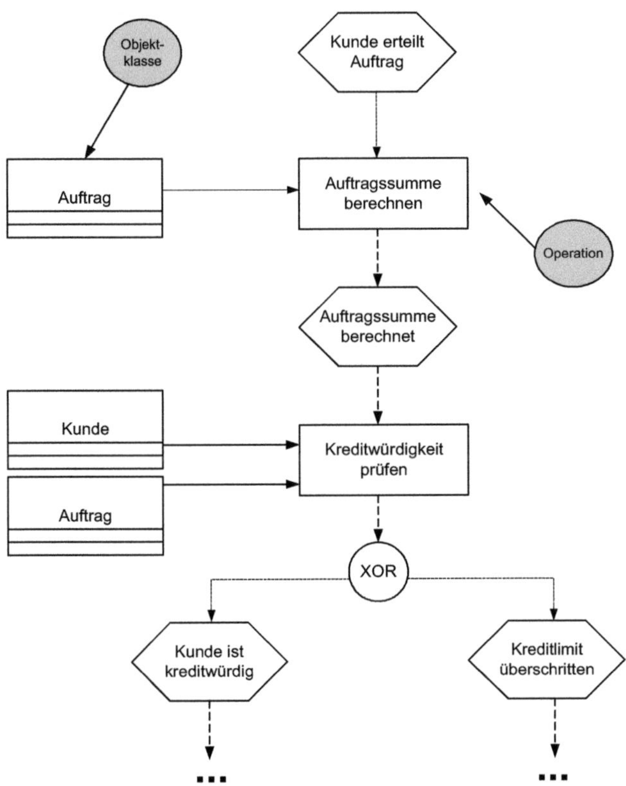

Abb. 4-30: EPK mit assoziierten Objektklassen

Der Vorteil dieses Ansatzes besteht darin, dass Funktionen – im Gegensatz zu Objektklassen - sukzessive bis auf die Ebene der Operationen verfeinert werden können, wo sie direkt mit den auslösenden und resultierenden Ereignissen verknüpft sind. Weiter können über das Prozessmodell Rückschlüsse auf die Objekt-Zustände getroffen

---

370 Vgl. Loos / Allweyer (1998).

werden. Damit ergibt sich die Möglichkeit zur komplementären Anwendung des EPK mit dem UML-Zustandsdiagramm.[371]

Ein Nachteil der Vorschläge zur Integration von EPK in UML ist allgemein, dass UML durch ein weiteres Diagramm bzw. durch eine weitere Sicht ergänzt werden muss. Das Verständnis des Gesamtmodells wird damit zusätzlich erschwert. Insbesondere muss die Beziehung zum und die Abgrenzung vom Aktivitätsdiagramm definiert werden. Vor allem aber sollten UML-Modellierungswerkzeuge das zusätzliche Diagramm und die damit verbundenen inhärenten Konsistenzbedingungen unterstützen können.

Für die regelbasierte Prozessmodellierung ist insbesondere die Kombination von EPK mit assoziierten Objektklassen und UML gut geeignet. Denn wie in Kap. 4.1 gezeigt, kann ein mit dem ECAA-Ansatz modellierter Prozess einfach in die EPK-Notation transformiert werden. Die Integration der regelbasierten Prozessmodellierung in UML würde dann indirekt über die assoziierte EPK erfolgen.

4.2.3.2 Eriksson-Penker Extensions

Die *Eriksson-Penker Extensions (EPE)* stellen verschiedene so genannte *Business Extensions* bereit, die UML mit Konzepten zur Modellierung von Geschäftsprozessen erweitern.[372] So wird in den EPE ein Geschäftsprozess in einem an die Bedürfnisse der Prozessmodellierung angepassten *Aktivitätsdiagramm* beschrieben.[373]

Die EPE verwenden vor allem den UML-Erweiterungsmechanismus *Stereotype* für die Adaption des Aktivitätsdiagramms.[374] Das Element *Aktivität* im Aktivitätsdiagramm wird zum Stereotyp *EPE-Process* umdefiniert. Dieser repräsentiert eine im Prozessverlauf durchzuführende Menge von Aktivitäten. Je nach Abstraktionsebene stellt er entweder den gesamten Prozess oder eine einzelne Funktion innerhalb eines Geschäftsprozesses dar. Entsprechend kann ein *EPE-Process* eine Menge von UML-Aktivitäten zur Verrichtung einer Aufgabe beinhalten. Im Gegensatz zur Aktivität ist der Stereotyp *EPE-Process* also nicht atomar. Auch können ihm z.B. Ressourcen als Input- und Output-Objekte zugeordnet werden.[375]

In der Abb. 4-31 wird die Notation der EPE zur Modellierung von Prozessen schematisch dargestellt. Darin ist ersichtlich, dass analog zu dem Stereotyp *EPE-Process* auch die Informationsobjekte, die von diesem benötigt bzw. erzeugt werden, als Stereotypen

---

[371] Vgl. Loos / Allweyer (1998), S. 12 f.

[372] Vgl. hier und zu den folgenden Ausführungen in diesem Kapitel: Eriksson / Penker (2000).

[373] Ein ähnliches Verfahren wird in Oesterreich et al. (2003) vorgeschlagen und detailliert erläutert.

[374] Vgl. Kap. 4.2.1.6.

[375] Das Prozessdiagramm kann durch sog. *assembly line packages* ergänzt werden, um die Art der Verwendung von Informationsobjekten durch einen (Teil-)Prozess darzustellen. Ein *assembly line package* ist dabei ein stereotypisiertes UML-Package (vgl. Eriksson / Penker (2000), S. 113 ff.).

definiert werden: *Informationsobjekte* werden aus der allgemeinen UML-Komponente *Objektklasse* abgeleitet. Sie beinhalten ausschliesslich beschreibende Attribute, d.h. auf diesen Objekten dürfen keine Operationen definiert werden. In gleicher Weise können weitere für die Prozessmodellierung relevanten Konstrukte, z. B. physische Ressourcen, eingeführt werden. Unter Verwendung des UML-Konzeptes *Swim Lane* können zudem Verantwortlichkeiten für einen (Teil-) Prozess modelliert werden.[376]

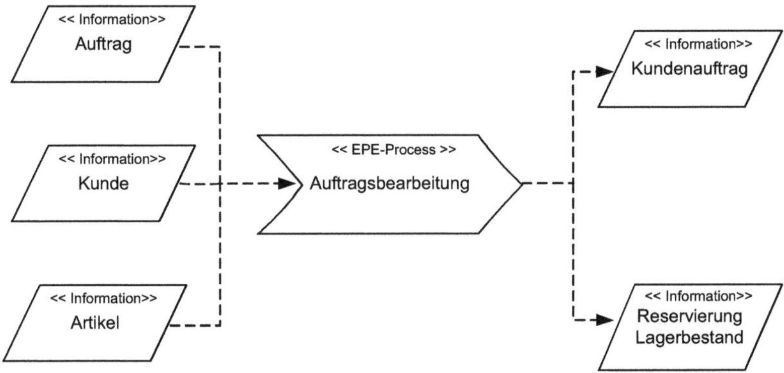

Abb. 4-31: Darstellung eines Geschäftsprozesses als Stereotyp einer Aktivität[377]

Neben den Stereotypen verwenden die EPE mit den *Tagged Values* einen zusätzlichen UML-Erweiterungsmechanismus. Wie erwähnt, ist ein *Tagged Value* die Erweiterung einer Eigenschaft eines UML-Elements mit dem Zweck, der Elementspezifikation zusätzliche Informationen hinzuzufügen. Entsprechend wird der Stereotyp *EPE-Process* mit ergänzenden Informationen erweitert, z. B. mit Informationen über den Prozess-Eigentümer, Kosten-, Zeitaspekte oder dessen Priorität. Zusätzliche Erweiterungen sind möglich, so können z.B. auch die Ziele eines Prozesses über *tagged values* beschrieben werden.

Für die Verfeinerung des *EPE-Process*-Elements in *Sub-Processes* wird der Detaillierungsmechanismus des Aktivitätsdiagramms verwendet. Darin wird ein *EPE-Process* durch ein eigenes Aktivitätsdiagramm auf einer höheren Detaillierungsstufe beschrieben. Ein *EPE-Process*, der nicht mehr sinnvoll weiter unterteilt werden kann, d.h. atomar ist, wird als *UML-Aktivität* mit dem eigentlichen Aktivitätssymbol gekennzeichnet (vgl. Abb. 4-32). Den UML-Modellierungsregeln entsprechend muss diese Aktivität dann mit einer auf einer Objektklasse definierten Operation korrespondieren.

---

[376] Vgl. Kap. 4.2.1.3.

[377] Vgl. Brücher / Endl (2002), S. 153.

Das UML-Aktivitätsdiagramm unterstützt in der ursprünglichen Form keine Ereignismodellierung. Daher wird von Eriksson/Penker das Konstrukt *Business Event* eingeführt, das ebenfalls als Objektklasse im Klassendiagramm repräsentiert wird.[378]

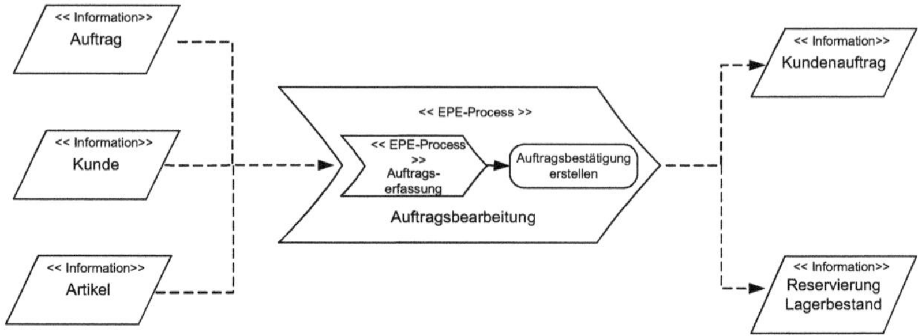

Abb. 4-32: Verfeinerung eines Prozessmodells in UML[379]

Als Stereotyp der UML-Klasse *Event* kann ein *Business Event* im Sinne des EPE

- einen Prozess auslösen,
- das Verhalten des Prozesse und seine Ausführung beeinflussen oder
- den Prozess beenden.

Mit Hilfe der Generalisierungs-/ Spezialisierungsmechanismen können damit im Klassendiagramm sogar Ereignis-Hierarchien modelliert werden.

Zur Darstellung der *Business Events* im für die Prozessmodellierung adaptierten Aktivitätsdiagramm können Signale *(Signals)* verwendet werden.[380] Diese zeigen das Eintreten eines durch sie bezeichneten Ereignisses an. Jedes im Aktivitätsdiagramm modellierte Signal muss mit dem entsprechenden im Klassendiagramm enthaltenen Ereignis-Objekttyp korrespondieren.

In Abb. 4-33 wird ein allgemeines Prozessmodell gezeigt. Darin wird das extern ausgelöste Start-Ereignis als *reveive*-Signal modelliert. Innerhalb des Prozesses werden ausschliesslich *send*-Signale verwendet.

---

[378] Vgl. Eriksson / Penker (2000), S. 74. Analog zu der Definition eines Ereignisses in der EPK wird ein *Event* im Sinne der EPE entweder durch einen anderen Prozess „erzeugt" oder aber in einen anderen, den Prozess betreffenden Kontext ausgelöst.

[379] Der *EPE-Process* auf der nächsthöheren Detaillierungsstufe muss seinerseits natürlich auch wieder Beziehungen zu Informationsobjekten oder UML-Objektklassen haben. Diese sind aus Gründen der Übersichtlichkeit in der Abbildung nicht dargestellt.

[380] Vgl. Kap. 4.2.1.3.

Ein bedeutender Vorteil der EPE gegenüber den UML-Erweiterungen mit EPK ist, dass sie mit Stereotypen und *Tagged Values* auskommen. Es werden keine zusätzlichen Objekt- oder Diagrammtypen eingeführt. Vielmehr werden die notwendigen Erweiterungen aus den bestehenden UML-Konstrukten abgeleitet. Auch nutzen die EPE einen bereits in UML vorhandenen Detaillierungsmechanismus zur schrittweisen Verfeinerung der *EPE-Processes*.

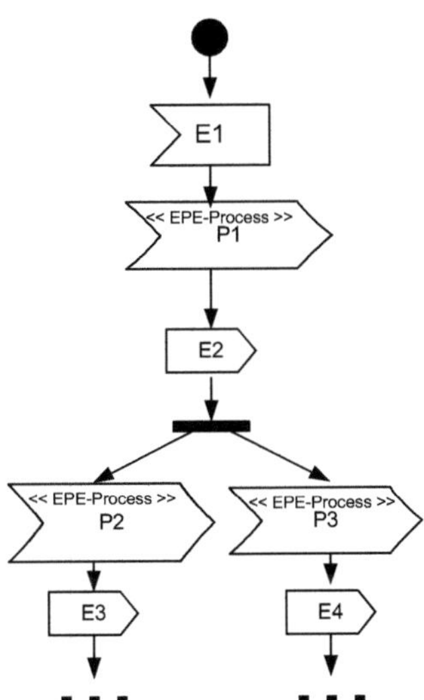

Abb. 4-33: UML-Prozessmodell mit auslösenden und terminierenden Ereignissen

Die EPE enthalten jedoch keine detaillierten Aussagen über die Art der Verwendung der eingeführten Konzepte, so dass sie einen grossen Modellierungs- und Interpretationsspielraum lassen. Beispielsweise bleibt in Bezug auf die Modellierung von Ereignissen unklar,

- ob überhaupt und unter welchen Umständen Signale in dem Prozessdiagramm modelliert werden müssen,
- in welchen Fällen das *Send*- bzw. das *Receive*-Symbol verwendet werden soll.

Vor allem aber werden auch bei den EPE die Geschäftsregeln lediglich als Eigenschaften von Prozessen bzw. Objekttypen angesehen. Gleichwohl wird die Bedeutung von Geschäftsregeln für die Prozessmodellierung nicht bestritten:

> *„If business rules are defined to their full extent, they govern the entire execution of the process. That means, that when business rules are*

> *completely defined, every situations or conditions in the business has a rule indicating what should happen next."*[381]

Zur Formulierung von Geschäftsregeln wird die Object Constraint Language (OCL) empfohlen.[382] Deren Verwendung ist jedoch optional und die Art der Formulierung liegt im Ermessen des Modellierers. Es wird auch keine Aussage getroffen über die Art der Verwendung von OCL. So könnten beispielsweise die strukturdefinierenden Regeln auf verschiedene Weisen in verschiedenen UML-Diagramme als Konsistenzbedingungen formuliert werden, z. B. im

- Klassendiagramm durch die Definition von Beziehungen zwischen Objekten,
- Zustandsdiagramm durch die Formulierung von Bedingungen, unter denen der Zustandsübergang eines Objektes möglich ist oder im
- Aktivitätsdiagramm durch die Festlegung einer Aktivitätsreihenfolge.

Die das Verhalten definierenden Regeln hingegen könnten mit Hilfe von OCL spezifiziert werden. Aber auch in diesem Fall, müssen die Regeln dann immer mindestens einem UML-Element zugeordnet sein. Im konkreten Anwendungsfall bleibt oft unklar, welche Regel welchem Element zugeordnet werden muss. Die in Abb. 4-34 formulierte Regel *{sum > 10}* könnte beispielsweise sowohl auf der Objektklasse selbst als auch auf der Operation *totalCost()* definiert werden, sofern das Attribut *sum* durch die Operation *totalCost()* manipuliert werden kann.

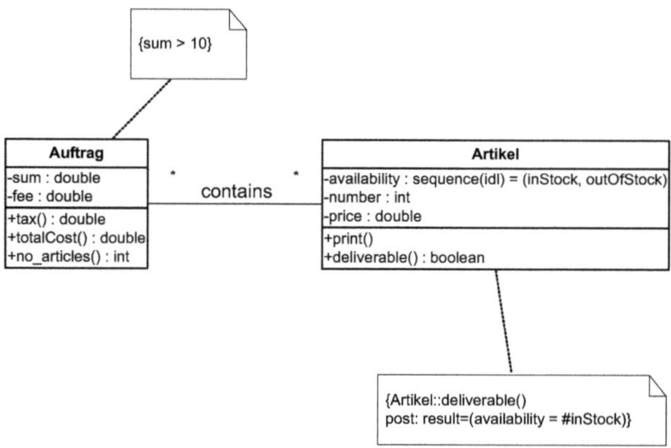

Abb. 4-34: OCL-Ausdrücke sind immer auf einen Kontext bezogen

---

381 Eriksson / Penker (2000), S. 134.

382 Eine detaillierte Beschreibung von OCL ist z. B. in OMG (1999a) enthalten.

Damit besteht die Gefahr der redundanten und inkonsistenten Modellierung von Regeln, da ähnliche oder semantisch identische Regeln an verschiedenen Stellen im UML-Modell "verstreut" werden können:

- Es ist schwer zu entscheiden, an welcher Stelle eine Regel in UML modelliert werden soll: UML beinhaltet viele unterschiedliche Modelltypen, von denen aber mit Ausnahme des Klassendiagramms keines wirklich zwingend benötigt wird. So kann z. B. ein Modellierer die Aktivitäts-, Sequenz- und Zustandsdiagramme verwenden, während ein anderer sich auf das Aktivitätsdiagramm beschränkt. Darüber hinaus könnte ein Modellierer z. B. eine Geschäftsregel zu einem Zustandsdiagramm-Element definieren, während ein anderer Modellierer eine semantisch identische Regel einem Aktivitätsdiagramm-Element zuordnet.
- Das Retrieval und die Wiederverwendung von Geschäftsregeln ist in UML bzw. OCL nicht vorgesehen. Damit können Inkonsistenzen bei der Regeldefinition nicht systemgestützt entdeckt werden. Bei einer Regeländerung gibt es keine Möglichkeit, zu überprüfen, ob dieselbe Regel auch noch in anderen Modellen verwendet wurde.
- Die logische Beziehung von UML-Modellierungselementen zueinander ist unklar. Bestimmte Sachverhalte können in unterschiedlichen Diagrammen modelliert werden. Beispielsweise ist nicht festgelegt, ob ein Ereignis in einem Sequenzdiagramm äquivalent ist zu einer *communicates-Beziehung* in einem Anwendungsfalldiagramm. Aufgrund der Vielzahl der Modell- und Modellierungsvarianten ist es sehr schwer, verbindliche Konventionen zur Spezifikation von Geschäftsregeln in UML bzw. OCL zu vereinbaren.
- Regeln haben in UML/OCL keine Eigenschaften, sondern sind selbst Eigenschaft einer UML-Komponente. Ausser dem Regel-Ausdruck selbst können keine zusätzlichen Informationen in einem UML- Modell dokumentiert werden.

4.2.4 Eine geschäftsregelbasierte Erweiterung von UML

Die in den letzten Abschnitten vorgestellten Ansätze betrachten die Modellierung von Geschäftsregeln nicht als eigenständiges Modellierungskonzept. Daraus ergibt sich die Forderung nach einem Modellierungsansatz auf der Basis von Geschäftsregeln, der eine vom Geschäftsprozess bis zur Spezifikation des Anwendungssystems durchgängige Modellierung von Regeln unterstützt. Die prozessrelevanten Geschäftsregeln sollen nicht im UML-Modell verteilt, sondern als eigenständige und im Zentrum der Modellierung stehende Modellierungseinheit aufgefasst werden.

In den von Eriksson/Penker vorgeschlagenen Erweiterungen von UML zur Modellierung von Geschäftsprozessen sind grundsätzlich alle notwendigen Konstrukte vorhanden, um einen Prozess als Folge von ECAA-Regeln mit Hilfe eines Aktivitätsdiagramms zu beschreiben:

- Die in den EPE eingeführten Stereotypen für *business events* und *EPE-Processes* korrespondieren mit den in dem ECAA-Ansatz verwendeten Modellierungselementen.[383]
- Es existieren Konstrukte zur Modellierung struktureller Merkmale, z. B. von Informationsressourcen und Organisationseinheiten.
- Der in Kap. 3.3.5 eingeführte Detaillierungsmechanismus korrespondiert mit dem von Eriksson/Penker vorgeschlagenen Verfahren und kann daher einfach an UML adaptiert werden.[384]

Die EPE müssen jedoch konkretisiert werden. Denn wie erwähnt, bleibt die konkrete Verwendung der einzelnen Konzepte und deren Beziehung zu den anderen UML-Modellierungselementen unklar. Für die Integration des regelbasierten Modellierungsansatzes in UML muss daher untersucht werden, wie über geeignete Modellierungsvorschriften die Geschäftsregeln im UML-Prozessdiagramm repräsentiert werden können und welche Implikationen daraus entstehen.

4.2.4.1 Konventionen für die regelbasierte Prozess-Modellierung mit UML

Für die regelbasierte Prozessmodellierung mit UML müssen Konventionen für nachstehende Modellierungssituationen definiert werden:

- Da weder in dem Aktivitätsdiagramm von UML noch in EPE ein Konstrukt zur Modellierung eines XOR-Joins vorgesehen ist, muss dieses Konstrukt in UML ergänzt und sinnvoll integriert werden. Zudem muss definiert sein, welche der von UML angebotenen Alternativen zur Modellierung eines XOR-Splits verwendet werden soll.
- Die Verwendung der *Send-* und *Receive-*Signale zur Repräsentation der *Business Events* in dem Prozessmodell muss eindeutig definiert sein.
- Von Eriksson/Penker wird nur der *EPE-Process* als aktives Konstruktionselement angeboten. Wie bei der regelbasierten Modellierung mit EPK muss durch eine geeignete Modellierungsvorschrift die Abbildung von (ECAA-)Bedingungen und (ECAA-)Aktionen auf dieses Konstruktionselement sicher gestellt werden.

---

[383] Vgl. Kap. 3.3.1 sowie Eriksson / Penker (2000), S. 74 ff.

[384] Vgl. Kap. 3.3.5 sowie Eriksson / Penker (2000), S. 83.

- Die Beziehungen des Prozess- zu den anderen UML-Diagrammen muss definiert sein.

Das Hinzufügen eines Konstruktes zur Modellierung eines XOR-Joins ist trivial. Dazu wird das Entscheid-Symbol von UML verwendet, wobei mindestens zwei eingehende Pfeile und genau ein ausgehender Pfeil existieren müssen. Für die Modellierung von XOR-Splits und XOR-Joins wird das in Abb. 4-35 gezeigte Symbol verwendet:

In den EPE können im Prozessmodell die *Business Events* durch *Send-* und *Receive-*Signale repräsentiert werden. Es ist lediglich zu definieren, in welchem Fall welche Variante verwendet werden soll.

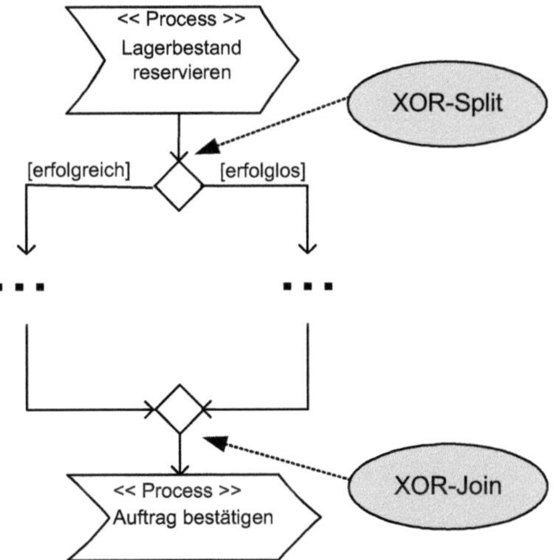

Abb. 4-35: Darstellung des XOR-Splits und XOR-Joins im UML-Prozessmodell

Im Metamodell zur regelbasierten Prozessmodellierung wird zwischen *Externen* und *Transitionsereignissen* unterschieden.[385] Letztere entstehen innerhalb der Prozesses, während die *Externen Ereignisse* einen Prozess anstossen. Zur Kennzeichnung dieser unterschiedlichen Ereignistypen können im Prozess-Diagramm die prozessauslösenden Ereignisse mit dem Symbol für ein *Receive*-Signal gekennzeichnet werden. Demgegenüber werden die Transitionsereignisse grundsätzlich als *Send*-Signale modelliert. Die Abb. 4-36 verdeutlicht diese Konventionen.

---

[385] Vgl. Kap. 3.4.

Daraus ergibt sich die Schlussfolgerung, dass jedes Prozess-Diagramm mindestens ein *Receive*-Signal enthalten muss. Dieses ist immer direkt mit einem Start-Symbol des Prozess-Diagramms verbunden. Durch die Verwendung unterschiedlicher Symbole für *Transitions–* und *Externe Ereignisse* kann die Transparenz des Detaillierungsprozesses verbessert werden.

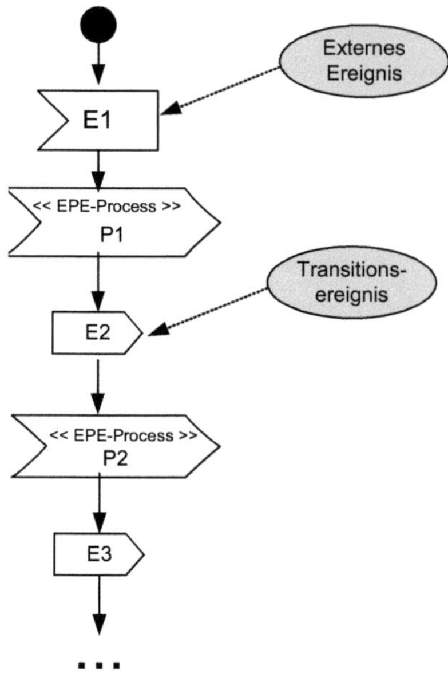

Abb. 4-36: Modellierung von Ereignissen im regelbasierten Prozess-Diagramm

Bei der Verfeinerung eines Prozesses wird das den detaillierten Teilprozess auslösende Ereignis ebenfalls als *Receive*-Signal modelliert. Diese Konvention gilt unabhängig davon, ob das entsprechende Ereignis auf der höheren Abstraktionsebene ein prozess-externes oder ein Transitionsereignis darstellt. Mit dem *Receive*-Signal wird also immer der Anfang eines Teilprozesses in Abhängigkeit von der zugeordneten Detaillierungsstufe gekennzeichnet (vgl. Abb. 4-37).[386]

Diejenigen Transitionsereignisse, die keinen weiteren *EPE-Process* auf derselben Detaillierungsstufe aufrufen, sondern das Prozessergebnis einem Objekt ausserhalb des Prozess-Systems mitteilen, signalisieren die Beendigung des Prozesses. Das erzielte

[386] vgl. Kap. 3.3.5.

Prozessergebnis stellt eine für die Umwelt beobachtbare Reaktion dar. Analog zu der Modellierung von Anwendungssystemen mit UML muss diese dann mit einem Anwendungsfall korrespondieren. Das Anwendungsfalldiagramm kann dabei als Instrument der Geschäftsvorfall-Analyse verwendet werden.

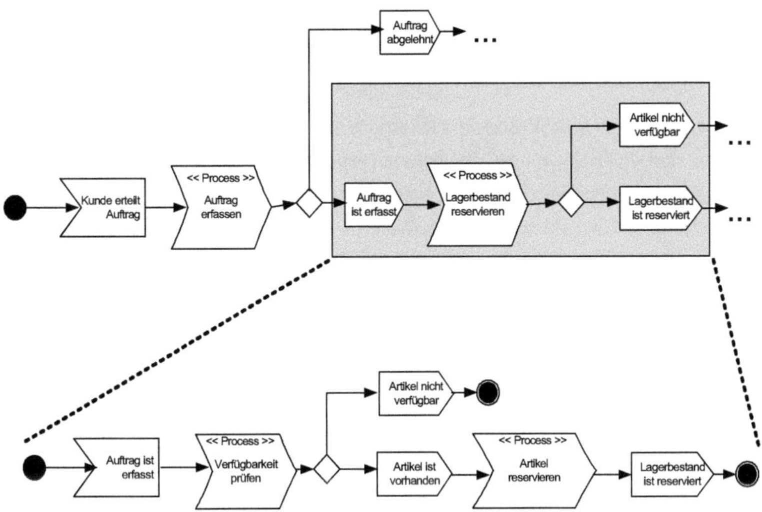

Abb. 4-37: Beispiel zur Detaillierung eines Prozesses im UML-Prozess-Diagramm

Zur Abbildung der aktiven ECAA-Komponenten auf die einzelne aktive Komponente *EPE-Process* im Prozess-Diagramm werden analog zu der Integration von ECAA in EPK folgende Modellierungskonventionen definiert:[387]

- Eine ECAA-Bedingungskomponente endet immer mit einem XOR-Split. Dessen Ergebniszustände repräsentieren die Zustände *true* und *false*.
- Eine Bedingung in ECAA benötigt Informationsressourcen, auf die nur lesend zugegriffen werden darf. Die persistente Manipulation von Informationen durch eine Bedingungskomponente ist nicht zulässig.
- Eine Bedingung darf keine weitere Bedingungsprüfung aufrufen.

Im Übrigen wird eine Bedingung im Prozess-Diagramm durch dasselbe Symbol dargestellt wie die Aktionskomponente einer Geschäftsregel, d.h. sie wird ebenfalls auf den Stereotyp *EPE-Process* abgebildet. Dieser wird zusätzlich um das Attribut *(tagged*

[387] Vgl. Kap. 4.1.3.

value) Typ erweitert, der angibt, ob es sich bei der aktiven Komponente um eine Bedingung oder eine Aktivität handelt.

Die Abb. 4-38 zeigt das Beispiel eines allgemeinen Prozess-Diagramms, das mit Hilfe der angegebenen Konventionen erstellt wurde. Dieses kann bei Bedarf mit Informationsressourcen oder Organisationseinheiten ergänzt werden. Diese stellen ihrerseits stereotypisierte Objektklassen dar.

4.2.4.2 Beziehungen zu anderen UML-Diagrammen

Im Zusammenhang mit der Prozessmodellierung auf Basis adaptierter UML-Aktivitätsdiagramme sind die Beziehungen zu den anderen UML-Diagrammen zu klären. Diese Beziehungen sind in dem in Abb. 4-39 gezeigten, für die regelbasierte Prozessmodellierung erweiterten, UML-Metamodell enthalten. Aus Gründen der Übersichtlichkeit wurde auf die Darstellung der Beziehungen zu den für die Prozessmodellierung nicht relevanten UML-Diagrammen verzichtet. So können z. B. auch auf Zustandsübergängen eines Objektes Geschäftsregeln definiert sein. Da das Zustandsübergangsdiagramm aber keine besondere Rolle bei der Prozessmodellierung in UML spielt, ist es im angegebenen Metamodell nicht enthalten.

Im Metamodell ist ein *EPE-Process* ein Stereotyp des Elementes *Aktivität* im UML-Aktivitätsdiagramm. Ein Geschäftsprozess besteht aus ein oder mehreren *EPE-Process*-Elementen, die je nach Abstraktionsebene den gesamten Geschäftsprozess oder eine Funktion innerhalb eines Geschäftsprozesses darstellen.

Ein *EPE-Process* wird als Spezialisierung einer (UML-)Aktivität modelliert. Gleichzeitig ist eine Aktivität aber auch die kleinste, nicht mehr sinnvoll weiter unterteilbare Einheit eines Prozesses. Die aktiven Komponenten einer ECAA-Regel werden auf dieses Konstrukt abgebildet. Durch die im letzten Kapitel angegebenen Modellierungsvorschriften wird die korrekte Anwendung dieses Konstrukts im Sinne der regelbasierten Modellierung sicher gestellt.[388] So benötigt ein Prozess *Informationsobjekte* und kann unter der Verantwortung von ein oder mehreren *Organisationseinheiten* ablaufen.

[388] Vgl. Kap. 4.1.5. und Kap. 4.2.4.1.

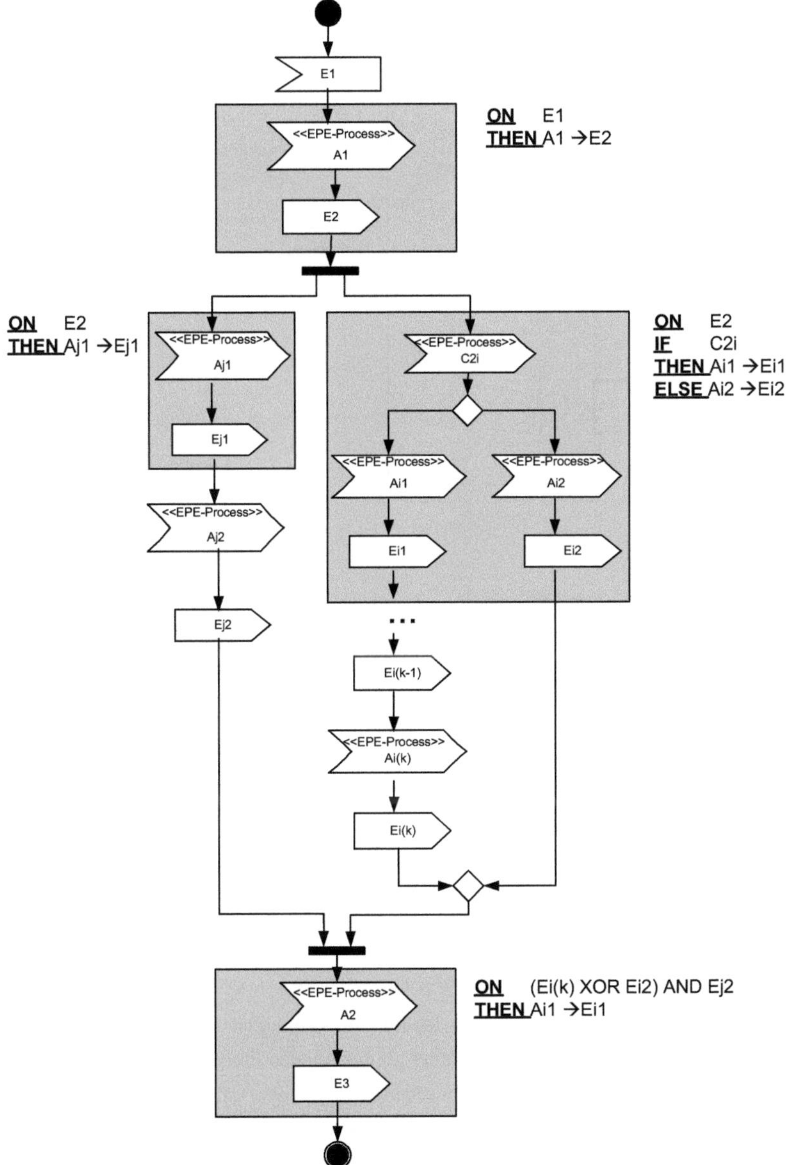

Abb. 4-38: Beispiel eines regelbasierten UML-Prozess-Diagramms

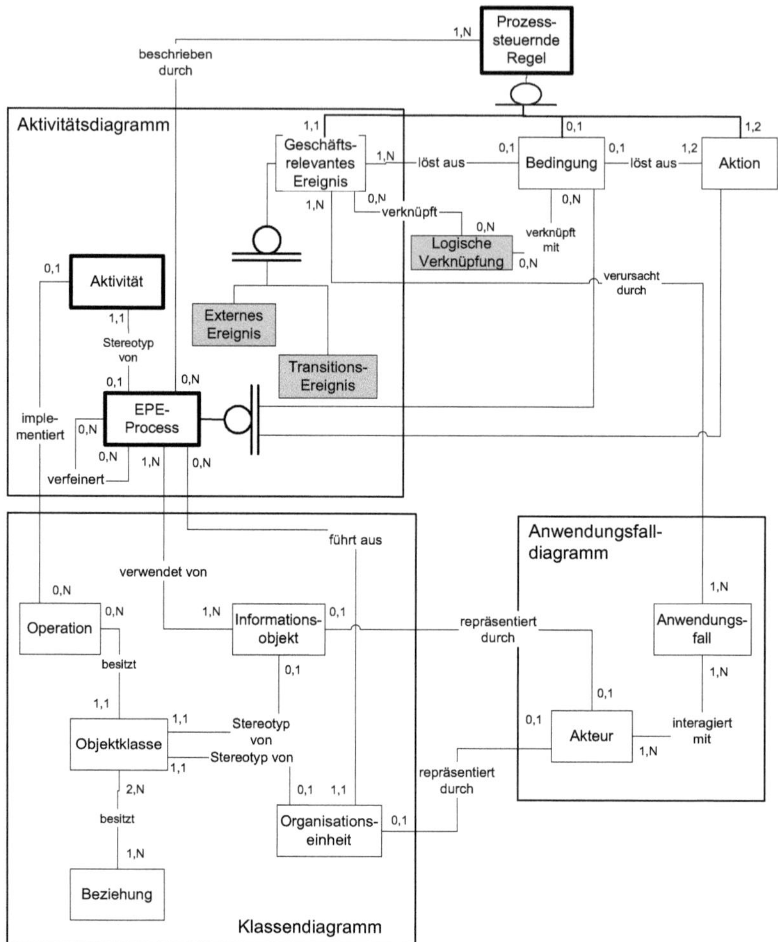

Abb. 4-39: Ein Metamodell zur geschäftsregelbasierten Prozessmodellierung mit UML

Das Anwendungsfalldiagramm dient häufig zur Geschäftsvorfallanalyse, d.h. zur Ermittlung der prozessauslösenden und der terminierenden Ereignisse. Jeder modellierte Anwendungsfall ist Bestandteil in mindestens einem Prozess, der den Anwendungsfall in seiner logisch-dynamischen Sicht dargestellt wird.[389] Die mit einem Anwendungsfall interagierenden Akteure sind im Kontext der Prozessmodellierung Sub- bzw. Objekte. Informationen über diese können für die Prozessausführung relevant sein. Auch können

[389] Vgl. Kap. 4.2.1.2.

Akteure Organisationseinheiten repräsentieren, die ihrerseits für die Ausführung von Prozessen verantwortlich sind. Dieser Sachverhalt wird durch die Beziehung zwischen *Akteur* und den stereotypisierten Objektklassen *Informationsobjekt* und *Organisationseinheit* dokumentiert.

Eine *Aktivität* kann in UML auch mit einer oder mehreren *Operationen* verbunden sein, die ihrerseits eindeutig auf einer Objektklasse definiert sind. Mit dieser Beziehung kann die Verbindung vom Prozessmodell zum Informationssystem hergestellt werden.

Bei der Integration des regelbasierten Modellierungsansatzes in UML werden, wie erläutert, *Geschäftsregeln* als eigenständiger Objekttyp in das Metamodell eingefügt. Aus formaler Sicht sind Geschäftsregeln ein Stereotyp einer OCL-Regel. Im Gegensatz zu dieser bildet die Geschäftsregel jedoch ein eigenständiges Konzept, d. h. im Gegensatz zu der OCL-Klausel ist eine Geschäftsregel von keinem anderen Modellierungselement in UML existenzabhängig.[390]

4.2.5 Eigenschaften der regelbasierten Prozessmodellierung mit UML

Die grundsätzlichen Vorteile der Prozessmodellierung mit UML wurden bereits in Kap. 4.2 erläutert. Bei dem EPE-Ansatz ist speziell hervorzuheben, dass dieser die Modellierung von Geschäftsprozessen ausschliesslich durch Anpassung bestehender UML-Konzepte unterstützt. Der Bezug zu den anderen Diagrammen in UML bleibt erhalten, was eine methodendurchgängige Modellierung von Geschäftsprozessen und deren Implementierung in Anwendungssystemen begünstigt. Dadurch kann die Kommunikation zwischen Prozessmodellierung und Software-Entwicklung bedeutend verbessert werden. In der praktischen Anwendung der Methode ist dies ein bedeutender Erfolgsfaktor für die anforderungsgerechte Implementierung von Informationssystemen.

Viele UML-Entwicklungsumgebungen unterstützen die Anpassung des UML-Metamodells.[391] Aufgrund der ausschliesslichen Verwendung von Stereotypen und *Tagged Values* können diese leicht auch zur Modellierung von Geschäftsprozessen angepasst werden. Die mit der Neueinführung eines Modellierungswerkzeuges verbundenen, meist erheblichen Investitionen für Softwarebeschaffung, Lizenzierung und Schulung werden damit vermieden.

Der vorgestellte regelbasierte Modellierungsansatz besteht in der expliziten Beschreibung der den Kontrollfluss bestimmenden Geschäftsregeln. Auf diese Weise wird vermieden, dass die für die Prozess-Steuerung relevanten Geschäftsregeln zu einem späte-

---

[390] Vgl. Haggerty (2001), S. 6 f.

[391] Vgl. z. B. Rational Software Corporation (2002).

ren Zeitpunkt im UML-Modell verloren gehen. Nach entsprechender Anpassung des Metamodells des Modellierungswerkzeuges können diese explizit abgefragt und in verschiedenen Kontexten wieder verwendet werden. Durch geeignete Implementierung des in Kap. 4.2.4.2 gezeigten Metamodells kann ein UML unterstützendes Entwicklungswerkzeug auch als Regel-Repository verwendet werden.

Eine andere Möglichkeit der Integration der Prozessmodellierung ist die Verwendung zusätzlicher Prozessmodellierungsmethoden in UML, beispielsweise der EPK mit assoziierten Objektklassen. Dies bedeutet nicht zwangsläufig eine Erweiterung von UML mit einem zusätzlichen Diagramm, denn beispielsweise könnte das EPK das Aktivitätsdiagramm in UML auch vollständig ersetzen. In diesem Fall müsste auch der Kontrollfluss in den UML-Systemmodellen mittels EPK dargestellt werden. Dies hat aber Auswirkungen auf bestehende, UML-basierende Vorgehensmodelle und auf die Verwendungsweise der übrigen UML-Diagramme, die entsprechend modifiziert werden müssten. Die erläuterten Modellierungskonventionen zur regelbasierten Modellierung könnten aber auch in diesem Fall angewendet werden.[392]

Ein inhärenter Nachteil von UML besteht in der Vielzahl der vorhandenen Diagrammtypen, die zum Teil auch alternativ zueinander verwendet werden können. Eine bedeutende Anforderung an eine Methode zur Geschäftsprozess- bzw. Unternehmensmodellierung ist jedoch deren Einfachheit und Übersichtlichkeit. Per se genügt daher keine der vorgestellten Varianten diesem Kriterium. In jedem Fall ist also die Entwicklung geeigneter Vorgehensmodelle notwendig, um sicherzustellen, dass bei der Prozessmodellierung möglichst wenige der vorhandenen UML-Diagramme zur Anwendung kommen. Die Abb. 4-39 gibt Hinweise darauf, welche UML-Diagramme bei der regelbasierten Prozessmodellierung in UML sinnvoll einsetzbar sind.

Das vorgestellte Vorgehen zur geschäftsregelbasierten Prozessmodellierung nützt die *EPE*-Erweiterungen von UML und ergänzt diese mit geeigneten Modellierungsvorschriften. Durch das beschriebene Vorgehen werden jedoch nur Prozess-Regeln abgebildet. Daneben existieren aber noch weitere Typen von Geschäftsregeln, beispielsweise zur Definition struktureller Zusammenhänge von Unternehmensorganisationen oder zur Definition des Verhaltens von Informationseinheiten. Durch Einführung einer eigenen Klasse *Geschäftsregel* im UML-Metamodell ergibt sich die Möglichkeit, auch diese Arten von Regeln explizit in den verschiedenen UML-Diagrammen zu repräsentieren und konsistent zu modellieren.[393] Das Wissen einer Unternehmung kann so in Geschäftsregeln zusammengefasst werden, die dann konsistent in Informationssystemen implementiert werden können.

[392] Vgl. Kap. 4.1.4.

[393] Vgl. Kap. 5.2.

4.3 Zusammenfassung

Dieses Kapitel widmete sich der Frage, auf welche Weise die regelbasierte Prozessmodellierung in verbreitete Modellierungsmethoden integriert werden kann. Dies ist in der Praxis ein kritischer Erfolgsfaktor für die Akzeptanz einer neue Methode. Idealerweise sollten sich regelbasierte Prozessmodelle daher mit Hilfe verbreiteter Modellierungsmethoden und -werkzeuge entwickeln lassen.

Im Zusammenhang mit den Methoden zur Prozessmodellierung wurde insbesondere die Integration in die EPK-Notation betrachtet. Damit kann die regelbasierte Modellierung in ein bestehendes Rahmenkonzept und in die damit verbundenen Vorgehensmodelle adaptiert werden. Es konnte gezeigt werden, dass die Modellierung prozesssteuernder Regeln mit Hilfe der EPK-Notation durch verschiedene einfache Modellierungskonventionen möglich ist.

Im Zusammenhang mit der Modellierung von Informationssystemen hat UML eine weite Verbreitung gefunden. In der jüngeren Vergangenheit wurden verschiedene Anstrengungen unternommen, UML auch für die Modellierung von Unternehmen bzw. von Geschäftsprozessen zu nutzen. Ein naheliegender Ansatz besteht dabei in der Integration von EPK in UML. Mit diesem kann die Modellierungsmächtigkeit der EPK im Kontext von UML verwendet und eine durchgängige, am Geschäftsprozess ausgerichtete Entwicklung von Informationssystemen unterstützt werden. Der wesentliche Nachteil dieses Ansatzes besteht darin, dass zu den zahlreichen in UML vorhandenen Diagrammen eine weitere Darstellungstechnik hinzugefügt wird. Im Gegensatz dazu basiert der von Eriksson/Penker vorgeschlagene Ansatz EPE ausschliesslich auf bereits in UML vorhandenen Komponenten. Diese werden mit Hilfe der UML-Erweiterungsmechanismen *Stereotype* und *Tagged Value* an die Bedürfnisse der Prozessmodellierung angepasst.

Beide Ansätze betrachten die Geschäftsregeln jedoch nicht als expliziten Modellierungsgegenstand. Sie verweisen auf die in UML vorhandene OCL, mit der Bedingungen und Restriktionen formuliert werden können. Mit OCL können prozesssteuernde Regeln jedoch nicht angemessen ausgedrückt werden, zumal diese dann immer von einem anderen UML-Element existenzabhängig und eigenschaftslos sind. Daher ist es sinnvoll, die ECAA-Notation zur Beschreibung prozesssteuernder Regeln in die EPE zu integrieren. In den EPE sind die wesentlichen Konstrukte zur Prozessmodellierung vorhanden, so dass auch hier die Integration der regelbasierten Modellierung durch die Formulierung geeigneter Konventionen ermöglicht wird.

5 Entwurf und Spezifikation regelbasierter Informationssysteme

In den beiden vorangegangenen Kapiteln wurde die Modellierung von Prozessmodellen auf der Basis von Geschäftsregeln sowie deren Integration in verbreitete Modellierungsmethoden diskutiert. In diesem Kapitel soll nun der Frage nachgegangen werden, wie aus einem regelbasierten Prozessmodell systematisch Workflow-Spezifikationen abgeleitet oder andere regelbasierte Informationssysteme entworfen werden können.

In beiden Fällen bildet das Prozessmodell Ausgangspunkt und Orientierungsrahmen für die Anwendungsentwicklung. Aus dem Prozessmodell ist ersichtlich, in welchem Kontext ein Anwendungssystem verwendet, welche Informationen benötigt bzw. erzeugt werden und welcher Akteur für die Durchführung der Aktivität verantwortlich ist. Das Prozessmodell bietet auch Unterstützung bei der Festlegung der Grenzen unterstützender Informationssysteme, da deren Interaktionen mit der prozessbezogenen Systemumwelt transparent dargestellt werden. Auf dieser Basis können wichtige Grundsatzentscheide getroffen werden, beispielsweise ob ein Teilprozess mit Hilfe eines *Workflow-Management-Systems (WFMS)* realisiert, ohne Systemunterstützung durchgeführt oder durch ein oder mehrere Applikationen unterstützt werden soll.[394]

In Abb. 5-1 werden die Varianten zur Ableitung prozessbezogener Anforderungen für die Modellierung von Workflow-Management- bzw. Anwendungssystemen gezeigt. Die dickere, gestrichelte Linie zeigt den Weg vom Prozessmodell bis zur Spezifikation von Workflow und Anwendungssystemen: Die für die Steuerung des Prozesses notwendigen Regeln werden in einem WFMS implementiert, während zur Unterstützung einzelner Funktionen innerhalb des Prozesses Anwendungssysteme entworfen werden.[395] Dieses Vorgehen setzt unter anderem voraus, dass ein Unternehmen über ein WFMS verfügt oder ein solches einsetzen möchte. Dies ist in der Praxis häufig nicht der Fall, weshalb Teile eines Geschäftsprozesses oft direkt in Anwendungssystemen implementiert werden. Die Steuerung betroffenen Prozess-Schritte wird somit in deren Programmcode verlagert. Dieser Weg ist in der Abbildung durch die dünne durchgezogene Linie dargestellt.

---

394 Daneben bietet die prozessbezogene Entwicklung und Einführung von Anwendungssystemen und WFMS weitere Vorteile, z. B. in der Anwenderschulung oder bei der Einführung von ERP-Systemen, vgl. z. B. Hansmann / Neumann (2001).

395 Vgl. Abb. 2-5.

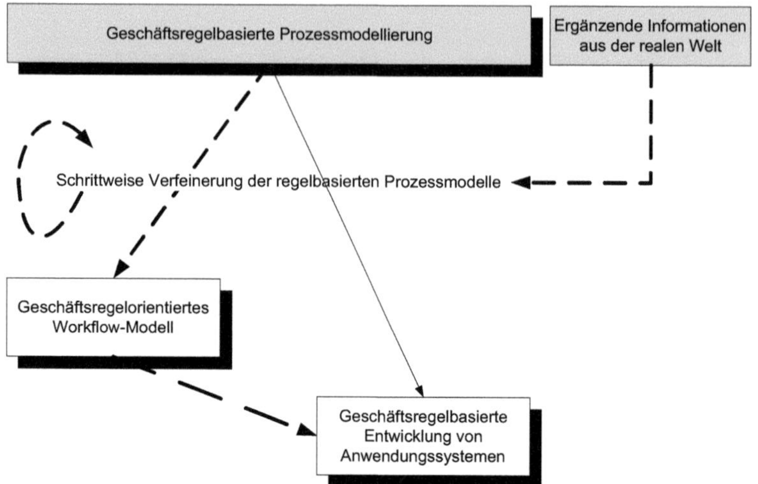

Abb. 5-1: Ableitung von Anwendungsspezifikationen aus dem regelbasierten Prozessmodell: Das Prozessmodell als Ausgangspunkt

In der Vergangenheit hatte die starre Programmierung von Abläufen in Anwendungssystemen oft grosse Programmänderungen zur Folge, wenn der Ablauf angepasst werden musste. In Kap. 5.2 wird gezeigt, wie diese Problematik mit einer regelbasierten Spezifikation verhindert werden kann. Zuvor wird jedoch im folgenden Abschnitt die Transformation regelbasierter Prozessmodelle in Workflow-Spezifikationen erläutert.

5.1 Transformation regelbasierter Prozessmodelle in Workflow-Spezifikationen

Dieses Kapitel ist wie folgt eingeteilt: Bevor die eigentliche Transformation von Prozess- in Workflow-Modelle erläutert wird, werden zunächst die Begriffe Workflow und Workflow-Management-System präzisiert. Zudem wird ein Vorgehen zur Auswahl von denjenigen Prozessen skizziert, für die eine Automatisierung durch ein WFMS sinnvoll erscheint. Als wichtiges Entscheidungskriterium muss dazu das *Workflow-Potential* ermittelt werden, bevor eine Priorisierung der Prozesse in Bezug auf ihre Implementierung erfolgen kann. Den ermittelten Prioritäten entsprechend werden die regelbasierten Prozessmodelle dann in ein Workflow-Modell überführt.

5.1.1 Workflow und Workflow-Management-Systeme

Häufig werden die Begriffe *Geschäftsprozess*, *Prozess* und *Workflow* synonym verwendet. Während sich jedoch die Begriffe *Geschäftsprozess* und *Prozess* auf die strategisch-organisatorische Betrachtung der Ablauforganisation beziehen und die Prozess-Modelle aufgrund unterschiedlicher Modellierungszwecke erstellt werden können, beschreibt der Begriff *Workflow* die informationstechnisch-operative Sicht der Ablauforganisation.[396]

Der Begriff *Workflow* kann somit definiert werden als

> *„[...] the computerised facilitation or automation of a business process, in whole or part.“*[397]

Ein Workflowmanagement-System (WFMS) ist ein System,

> *„[...] that completely defines, manages and executes ‚workflows‘ through the execution of software whose order of execution is driven by a computer representation of the workflow logic.“*[398]

Der Schwerpunkt der Anwendung von WFMS liegt also nicht auf der Realisierung einzelner Funktionen, sondern auf der Steuerung und Kontrolle einer definierten Folge von Aktivitäten. Wurde bei der traditionellen Software-Entwicklung die Steuerung der Ablauffolge direkt in der Anwendung implementiert, erlaubt der Einsatz eines WFMS die Verlagerung dieser Funktionalität in ein anwendungsneutrales System. Dieser Trend konnte schon im Datenmanagement beobachtet werden: Auch dort wurden die entsprechenden Funktionen zunehmend von der eigentlichen Applikation in anwendungsneutrale Datenbankmanagementsysteme verlagert. In der Abb. 5-2 ist die durch den Einsatz von WFMS geförderte Evolution der IT-Architektur schematisch dargestellt.

Erlebten die Workflow-Management-Systeme in der zweiten Hälfte der 90er Jahre einen bedeutenden Aufschwung, so wurden sie mit dem Beginn des neuen Jahrtausends durch andere Trends in der Informationstechnologie, z.B. Internet oder CRM-Systeme, aus der Prioritätenliste der Informatik-Verantwortlichen verdrängt. Dies lag nicht zuletzt auch daran, dass in vielen Unternehmen weder die organisatorischen noch die technischen Rahmenbedingungen für einen erfolgreichen Einsatz von WFMS gegeben waren. So erwies sich der Einsatz von WFMS in Verbindung mit proprietären Anwendungssystemen als wenig sinnvoll, da einerseits die Verlagerung von Steuerungsfunktionen in das WFMS unverhältnismässig hohe Entwicklungs- und Wartungsaufwände verursachte

[396] Diese Abgrenzung findet sich auch in den Definitionen der Workflow Management Coalition WfMC, vgl. z. B. Plesums (2002), Allen (2001).

[397] Hollingsworth (1995), S. 6.

[398] Hollingsworth (1995), S. 6.

und andererseits komplexe Schnittstellen zwischen dem WFMS und den Anwendungssystemen geschaffen werden mussten.

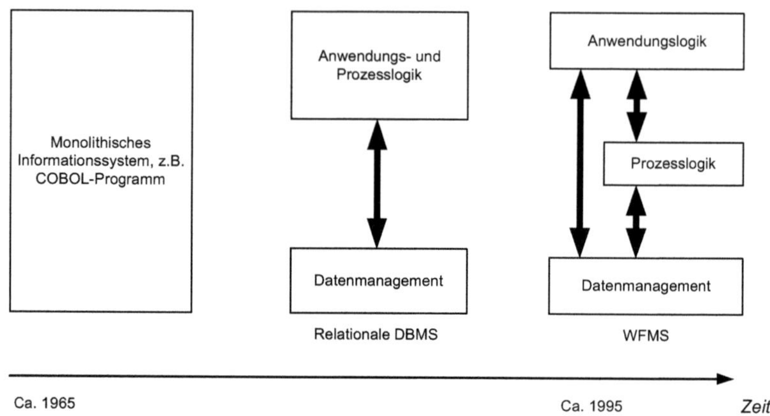

Abb. 5-2: Zunehmende Verlagerung von Funktionen in anwendungsneutrale Softwarekomponenten[399]

Seit einiger Zeit ist jedoch wieder ein verstärktes Interesse an Workflow-Management-Systemen zu beobachten. Denn mit der Modularisierung der Anwendungen durch Technologien wie z.B. CORBA[400] oder Java 2 Enterprise Edition (J2EE)[401] gewinnen WFMS wieder an Bedeutung, da diese die flexible Integration der einzelnen Anwendungskomponenten unterstützen.[402]

5.1.2 Identifikation und Auswahl Workflow-geeigneter Prozesse

Nur ein Teil der im Rahmen der Geschäftsprozessanalyse modellierten Prozesse lässt sich durch ein WFMS nutzbringend unterstützen. Prozessspezifische Eigenschaften wie z. B.

- der Grad der Arbeitsteilung,
- die Anzahl der den Prozess unterstützenden Informationssysteme oder

[399] Vgl. zur Mühlen (2001). Auch Galler betont den Nutzen der Verlagerung von Diensten zur Ablaufsteuerung in eine anwendungsneutrale Schicht (vgl. Galler (1997), S. 9 ff.)

[400] Vgl. z. B. Schulze (1999), S. 42 ff. Umfangreiche Informationen zu CORBA sind zudem unter http://www.omg.org abrufbar.

[401] Einen Überblick über J2EE ist z.B. in Turau / Saleck / Schmidt (2001) enthalten. Zahlreiche Handbücher und Einführungen zu diesem Thema sind unter http://java.sun.com/j2ee zu finden.

[402] vgl. zur Mühlen / Hansmann (2002), S. 374.

- organisatorische oder unternehmenskulturelle Restriktionen

können deren Automatisierung verhindern. Die Prozessmodelle müssen daher zunächst auf ihre prinzipielle Eignung für die Implementierung in einem WFMS untersucht werden. Diejenigen Prozesse mit dem höchsten Nutzenpotential müssen ausgewählt und automatisiert werden.

In der Literatur finden sich verschiedene Vorgehensmodelle, welche die Analyse, Modellierung und Überführung von Geschäftsprozessen in Workflow-Modelle beschreiben.[403] Doch nur wenige Publikationen thematisieren die Problematik der Identifikation *workflow-geeigneter* Geschäftsprozesse. So schlägt Derungs die Identifikation und Abgrenzung von Workflow-Kandidaten mittels einer Prozess-Zerlegungsmatrix vor.[404] Diese werden hinsichtlich verschiedener Kriterien wie z.B. Transaktionsvolumen, Potential, Strukturierung, Standardisierung, Arbeitsteilung, Wertschöpfungsanteil und Veränderbarkeit beurteilt und priorisiert.[405]

Ein Verfahren zur Identifikation *workflow-geeigneter* Prozesse wird auch von Becker erläutert.[406] Auch hier werden die modellierten Prozesse durch zwei Dimensionen klassifiziert: Einerseits aufgrund ihres *Beitrags zur Erreichung der Unternehmensziele* und andererseits aufgrund ihres *Workflow-Potentials*. Letzteres wird über verschiedene Kriterien ermittelt und erlaubt eine Aussage über den grundsätzlich möglichen Automatisierungsgrad (vgl. Tab. 5-1). Die Kriterien beziehen sich auf die verschiedenen Koordinationsarten *Ressourcen-, Aktivitäten- und Feedback-Koordination.*

Wird der Kriterienkatalog zur Ermittlung des Workflow-Potentials bereits während der Prozessmodellierung eingesetzt, können bei der Detaillierung der regelbasierten Prozessmodelle diejenigen Prozesse schon auf einer möglichst groben Abstraktionsstufe ausgesondert werden, für die ein geringes Potential erkannt wurde.[407] Auf diese Weise kann die Menge der Prozesse, die detailliert beschrieben werden müssen, sukzessive und systematisch eingegrenzt werden. Die Abb. 5-3 veranschaulicht dieses Vorgehen.

---

403 Eine Übersicht über relevante Vorgehensmodelle gibt Galler (vgl. Galler (1997), S. 103 f.). Ein Vergleich von Vorgehensmodellen zur Entwicklung von Workflow-Anwendungen wird in Striemer / Holten / Weske (1996) vorgenommen. Spezifische Vorgehensmodelle zur Abwicklung von Workflow-Projekten sind z. B. in Striemer / Deiters (1995), Kueng (1995), Krickl (1995), Oberweis (1996) und Becker et al. (2000) publiziert worden.

404 Vgl. Derungs (1997), S. 166 ff.

405 Vgl. Derungs (1997), S. 170 f.

406 Vgl. Becker et al. (2000).

407 Vgl. Kap. 3.3.5.

Kriterium	Beschreibung
Ressourcenkoordination	
Häufigkeit des Wechsels der Organisationseinheiten bzw. der Verantwortungsbereiche	Anzahl der Wechsel der am Prozess beteiligten Organisationseinheiten / Verantwortungsbereiche.
Wechselhäufigkeit der Anwendungssysteme	Anzahl der Wechsel der am Prozess beteiligten Anwendungssysteme.
Anzahl Informationsobjekte	Anzahl im Prozess verwendeter Informationsobjekte. Relevant sind vor allem die Objekte, die von mehr als einer Prozess-Aktivität verwendet werden.
Aktivitätenkoordination	
Diskontinuität der Bearbeitung	Qualitative Bewertung der Häufigkeit der Unterbrechung der Bearbeitungsaktivitäten, z. B. weil auf Ergebnisse aus anderen Prozessen gewartet werden muss.
Verzweigungs- und Parallelisierungsgrad	Bewertung der relativen Anzahl (im Verhältnis zur Anzahl der Aktivitäten im Prozess) von Verzweigungen bzw. parallelen Prozess-Strängen.
Feedback-Koordination	
Transparenz	z. B. die Bestimmbarkeit des Prozess-Status zur Laufzeit.
Kontrolle	Verfügbarkeit der Ausführungsdaten für das Prozess-Controlling.

Tab. 5-1 Kriterienkatalog zur Ermittlung des Workflow-Potentials[408]

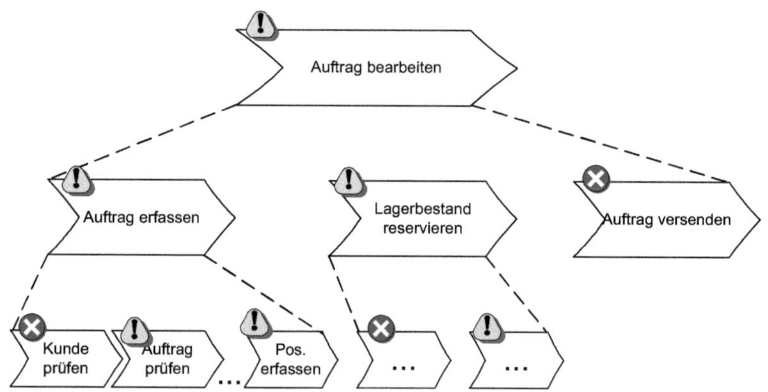

Abb. 5-3: Ermittlung des Workflow-Potentials während der Prozess-Detaillierung

[408] Vgl. zur Mühlen / Hansmann (2002), S. 392.

Neben der Zuordnung eines Workflow-Potenzials müssen die *Nutzenpotenziale der Prozess-Automatisierung*, z.B. Verkürzung der Durchlaufzeit, und deren Restriktionen, z. B. Benutzer-Akzeptanz, ermittelt und bewertet werden. Über ein *Scoring*-Modell erfolgt die Ermittlung der Rangfolge für die Workflow-Transformation.[409] Diese kann neben dem Beitrag zur Erreichung der Projektziele auch technische und wirtschaftliche Restriktionen beinhalten. Im Scoring-Modell wird ein hoher Zielbeitrag durch eine entsprechend hohe Punktzahl ausgedrückt. Wenn jedoch eine Restriktion für die Automatisierung eines Prozesses negative Auswirkungen hat, wird dies durch eine negative Gewichtung angezeigt. Zur Ermittlung des Gesamt-Score eines Prozesses werden die gewichteten Punktwerte der Zielbeiträge und der Restriktionen summiert (vgl. Tab. 5-2).

	Projektziele						**Restriktionen**							
	Verkürzung der DLZ			**Erhöhung der Liefertreue**		**Summe Ziele**	**Schwierigkeit der Realisierung als WF**			**vorauss. Akzeptanz der WF-Lösung**			**Summe Restrik-tionen**	**Bewertung (Score)**
Ausprägung	10-30%	31-60%	>60%	1-20%	>20		1	2	3	1	2	3		
Gewichtung	3	4	5	2	4		4	0	-4	-3	0	-3		
Prozess														
Auftrag erfassen				X		**2**	X					X	**7**	**5**
Auftrag produzieren	X				X	**7**	X				X		**4**	**-3**
Auftrag fakturieren		X		X		**6**		X		X			**-3**	**-9**
...	...	...	...	...	...	...	...	...	...	...	...	...	...	...

Tab. 5-2: Priorisierung der Prozesse mit Workflow-Potenzial[410]

Zur besseren Visualisierung können die Zusammenhänge zwischen dem Zielbeitrag eines Prozesses und dem Workflow-Potential auch in einem Portfolio-Diagramm veranschaulicht werden (vgl. Abb. 5-4). Die Grösse der Kreise in dem Portfolio können z. B. die Ausprägung der Restriktionen in dem Prozess visualisieren: Je grösser der Kreis, um so positiver werden die Chancen zur erfolgreichen Implementierung angesehen.

Bei dem skizzierten Vorgehen ist problematisch, dass auf einer hohen Abstraktionsebene häufig noch nicht alle Kriterien zur Ermittlung des Workflow-Potenzials hinreichend ermittelt werden können. In diesen Fällen muss der betreffende Prozess dann entweder weiter detailliert oder eine auf dem Konsens des Projektteams beruhende Potenzial-Schätzung gegeben werden.

[409] Ein Beispiel für ein Scoring-Modell ist in zur Mühlen / Hansmann (2002), S. 395 angegeben.

[410] Vgl. zur Mühlen / Hansmann (2002), S. 395.

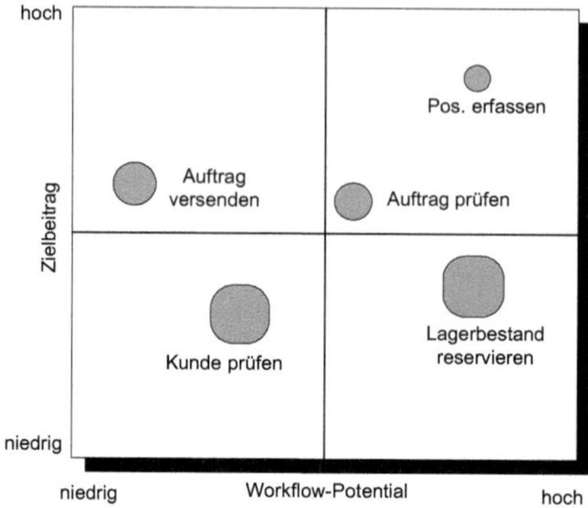

Abb. 5-4: Prozessportfolio zur Visualisierung der Workflow-Eignung[411]

5.1.3 Die Überführung regelbasierter Prozess- in Workflow-Modelle

Die weitgehend automatische Transformation von Prozess- in Workflowmodelle ist eine häufig gestellte Forderung. Entsprechend bieten die Hersteller von Modellierungswerkzeugen und WFMS häufig Importfilter oder Transformationsprogramme für ihre Systeme an. Der Nutzen dieser Werkzeuge blieb bisher jedoch beschränkt:[412]

- Häufig werden unterschiedliche Methoden zur Repräsentation von Prozess- und Workflow-Modellen verwendet. Eine direkte Abbildung der Konstrukte aufeinander ist dabei häufig nicht möglich. So ist zum Beispiel die Transformation einer EPK in ein Petri-Netz ohne Semantik-Verlust nur mit spezifischen Wissen über den entsprechenden Anwendungsbereich möglich. Dies erfordert jedoch immer auch menschliche Unterstützung.
- Prozessmodelle werden mit unterschiedlichen Zielsetzungen entwickelt.[413] Den Modellierungszwecken entsprechend unterscheiden sich die Prozessmodelle hinsichtlich Detaillierungsgrad und Informationsgehalt. Für die Implementierung eines Workflow-Modells sind neben einer detaillierten Ablaufbeschreibung auch Informationen über die verwendeten Systeme und deren Schnittstellen, durchführende Personen, benötigte Daten und deren Struktur usw. von grosser Bedeu-

[411] Vgl. zur Mühlen / Hansmann (2002), S. 396.

[412] Diese Beobachtung wird auch von zur Mühlen / Hansmann (2002), S. 399 ff. gestützt und an einem Beispiel aus der Praxis erläutert.

[413] Vgl. dazu Kap. 3.2.

tung. Ein Prozessmodell muss daher zunächst mit diesen Informationen ergänzt werden, bevor es in einem WMFS implementiert werden kann. In ähnlicher Form müssen auch temporale Aspekte der Ereignisauslösung ergänzt werden, sofern diese nicht schon im Prozessmodell explizit modelliert wurden.[414] Und schliesslich müssen die Kontrollstrukturen differenzierter modelliert werden: Beispielsweise müssen im Hinblick auf die Automatisierung verschiedene Möglichkeiten zur Rückweisung zugeteilter Arbeiten oder die Beachtung von Kapazitätsgrenzen bei der Zuweisung von Arbeiten mit einbezogen werden.[415]

In Kap. 4 wurde gezeigt, dass regelbasierte Prozessmodelle unter Beachtung bestimmter Modellierungskonventionen in verschiedene Methoden transformiert werden können. Aufgrund der Ausdrucksmächtigkeit des ECAA-Ansatzes ist die Umkehrung jedoch ebenfalls möglich: Der ECAA-Ansatz kann seinerseits auch als Integrationsschicht für unterschiedliche Modellierungsmethoden verwendet werden.[416] So kann mit Hilfe des regelbasierten Ansatzes das beschriebene Problem der unterschiedlichen Modellierungsmethoden als Hinderungsgrund für die Transformation der Prozess- in Workflow-Modelle vermindert werden. Voraussetzung dazu ist, dass die verschiedenen Prozessmodelle zuvor in ein ECAA-Modell überführt werden.

Im folgenden wird die Ableitung einer Workflow-Spezifikationen aus dem regelbasierten Prozessmodell exemplarisch an Hand der Workflow-Konstrukte aus dem Referenzmodell der *Workflow Management Coalition (WfMC)* gezeigt.[417] Die meisten Hersteller von WFMS unterstützen diesen Standard.[418] Zuvor erfolgt jedoch eine Einordnung des Transformationsprozesses in das Referenzmodell der WfMC.

5.1.3.1 Die Einordnung des Transformationsprozesses in das WfMC-Referenzmodell

Die Workflow Management Coalition wurde 1993 als internationale *Non-Profit* Organisation gegründet und zählt heute weltweit mehr als 285 Mitglieder. Sie ist ein Zusammenschluss von Herstellern und Anwendern von Workflow-Management-Systemen sowie Forschungsinstituten, die sich auf diesem Gebiet betätigen. Die Mission der WfMC ist

[414] Vgl. Galler (1997), S. 77.

[415] Vgl. z. B. Jablonski (1995), S. 35 ff.

[416] Vgl. Abb. 3-47 sowie Knolmayer / Endl / Pfahrer (2000), S. 17.

[417] Vgl. Hollingsworth (1995).

[418] Eine aktuelle Liste der Hersteller von WFMS, welche den WfMC-Standard unterstützen, ist unter http://www.wfmc.org/standards/conformance.htm abrufbar.

„[...] to promote and develop the use of workflow through the establishment of standards for software terminology, interoperability and connectivity between workflow products.“ [419]

Zur Förderung der Interoperabilität sollen gemeinsame Standards definiert werden, über den auch heterogene Systemumgebungen integriert werden können. Zu diesem Zweck hat die WfMC ein Referenzmodell entwickelt, das als Bezugsrahmen für die verschiedenen Standards gelten und deren Zusammenhänge definieren soll (vgl. Abb. 5-5).[420]

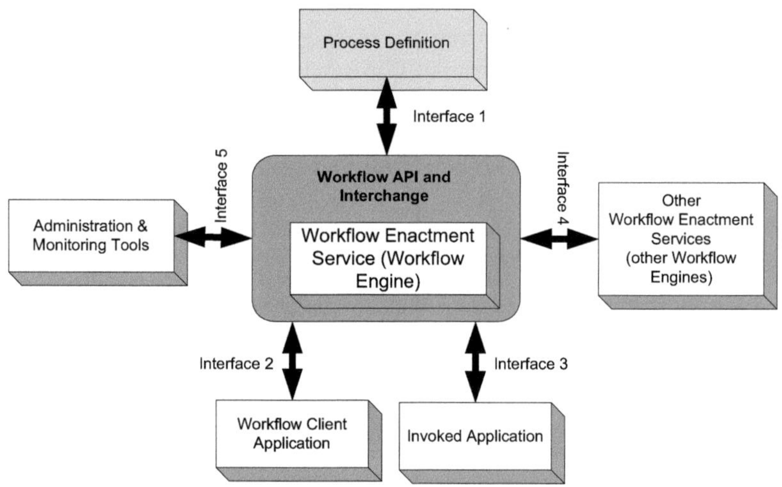

Abb. 5-5: Schematische Darstellung des WfMC-Referenzmodell[421]

Die *Workflow-Engine* steht im Zentrum des WfMC-Referenzmodells. Sie ist verantwortlich für die Interpretation und Ausführung einer Workflow-Instanz. Typischerweise beinhaltet eine *Workflow-Engine* Funktionen für die[422]

- Interpretation der Workflow-Definition,
- Kontrolle von Workflow-Instanzen, d. h. deren Erzeugung, Aktivierung und Terminierung,

[419] http://www.wfmc.org/about.htm. Unter dieser URL sind auch weitere Informationen über die WfMC online verfügbar.

[420] Vgl. Hollingsworth (1995), Plesums (2002), S. 34.

[421] Vgl. Hollingsworth (1995), S. 20.

[422] Vgl. Hollingsworth (1995), S. 22.

- Navigation zwischen den Workflow-Aktivitäten. Dies beinhaltet sequenzielle oder parallele Operationen sowie die Interpretation von Anwendungsdaten, die für die Workflow-Steuerung relevant sind. Dazu müssen Dienste vorhanden sein, welche die relevanten Daten von den Applikationen empfangen bzw. diesen zur Verfügung zu stellen,
- Unterstützung von Schnittstellen zum Aufruf externer Anwendungen und für die Unterstützung von Interaktionen mit dem Benutzer,
- Bereitstellung von Informationen über die Workflow-Instanzen für Prüf- oder Analyse-Zwecke.

Das WfMC-Referenzmodell definiert fünf Schnittstellen zu der *Workflow-Engine*. Im Kontext dieser Arbeit ist das *Interface 1* von Relevanz, d.h. die Schnittstelle zwischen Prozessmodell und Workflow-Engine.[423] Diese enthält Regeln zur Standardisierung des Austauschs von Prozessdefinitionen zwischen den *Workflow Enactment Services* und den Prozessmodellierungswerkzeugen. Darin werden unabhängig vom Transfermechanismus, Batch- oder API-basierend, die Workflow-Prozesse formell beschrieben. Ein als UML-Klassendiagramm formuliertes *Workflow-Prozess-Metamodell* beschreibt die notwendigen Elemente der Transformation (vgl. Abb. 5-6).

Weiterhin beinhaltet das Interface 1 die Definition der *Workflow Process Definition Language* (*WPDL*). Diese besteht aus Konstrukten zur formalen Spezifikation von Workflows. Die WPDL ist die herstellerabhängig erweiterbar. Diese Option wurde von Anfang an mit berücksichtigt, da eine verbindliche, standardisierte Prozessbeschreibung niemals alle Möglichkeiten der herstellerabhängigen Workflow Engines ausreichend unterstützen kann. Daher wurde das Konzept der *extended attributes* eingeführt. Dies sind Attribute, die herstellerspezifisch genutzt und ggfs. in späteren Versionen der WPDL mit berücksichtigt werden können.[424]

Im Rahmen der Ableitung der Workflow-Spezifikation aus dem ECAA-Prozessmodell sind nachstehend beschriebene Elemente des Workflow-Prozess-Metadaten-Modells relevant.[425]

---

[423] Die fünf Schnittstellen des WfMC-Referenzmodell sind detailliert in Hollingsworth (1995) beschrieben. Aktuelle Publikationen zu den Schnittstellen-Standards der WfMC sind zu dem unter http://www.wfmc.org/standards/docs.htm abrufbar.

[424] Vgl. WfMC (2001), S. 15 f.

[425] Vgl. Abb. 5-6. Die Beschreibung der Meta-Modell-Elemente ist angelehnt an WfMC (2001), S. 7 ff.

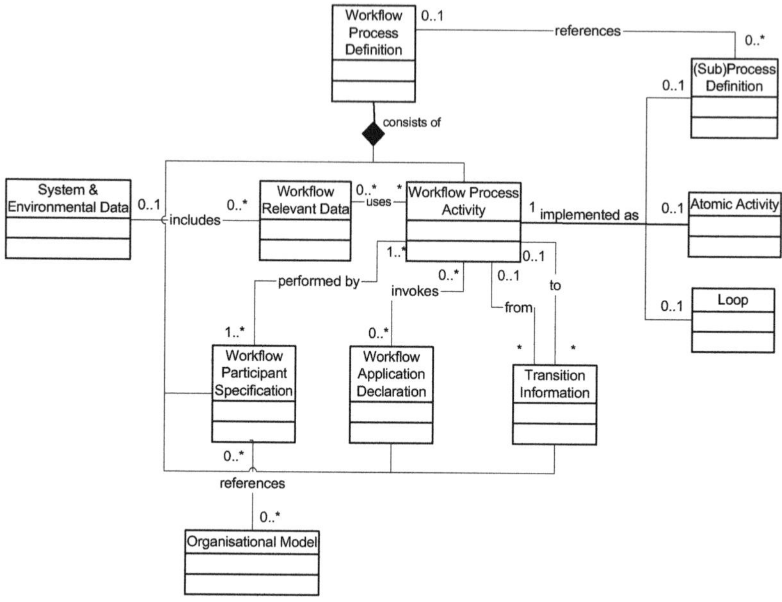

Abb. 5-6: Die Top-Level-Entitätstypen desWfMC- Workflow-Process-Meta-Modells[426]

Workflow Process Definition

Dieser Entitätstyp beschreibt den Prozess-Kontext und bildet den Bezugspunkt für die detaillierten prozessbezogenen Informationen. Die Workflow Process Definition selbst beinhaltet Attribute zur Prozess-Administration, z.B. Erstellungsdatum oder Autor, sowie zum Erzeugen von Workflow-Instanzen, z.B. notwendige Initialisierungsparameter.

Workflow Process Activity

Die Workflow Process Definition besteht aus einer oder mehreren Aktivitäten. Letztere können entweder von Akteuren oder von Applikationen ausgeführt werden. Zusätzlich kann eine Aktivität auf workflow-relevante Daten zugreifen. Eine Aktivität kann in drei Ausprägungen vorkommen: Atomar, als Unterprozess oder als Schleife.

- Die atomare Aktivität ist die kleinste auszuführende Einheit. Sie kann jedoch verschiedene Applikationen verwenden und mehrere Arbeitsschritte beinhalten.

[426] Vgl. WfMC (2001), S. 7.

- In der Ausprägung als Unterprozess sind Aktivitäten lediglich Container für die Ausführung separat spezifizierter Prozessdefinitionen. Über Parameter können Nachrichten mit den Unterprozessen ausgetauscht werden.
- Aktivitäten können aber auch zur Kontrolle der Ausführung von Schleifen bzw. Verzweigungen innerhalb einer Prozessdefinition eingesetzt werden. In der einfachsten Form können dies ausschliesslich Routing-Entscheidungen treffende *Dummy Activities* sein.

Transition Information

Aktivitäten sind über Transitionen verbunden. Die Transitionen geben an, von welcher zu welcher *Workflow Process Activity* potenziell verzweigt werden kann. Eventuell notwendige Verzweigungsbedingungen können in einer atomaren Aktivität oder mittels *Dummy Activities* implementiert werden.

Workflow Participants

Darunter werden alle Personen oder Organisationseinheiten subsummiert, die für die Ausführung von Aktivitäten oder für die Prüfung von Bedingungen zuständig sind.

Workflow Applications

Dies sind Anwendungsprogramme, die für die Ausführung von Aktivitäten oder für die Prüfung von Bedingungen notwendig sind.

Workflow Relevant Data

Die *Workflow Relevant Data* sind Daten, die bei der Ausführung eines Workflows den Austausch von Informationen zwischen den Aktivitäten, Bedingungsprüfungen und Applikationen ermöglichen. Sie beinhalten z.B. Objekt-Identifikationen (Kundennummer, Rechnungsnummer usw.), Zwischenresultate von Berechnungen sowie Resultate von Bedingungsprüfungen.

Insgesamt besteht also ein *Workflow-Process* aus einer Menge von Aktivitäten *(Workflow Process Activities)*, die über *Transitionen* miteinander verbunden sind. Aus der Abb. 5-7a ist ersichtlich, dass die *Workflow Process Activities* aus einem Hauptteil (*Activity Body)* bestehen. Dieser ist eingebettet in je ein *Join-* und *Split-Element*, die disjunktiv oder konjunktiv die ein- bzw. ausgehenden Transitionen verknüpfen. Sie beschreiben somit einen Teil der Ablauflogik. Ein weiterer Teil der Ablauflogik wird mit Hilfe von Subtypen spezifiziert:

- **Route Activity** (Abb. 5-7b): Dies ist keine eigentliche Aktivität. Sie dient dazu, mit Hilfe der Join- und Split-Elemente komplexere Kombinationen von Transitions-Verknüpfungen spezifizieren zu können.

- **Loop Activity** (Abb. 5-7c): Ermöglicht die Spezifikation iterativer Abläufe. Die Aktivität beinhaltet lediglich die Überprüfung des Abbruchkriteriums (*Loop control*), das als Vor- oder als Nachbedingung spezifiziert werden kann. Der funktionale Inhalt der Iteration wird über zwei spezielle Transitionen - *Loop Begin* bzw. *Loop End* - mit der *Loop Activity* verknüpft.
- **Subflow Activity** (Abb. 5-7d): Die Aktivität ruft einen Sub-Prozess auf, der wiederum in Form eines *Workflow Process* spezifiziert wird. Hierbei wird unterschieden zwischen synchronisiertem, d.h. der aufrufende Prozess wird blockiert bis der aufgerufene Sub-Prozess beendet ist, und nicht synchronisiertem Aufruf. Im letztgenannten Fall wird der aufrufende Prozess unmittelbar fortgesetzt.

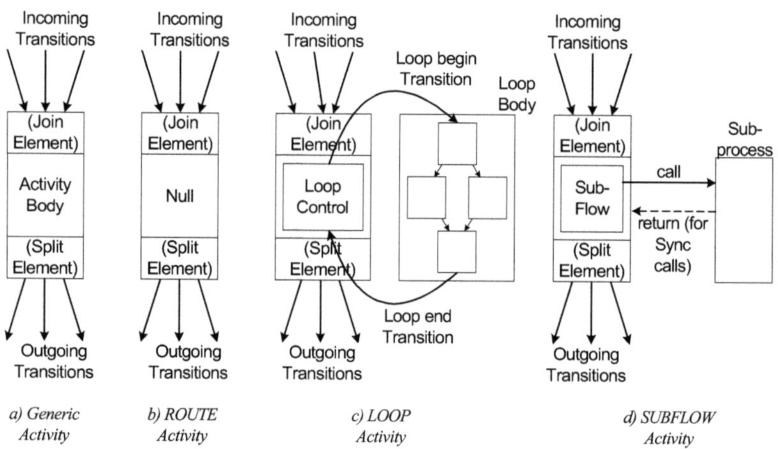

Abb. 5-7: Mögliche Ausprägungen einer Workflow Process Activity

5.1.3.2 Ableitung der Workflow-Spezifikation aus dem ECAA-Prozessmodell

Die Ableitung der statischen Aspekte eines Prozesses in die dafür vorgesehenen Komponenten des *Workflow-Process-Metamodells – Workflow Participants, Workflow Application* und *Workflow Relevant Data* – wird durch die Erweiterungen der ECAA-Notation unterstützt. Spätestens auf der für die Ableitung der Workflow-Spezifikation bestimmten Detaillierungsstufe des Prozessmodells müssen die Aktions- und Bedingungskomponenten mit den für die Workflow-Spezifikation notwendigen Konstrukten ergänzt werden. Die im Prozessmodell enthaltenen Organisationseinheiten oder Rollen werden im WFMS als *Workflow Participants* beschrieben und den entsprechenden Aktivitäten (*Workflow Process Activities*) zugewiesen. Idealerweise steht bereits bei der

Prozessmodellierung ein mit einem Rollenkonzept ergänztes Organisationsmodell zur Verfügung.

In der WPDL wird die Abbildung von Organisationshierarchien und Stellvertretungen nicht direkt unterstützt, da dort nur das einfache Konstrukt *Organisational Model* zur Verfügung steht (vgl. Abb. 5-6). Die Überführung eines vollständigen Organisationsmodells in die WPDL ist daher immer mit Informationsverlusten verbunden: So muss vor Beginn des Transformation entschieden werden, ob das Konstrukt *Organisational Model* zur Abbildung von Rollen, Stellen oder Organisationseinheiten verwendet werden soll.

Die Spezifikation der Anwendungen in WFMS erfolgt in Form von Programm- oder Funktionsbezeichnungen, die mit den notwendigen Parametern als *Workflow Application Declaration* formuliert werden.

Die Ablaufstrukturen des ECAA-Prozessmodells müssen auf eine der möglichen Ausprägungen der *Workflow Process Activity* abgebildet werden können. Dabei ist die Abbildung **sequenzieller Abläufe** trivial: Da eine Prozess-Sequenz als eine Folge von EA-Regeln formuliert wird, also keine Bedingungskomponenten existieren, können die Aktionskomponenten der ECAA-Regel direkt als *Workflow Process Activities* spezifiziert werden. Aus den auslösenden bzw. ausgelösten Ereignissen werden die Transitionen abgeleitet (vgl. Abb. 5-8).

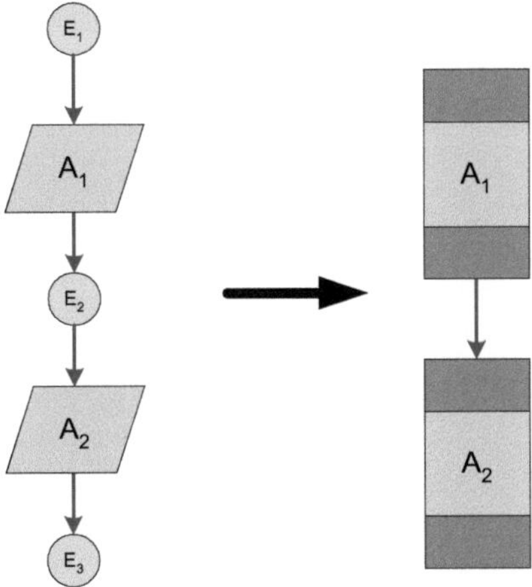

Abb. 5-8: Spezifikation sequenzieller Abläufe

Exemplarisch ist in Tab. 5-3 das o.a. Beispiel in der WPDL-Syntax formuliert:

```
WORKFLOW                   „SEQUENCE"
   ACTIVITY                „A1"
      IMPLEMENTATION       NO
   END_ACTIVITY

   ACTIVITY                „A2"
      IMPLEMENTATION       NO
   END_ACTIVITY

   TRANSITION              „A1_A2"
      FROM                 „A1"
      TO                   „A2"
   END_TRANSITION
END_WORKFLOW
```

Tab. 5-3: Sequenzieller Ablauf in WPDL-Syntax

Das Attribut IMPLEMENTATION mit dem Schlüsselwort NO gibt an, dass es sich um eine manuell durchzuführende Aktivität innerhalb des Workflows handelt.

Parallele Abläufe

Nebenläufige Aktivitäten können in der ECAA-Notation entweder durch eine Aktivität, die ein Konjunktionsereignis auslöst, oder durch die Definition mehrerer Regeln zu demselben Ereignis modelliert werden. Durch Verwendung eines Konjunktionsereignisses werden die parallelen Abläufe wieder zusammengeführt.

Die Abbildung eines AND-Split in der WPDL wird durch das AND-Split-Element der *Workflow Process Activity* realisiert. Analog wird die entsprechende konjunktive Ereignis-Verknüpfung im Workflow durch ein Join-Element abgebildet (vgl. Abb. 5-9).

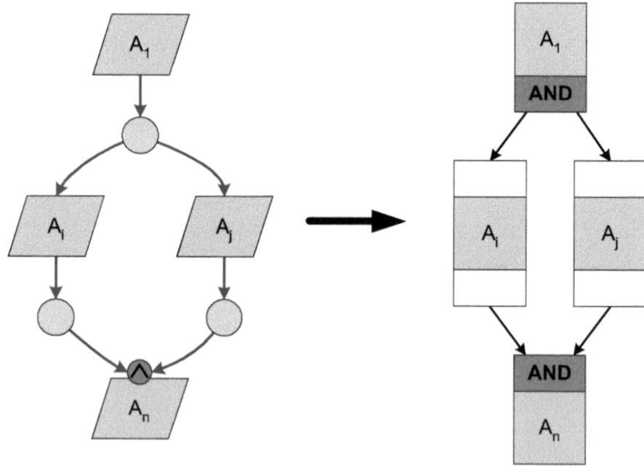

Abb. 5-9: Spezifikation paralleler Abläufe

In der WPDL-Syntax kann diese Situation wie in Tab. 5-4 formuliert werden.

Die möglichen Transitionen werden in der WPDL-Syntax explizit definiert. Für die Spezifikation ist es ist daher unerheblich, ob die Parallelität durch ein Konjunktionsereignis oder durch die Definition mehrerer Regeln zu demselben Ereignis ausgelöst wird.

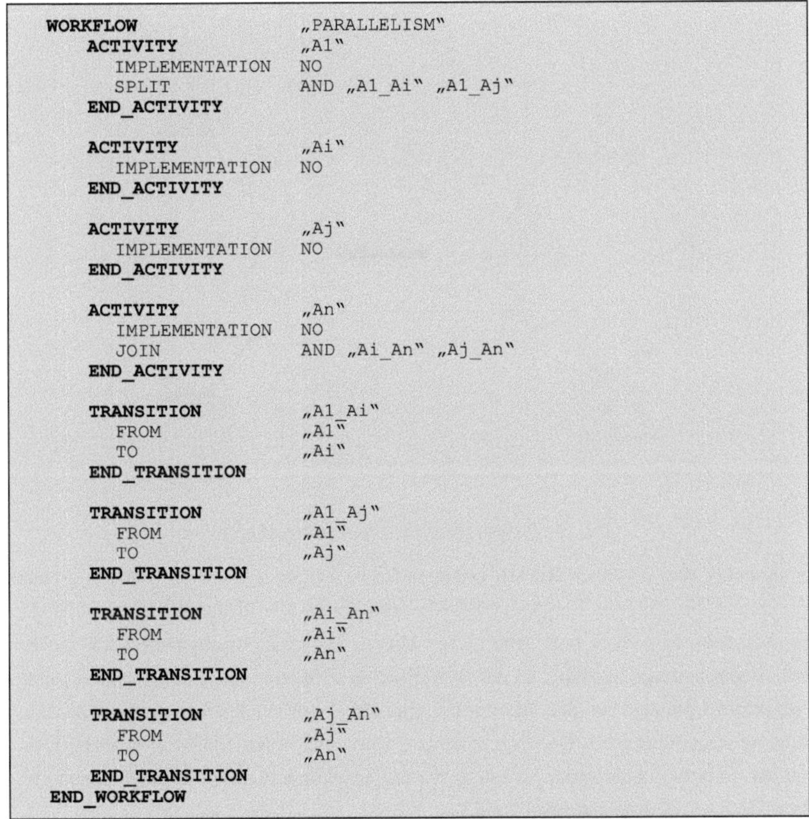

```
WORKFLOW                     „PARALLELISM"
    ACTIVITY                 „A1"
       IMPLEMENTATION        NO
       SPLIT                 AND „A1_Ai" „A1_Aj"
    END_ACTIVITY

    ACTIVITY                 „Ai"
       IMPLEMENTATION        NO
    END_ACTIVITY

    ACTIVITY                 „Aj"
       IMPLEMENTATION        NO
    END_ACTIVITY

    ACTIVITY                 „An"
       IMPLEMENTATION        NO
       JOIN                  AND „Ai_An" „Aj_An"
    END_ACTIVITY

    TRANSITION               „A1_Ai"
       FROM                  „A1"
       TO                    „Ai"
    END_TRANSITION

    TRANSITION               „A1_Aj"
       FROM                  „A1"
       TO                    „Aj"
    END_TRANSITION

    TRANSITION               „Ai_An"
       FROM                  „Ai"
       TO                    „An"
    END_TRANSITION

    TRANSITION               „Aj_An"
       FROM                  „Aj"
       TO                    „An"
    END_TRANSITION
END_WORKFLOW
```

Tab. 5-4: Parallele Abläufe, formuliert in WPDL-Syntax

Alternative Abläufe

In einem regelbasierten Prozessmodell werden die Prüfaktivitäten in der Bedingungskomponente einer ECAA-Regel modelliert. Diese müssen in der Workflow-Spezifikation ebenfalls als Aktivität abgebildet werden. Die eigentliche Selektion zwischen den Alternativen erfolgt im Split-Element dieser Aktivität, indem dort ein

XOR-Split deklariert wird. Die Zusammenführung der alternativen Abläufe erfolgt über die disjunktive Verknüpfung der Endereignisse mit einem XOR-Join (Abb. 5-10).

In der WPDL-Syntax kann der gezeigte alternative Ablauf wie in Tab. 5-5 angegeben formuliert werden. Zu beachten ist dabei, dass in WPDL die Prüfbedingung als Element der Transition mit den Schlüsselwörtern *condition* bzw. *otherwise* formuliert wird.

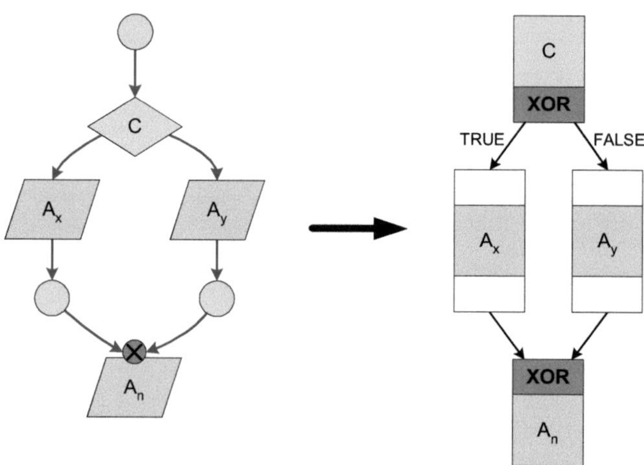

Abb. 5-10: Spezifikation alternativer Abläufe

In ähnlicher Weise können **Iterationen** spezifiziert werden. Für die Formulierung einer Transition, die auf eine Vorgängeraktivität verweist, wurde in der WPDL explizit die *Loop-Activity* eingeführt (vgl. Abb. 5-7c). Dieses Konstrukt ist ausschliesslich für die Schleifensteuerung zuständig. In der Workflow-Spezifikation muss daher eine separate Prüfaktivität platziert werden, die immer unmittelbar vor der Prüfung der Schleifenbedingung ausgeführt wird. Das Ergebnis der Prüfaktivität muss zudem in einer Hilfsvariablen zwischen gespeichert werden, da die Selektion nicht im Split-Element der Prüfaktivität spezifiziert werden kann.

Im Falle einer Iteration mit Nachprüfung genügt es, wenn diese am Ende des *Loop Body* definiert wird. Denn der *Loop Body* wird in jedem Fall einmal durchlaufen, bevor die Schleifenbedingung zum ersten Mal geprüft wird (vgl. Abb. 5-11).

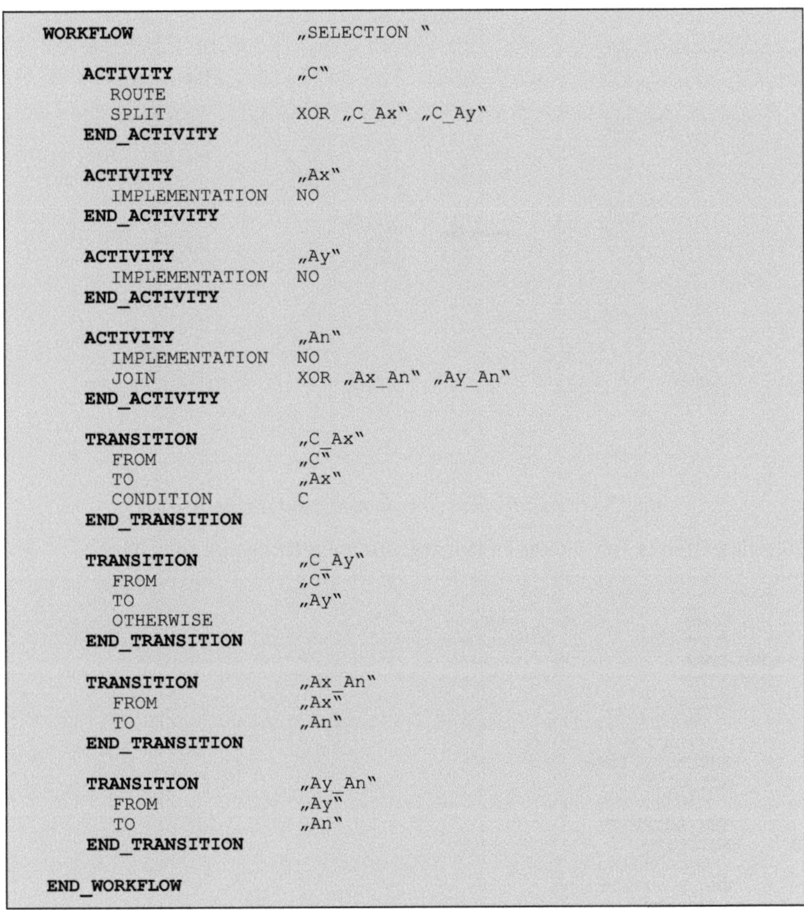

```
WORKFLOW                  „SELECTION "

   ACTIVITY               „C"
     ROUTE
     SPLIT                XOR „C_Ax" „C_Ay"
   END_ACTIVITY

   ACTIVITY               „Ax"
     IMPLEMENTATION       NO
   END_ACTIVITY

   ACTIVITY               „Ay"
     IMPLEMENTATION       NO
   END_ACTIVITY

   ACTIVITY               „An"
     IMPLEMENTATION       NO
     JOIN                 XOR „Ax_An" „Ay_An"
   END_ACTIVITY

   TRANSITION             „C_Ax"
     FROM                 „C"
     TO                   „Ax"
     CONDITION            C
   END_TRANSITION

   TRANSITION             „C_Ay"
     FROM                 „C"
     TO                   „Ay"
     OTHERWISE
   END_TRANSITION

   TRANSITION             „Ax_An"
     FROM                 „Ax"
     TO                   „An"
   END_TRANSITION

   TRANSITION             „Ay_An"
     FROM                 „Ay"
     TO                   „An"
   END_TRANSITION

END_WORKFLOW
```

Tab. 5-5: Alternative Abläufe, formuliert in WPDL-Syntax

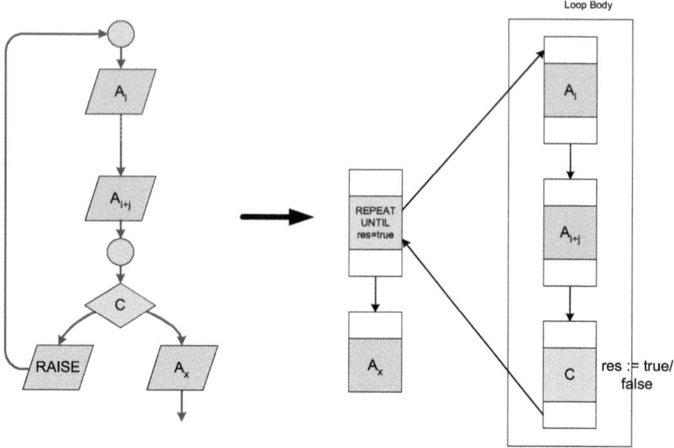

Abb. 5-11: Spezifikation einer Iteration mit Nachprüfung

Exemplarisch ist in Tab. 5-6 das Programmgerüst in WPDL-Syntax aufgeführt:

```
DATA
    Name                    res
    Type                    Boolean
END_DATA
WORKFLOW                    „ITERATION"
    ACTIVITY                „A1"
       IMPLEMENTATION       LOOP
       UNTIL res = true
    END_ACTIVITY
    ACTIVITY                „Ax"
       IMPLEMENTATION       NO
    END_ACTIVITY
    ACTIVITY                „Ai"
       IMPLEMENTATION       NO
    END_ACTIVITY
    ACTIVITY                „C"
       IMPLEMENTATION       NO
       <res := true/false>
    END_ACTIVITY
...
    TRANSITION              „A1_Ai"
       FROM LOOP            „A1"
       TO                   „Ai"
    END_TRANSITION
    TRANSITION              „C_A1"
       FROM                 „C"
       TO LOOP              „A1"
    END_TRANSITION
...
END_WORKFLOW
```

Tab. 5-6: Iteration in WPDL-Syntax

Bei einer Iteration mit Vorprüfung wird der Schleifenkörper nicht notwendigerweise mindestens einmal durchlaufen. In diesem Fall muss die Prüfaktivität zweimal spezifiziert werden: Einmal vor der *Loop-Activity* für die erste Bedingungsprüfung und dann wiederum am Ende des *Loop Body* für alle folgenden Bedingungsprüfungen (Abb. 5-12).

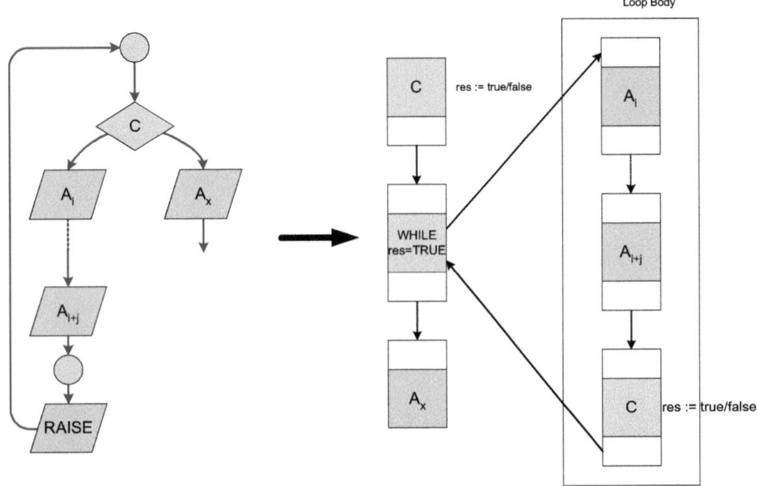

Abb. 5-12: Spezifikation einer Iteration mit Vorprüfung

Sub-Prozesse

Das dem Referenzmodell der WfMC zu Grunde liegende Verständnis von Sub-Prozessen entspricht weitgehend demjenigen der Detaillierung von Regelkomponenten.[427] Daher besteht prinzipiell die Möglichkeit, Detaillierungen von Aktions- oder Bedingungskomponenten in Form von Sub-Prozessen im Workflow-System zu spezifizieren. Dies ist insbesondere im Hinblick auf deren Mehrfachverwendung vorteilhaft.

Für die Spezifikation von Sub-Prozessen existieren auch in der WPDL entsprechende Konstrukte: Darin wird für die weiter zu detaillierende ECAA-Komponente eine *Subflow*-Aktivität eingesetzt. Letztere wird als eigenständiger Workflow definiert, der von einer übergeordneten Aktivität aufgerufen werden kann. In Abb. 5-13 wird dies am Beispiel der Detaillierung einer Aktionskomponente gezeigt.

---

[427] Vgl. Kap. 3.3.5.

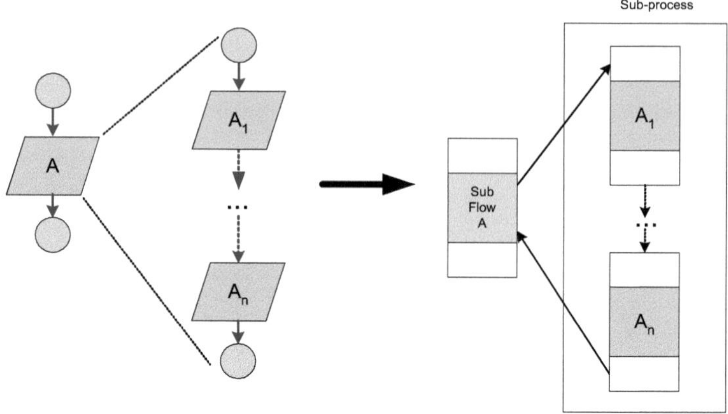

Abb. 5-13: Detaillierung einer Aktionskomponente als Sub-Workflow

Examplarisch ist dieser Fall in Tab. 5-7 als WPDL-Syntax formuliert. Dem Attribut *implementation* des übergeordneten Workflows wird das Schlüsselwort *workflow synchr* zugewiesen. Damit wird angezeigt, dass die Aktivität einen Sub-Workflow repräsentiert.

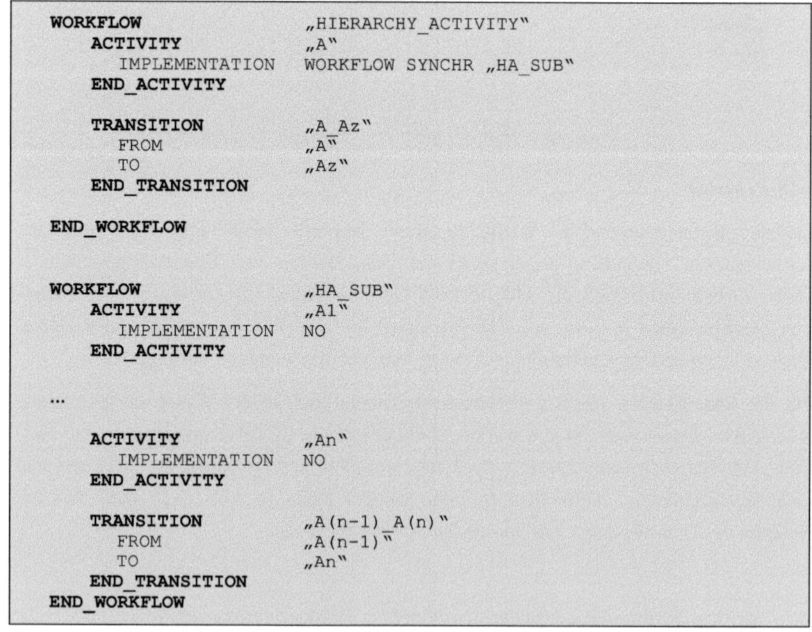

```
WORKFLOW                    „HIERARCHY_ACTIVITY"
   ACTIVITY                 „A"
     IMPLEMENTATION         WORKFLOW SYNCHR „HA_SUB"
   END_ACTIVITY

   TRANSITION               „A_Az"
     FROM                   „A"
     TO                     „Az"
   END_TRANSITION

END_WORKFLOW


WORKFLOW                    „HA_SUB"
   ACTIVITY                 „A1"
     IMPLEMENTATION         NO
   END_ACTIVITY

...

   ACTIVITY                 „An"
     IMPLEMENTATION         NO
   END_ACTIVITY

   TRANSITION               „A(n-1)_A(n)"
     FROM                   „A(n-1)"
     TO                     „An"
   END_TRANSITION
END_WORKFLOW
```

Tab. 5-7: Spezifikation von Sub-Workflows mit Hilfe von WPDL

Analog wird die Detaillierung einer Bedingungskomponente ebenfalls auf eine *Workflow Process Activity* abgebildet. Dabei ist zusätzlich sicherzustellen, dass die letzte Aktivität des Subflows durch einen XOR-Join synchronisiert und das Ergebnis der Bedingungsprüfung als Output-Parameter an den aufrufenden Workflow zurück gegeben wird. Im Split-Element der aufrufenden Workflow-Aktivität wird die Selektion aufgrund des Rückgabewertes definiert. (vgl. Abb. 5-14).[428]

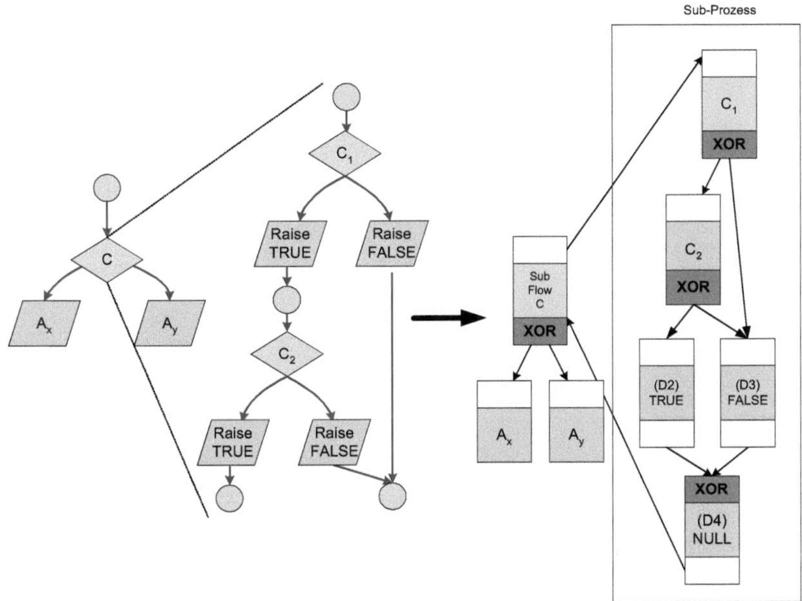

Abb. 5-14: Detaillierung einer Bedingungskomponente als Sub-Workflow

In WPDL werden die Rückgabe-Parameter in einem separaten Anweisungsblock angegeben. Die entsprechende Variable muss dann in einer Aktivität den berechneten Rückgabewert erhalten. In den Transitionen nach *Ax* bzw. *Ay* wird dieser Wert zur Ermittlung der nachfolgenden Aktivität ausgewertet. Die Tab. 5-8 zeigt eine mögliche Formulierung in der WPDL-Notation.

[428] Die strukturierte Detaillierung der Bedingungskomponente einer ECAA-Regel wird in Kap. 3.3.5.2 erläutert.

```
MODEL                       „HIERARCHY_CONDITION_MODEL"

DATA                           „HC_SUB_RET"
    NAME                    „HIERARCHY CONDITION SUB RETURN"
    TYPE                    BOOLEAN
END_DATA

WORKFLOW                    „HIERARCHY_CONDITION"
    ACTIVITY                „C"
       IMPLEMENTATION       WORKFLOW SYNCHR „HC_SUB"
       SPLIT                XOR „C_Ax" „C_Ay"
    END_ACTIVITY
    ...
    TRANSITION              „C_Ax"
       FROM                 „C"
       TO                   „Ax"
       CONDITION            „HC_SUB_RET"=TRUE
    END_TRANSITION
    TRANSITION              „C_Ay"
       FROM                 „C"
       TO                   „Ay"
       OTHERWISE
    END_TRANSITION
END_WORKFLOW
WORKFLOW                    „HC_SUB"
    OUT_PARAMETERS          „HC_SUB_RET"
    ACTIVITY                „C1"
       ROUTE
       SPLIT                XOR „C1_C2" „C1_D3"
    END_ACTIVITY
    ACTIVITY                „C1"
       IMPLEMENTATION       NO
    END_ACTIVITY
    ACTIVITY                „C2"
       IMPLEMENTATION       NO
       SPLIT                XOR „C2_D2" „C2_D3"
    END_ACTIVITY
    ACTIVITY                „D4"
       ROUTE
       JOIN                 XOR „D2_D4" „D3_D4"
    END_ACTIVITY
    ACTIVITY                „D2"
       ROUTE
    „HC_SUB_RET"=TRUE
    END_ACTIVITY
    ACTIVITY                „D3"
       ROUTE
       „HC_SUB_RET"=FALSE
    END_ACTIVITY
    TRANSITION              „C1_C2"
       FROM                 „C1"
       TO                   „C2"
       CONDITION            C1
    END_TRANSITION
    TRANSITION              „C1_D3"
       FROM                 „C1"
       TO                   „D3"
       OTHERWISE
    END_TRANSITION
    TRANSITION              „C2_D2"
       FROM                 „C2"
       TO                   „D2"
```

```
    END_TRANSITION
    TRANSITION          „D3_D4"
      FROM              „D3"
      TO                „D4"
    END_TRANSITION
    TRANSITION          „D2_D4"
      FROM              „D2"
      TO                „D4"
    END_TRANSITION
END_WORKFLOW
END_MODEL
```

Tab. 5-8: Detaillierung einer Bedingung in WPDL-Syntax

5.1.4 Grenzen der Transformation regelbasierter Prozessmodelle in den WfMC-Standard

In dem vorangegangenen Abschnitt konnte gezeigt werden, dass Teile eines Prozessmodells schematisch in eine Workflow-Spezifikation überführt werden können. Eine teilautomatisierte Transformation, ähnlich wie bei anderen Prozessmodellierungsmethoden, ist daher prinzipiell möglich ist. Während jedoch die Definition einfacher und komplexer Ereignisse auf der Ebene des Prozessmodells gut gelöst ist, bereitet deren Überführung in eine Workflow-Spezifikation oftmals Probleme. Denn wie gezeigt, werden in der WPDL die einzelnen Aktionen nicht über Ereignisse, sondern über Transitionen verbunden. Die Transformationen können dadurch sehr aufwendig werden, da komplexe Übergänge zwischen Geschäftsregeln oft zu komplizierten Strukturen innerhalb der WPDL führen. Sehr gut erkennbar ist dieses Problem bei der Transformation der Ablaufkonstrukte *Selektion* und der *Schleife mit Vor-Bedingung*.

Bevor aus einem Prozessmodell eine Workflow-Spezifikation erstellt werden kann, muss das Modell mit hinreichend detaillierten und teilweise zielsystemspezifischen Informationen ergänzt werden. Dies widerspricht jedoch einem Ziel der Prozessmodellierung: Danach sollen Prozessmodelle den Ablauf aus betriebswirtschaftlicher Sicht darstellen. Sie müssen folglich zielsystemunabhängig modelliert sein. Daher müssen in jedem Fall nach einer Transformation des Prozessmodells in eine Workflow-Spezifikation zusätzliche, implementierungsspezifische Aspekte manuell ergänzt werden.

Und schliesslich wird speziell in der Workflow-Spezifikation der WfMC die Abbildung der Organisationsmodelle nur rudimentär unterstützt. So können beispielsweise keine Organisationshierarchien modelliert werden. Ebenfalls nicht unterstützt wird die Zuordnung natürlicher Personen zu Organisationseinheiten. Allerdings können über den Erweiterungsmechanismus *Extended Attributes* zusätzliche Anforderungen zielsystemspezifisch in die WPDL eingefügt werden.

5.2 Die Analyse von Geschäftsregeln zur Entwicklung von Anwendungssystemen

Wie bereits erläutert, bildet das Prozessmodell Ausgangspunkt und Orientierungsrahmen für die Entwicklung regelbasierter Anwendungen. Mit Hilfe eines detaillierten Prozessmodells werden dabei die den Prozess steuernden Regeln definiert. Aus diesen können dann systematisch Workflow-Spezifikationen abgeleitet werden.

Für die Modellierung von Anwendungssystemen, welche die Ausführung betriebswirtschaftlicher Funktionen innerhalb eines Prozesses unterstützen sollen, müssen jedoch noch weitere Geschäftsregel-Typen betrachtet werden, z. B. Berechnungsvorschriften, Restriktionen und Inferenzregeln.[429] Für deren Modellierung liefert das Prozessmodell wichtige Informationen über den Kontext, in dem das Anwendungssystem eingesetzt werden soll (vgl. Abb. 5-15).

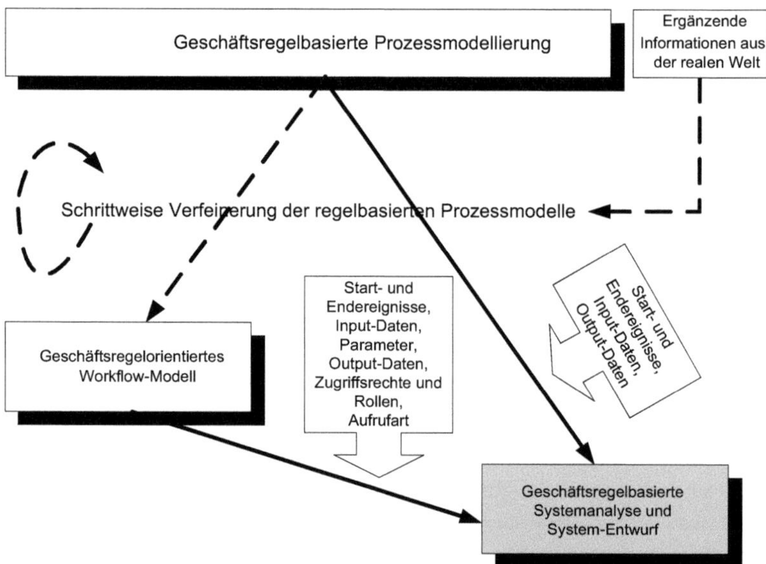

Abb. 5-15: Ableitung von Anforderungen für die regelbasierte Software-Entwicklung

Nachfolgend wird untersucht, wie, ausgehend von einem Prozess- oder Workflow-Modell, ein regelbasiertes Software-System zur Unterstützung betriebswirtschaftlicher

429 Vgl. Kap. 2.2.2.

Funktionen modelliert werden kann. Dieses Konzept bildet den Ausgangspunkt für die Beschreibung einer Methodologie der regelbasierten Anwendungsentwicklung. Unter einer Methodologie wird in diesem Kontext eine Menge von Phasen, Schritten, Techniken und Anweisungen verstanden, mit deren Hilfe ein derartiges System strukturiert entworfen wird.[430]

Analog zu den Methoden der Prozessmodellierung existieren in vielen Unternehmen Vorgehensmodelle für die Anwendungsentwicklung, die wiederum auf unterschiedlichen Methoden basieren. Daher ist auch hier die Frage relevant, wie der Aspekt der regelbasierten Modellierung integriert werden kann. Diese findet in diesem Kapitel ebenfalls Berücksichtigung: So wird ein Verfahren zur Integration der regelbasierten Analyse und Modellierung von Anwendungssystemen in UML vorgeschlagen.

5.2.1 Prinzipielles Vorgehen zur Analyse von Geschäftsregeln

Während in Bezug auf eine Methodik zur regelbasierten Prozessmodellierung bislang nur wenige Publikationen vorliegen,[431] finden sich im Bereich der regelbasierten Anwendungsentwicklung verschiedene Vorschläge.[432] Diese berücksichtigen das Prozessmodell jedoch nicht explizit als Ausgangspunkt für die Systementwicklung.

Das Prozess- bzw. Workflow-Modell bildet jedoch in zweifacher Hinsicht den Rahmen für die regelbasierte System-Entwicklung: Erstens sind mit dem Abschluss der Ablaufmodellierung alle für die Prozess-Steuerung relevanten Regeln bekannt. Die weitere Analyse konzentriert sich nun auf die übrigen Geschäftsregel-Typen wie z.B. Berechnungsvorschriften, Inferenzregeln, Restriktionen oder Fakten:

„An investigation into a [...] process flow leads you to the rules".[433]

Diese müssen formuliert, analysiert sowie eindeutig einer ECAA-Regelkomponente zugeordnet werden (vgl. Abb. 5-16).

Zweitens können auf der Basis des Prozessmodells grundlegende Entwurfsentscheidungen hinsichtlich der Grenzen des zu modellierenden Anwendungssystems getroffen werden. Dabei sind folgende Varianten möglich (vgl. Abb. 5-17):

1. Alle aktiven Komponenten der ECAA-Regel, Bedingungs- und Aktionskomponenten, werden in derselben Applikation implementiert.

---

[430] Vgl. von Halle (2001), S. 51.

[431] Vgl. z. B. Knolmayer / Endl / Pfahrer (2000). Im weiteren Sinne kann hier auch Herbst (1997) eingereiht werden: Obwohl die regelbasierte Prozessmodellierung nicht der eigentliche Gegenstand der Publikation darstellt, werden darin die Grundlagen definiert.

[432] Vgl. Kap. 2.2.

[433] von Halle (2001), S. 151.

2. Der Bedingungs- und die Aktionsteile einer ECAA-Regel werden in unterschiedlichen Applikationen implementiert.
3. Der Bedingungs- bzw. Aktionsteil einer ECAA-Regel selbst wird in mehr als einer Applikation realisiert.
4. Mehrere ECAA-Regeln werden in derselben Applikation implementiert.

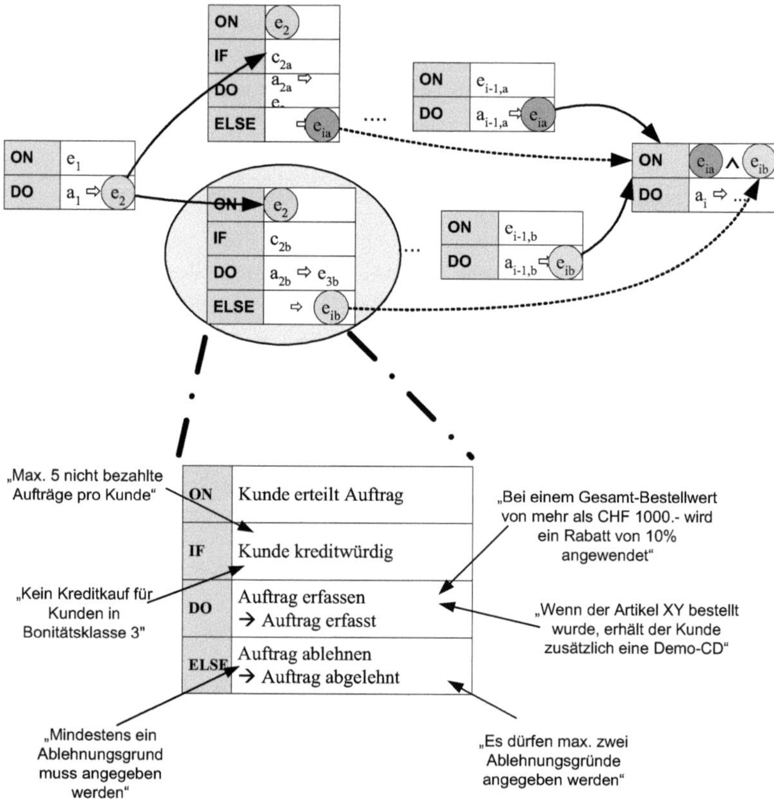

Abb. 5-16: Detaillierung von Prozess-Regeln durch Intra-IS-Geschäftsregeln

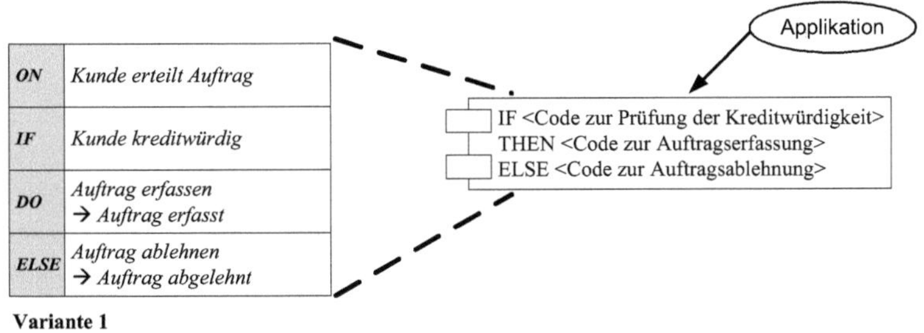

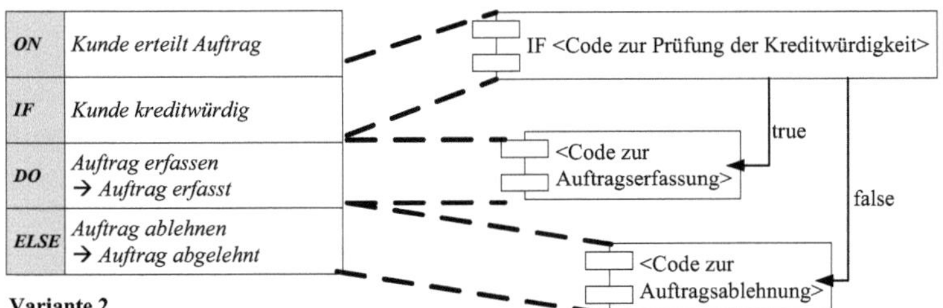

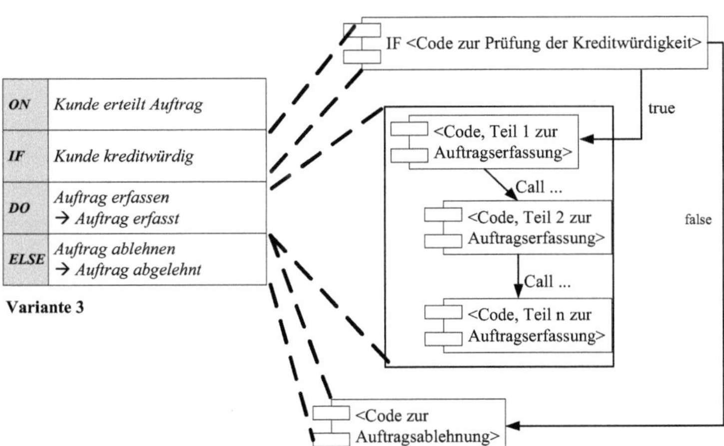

Abb. 5-17: Varianten zur Implementierung von ECAA-Regeln

Die erste Variante ist durch eine feste Zuordnung der Bedingungs- zu den Aktionskomponenten einer ECAA-Regel gekennzeichnet. Daraus ergibt sich die Konsequenz, dass auch nur die *gesamte* Regel bzw. die die Regel implementierende Applikation in einem anderen Prozess-Kontext wieder verwendet werden kann. Die Wiederverwendung einzelner Regelkomponenten in einem anderen Kontext ist nicht ohne Änderung der Applikation möglich.

Bei der zweiten Variante wird die Wiederverwendung der einzelnen Regelkomponenten in unterschiedlichen Regelkontexten besser unterstützt. So könnte in der Abb. 5-16 die Ablehnung eines Auftrages z. B. sowohl aufgrund mangelnder Kreditwürdigkeit des Kunden als auch aufgrund von nicht am Lager verfügbarer Artikel erfolgen. Die Applikation, welche die Aktion *Auftrag ablehnen* implementiert, könnte dann in beiden Kontexten wieder verwendet werden. Durch die Aufhebung der 1:1-Zuordnung zwischen der ECAA-Regel und der Applikation gestaltet sich aber auch das Geschäftsregel-Management aufgrund der hohen Anzahl vorhandener Applikationsbausteine komplexer.[434]

Bei der dritten Variante könnte der Aktionsteil einer ECAA-Regel auch in verschiedenen Anwendungssystemen realisiert sein. In diesem Fall muss dann eine Applikation die jeweils nachfolgende Applikation explizit aufrufen. Dazu müsste jedoch eine prozesssteuernde Regel innerhalb derselben Regelkomponente implementiert werden. Dies widerspricht prinzipiell der Anforderung, dass prozesssteuernde Regeln explizit als ECAA-Regeln definiert sein müssen. Diese Situation kann als Hinweis interpretiert werden, dass die Prozess- bzw. Workflow-Modellierung noch nicht in der notwendigen Detaillierung erfolgt ist. Entsprechende Korrekturen auf der Ebene des Prozess- bzw. Workflow-Modells ziehen dann häufig auch eine veränderte Zuordnung von Geschäftsregeln zu den ECAA-Komponenten nach sich (vgl. Abb. 5-18).

Eine weitere Variante besteht in der Implementierung mehrerer ECAA-Regeln in derselben Applikation. In diesem Fall werden mehrere Prozess-Schritte durch dieselbe Applikation durchgeführt, so dass - analog zu der dritten Variante - auch hier ein Teil der Prozess-Steuerung in die Applikation selbst verlagert wird. Dies ist in der Praxis häufig der Fall, wenn zur Prozess-Unterstützung betriebswirtschaftliche Standard-Software eingesetzt wird, die meist mehrere Funktionen bzw. Prozess-Schritte in einer zu parametrisierenden Reihenfolge abdecken soll (vgl. Abb. 5-19).

---

[434] Das Management von Geschäftsregeln wird in Kap. 6.1 näher betrachtet.

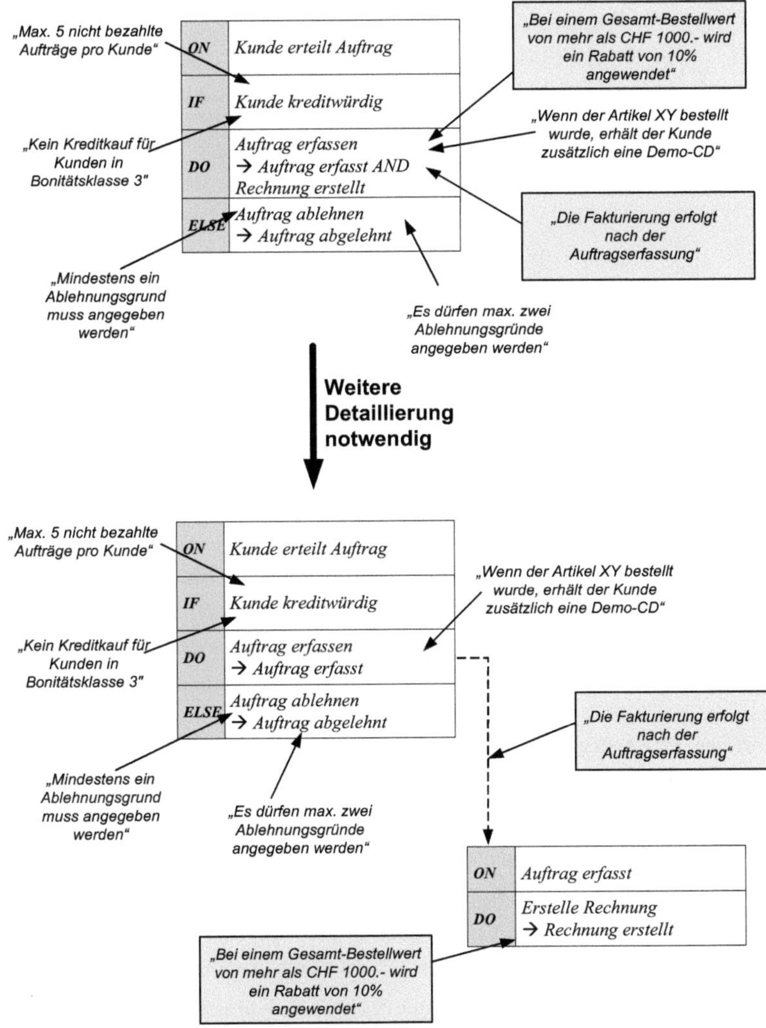

Abb. 5-18: Beispiel für die nachträglichen Detaillierung einer ECAA-Regel

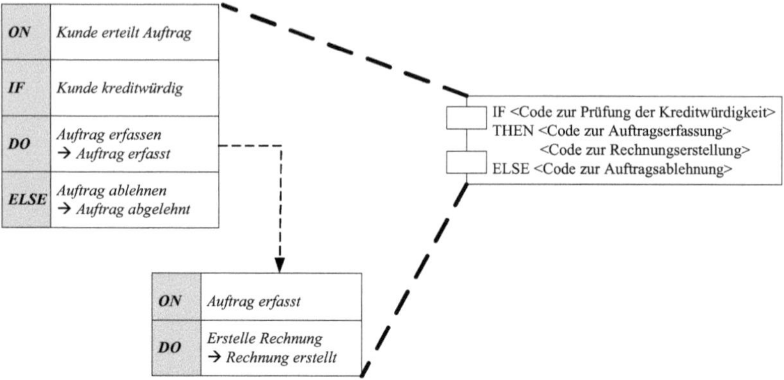

Abb. 5-19: Implementierung mehrerer ECAA-Regeln in derselben Applikation

Der Nachteil besteht auch hier in der relativ geringen Flexibilität in Bezug auf die Wiederverwendung der ECAA-Regeln. So erfolgt im angegebenen Beispiel die Rechnungsstellung immer im Anschluss an die Auftragserfassung. Das Erstellen einer Rechnung ohne Auftrag ist in diesem Regelkontext nicht möglich. Durch die Verlagerung eines Teiles der Prozesssteuerung in die Applikation wird zudem die Transparenz des Prozesses verschlechtert.

Das Prozessmodell bildet Kontext und Bezugspunkt der zu entwickelnden Applikationen. Nachdem durch die Festlegung der Systemgrenzen der zu implementierende Ausschnitt der realen Welt definiert ist, müssen nun Struktur und internes Verhalten der betroffenen ECAA-Regeln bzw. der ECAA-Komponenten analysiert und modelliert werden. Die Aufgabe besteht darin,

- das innere Verhalten und die Struktur der zu automatisierenden ECAA-Regelkomponenten zu definieren und
- die ermittelten *Intra-IS-Regeln* den entsprechenden Geschäftsobjekten zuzuordnen. Diese können deren Verhalten beeinflussen oder als Fakten die strukturellen Beziehungen zwischen diesen Objekten definieren bzw. reglementieren.

Ein für Analyse und Modellierung der Intra-IS-Regeln möglicher Ablauf ist in der Abb. 5-20 gezeigt. Die darin enthaltenen Prozess-Schritte werden in den folgenden Abschnitten detailliert beschrieben. Dabei wird vorausgesetzt, dass im Rahmen der Prozessmodellierung bereits ein grobes Informationsmodell erstellt wurde, das die wesentlichen Informationseinheiten beinhaltet.

Darüber hinaus ist die Verwendung eines Regel-Repositories zur Unterstützung des Analyse-Prozesses notwendig, um die Vielzahl der Regeln und Regel-Versionen, Beziehungen untereinander zu erfassen und zu kontrollieren.[435]

Das abgebildete Vorgehen liefert folgende Ergebnisse:

- Eine Menge *atomarer*, d. h. nicht mehr sinnvoll weiter unterteilbarer Intra-IS-Regeln, welche die Logik der Applikation beschreiben. Diese Regelmenge ist minimal und konsistent. Sie enthält keine redundanten, überlappenden oder widersprüchliche Regeln und beschreibt Verhalten und Struktur einer oder mehrerer aktiver ECAA-Komponenten.
- Eine Beschreibung der Abhängigkeiten zwischen den einzelnen Regeln. Diese Abhängigkeiten reflektieren die Reihenfolge der Bearbeitung der Regeln innerhalb der Applikation.
- Ein Objektklassen- oder Datenmodell, das die von den ermittelten Regeln verwendeten *Terms* und Fakten beinhaltet und definiert.
- Die das Verhalten von Objektklassen bzw. Entitätstypen definierende Regeln. Diese können beim späteren Design der Applikation z.B. als Programm-Funktion implementiert werden.

Zur Abgrenzung der Regeltypen untereinander wird auf die im Kap. 2.2.4 beschriebenen Regelklassen Bezug genommen. Der in Abb. 5-20 gezeigte Ableitungsprozess kann damit überblicksartig wie folgt skizziert werden:

- Ermittlung, Verfeinerung und Klassifizierung der verhaltensdefinierenden Intra-IS-Regeln,
- Ableitung, Verfeinerung und Klassifizierung der strukturdefinierenden Intra-IS-Regeln,
- Bereinigen von Inkonsistenzen und
- Zuordnung der Intra-IS-Regeln zu den Komponenten des Anwendungssystems.

[435] In Kap. 6.1.1 werden die Eigenschaften von Regel-Repositories genauer untersucht.

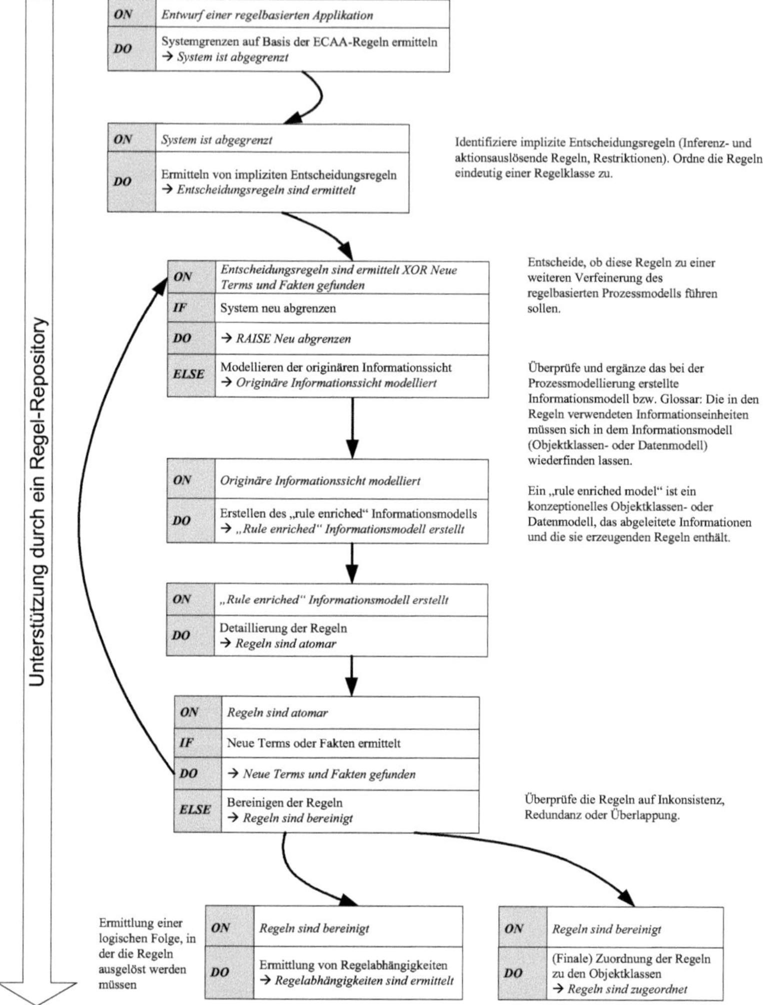

Abb. 5-20: Prinzipielles Vorgehen zur Analyse und Modellierung der Intra-IS-Geschäftsregeln

5.2.1.1 Festlegung der Grenzen des Anwendungssystems

Im Gegensatz zu anderen Methoden der Systementwicklung sind beim hier vorgestellten Ansatz die wesentlichen Anforderungen an das Anwendungssystem und die Systemgrenzen aus dem Prozess- bzw. Workflow-Kontext bereits detailliert bekannt. Aktivitäten zur umfassenden Ermittlung der Systemgrenzen und der Interaktion des Systems mit dessen Umgebung sind daher meist nicht mehr notwendig. Dennoch kann die ergänzende Erstellung eines Kontext- oder Anwendungsfall-Diagramms sinnvoll sein, z.B. in den Fällen, in denen das Prozessmodell nicht hinreichend detailliert wurde. So könnten in der in Abb. 5-16 gezeigten Regel zum Platzieren eines Auftrags verschiedene Kontaktkanäle (E-Commerce-Plattform, Telefon) verwendet werden, die dann zu unterschiedlichen Varianten der Aktionsausführung führen. Bei einer genaueren Analyse des gewünschten Verhaltens der Regelkomponente *Auftrag erfassen* wären dann mehrere Ausführungsvarianten möglich. So könnten z. B. mit Hilfe eines Anwendungsfall-Diagramms Funktionen ermittelt werden, die im Prozessmodell nicht oder noch nicht berücksichtigt sind.

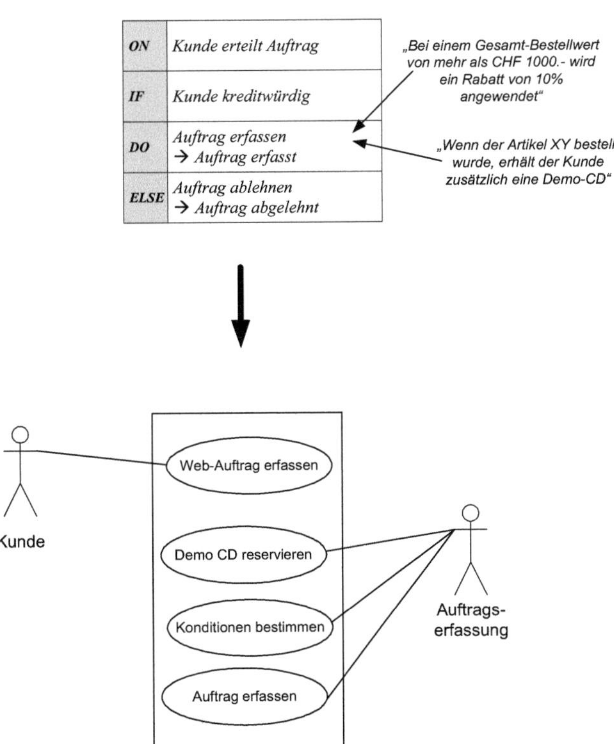

Abb. 5-21: Verwendung des Anwendungsfall-Diagramms zur Ermittlung zusätzlicher Anforderungen

Wurden, wie in Abb. 5-21 gezeigt, zusätzliche Funktionen ermittelt, müssen weitere Entwurfsentscheidungen in Bezug auf die Systemgrenzen getroffen werden:

- Die ermittelten Funktionen führen zu einer Detaillierung des regelbasierten Prozessmodells. In dem o.a. Beispiel könnten dann die Funktionen zur Bestimmung der Konditionen und zum Reservieren der Demo-CD als Komponenten prozesssteuernder Regeln definiert werden (vgl. Abb. 5-18).[436] Entsprechend müssten der Anwendungsbereich und die Systemgrenzen der zu entwickelnden Applikation neu definiert werden.
- Das Prozessmodell wird nicht weiter detailliert. Ein Teil der Prozessregeln wird damit auf die applikatorische Ebene verlagert.

Je detaillierter das Prozess- bzw. Workflow-Modell ist, umso geringer ist die Anzahl der Anwendungsfall-Diagramme, die für die detaillierte Analyse der Regelkomponenten notwendig sind.

Das Anwendungsfall-Diagramm dient in diesem Beispiel als ergänzendes Instrument für die Regel-Analyse und unterstützt den Modellierer bei der Entdeckung weiterer Geschäftsregeln. Zudem hilft es bei der Definition der Mensch-System-Interaktionspunkte, da es eine Abgrenzung zwischen manuell ausführbaren und automatisierbaren Regeln innerhalb des betrachteten Prozess-Ausschnitts ermöglicht.

5.2.1.2 Ermittlung von impliziten Entscheidungsregeln

Das durch das Anwendungsfall-Diagramm definierte und abgegrenzte System beinhaltet neben der Sequenz häufig noch Verzweigungen oder Iterationen. Diese werden durch implizite Entscheidungsregeln gesteuert und repräsentieren, bezogen auf das eingeführte Klassifikationsschema, zu implementierende *Inferenz- oder aktionsauslösende Regeln.* Denn diese setzen entsprechend ihrer Definition immer die Erfüllung einer Vorbedingung voraus.[437] Deren Prüfung impliziert eine Entscheidungssituation. Durch deren Analyse können diese Geschäftsregel-Typen ermittelt werden.

Die Ausführung der Regel

> *„Die letzten 10 Stück eines Verkaufsartikels im Lager sind für Stammkunden reserviert"*

beinhaltet beispielsweise die Entscheidung, ob es sich bei dem Auftraggeber um einen Stammkunden handelt. Auch wird eine Entscheidung bezüglich der verfügbaren Verkaufsartikel getroffen.

---

[436] Vgl. Kap. 5.2.1.

[437] Vgl. Kap. 2.2.2 und Kap. 2.2.3.

Die Entscheidungen können aber auch Quellen zur Identifikation von *Restriktionen* sein. Die unbedingte Regel

„Ein Kunde darf höchstens zehn offene Aufträge haben"

setzt voraus, dass zuvor beurteilt wird, ob ein Kunde bereits mehr als zehn offene Aufträge hat.

Die Aufdeckung der *impliziten Entscheidungen* zu einem möglichst frühen Zeitpunkt ist für die weitere Analyse von besonderer Bedeutung. Denn diese können ebenfalls noch die Festlegung der Grenzen des Anwendungssystems beeinflussen. Es muss definiert werden, welche der gefundenen impliziten Entscheidungen zu einer weiteren Verfeinerung des regelbasierten Prozess-/ bzw. Workflow-Modells führen (vgl. Abb. 5-18). Denn wenn implizite Entscheidungsregeln als *aktionsauslösende Regeln* klassifiziert werden, können diese prinzipiell auch als den Prozess steuernde Regeln aufgefasst und auf der Prozess- bzw. Workflow-Ebene abgebildet werden. Eine Verlagerung der Entscheidungsregeln auf die Prozess- bzw. Workflow-Ebene kann dann auch die Verschiebung der Grenzen des zu modellierenden Anwendungssystems zur Folge haben. Durch die Ermittlung der Regeln mit impliziten Entscheidungen sind wesentliche *verhaltensdefinierende* Geschäftsregeln[438] ermittelt.

5.2.1.3 Modellierung der Informationssicht aus den bisher ermittelten Geschäftsregeln

Mit dem Erstellen des Anwendungsfalldiagramms und der Analyse der impliziten Entscheidungsregeln sind die Systemgrenzen für die zu automatisierenden ECAA-Komponenten nun abschliessend definiert. Auch konnten damit schon die Regeltypen, die eine Vorbedingung beinhalten, ermittelt werden, nämlich

- Restriktionen,
- Inferenzregeln und
- aktionsauslösende Regeln.

Diese Regelklassen definieren gemeinsam das Verhalten, d.h. den dynamischen Aspekt des zu entwickelnden Anwendungssystems. Demgegenüber sind die *Terms* und *Fakten*, welche die Struktur-Aspekte des Systems definieren, noch nicht detailliert beschrieben. In einem weiteren Schritt müssen diese nun präzisiert und mit dem während der Prozessmodellierung entstandenen Informationsmodell abgeglichen werden. Diese sind häufig bereits in einem Glossar oder sogar schon in Form eines Objektklassen- oder

---

[438] Vgl. Kap. 2.2.2.

Entity-Relationship-Diagramm[439] beschrieben.[440] Wird bei der Prozessmodellierung nur ein Glossar erstellt, so sind damit zumindest die für den Prozess relevanten *Terms* definiert. Wurde jedoch ein Informationsmodell z. B. mit Hilfe eines Entity-Relationship-Diagramms erstellt, so sind zusätzlich auch schon wichtige Beziehungen zwischen den *Terms*, die Fakten, bekannt. In jedem Fall bildet das Modell den Kern des zu erstellenden Objekt- oder Datenmodells, das präzisiert und ergänzt werden muss.

Die im letzten Schritt ermittelten, das Verhalten des Systems definierenden Regeln bilden dazu den Ausgangspunkt. Denn diese verwenden betriebswirtschaftlich relevante Begriffe und beinhalten daher implizit immer einen Bezug auf ein Element des Informationsmodells. Beispielsweise bezieht sich die Geschäftsregel

> *„Die letzten 10 Stück eines Artikels im Lager sind für Stammkunden reserviert"*

auf mindestens drei Elemente des Informationsmodells, nämlich auf *Artikel*, *Kunde* und *Lager*.[441]

5.2.1.3.1 Erstellen der originären Informationssicht

Für die Detaillierung der strukturellen Aspekte der Applikation müssen die ermittelten verhaltensdefinierenden Geschäftsregeln hinsichtlich der verwendeten *Terms* und Fakten untersucht werden: Jeder darin verwendete *Term* oder Fakt muss eine Entsprechung in dem Objektklassen- oder Datenmodell haben. Fehlende Elemente – Objekt- bzw. Entitätsklasse und die dazugehörigen Attribute – müssen ergänzt werden.

Zur Visualisierung der in einer Geschäftsregel verwendeten *Terms* und Fakten schlägt Ross ein Faktenmodell vor.[442] So könnte für die o. a. Geschäftsregel das Faktenmodell wie in Abb. 5-22 gezeigt aussehen.

Im Gegensatz zu Daten- oder Objektklassenmodellen werden im Faktenmodell auch Beziehungen zwischen Attributen von Objektklassen oder Entitätstypen visualisiert. Auch bleibt das Faktenmodell auf genau eine Geschäftsregel beschränkt. Bei strukturierten Software-Entwicklungsmethoden stellt die Verwendung eines Faktenmodells eine mögliche Ergänzung dar, während bei objektorientierten Methoden auch andere, bereits

---

[439] In Kapitel 3.1.1 wurden diese unter dem Begriff *Informationsmodell* zusammengefasst. In Abhängigkeit von dem gewählten Software-Entwicklungsparadigma – Objektorientierte oder Strukturierte Systementwicklung – wird das Informationsmodell bei der Softwareentwicklung zu einem Objektklassenmodell oder zu einem konzeptionellen Datenmodell verfeinert.

[440] vgl. Scheer (2001), S. 67 ff.

[441] In diesem Beispiel wird vereinfachend vorausgesetzt, dass genau ein Lager an genau einem Lagerort existiert.

[442] vgl. Ross / Lam (2000).

vorhandene Visualisierungstechniken verwendet werden können. So kann das Faktenmodell in UML z.B. durch ein stereotypisiertes Objektklassendiagramm oder durch ein Kollaborationsdiagramm repräsentiert werden (vgl. Kap. 4.2.1).

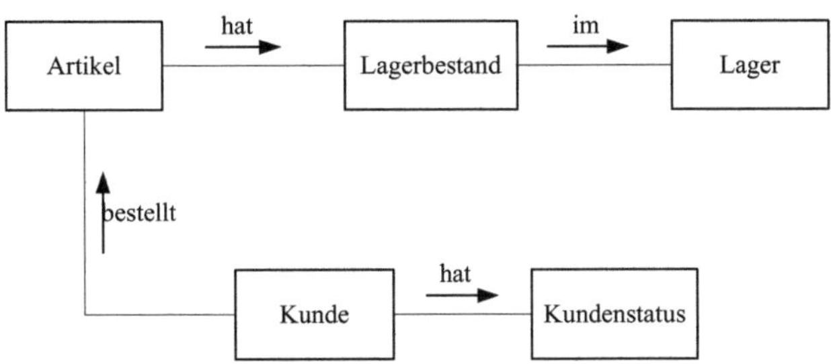

Abb. 5-22: Beispiel eines Faktenmodells

Die Analyse der verhaltensdefinierenden Regeln liefert also die betriebswirtschaftlich relevanten Begriffe und Fakten. Diese müssen nun mit dem bestehenden, aus der Prozessmodellierung gewonnenen Informationsmodell abgeglichen werden. Das Ergebnis ist ein Objektklassen- oder Datenmodell,[443] das alle für die Beschreibung der komplexen Geschäftsregeln notwendigen relevanten *Terms* enthält. Die Abb. 5-23 zeigt das aus der o. a. Geschäftsregel abgeleitete Objektklassenmodell. Die Fakten werden darin entweder als Beziehungen zwischen den Objektklassen oder als Attribute einer Objektklasse modelliert. So ist der *Term Kundenstatus* in dem Objektklassenmodell als Attribut der Objektklasse *Kunde* modelliert. Diese Zuordnung repräsentiert das in Abb. 5-22 angegebene Faktum

„Jeder Kunde hat einen Kundenstatus".

Offensichtlich fehlen in dem Objektmodell noch einige wichtige Objektklassen: So ist darin z.B. weder die Objektklasse *Auftrag* noch die Klasse *Auftragsposition* enthalten. Diese sind in Bezug auf die angegebene Geschäftsregel nicht von Bedeutung, müssen sich aber offensichtlich in anderen Regeln wieder finden. Denn erst die Gesamtheit der aus den verhaltensdefinierenden Regeln abgeleiteten Struktur-Regeln definiert die vollständige Informationssicht des Systems. Diese bildet das strukturelle Fundament der

[443] Zur Vereinfachung wird im Folgenden nur noch von Objektklasse bzw. Objektklassenmodell gesprochen. Analog kann der hier vorgestellte Modellierungsansatz aber auch in Verbindung mit einem Datenmodell verwendet werden.

regelbasierten Applikation und wird ausschliesslich aus den verhaltensdefinierenden Geschäftsregeln abgeleitet.[444]

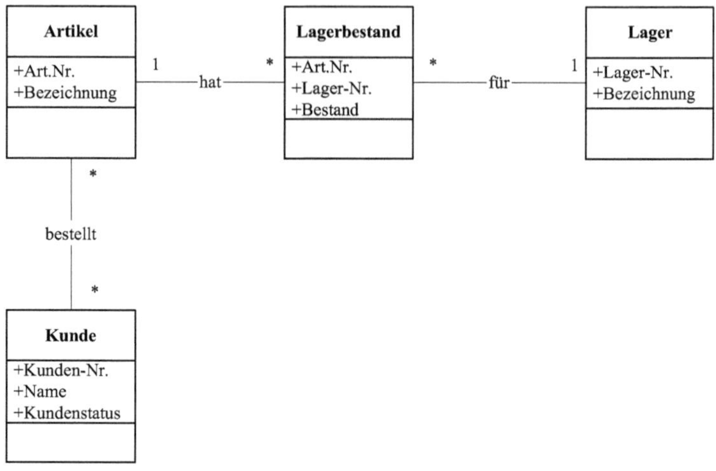

Abb. 5-23: Objektmodell, abgeleitet aus dem Faktenmodell

An dieser Stelle sei noch einmal darauf hingewiesen, dass *Terms* und Fakten elementare Geschäftsregeln sind. Obwohl diese auch durch z.B. das Objektklassenmodell repräsentiert werden können, sind diese unabhängig davon in einem Regel-Repository zu speichern.

5.2.1.3.2 Ergänzen des Informationsmodells mit abgeleiteten Sichten

Nachdem das originäre konzeptionelle Objektklassenmodell erstellt wurde, muss dieses nun mit *abgeleiteten Informationen* ergänzt werden. Diese werden durch eine verhaltensdefinierende Geschäftsregel erzeugt und stellen für das Unternehmen relevantes Wissen dar:

> *„The information created by rules is called knowledge. In this way, these pieces of information can be leveraged and shared across the organization. After all, these pieces of information, or knowledge, rightfully should be*

[444] Aus diesem Grund werden von Eriksson / Penker (2000), S. 159 f., die *Terms* und Fakten auch als *structural rules* bezeichnet.

named, defined, and normalized because they are referenced by other rules."[445]

Den Ausgangspunkt bilden die im ersten Schritt ermittelten, das Verhalten der Applikation bestimmenden, Geschäftsregeln. Diese werden auf abgeleitete, d.h. *wissensbildende* Informationen untersucht, die in folgenden Ausprägungen auftreten können:

- Als logische Sicht auf das Objektklassenmodell (*virtuelle Objektklasse*),
- als abgeleitetes (*virtuelles*) Attribut und
- als Wertzuweisung: Einem originären Attribut wird ein fester Wert zugewiesen.

Die *virtuellen Objektklassen* werden vorwiegend durch *Inferenzregeln* gebildet. Diese müssen im Aktionsteil mindestens einen abgeleiteten *Term* enthalten:

„Wenn ein Kunde mindestens drei Bestellungen pro Geschäftsjahr im Wert von mehr als CHF 1000.- platziert, dann erhält er den Status Stammkunde".

Die durch Anwendung dieser Regel erzeugte logische Sicht auf das Objektklassenmodell beinhaltet eine Menge von Objekten, die eindeutig durch die von der Inferenzregel bestimmten Eigenschaft gekennzeichnet sind. Bezogen auf die letztgenannte Geschäftsregel besitzen alle Instanzen der durch die virtuelle Objektklasse erzeugten Objekte die Eigenschaft *Stammkunde*.

In gleicher Weise werden *abgeleitete Attribute* identifiziert. Diese entstehen einerseits durch Inferenzregeln, können andererseits aber auch von *Berechnungsvorschriften* erzeugt werden:

„Der Auftragsbruttowert entspricht der Summe der Auftragspositionen."

Diese Regel berechnet den Wert des virtuellen Attributs *Auftragsbruttowert*, das der Objektklasse *Auftrag* zugeordnet ist. Dieses definiert einen feststehenden betriebswirtschaftlichen Begriff.

Eine Inferenzregel, die einem originären Attribut einen Wert zuweist, ist beispielsweise:

„Ein Stammkunde erhält 10% Rabatt auf den gesamten Auftragswert."

Durch diese Regel wird dem originären Attribut *Rabatt* ein konkreter Wert zugewiesen, der den aktuell gültigen *Stammkunden-Rabatt* repräsentiert.

Auf virtuellen Objektklassen sowie virtuellen Attributen können zusätzliche Regeln definiert werden. So könnte auf dem durch die angegebene Berechnungsvorschrift erzeugtem Attribut *Auftragsbruttowert* z. B. die folgende Regel definiert werden:

„Der Auftragsbruttowert muss grösser als 0 sein".

---

[445] von Halle (2001), S. 295.

Eine komplexere Variante könnte wie folgt formuliert sein:

> *„Der Auftragsbruttowert darf das Kreditlimit des Kunden nicht überschreiten."*

Grundsätzlich können die durch die Regel erzeugten virtuellen Objektklassen oder Attribute in beliebiger Weise erfasst und verwaltet werden. Es erscheint jedoch sinnvoll, diese, gemeinsam mit den originären Objektklassen und Attributen, ebenfalls im Objektklassenmodell zu modellieren:

- Viele Begriffe, die bei der Abwicklung eines Geschäftsvorfalls verwendet werden, sind nicht originär. So bezeichnet bspw. der Begriff *Stammkunde* einen Kunden mit einem ganz bestimmten Kundenstatus. In einem Objektklassenmodell, das nur originäre Elemente enthält, wäre dieser Begriff nicht enthalten, obwohl er von mindestens einer Geschäftsregel referenziert wird. Durch die Zuordnung der abgeleiteten Informationen zu den Objektklassen sind sowohl originäre als auch abgeleitete Informationen in demselben Modell und damit an einem Ort definiert.

- Eine virtuelle Objektklasse oder ein virtuelles Attribut kann von anderen Regeln referenziert werden. Häufig werden die abgeleiteten Informationen für Existenzprüfungen verwendet, z. B. *„Ist ein Kunde ein Stammkunde?"*. Diese Prüfungen werden dann wieder in komplexeren Regeln eingesetzt. Durch die explizite Modellierung der abgeleiteten Objektklassen und Attributen werden auch diese in demselben Modell zentralisiert, was die Transparenz bedeutend erhöht.

- Speziell die virtuellen Objektklassen können ihrerseits wieder Beziehungen zu anderen abgeleiteten Informationen haben, so dass auf diese Weise nicht nur weitere *Terms*, sondern auch zusätzliche Abhängigkeiten (Fakten) zwischen Geschäftsregeln aufgedeckt werden können. Diese Beziehungen können in dem Objektklassenmodell einfach modelliert werden.

- Die Zuordnung abgeleiteter Informationen zu den entsprechenden originären Objektklassen ermöglicht es, optimale Entscheidungen bei der späteren Implementierung zu treffen. So könnte beispielsweise die Menge der Stammkunden als Spezialisierung der Objektklasse *Kunde* spezifiziert und als Subtyp persistent in der Datenbank gespeichert werden.[446] Dieser enthält dann gegenüber dem originären Objekttyp ergänzende Attribute, z. B. das Datum, an dem ein Kunde ein Stammkunde wurde.

In den vorangegangenen Ausführungen ist die Frage offen geblieben, auf welche Weise die abgeleiteten Informationen in das Objektklassenmodell integriert und visualisiert

---

[446] Vgl. Ross (1998), S. 70 ff.

werden können. Nachstehend wird dazu ein Verfahren vorgeschlagen und an einem Beispiel erläutert. Dieses basiert auf einem von Ross und Lam vorgeschlagenen Ansatz zur Detaillierung und Integration von Terms und Fakten in ein konzeptionelles Datenmodell.[447] Zur Erläuterung des Verfahrens werden die o.a. Beispiel-Regeln tabellarisch zusammengefasst (vgl. Tab. 5-9).

Regel-Nr.	Klassifikation	Beschreibung
10	Berechnung	Der Auftragsbruttowert berechnet sich aus der Summe der Auftragspositionen.
20	Restriktion	Der Auftragsbruttowert darf das Kreditlimit des Kunden nicht überschreiten.
30	Inferenz	Für jeden Auftrag erhält ein Stammkunde 10% Rabatt auf den gesamten Auftragsbruttowert.
40	Restriktion	Ein Kunde darf nicht mehr als 10 unbezahlte Aufträge haben.
50	Ableitung (Inferenz)	Wenn ein Kunde pro Geschäftsjahr Aufträge im Wert für mehr als CHF 1000.- platziert, erhält er den Status *Stammkunde*.

Tab. 5-9: Beispiel-Regeln für den Aufbau eines erweiterten Objektklassenmodells

Das dazugehörige erweiterte Objektklassenmodell ist in Abb. 5-24 dargestellt. Darin sind die virtuellen Attribute durch einen „*“ gekennzeichnet. In gleicher Weise werden die virtuellen Objektklassen gekennzeichnet. So ist die abgeleitete Klasse *Stammkunde* ebenfalls mit einem „*“ markiert.

Die abgeleiteten Informationen sollten wie erläutert gemeinsam mit den sie erzeugenden Regeln in dem Klassenmodell dargestellt werden. Im Sinne des objektorientierten Entwicklungsparadigmas können diese als auf den Objektklassen definierte Operationen aufgefasst werden. Sie werden dann derjenigen Objektklasse zugeordnet, in der die von ihr erzeugten virtuellen Attribute enthalten sind bzw. referenziert werden. Analog wird die eine virtuelle Klasse erzeugende Inferenzregel als Operation in der originären Objektklasse angesiedelt.

---

[447] Vgl. Ross / Lam (2000).

In dem in der Abb. 5-24 gezeigten Objektklassenmodell wird die Inferenzregel Nr. 50 als Operation der originären Klasse *Kunde* zugeordnet. Zur Ermittlung des Stammkunden-Status benötigt diese das ebenfalls in dieser Klasse enthaltene Attribut mit dem Namen *Auftr_Wert_LfdGJ.* Letzteres beinhalte den im laufenden Geschäftsjahr mit einem Kunden erzielten Umsatz. Zur Kennzeichnung, dass es sich bei der Inferenzregel um eine *Objektklassen erzeugende Regel* handelt, kann diese ebenfalls mit der „*"-Markierung versehen werden.

Die übrigen in dem Beispiel angegebenen Regeln definieren virtuelle Attribute oder weisen originären Attributen Werte zu. Sie können daher einfach als Operationen den entsprechenden Objektklassen zugeordnet werden. Zu beachten ist, dass die Regel Nr. 30 als Operation auf der virtuellen Objektklasse *Stammkunde* definiert ist.

Geeignete Namenskonventionen unterstützen die Lesbarkeit des erweiterten Objektklassenmodells, in dem sie die Verbindung zwischen der abgeleiteten Information und der sie erzeugenden Regel herstellen. Im gezeigten Beispiel setzt sich der Regel-Name aus drei Komponenten zusammen: Der erste Teil des Namen bezeichnet die zugeordnete Objektklasse, der zweite beinhaltet die eindeutige und möglichst aussagekräftige Bezeichnung der Regel, während der dritte Teil den Regeltyp angibt.

Die in der Abbildung mit gestrichelten Linien dargestellten Objektklassen sind nur der Vollständigkeit halber angegeben, haben für das gewählte Beispiel aber keine Relevanz.

Bei der Ermittlung der abgeleiteten Informationen können neue *Terms* und Fakten entstehen, z.B. *Auftragsbruttowert.* Diese müssen ggfs. noch vollständig definiert und in das Regel-Repository aufgenommen werden.

Aus dem Beispiel ist ersichtlich, dass die einer Objektklasse zugeordneten verhaltensdefinierenden Regeln bei einer objektorientierten Implementierung als Operationen dieser Klasse realisiert werden können. Damit bleibt auch die Ableitung und Zuordnung der Geschäftsregeln zu den implementierten Objektklassen transparent. Allerdings liegen die Regel an diesem Punkt der Analyse meist noch nicht in hinreichender Granularität vor, so dass diese zunächst noch weiter detailliert werden müssen.

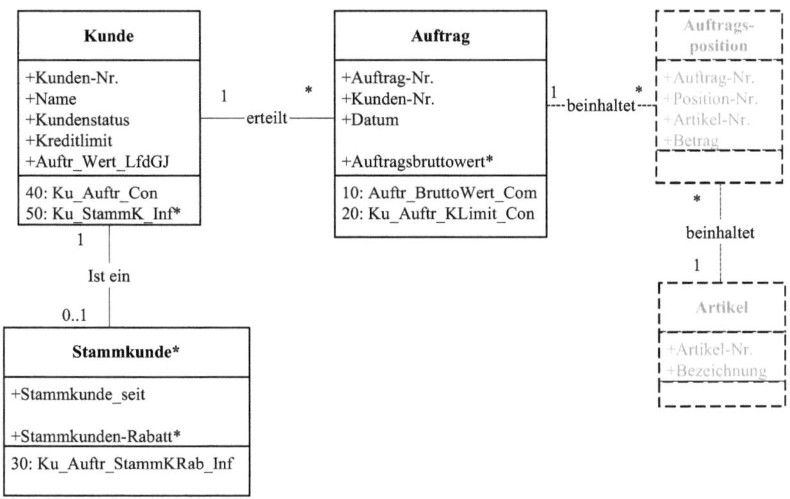

Abb. 5-24: Beispiel eines erweiterten Objektklassenmodells

5.2.1.4 Detaillieren und Vervollständigen der Geschäftsregeln

In den meisten Fällen sind die in den vorangegangenen Schritten ermittelten Geschäftsregeln noch zu komplex für eine direkte Implementierung. Sie müssen daher häufig solange weiter zerlegt werden, bis sie in *atomarer* Form vorliegen. Die Zerlegung ist auch aus Gründen der Wiederverwendung sowie im Hinblick auf die Änderungsfreundlichkeit vorteilhaft.

Eine Geschäftsregel ist dann *atomar*,

> *"[...] if it cannot be broken down into smaller pieces, each of which represents one thought that can guide an actor's behavior."* [448]

Eine *atomare Geschäftsregel* repräsentiert damit die kleinste änderbare Einheit. Sie kann nicht in weitere vollständige Regeln zerlegt werden und ist durch folgende Eigenschaften gekennzeichnet:[449]

- Eine atomare Geschäftsregel liefert genau ein Ergebnis oder genau eine Schlussfolgerung. Bei einer Restriktion ist das Ergebnis ein Bedingungsausdruck, der als Ergebnis entweder wahr oder falsch liefert. Für eine aktionsauslösende Regel ist das Ergebnis die ausgelöste Aktion, während bei einer Berechnungsvorschrift oder Inferenzregel der durch sie erzeugte Wert das Ergebnis repräsentiert.

---

[448] von Halle (2001), S. 310.

[449] Vgl. z. B. Morgan (2002), S. 82 ff.

- Die Elemente im Aktions- bzw. Berechnungsteil von *aktionsauslösenden* oder *Inferenzregeln* dürfen nicht mit einem logischen AND verknüpft sein. Die Regel *„Wenn der Kunde ein Stammkunde ist, erhält er 10% Rabatt auf den Auftragsbruttowert **und** Lieferung frei Haus"* muss folglich in zwei Regeln gesplittet werden, nämlich erstens *„Wenn der Kunde ein Stammkunde ist, erhält er 10% Rabatt auf den Auftragsbruttowert* und zweitens *„Wenn der Kunde ein Stammkunde ist, erhält er die Lieferung frei Haus"*. Dieser Split erleichtert die schnelle Änderung der Geschäftsregeln. So könnte beispielsweise entschieden werden, dass nur Stammkunden, die über Internet bestellen, frei Haus beliefert werden. Gleichzeitig wird beschlossen, den Stammkunden ab einer bestimmten Auftragssumme einen zusätzlichen Rabatt einzuräumen. Diese Änderungen lassen sich bei atomaren Geschäftsregeln transparent und effizient durchführen.

- In gleicher Weise dürfen *Restriktionen* keine konjunktiven Verknüpfungen enthalten. Die Anwendung dieser Konvention kann dazu führen, dass ursprünglich als Inferenzregeln klassifizierte Regeln nach ihrer Detaillierung zu Restriktionen werden. So muss die Inferenzregel *„Ein Auftrag ist gültig, wenn der Kunde kreditwürdig **und** der gewünschte Artikel am Lager verfügbar ist"* durch zwei Restriktionen formuliert werden: Erstens *„Der einen Auftrag platzierende Kunde muss kreditwürdig sein"*, und zweitens *„Der in einem Auftrag verlangte Artikel muss am Lager verfügbar sein"*.

- Wenn es sich um eine *aktionsauslösende* oder *Inferenzregel* handelt, muss der Bedingungsteil minimal sein, d. h. er darf nur notwendige Bedingungselemente enthalten. Insbesondere dürfen die Elemente im Bedingungsteil nicht disjunktiv verknüpft sein.[450] Die Regel *„Wenn der Kunde ein Stammkunde ist **oder** über Internet bestellt, erhält er die Lieferung frei Haus"* muss daher formuliert werden erstens als *„Wenn der Kunde ein Stammkunde ist, erhält er die Lieferung frei Haus"* und zweitens als *„Wenn der Kunde über Internet bestellt, erhält er die Lieferung frei Haus"*.

Die o. a. Eigenschaften erscheinen unmittelbar einleuchtend und einfach anwendbar. Sie sind aber nicht vollständig im Hinblick auf die in der Praxis auftretenden Regelformulierungen. Denn diese enthalten häufig implizit weitere Regeln, die erst bei einer genaueren Analyse sichtbar werden. So beinhaltet beispielsweise die Regel

> *„Ein Stammkunde erhält für jeden Auftrag einen Rabatt von 10% auf den Auftragsbruttowert, maximal jedoch CHF 1000.-"*

---

[450] Hierbei ist zu beachten, dass Restriktionen und Berechnungsregeln, gemäss dem eingeführten Klassifikationsschema unbedingt sind, d.h. keinen Bedingungsteil enthalten. Bedingte Berechnungen werden folglich als Inferenzregeln aufgefasst (vgl. Kap. 2.2.2).

die „versteckte" Restriktion

„Der maximale Rabatt für einen Stammkunden beträgt CHF 1000.-"

Darüber hinaus müssen häufig Präzisierungen bzw. Alternativ-Regeln formuliert werden für die Fälle, in denen eine Regel nicht zutrifft. Nachstehendes Beispiel verdeutlicht diesen Sachverhalt:

„Die Versandkosten für einen Auftrag werden bis zu einem Auftragsbruttowert von CHF 100.- dem Kunden belastet".

Aus dieser Regel ist nicht ersichtlich, was passiert, wenn der Auftragsbruttowert CHF 100.- übersteigt. Es muss also mindestens eine weitere Regel hinzugefügt werden, z. B.

„Der Versand erfolgt ab einem Auftragsbruttowert von CHF 100.- frei Haus".

Die Ergänzung und Detaillierung der Regelmenge mit zusätzlichen, alternative Sachverhalte beschreibenden Regeln ist daher ebenfalls Gegenstand dieses Vorgehensschrittes.

Die Detaillierung der Regeln könnte grundsätzlich auch vor oder parallel zu der Ableitung der Informationssicht (vgl. Kap. 5.2.1.3) durchgeführt werden. Zwischen diesen beiden Schritten bestehen jedoch starke Interdependenzen:

- Während der Ableitung der Informationssicht können weitere komplexe Geschäftsregeln gefunden werden. Diese müssen ggfs. ebenfalls noch detailliert werden.
- Bei der Detaillierung können wie erläutert weitere Regeln „entdeckt" werden, die u.a. zusätzliche Fakten formulieren können. Diese führen zu einer Anpassung des Objektklassenmodells.

Das Regelmodell ist daher erst dann vollständig, wenn beide Schritte – Ableitung der Informationssicht und Detaillierung der Geschäftsregeln – vollständig abgeschlossen sind.

5.2.1.5 Bereinigung der ermittelten Regeln

Mit den oben beschriebenen Phasen wurden die Regeln ermittelt, klassifiziert und detailliert. Das Ergebnis ist ein *Regelmodell*, das im einfachsten Fall eine Liste von umgangssprachlich formulierten atomaren Regeln darstellt. Im nächsten Schritt werden

- die umgangssprachlich formulierten Regeln mit Hilfe einer geeigneten Beschreibungssprache in eine semi-formale Form überführt und
- die formalisierten Regeln auf Inkonsistenz, Redundanz oder Überlappung überprüft.

In den nachfolgenden Abschnitten werden die einzelnen Punkte näher erläutert.

5.2.1.5.1 Die Formulierung atomarer Regeln in einer semi-formalen Beschreibungssprache

Mit der Formalisierung der umgangssprachlich beschriebenen Regeln soll an dieser Stelle vor allem die Überprüfung der Regeln vereinfacht werden. Denn es ist offensichtlich, dass in einer standardisierten Sprache beschriebene Regeln einfacher verglichen werden können als umgangssprachlich formulierte Regeln. Ein weiterer Vorteil der Formalisierung besteht darin, dass die Regeln leichter in die Sprache des Zielsystems transformiert werden können.

Mit der ausschliesslichen Verwendung eindeutig definierter *Terms* und Fakten bei der Regel-Formulierung wurde bereits ein wesentlicher Schritt zur Formalisierung durchgeführt. Eine weitergehende Formalisierung ist die Transformation der Regeln in eine strukturierte Beschreibungssprache. Bereits in Kap. 2.2.3 wurden dazu die Anforderungen definiert und verschiedene Ansätze diskutiert. Dabei wurde festgestellt, dass viele neuere Sprach-Ansätze vor allem den Implementierungsaspekt in den Vordergrund rücken. So fokussiert beispielsweise *RuleML* die Austauschbarkeit definierter Geschäftsregeln zwischen Web Services.[451] Als Kommunikationsinstrument zwischen Fachabteilung und Anwendungsentwicklung ist diese auf dem XML-Standard basierende Sprache nicht geeignet. Benötigt wird vielmehr eine möglichst einfache semi-formale Sprache, bei der einerseits der Bezug zu der umgangssprachlich formulieren atomaren Regel ersichtlich bleibt und die andererseits die vom ECAA-Ansatz bekannten Sprachelemente weiter verwendet. An dieser Stelle soll die bereits in Kap. 2.2.3.2 vorgestellte Beschreibungssprache verwendet werden.[452] Deren Sprachkonstrukte sind zur besseren Übersicht in Tab. 5-10 noch einmal aufgelistet.[453] Damit wird die Geschäftsregel

> *"Ein Stammkunde erhält für eine Bestellung 10% Rabatt, wenn der Bestellwert mehr als 100 Geldeinheiten beträgt"*

entsprechend des in Tab. 5-10 angegebenen Schemas als Inferenzregel erkannt und wie folgt formuliert:

```
IF     Kunde ist Stammkunde AND Bestellwert > 100
THEN   Bestellwert = Bestellwert - 10%
```

[451] Vgl. z. B. Demey / Jarrar / Meersman (2002), Dietrich / Hiller (2002), Ross-Talbot / Boley / Tabet (2002).

[452] In Ross (2001a) wird die Verwendung sogenannter *Sentence Templates* vorgeschlagen. Diese unterstützen die strukturierte Formulierung von Geschäftsregeln mit Hilfe einfacher englischer Ausdrücke.

[453] Für eine detaillierte Beschreibung der verwendeten Notation sei ebenfalls auf Kap. 2.2.3.2 verwiesen.

Geschäfts-regel-Klasse	**Formulierungen**
Berechnungs-vorschrift	<term1> **is computed as** <Berechnungsformel>

Restriktion (*mandatory constraints*)	(IF <condition > THEN){
	<term1>
	must have {**at least**¦**at most**¦**exactly N of**}
	<term2>
	¦
	<term1> **must (not) be** {=¦<¦>¦<>¦} {<term2>¦<wert>}
	¦
	<term> **must (not) be in list** <werteliste>
	}

Empfehlung (*guideline*)	(IF <condition> THEN){
	<term1>
	should have {at least¦at most¦exactly N of}
	<term2>
	¦
	<term1> **should (not) be** {=¦<¦>¦<>¦}{<term2>¦<wert>}
	¦
	<term> **should (not) be in list** <werteliste>
	}

Ableitung (*inference*)	IF <condition> THEN <term1> {=¦<¦>¦<>¦**in**¦**not in**¦**at least** ¦**at most**¦**exactly N of**} {<term2>¦<wert>}
Aktionsaus-lösende Regel	IF <condition> DO <action>

Tab. 5-10: Eine Sprache zur Spezifikation von Geschäftsregeln

Die Formalisierung der Regeln kann in Abhängigkeit vom gewählten Vorgehensmodell natürlich auch schon zu einem früheren Zeitpunkt erfolgen. Spätestens bei der Bereinigung der Regeln sollte jedoch die Formalisierung durchgeführt werden, um die Vergleichbarkeit der Regeln untereinander zu ermöglichen.

5.2.1.5.2 Erstellen eines minimalen Regelmodells

Die auf eindeutig definierten *Terms* und Fakten beruhenden, formalisierten und atomaren Regeln können nun zunächst auf *Redundanzen* untersucht werden. Zwei Regeln werden dann als redundant betrachtet, wenn sie einerseits dasselbe Ergebnis liefern und andererseits einem semantisch äquivalenten Bedingungsteil beinhalten.

Etwas komplexer gestaltet sich die Identifikation von *überlappenden Regeln*, da diese häufig nicht unmittelbar erkennbar sind. Eine Überlappung liegt potenziell dann vor, wenn zwei Regeln dasselbe Resultat liefern, der Bedingungsteil einer Regel jedoch mindestens eine zusätzliche Bedingung enthält. Beispielsweise sind die nachstehenden Regeln *überlappend*:

```
IF     Kunde ist Stammkunde
THEN   Auftragswert = Auftragswert - 10%

IF     Kunde ist Stammkunde AND Auftragsbruttowert > 1000
THEN   Auftragswert = Auftragswert - 10%

IF     Kunde ist Stammkunde AND Auftragsquelle = „Internet"
THEN   Auftragswert = Auftragswert - 10%
```

Für diese muss näher untersucht werden, ob die erstgenannte Regel ausreichend ist oder ob z. B. die beiden folgenden Regeln den Sachverhalt korrekt beschreiben.

In ähnlicher Weise muss die Regelmenge nach *Inkonsistenzen* untersucht werden. Zwei Regeln sind in folgenden Fällen inkonsistent:

- Die Bedingungsteile der Regeln sind identisch, die Regeln führen aber zu unterschiedlichen Ergebnissen.
- Unterschiedliche Bedingungsteile erzeugen dasselbe Ergebnis.

Abschliessend sei noch einmal betont, dass für das Erstellen des minimalen Regelmodells die Regeln in atomarer **und** in einer semi-formalen Form vorliegen sollten. Besonders bedeutsam ist die ausschliessliche Verwendung eindeutig definierter *Terms* und Fakten. So können im oben angegebenen Beispiel die Regeln nur deshalb leicht als potenziell überlappend identifiziert werden, weil unter anderem die *Terms Auftragswert* und *Auftragsbruttowert* eindeutig definiert und voneinander abgegrenzt sind.

5.2.1.6 Identifikation von Abhängigkeiten zwischen Regeln

Nach der Bereinigung der Regeln müssen diese noch auf Abhängigkeiten untersucht werden. Im Vordergrund steht dabei die Frage, welche Regel vor welchen anderen ausgelöst werden müssen. So muss beispielsweise die Regel zur Berechnung des *Auftragsbruttowertes* ausgeführt werden, bevor eine andere Regel diesen Wert verwenden kann. Die Ausführungsreihenfolge definiert damit den internen Steuer- bzw. Regelfluss einer Applikation.

Bei der Analyse der Abhängigkeiten werden zunächst die Berechnungsregeln und unbedingten Restriktionen auf Abhängigkeiten untersucht. Diese limitieren die Verwendung von *Terms* und Fakten und berechnen abgeleitete Informationen, die zu einem späteren Zeitpunkt von anderen Regeln benötigt werden. So ist im nachstehendem Beispiel die Regel 20 von der Regel 10 abhängig:

```
10: Auftragsbruttowert is computed as <Summe Auftragspositionen>
```

```
20: Auftragswert is computed as Auftragsbruttowert - Versandkosten
```

Die unbedingten Regeln enthalten keinen Bedingungsteil, die auf abgeleitete Informationen referenzieren können und müssen daher im ersten Schritt analysiert werden. Im nächsten Schritt werden dann die Regeln mit Bedingungsteil betrachtet. Dazu werden zunächst die Regeln untersucht, die im Bedingungsteil ausschliesslich *originäre* oder durch *unbedingte Regeln* erzeugte abgeleitete Informationen enthalten. Die durch diese Regeln erzeugten abgeleiteten Informationen können wiederum in anderen bedingten Regeln verwendet werden. Der Ableitungsprozess wird solange fortgesetzt, bis alle bedingten Regeln im Regelmodell untersucht wurden.

Die möglichen Varianten von Regelabhängigkeiten lassen sich auf eine einfache Formel zurückführen: Die Variable ***t*** bezeichne einen Term sowie ***R1*** und ***R2*** zwei Regeln, wobei R1 keine aktionsauslösende Regel ist. Weiter bezeichne Rx(LHS) (x=1,2) im Fall einer bedingten Regel den Bedingungsteil oder – bei einer unbedingten Regel – den links vom Schlüsselwort (z.B. *is computed as*) stehenden Teil. Analog bezeichnet dann R(RHS) die rechts von der *THEN-Klausel* bzw. vom Schlüsselwort stehende Regelkomponente. Dann ist die Regel R2 von R1 abhängig, wenn gilt:

$$t \in R1(RHS) \wedge t \in R2(LHS)$$

Die Ermittlung der Abhängigkeiten zwischen im Regelmodell enthaltenen aktionsauslösenden Regeln ist prinzipiell trivial, da der Aufruf explizit erfolgt. Meist stehen diese am Ende einer Folge von Abhängigkeiten, d.h. sie können ihrerseits keine weiteren Regeln in demselben Regelmodell auslösen. Innerhalb desselben Regelmodells können aktionsauslösende Regeln nur dann vorkommen, wenn mehrere ECAA-Regeln in derselben Applikation implementiert oder eine Regelkomponente in mehrere Applikationen aufgesplittet werden soll.[454] Stellt ein Regelmodell die Verfeinerung der Aktionskomponente einer ECAA-Regel dar, so muss dieses zwingend mit eine aktionsauslösenden Regel beendet werden. Denn mit deren Ausführung wird das Schlussereignis ausgelöst, das die im Prozessmodell nachfolgende ECAA-Regel aktiviert.

Wenn eine gesamte ECAA-Regel als Applikation implementiert werden soll, muss nun überprüft werden, ob der durch die Regelabhängigkeiten definierte Regelfluss der Logik der ECAA-Regel entspricht.

Die ermittelten Abhängigkeiten können in Form eines Abhängigkeitsdiagramms visualisiert werden. Dieses stellt im Kern einen gerichteten Graphen dar, dessen Knoten die einzelnen Regeln repräsentieren. In UML kann beispielsweise das Aktivitätsdiagramm für diesen Zweck verwendet werden (vgl. Abb. 5-29).

---

[454] Vgl. Kap. 5.2.1, insb. Abb. 5-18.

Zur Analyse von Abhängigkeiten in grossen Regelmengen schlägt *von Halle* die Bildung von Regel-Familien *(Rule Families)* vor.[455] Eine Regel-Familie ist dabei eine Gruppe von Regeln, die im Ergebnisausdruck denselben *Term* bzw. dieselbe *Aktion* referenzieren. Die Abhängigkeitsanalyse wird dann zunächst nur auf der Ebene der Regelfamilien durchgeführt und kann u.a. auch für die Analyse des zugrunde liegenden Geschäftsprozess verwendet werden:

> *"The reason this may prove useful is that you will use rule families dependencies to better understand core process flow during process analysis."*[456]

Bei dem hier vorgestellten Vorgehen werden die für die Applikation relevanten Regeln direkt aus dem regelbasierten Prozessmodell abgeleitet. Damit ist einerseits der zugrunde liegende Geschäftsprozess mit den entsprechenden Prozess-Regeln bereits bekannt. Andererseits ist die resultierende Regelmenge relativ klein und übersichtlich, da häufig nur eine ECAA-Regel oder sogar nur eine ECAA-Komponente detailliert wird. Die Verwendung von Regel-Familien als zusätzliches Abstraktionsinstrument ist daher meist nicht notwendig.

5.2.1.7 Zuordnung der atomaren Regeln zu den Elementen im Objektklassenmodell

In diesem Schritt werden die atomaren Regeln eindeutig einer Objektklasse zugeordnet, so dass, z. B. bei einer objektorientierten Implementierung, die Regeln als auf den Klassen definierte Operationen implementiert werden können. Ein dafür geeignetes Verfahren wurde bereits in Kap. 5.2.1.3.2 vorgestellt: Die Regeln verwenden *Terms* und Fakten. Diese können entweder originär oder abgeleitet vorliegen. Originäre Terms können entweder als Objektklasse bzw. Entitätstyp oder als zugehörige Attribute aufgefasst werden. Die Regeln werden als Operationen der entsprechenden Objektklasse im Klassenmodell modelliert (vgl. Abb. 5-24).

Wenn die Regeln bereits während der Erstellung des konzeptionellen Objektklassenmodells zugeordnet wurden, dann ist auch die Zuordnung der nunmehr atomaren Regeln relativ einfach. Denn diese stellen eine Detaillierung der bereits zugeordneten Regeln dar, so dass die nicht-atomaren Regel meist nur durch die Menge der daraus abgeleiteten atomaren Regeln ersetzt werden müssen. Dennoch sollte dieser Schritt am Schluss der Regel-Analyse stehen:

---

[455] Vgl. von Halle (2001), S. 331.
[456] von Halle (2001), S. 337.

- Im Verlauf der Detaillierung der Regeln werden häufig zusätzliche Regeln ermittelt, die dem Modell hinzugefügt werden müssen.
- Bei der Bereinigung des Regelmodells können Regeln modifiziert oder entfernt werden. Diese Änderungen müssen im konzeptionellen Objektklassenmodell nachvollzogen werden.
- Einige Schritte des Analyseprozesses können mehrfach durchlaufen werden (vgl. Abb. 5-20). Dadurch können sich auch Veränderungen in der Struktur des konzeptionellen Objektklassenmodells ergeben, so dass eine erneute Zuordnung der Regeln notwendig ist.

Für die Zuordnung kann das bereits in Kap. 5.2.1.3.2 beschriebene Verfahren angewendet werden. Nach Abschluss dieses Schrittes müssen alle verhaltendefinierenden Regeln des Regelmodells als Operationen auf originären oder virtuellen Objektklassen definiert sein.

Mit der Durchführung dieses letzten Schrittes der Regel-Analyse sind deren Ergebnisse in einem *konzeptionellen Objektklassenmodell (Business Object Model)* zusammengefasst. Auf deren Basis kann nun das Design der Applikation aufgebaut werden. Darüber hinaus sind die bei der Analyse ermittelten Regeln im Regel-Repository abgelegt. Letzteres muss auch Informationen über den Ableitungsprozess und die Referenz zu automatisierten ECAA-Regelkomponenten enthalten.[457]

5.2.2 Empfehlungen für die Formulierung von Intra-IS-Regeln

Die in den letzten Abschnitten erläuterten Schritte ermöglichen die Erstellung eines minimalen Regelmodells zu einem gegebenen Realitätsausschnitts. Mit Hilfe des Konzeptes der atomaren Regeln und einer semi-formalen Sprache können die Regeln zudem stärker strukturiert werden, so dass die Freiheitsgrade bei der Regel-Formulierung eingeschränkt werden. Und schliesslich unterstützt auch die Forderung, dass jeder verwendete *Term*, abgeleitet oder originär, und jedes Fakt eindeutig definiert sein müssen, die Standardisierung der Regelausdrücke.

Trotzdem können Regeln immer noch auf verschiedene Arten formuliert werden. Nachstehend werden daher ergänzend zu den diskutierten Standardisierungskonzepten Empfehlungen für die Formulierung von Regeln angegeben. Diese können zur Qualitätssicherung von Regelmodellen verwendet werden.

Eine mögliche Fehlerquelle liegt in der expliziten Verwendung von Geschäftsvorfällen oder Ereignissen in verhaltensdefinierenden Regelausdrücken.

[457] Vgl. Kap. 6.3.

> *„Wenn eine Versicherungspolice ausgestellt wird, muss diese ein Ablaufdatum beinhalten.“*

Abgesehen davon, dass diese Regel sprachliche Unschärfen beinhaltet, stellt diese den auslösenden Geschäftsvorfall in den Mittelpunkt.[458] Zudem legt die Formulierung der Regel die Schlussfolgerung nahe, dass es sich um eine Inferenzregel handelt.

Die Intra-IS-Regeln sollten jedoch *ereignislos* sein. Die Abkopplung von einem konkreten geschäftsrelevanten Ereignis unterstützt dabei nicht nur die Wiederverwendung der Regel. Vielmehr sollte der betriebswirtschaftliche Kontext der Regelauslösung auf der Ebene des Prozess- oder Workflow-Modells definiert werden, um das Ziel der schnellen Adaptierkeit von Informationssystemen zu unterstützen.

Die o. a. Regel wird daher besser wie folgt formuliert:

> *„Eine ausgestellte Versicherungspolice muss ein Ablaufdatum beinhalten.“*

Diese Formulierung hat keinen direkten Bezug zu einem auslösenden Ereignis oder zu einem Geschäftsvorfall. Darüber hinaus wird so klar, dass es sich bei der Regel um eine Restriktion und nicht um eine Inferenzregel handelt.

In gleicher Weise sollten Zeitereignisse nicht in einer Intra-IS-Regel, sondern besser als ECAA-Regel auf der Prozess-Ebene definiert werden:

> *„Bei Ladenschluss müssen alle Stornierungen an den Verkaufsinnendienst gemeldet werden.“*

Auch ist die explizite Verwendung von Organisationseinheiten oder Rollen kritisch zu prüfen. Denn deren Zuordnung sollte im Rahmen des Prozessmodells durchgeführt werden. Durch die fixe Zuordnung in einer Regeldefinition wird die Flexibilität der Regel und deren Wiederverwendung stark eingeschränkt. Die Regel

> *„Der Verkaufsinnendienst muss innerhalb von drei Arbeitstagen nach Auftragseingang einen Auftragsbestätigung versenden.“*

wird daher besser formuliert als

> *„Innerhalb von drei Arbeitstagen nach Auftragseingang muss eine Auftragsbestätigung versendet sein.“*

Organisationseinheiten und Rollen sollten nur dann in einer Regel verwendet werden, wenn das Verhalten der Organisationseinheit oder Rolle direkt durch diese Geschäftsregel bestimmt werden soll, z. B. zur Festlegung von Kompetenzen:

> *„Gemeldete Schadensfälle von mehr als CHF 5000.- müssen vom Abteilungsleiter zur Auszahlung freigegeben werden“.*

---

[458] Vgl. Morgan (2002), S. 86.

Ein weiterer Punkt betrifft die Verwendung von Aktionswörtern, insbesondere „*Lesen*“, „*Aktualisieren*“, „*Löschen*“ in Regeln: Diese können mit einer aktionsauslösenden Regel verwechselt werden oder sich auf ein Datenbank-Ereignis beziehen:

> *„Die Aktualisierung des Konten-Saldo erfolgt durch Addition der Einzahlung und des aktuellen Konten-Saldo.“*

Offenbar handelt es sich aber um eine allgemeine Berechnungsregel:

> *„Der neue Kontosaldo berechnet sich aus dem aktuellen Saldo zuzüglich Einzahlung.“*

Ferner sollten die in den Regeln verwendeten *Terms* im Singular formuliert sein. Damit wird die Schreibweise vereinheitlicht und der Bezug zum Objektklassenmodell sichergestellt.

5.2.3 Fallstudie: Analyse von Geschäftsregeln

Das in den letzten Abschnitten erläuterte Vorgehen zur regelbasierten Analyse einer ECAA-Regel bzw. Komponente wird nachstehend an einem Fallbeispiel veranschaulicht.[459]

Bei einer Krankenversicherung wurde im Rahmen des Geschäftsprozesses zur Abwicklung von Schadensmeldungen beschlossen, die *Ermittlung der auszuzahlenden Leistungen* an den Kunden mit Hilfe einer geeigneten Applikation zu automatisieren. Bei einer ersten Analyse wurde u.a. nachstehende Regel ermittelt (vgl. Abb. 5-25):

> *„Die Kunden unserer Versicherung müssen 25% der jährlichen Leistungen selbst tragen, maximal jedoch CHF 1500.- pro Familie“*

Schritt 1/2: Ermittlung der Systemgrenzen und der impliziten Entscheidungen

Die Darstellung des Sachverhalts in einem Anwendungsfall-Diagramms ist trivial: Ein Akteur, z.B. der zuständige Sachbearbeiter, ermittelt die auszuzahlende Leistung. Da die Schadensmeldung im Prozessverlauf bereits als gültig befunden wurde (vgl. ECAA-Regel in Abb. 5-25), ist auch nur ein einziger Anwendungsfall zu betrachten, nämlich die Ermittlung der auszuzahlenden Leistung.

In dem Beispiel finden sich jedoch implizite Entscheidungen, die Hinweise auf zu definierende Terms oder Fakten geben, z. B.:

- Ist der Antragssteller ein Kunde?

---

[459] Das beschriebene Beispiel basiert auf einer Fallstudie, die im Rahmen des vom Schweizerischen Nationalfonds geförderten Projektes SWORDIES (Projekt-Nr. 5003-045356) durchgeführt wurde (vgl. Knolmayer et al. (1997), Dittrich (2000)).

- Ist der definierte jährliche Selbstbehalt erreicht?

Die erstgenannte Entscheidung kann als „*Out of Scope*" der betrachteten Funktion identifiziert werden. Denn bei einer Prüfung der Gültigkeit der Schadensmeldung, d.h. bei Durchführung der Bedingungsprüfung in der ECAA-Regel, muss bereits geprüft werden, ob der Antragssteller ein Kunde ist. Erst wenn dies der Fall ist, wird die Aktionskomponente ausgelöst. Die zu modellierende Applikation muss diese Prüfung daher nicht mehr durchführen.

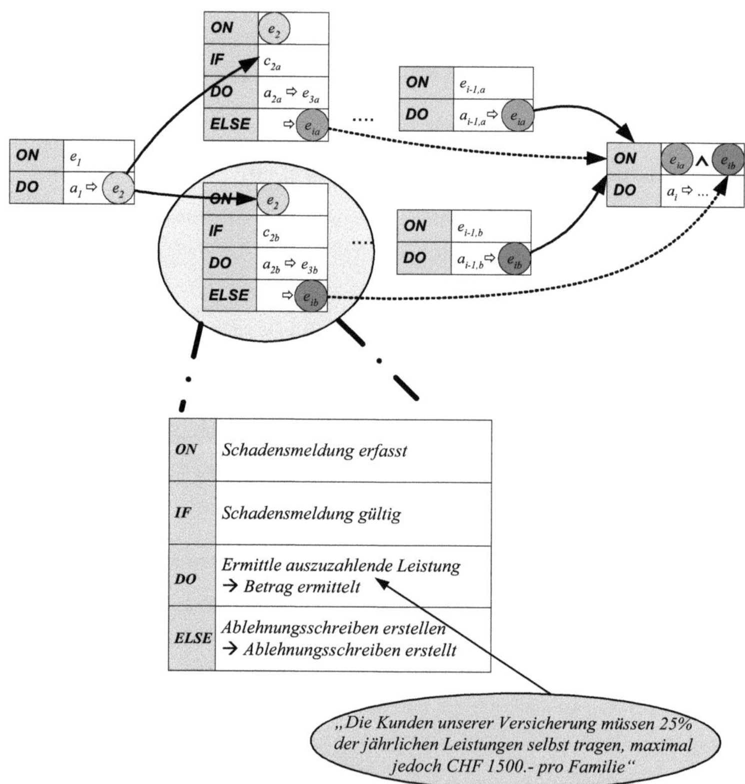

Abb. 5-25: Fallstudie zur regelbasierten Analyse

Hingegen muss für den zweiten Fall entschieden werden, ob die Regel auf die Prozess-Ebene verlagert, d.h. explizit in einer ECAA-Regel formuliert, oder als Bestandteil der ECAA-Komponente realisiert werden soll. Für dieses Beispiel wird die letztgenannte Variante gewählt.

Schritt 3: Modellierung der Informationssicht

Bei der Betrachtung der gegebenen Geschäftsregel müssen folgende Terms mit ihren gegenseitigen Abhängigkeiten definiert werden:

- Kunde,
- Familie,
- Leistung,
- Selbstbehalt,
- Jahr.

Wurden diese *Terms* nicht bereits schon bei der Modellierung des Prozesses definiert, müssen diese nun in das Informationsmodell präzisiert werden.[460] Anschliessend werden die Beziehungen zwischen diesen Begriffen untersucht. So könnte nach einer genaueren Analyse der vorliegenden Regel das in Abb. 5-26 gezeigte Faktenmodell entstehen. Die darin enthaltenen Fakten können wie folgt formuliert werden:

10: „Eine Familie besitzt eine Versicherungspolice".

20: „Die Versicherungspolice beinhaltet einen Selbstbehalt".

30: „Die Versicherungspolice deckt den Schadensfall."

40: „Der Schadensfall betrifft einen Patienten."

50: „Ein Patient ist Mitglied der Familie."

60: „Der Term Patient *ist ein Synonym zu* Kunde."

70: „Der Schadensfall wird von der Versicherung bearbeitet."

80: „Die Versicherung verwaltet die Versicherungspolice."

Daneben kann aus der Regelformulierung die Definition des Attributs *maximaler jährlicher Selbstbehalt* abgeleitet werden. Dieser wird durch eine Berechnungsregel erzeugt:

*100: „Der **max. jährliche Selbstbehalt pro Familie** beträgt CHF 1500.-"*

Und schliesslich führt eine Präzisierung des Terms *Jahr* zu einer weiteren Regel, z. B.

[460] In diesem Beispiel wird angenommen, dass das Informationsmodell als Objektklassenmodell formuliert wird.

*110: „Das **Versicherungsjahr** dauert vom 1. 7. des laufenden Kalenderjahres bis zum 30. 6. des folgenden Kalenderjahres."*

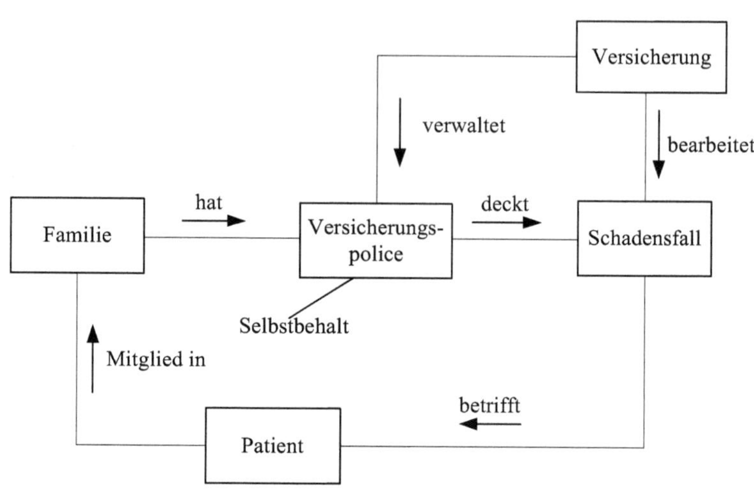

Abb. 5-26: Faktenmodell der Fallstudie

Nachdem die Fakten definiert sind, werden die Regeln höherer Komplexität identifiziert und in das „angereicherte" Objektklassenmodell integriert. So könnte zunächst die *Berechnung* des im Laufe eines Versicherungsjahres angefallenen Selbstbehalts präzisiert werden:

*120: „Der **jährliche Selbstbehalt** berechnet sich aus der Summe der akzeptierten Schadensansprüche*[461] *aller Kunden einer Familie innerhalb desselben **Versicherungsjahres**."*

Und schliesslich lässt sich noch eine *Inferenzregel* ableiten, z. B.

*130: „Wenn der **maximale jährliche Selbstbehalt pro Familie** noch nicht überschritten ist, berechnet sich der **Selbstbehalt für einen Schadensfall** aus dem Minimum von einerseits 25% der **Schadenssumme** und andererseits der Differenz zwischen dem **maximalen jährlichen Selbstbehalt pro Familie** und dem **jährlichen Selbstbehalt**."*

Mit dieser Regel wird mit dem Begriff *Schadenssumme* auch ein neuer Term eingeführt, der, sofern noch nicht erfolgt, nun ebenfalls definiert werden muss:

---

[461] Hier wird vorausgesetzt, dass der Term „akzeptierter Schadensanspruch" bereits definiert ist.

140: „Die ***Schadenssumme eines Schadenfalls*** *ergibt sich aus der Summe der durch den Schaden verursachten Heilungs- und Pflegekosten.“*[462]

Das so entstehende Objektklassenmodell ist in Abb. 5-27 gezeigt. Dabei ist zu beachten, dass die Regeln mit den Nummern 10 bis 80 strukturelle Sachverhalte definieren. Die Regeln 100 und 110 weisen den originären Attributen konstante Werte zu und stellen Berechnungsregeln dar,[463] da sie keine strukturellen Zusammenhänge definieren. Die Regeln mit den Nummern 120 bis 140 erzeugen über Berechnung und Inferenz abgeleitete Attribute. Diese sind mit einem „*“ gekennzeichnet und gemeinsam mit den sie erzeugenden Regeln derselben Objektklasse zugeordnet.

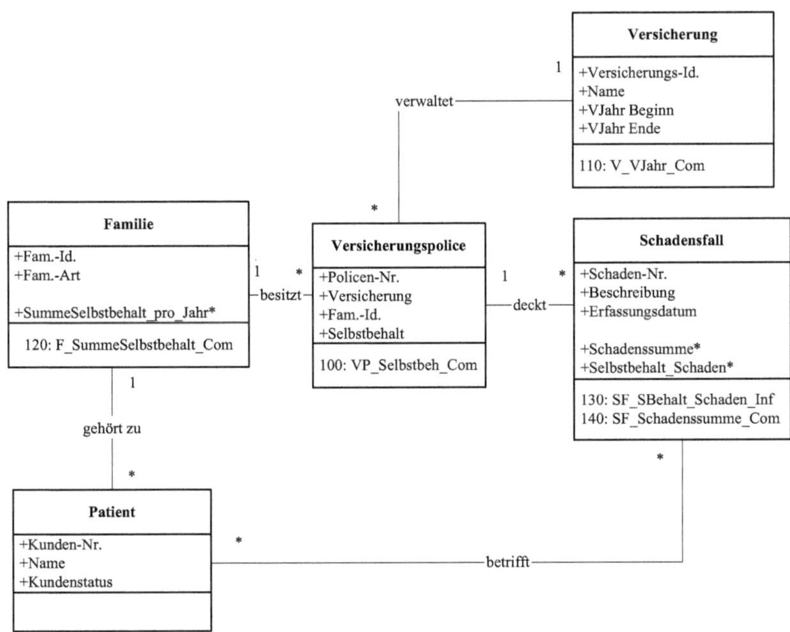

Abb. 5-27: Objektklassenmodell der Fallstudie

---

462 Aus Gründen der Übersichtlichkeit wird auf eine Definition der übrigen in dieser Regel verwendeten *Terms* verzichtet.

463 Die beschriebenen Regeln könnten prinzipiell als Fakten aufgefasst werden. In enger Auslegung der in dieser Arbeit verwendeten Definition, dass Fakten strukturelle Sachverhalte repräsentieren, werden hier auch diejenigen Regeln als Berechnungen definiert, die einem originären Attribut einen konstanten Wert zuweisen.

Schritt 4: Detaillierung und Vervollständigen der Regeln

In dem bisher entwickelten Regelmodell liegen schon alle Regeln in atomarer Form vor.[464] Dies kann an Hand der in Kap. 5.2.1.5.1 formulierten Eigenschaften leicht überprüft werden.

Demgegenüber ergibt die Vollständigkeitsprüfung, dass beispielsweise noch keine Regel für den Fall existiert, dass der „maximale jährliche Selbstbehalt" bereits überschritten wurde (Regel 130). Dies führt zu folgender zusätzlicher Inferenzregel:

> *150: „Wenn der* ***maximale jährliche Selbstbehalt pro Familie*** *erreicht oder überschritten ist, dann beträgt der* ***Selbstbehalt für einen Schadensfall*** *0."*

Zusätzlich muss ebenfalls noch definiert werden, dass der „jährliche Selbstbehalt" beim Wechsel des *Versicherungsjahres* auf „0" zurück gesetzt werden muss (Regel 100).

Schritt 5: Zuordnung der atomaren Geschäftsregeln zu den Elementen im Objektklassenmodell

In diesem Schritt werden die in Schritt 4 neu ermittelten Regeln in das Objektklassenmodell eingefügt (vgl. Abb. 5-28).

Schritt 6: Identifikation der Abhängigkeiten zwischen Geschäftsregeln

Für das Design der Applikation ist schliesslich noch die Ermittlung der Regelabhängigkeiten von Bedeutung. Durch Anwendung der in Kap. 5.2.1.6 formulierten Meta-Regeln ergeben sich die in der Abb. 5-29 gezeigten Abhängigkeiten.

Mit der Definition der Abhängigkeiten ist auch die Reihenfolge der Regelauslösung festgelegt. Diese muss der vom Prozessmodell vorgegebenen Ablauflogik entsprechen.

Zur Visualisierung der Abhängigkeiten wurde ein UML-Aktivitätsdiagramm verwendet. Darin könnten bei Bedarf, beispielsweise für eine weitergehende Analyse von komplexeren Regelmodellen - auch die jeweiligen Objektzustände bzw. die betroffenen Objekte zugeordnet und visualisiert werden.[465] Wurde das Prozessmodell ebenfalls in Form eines Aktivitätsdiagramms modelliert, so stellt die Darstellung der Abhängigkeiten eine Verfeinerung einer Menge von Aktivitäten des Prozessmodells dar. Die Forderung nach Durchgängigkeit der Methoden zur Modellierung von Prozessen und Anwendungssystemen ist damit erfüllt.

---

[464] Auf die Transformation der atomaren Regeln in eine semi-formale Regelsprache wird an dieser Stelle verzichtet.

[465] Vgl. Kap. 4.2.1.3.

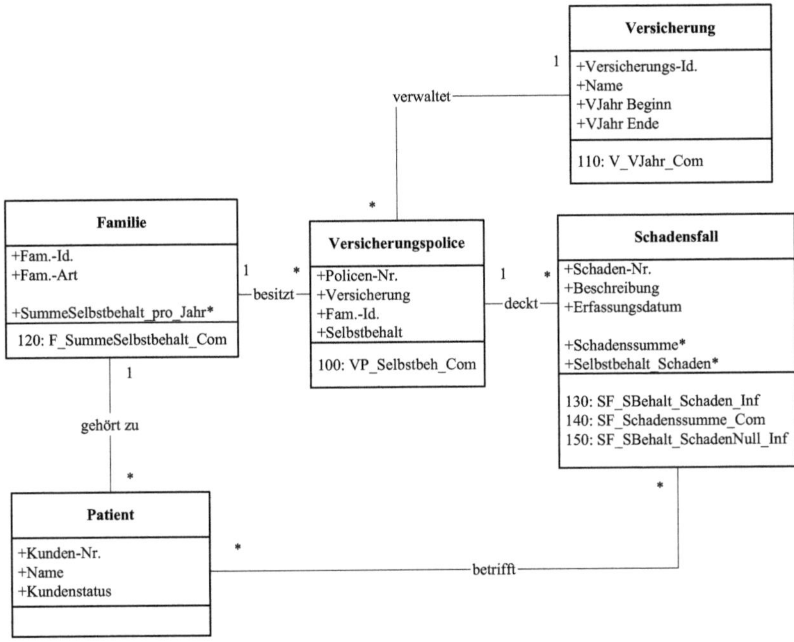

Abb. 5-28: Modifiziertes Objektklassenmodell der Fallstudie

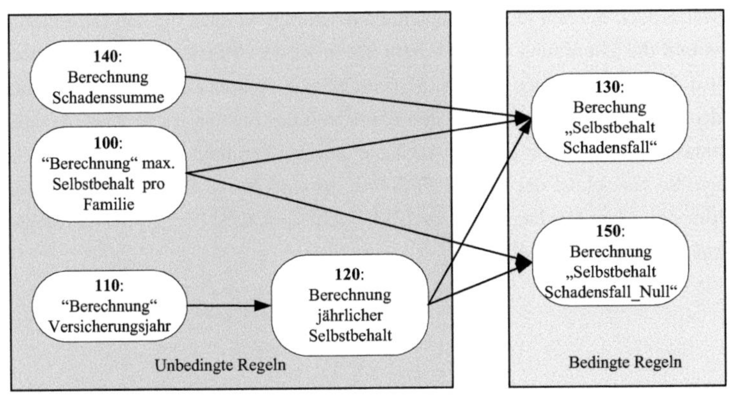

Abb. 5-29: Beispiel zur Visualisierung von Regelabhängigkeiten

5.2.4 Regelbasierte Modellierung mit UML

In Kap. 4.2.3.2 wurde darauf hingewiesen, dass in UML grundsätzlich verschiedene Möglichkeiten zur Modellierung von Geschäftsregeln angeboten werden. So können Regeln als OCL-Anweisungen, als Bedingungen in Zustandsdiagrammen oder durch die Semantik von UML-Modellen selbst definiert werden. Diese Aufzählung erhebt keinen Anspruch auf Vollständigkeit, zeigt aber das wesentliche Problem: Wie im Kontext der Prozessmodellierung bereits erwähnt, werden Geschäftsregeln in UML nicht als eigenständiges Betrachtungsobjekt aufgefasst, sondern entstehen quasi als „Abfallprodukt" bei der Analyse der Funktionen und der Datenstrukturen. In der Folge werden die Regeln in verschiedenen Beschreibungsformen und Diagrammen über das UML-Modell und später in dem implementierten System „verstreut":

> *"From a rules perspective, UML looks like our legacy systems. Remember how difficult it was to find all the date-related rules during our Y2K efforts? Rules are scattered around in UML models the same way."*[466]

Bei der Integration des in den vorangegangenen Abschnitten diskutierten Vorgehens ist daher zu beachten, dass die Regeln an möglichst wenigen Stellen im UML-Modell konzentriert werden. Das Objektklassenmodell bildet dazu den *Kristallisationspunkt*, d.h in diesem werden Regeln und Objektklassen gemeinsam beschrieben. Die Adaption des beschriebenen Vorgehens an die in UML enthaltenen Beschreibungsinstrumente ist so ohne Änderung des UML-Metamodells möglich. Dieser Aspekt ist vor allem im Hinblick auf die verfügbaren Modellierungswerkzeuge von Bedeutung.

Zum Metamodell müssen jedoch Elemente hinzugefügt werden, die den Detaillierungsprozess und die Zuordnung von Geschäftsregeln zu den Elementen im Objektklassenmodell dokumentieren. Der in Abb. 5-30 enthaltene Ausschnitt aus dem Metamodell zeigt den Zusammenhang zwischen den Elementen des regelbasierten Prozess- und des Objektklassenmodells. Die in Kap. 4.2.3.2 erläuterte Terminologie wurde dabei übernommen. So bezeichnet der Begriff *EPE-Process* eine aktive ECAA-Komponente, die mit Hilfe des Aktivitätsdiagramms in UML modelliert wird. Er ist ein Stereotyp des Konstruktes *Aktivität* in UML.

---

[466] Haggerty (2001), S. 5.

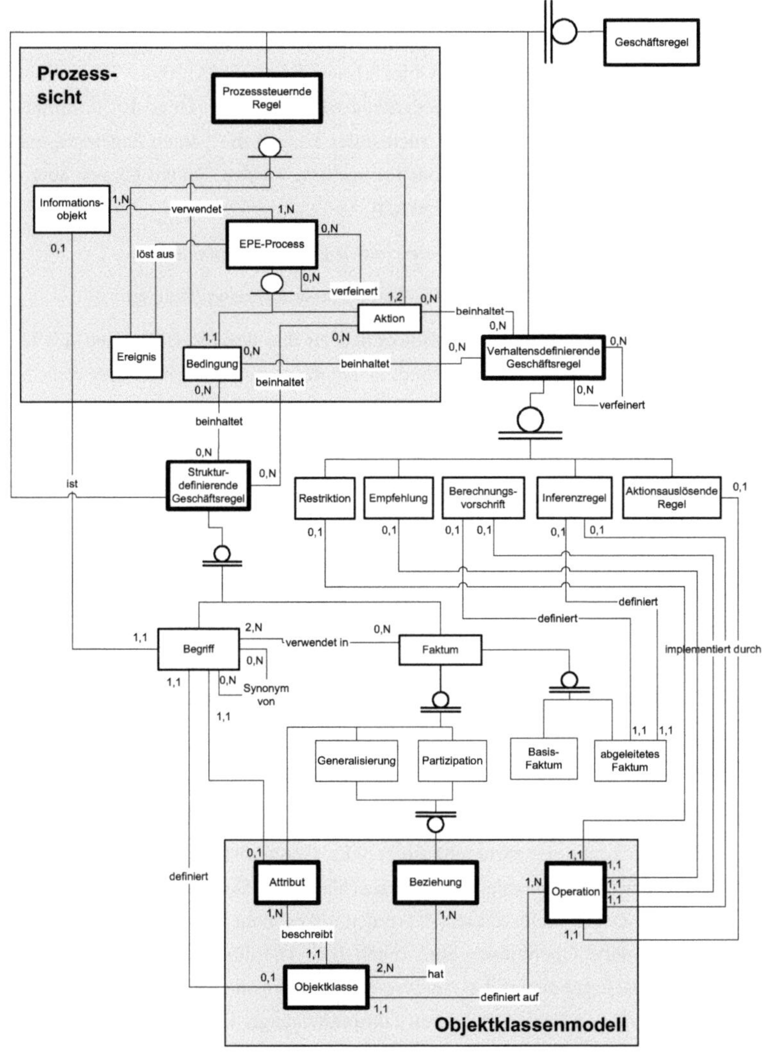

Abb. 5-30: Metamodell-Ausschnitt zur regelbasierten Systemmodellierung in UML[467]

[467] Die in diesem Kontext nicht relevanten Elemente sind im Metamodell nicht aufgeführt. So fehlen z.B. Konstrukte zur Modellierung der Organisationssicht oder von Beziehungen zwischen Informationsobjekten. Für die detaillierte Darstellung des Metamodells der Prozess-Sicht und der Integration in UML vgl. Abb. 4-39.

Unter einem Informationsobjekt wird ein für einen *EPE-Process* relevanter betriebswirtschaftlicher Begriff verstanden. Dieser beschreibt aus Sicht des zu modellierenden Anwendungssystem entweder eine Objektklasse oder ein Attribut. Letzteres kann sowohl ein *originäres* als auch ein *abgeleitetes* Element sein. Über das Informationsobjekt bzw. über deren Beziehungen zueinander können die Fakten abgeleitet und als Beziehungstypen im Objektklassenmodell modelliert werden. Fakten können aber auch einfach Attribute repräsentieren: Das Faktum

„Ein Kundenauftrag hat eine eindeutige Auftragsnummer"

ordnet das Attribut *Auftragsnummer* der Objektklasse *Kundenauftrag* zu.

Das Objektklassenmodell bildet das Bindeglied zu den übrigen Elementen des UML-Metamodells. Im Kontext der Modellierung regelbasierter Anwendungssysteme muss jedoch auch die Verwendung anderer UML-Diagramme definiert werden.

Wie in Kap. 5.2.1.1 beschrieben, können Anwendungsfälle definiert und daraus verhaltensbezogene Regeln abgeleitet werden. Zur Visualisierung von Anwendungsfällen wird in UML das Anwendungsfall-Diagramm zur Verfügung gestellt.

Zur Modellierung der Informationssicht kann das UML-Objektklassendiagramm verwendet werden. Wurden die Informationsobjekte bei der regelbasierten Prozessmodellierung ebenfalls in Form eines UML-Klassendiagramms modelliert, so kann das dort erstellte Objektklassenmodell direkt übernommen und systematisch ergänzt werden. Ein Wechsel der Modellierungstechnik ist nicht notwendig.

Für die Modellierung abgeleiteter Objektklassen in dem Klassen-Diagramm kann das Spezialisierungskonzept von UML verwendet werden. Hingegen muss für die Darstellung abgeleiteter Attribute ein geeigneter *Stereotyp* definiert werden.

Für die Analyse komplexer strukturdefinierender Geschäftsregeln wurde von Ross die Verwendung eines Faktenmodells für vorgeschlagen.[468] Das Aktivitätsdiagramm z.B. kann für diesen Zweck nicht verwendet werden, da es nicht Objektklassen, sondern nur auf diesen definierte Operationen zum Inhalt hat. Allerdings stellt das Faktenmodell keinen expliziten Ergebnistyp der Analyse dar, sondern dient lediglich als Hilfsmittel zur Visualisierung von Fakten und deren Zusammenhänge. Die Verwendung eines individuellen Hilfsdiagramms, wie z. B. des Faktenmodells, wäre daher prinzipiell möglich, solange das Modellierungsergebnis in das Objektklassenmodell integriert werden kann. Hier könnten lediglich Einschränkungen durch das verwendete Modellierungswerkzeug entstehen, wenn dieses beispielsweise keinen zusätzlichen Diagrammtyp unterstützt.

---

[468] Vgl. Ross / Lam (2000).

Auch das Kollaborationsdiagramm[469] erscheint für diesen Anwendungszweck geeignet zu sein, da bei diesem

> „*[...]die Objekte und ihre Zusammenarbeit im Vordergrund stehen [...].*"[470]

Dieses Diagramm muss aber so erweitert werden, dass neben Objektklassen und deren Beziehungen auch die Darstellung von Beziehungen zwischen Attributen untereinander und zwischen Objektklassen und Attributen ermöglicht wird. Auch müssen die Kanten-Namen, die eigentlich den Nachrichtenaustausch zwischen den Objekten repräsentieren, nun als Beziehungsnamen interpretiert werden. Die notwendigen Anpassungen könnten jedoch über geeignete Stereotypen realisiert werden.

Eine weitere Integrationsanforderung betrifft die Darstellung von abgeleiteten Objekttypen und Attributen. Diese müssen im Objektklassendiagramm besonders gekennzeichnet werden können. Auch dies kann leicht über *Tagged Values* realisiert werden. Mit Hilfe dieses UML-Erweiterungsmechanismus wird den Attributen und Objektklassen ein Meta-Attribut hinzugefügt, das angibt, ob es sich um ein originäres oder abgeleitetes Element handelt.

Schliesslich bleibt noch zu definieren, wie die Abhängigkeiten zwischen den Regeln dargestellt werden können. Dazu ist in UML das Aktivitätsdiagramm vorgesehen: Mit diesem wird die logische Reihenfolge des Aufrufs von Operationen zur Durchführung eines gegebenen Anwendungsfalls modelliert. Da im beschriebenen Verfahren die Regeln ebenfalls als Operationen von Objektklassen modelliert werden, ist die Verwendung des Aktivitätsdiagramms für die Modellierung von Regel-Abhängigkeiten prädestiniert. Dieses bildet dann eine Verfeinerung der zu automatisierenden ECAA-Komponenten, die ihrerseits bereits als Stereotyp einer Aktivität *(EPE-Process)* modelliert wurden.[471]

Die übrigen in UML angebotenen Diagramme werden nicht zwingend benötigt. Sie können jedoch in Abhängigkeit von dem gewählten Vorgehensmodell für die Modellierung zusätzlicher Sichten verwendet werden. So könnte beispielsweise das Zustandsdiagramm zur Analyse des Objektlebenszyklus Anwendung finden. Die Regeln, die den Zustandsübergang eines Objektes auslösen bzw. durchführen, müssen dann jedoch als Operation im Objektklassenmodell definiert sein.

Spätestens nach der Detaillierung der Regeln sollten diese in einer formalen Sprache formuliert werden. Im Zusammenhang mit UML bietet sich hier die Verwendung einer

---

[469] Vgl. OMG (1999b), S. 3-97 ff.

[470] Oesterreich (1998a), S. 301.

[471] Vgl. Kap. 4.2.4.

vereinfachten, OCL-ähnlichen Syntax an.[472] Denn einerseits ist diese Sprache den meisten UML-Anwendern vertraut. Zum anderen ist OCL hinreichend deklarativ und unabhängig von dem Zielsystem.

Zusätzlich sind für die Sicherung der Konsistenz des konzeptionellen Systemmodells Meta-Regeln zu definieren. So muss beispielsweise gewährleistet sein, dass zu jedem abgeleiteten Attribut mindestens eine Regel auf derselben Objektklasse definiert ist. In derselben Weise müssen die Beziehungen zwischen originären und abgeleiteten Objektklassen sicher gestellt werden.[473]

5.3 Zusammenfassung

In diesem Kapitel wurde untersucht, auf welche Weise die in einem regelbasierten Prozessmodell ermittelten Geschäftsregeln systematisch in unterschiedliche Informationssystem-Klassen abgebildet werden können. Die Bedeutung des Prozessmodells als Bezugspunkt der Entwicklung von Informationssystemen sei durch nachstehendes Zitat noch einmal unterstrichen:

"The business model is increasingly seen as having significant intrinsic value to the business, apart from its role with the IT department. Here are some key system development goals [...]:

- *Provide a formal basis for specifying the business requirements for the system.*
- *Provide a means for business people to efficiently and effectively validate system designs for conformance to the requirements.*
- *Provide authentic instructional and training material for system users.*
- *Aid system development by automated transformation of the business model and the requirements into components of the system, in accordance with software architecture and systems architecture requirements."*[474]

Für die Automatisierung von prozesssteuernden Regeln bieten WFMS prinzipiell die geeignete Unterstützung. Es wurde gezeigt, wie ECAA-Regeln in äquivalente Konstrukte der von der WfMC definierten Workflow-Process-Definition-Language transformiert werden können. Dies ist grundsätzlich möglich, wobei in einigen Fällen keine direkte Umsetzung erfolgen kann. So wird die Transformation von Schleifenkonstrukten

[472] Die OCL bietet keine aktiven Konstrukte an, so dass Berechnungs- und Inferenzregeln nicht in OCL formuliert werden können (vgl. van Baelen (1998), S. 197).

[473] Vgl. Kap. 5.2.1.7.

[474] Hendryx (2003), S. 1.

nicht direkt unterstützt, sondern erfordert zusätzliche Implementierungsschritte. Die Mächtigkeit der WPDL ist auch hinsichtlich der Abbildung struktureller Aspekte, z.B. von Organisationseinheiten, eingeschränkt. Es können daher nicht alle Elemente des regelbasierten Prozessmodells in die WPDL übernommen werden.

Eine weitgehend automatische Transformation von Prozessmodellen in Workflows setzt allgemein einen hohen Detaillierungsgrad der Modelle voraus. Darüber hinaus müssen, ausgehend vom Prozessmodell, die für eine Automatisierung prädestinierten Teil-Prozesse mit einem geeigneten Verfahren identifiziert werden.

Die einzelnen Komponenten des regelbasierten Prozessmodells können in regelbasierten Anwendungssystemen implementiert werden. Letztere implementieren vor allem Intra-IS-Regeln, die mit einem geeigneten Verfahren ermittelt und analysiert werden müssen. Der Bezug zu den ECAA-Regelkomponenten im Prozessmodell muss dabei erhalten bleiben.

Bei der Analyse der Intra-IS-Regeln werden zunächst die *verhaltensdefinierenden* Regeln betrachtet. Diese verwenden originäre und abgeleitete Informationen, die wiederum als *Terms* oder Fakten in einem Objektklassenmodell dargestellt werden können. Die verhaltensdefinierende Regeln haben *wissensbildende* Eigenschaften, d. h. sie erzeugen neue Informationen und können auch als auf Objektklassen definierte Operationen aufgefasst werden. Das Objektklassenmodell wird damit zum zentralen Instrument zur Modellierung von Intra-IS-Regeln.

Eine präzise, deklarative Formulierung unterstützt die Detaillierung der Regeln und deren Qualitätssicherung. Das Ergebnis ist ein *Regelmodell*, das alle struktur- und verhaltensdefinierenden Regeln enthält.

Die Analyse und Modellierung regelbasierter Anwendungssysteme beschreibt ein bestimmtes Vorgehen, das prinzipiell mit jeder Modellierungsmethode umgesetzt werden kann. Die Verwendung von UML hat jedoch den bedeutenden Vorteil, dass sie die durchgängige Verwendung derselben Methoden unterstützt. So kann ein mit Hilfe der EPE modelliertes regelbasiertes Prozessmodell systematisch bis zur Spezifikation der entsprechenden Anwendungssysteme in UML durchgeführt werden. In Abhängigkeit vom gewählten Vorgehensmodell müssen dazu lediglich spezialisierende Stereotypen definiert werden.

6 Werkzeuge zur Unterstützung des Geschäftsregel-Managements

In den vorangegangenen Kapiteln standen Analyse und Modellierung von Prozessen auf der Basis von Geschäftsregeln im Vordergrund. Weiter wurde gezeigt, wie ein regelbasiertes Prozessmodell oder Teile davon in Workflow- oder Anwendungssystem-Modelle überführt werden können. An verschiedenen Stellen wurde dabei die Bedeutung eines *Regel-Repositories* für den gesamten Modellierungsprozess betont, ohne dass dessen Funktionalität zur Erfassung und Verwaltung von Geschäftsregeln näher diskutiert wurde. In Kap. 2.2 wurden darüber hinaus die Bedeutung der *Rule Engines* für die Implementierung bzw. Automatisierung von Geschäftsregeln in Anwendungssystemen skizziert.[475] Deren Architekturen und Funktionalitäten beeinflussen in hohem Masse den Prozess der Implementierung von Geschäftsregeln.

Das Regel-Repository und die Rule Engine bilden wichtige Bausteine einer regelbasierten Entwicklungs- und Anwendungsarchitektur. In diesem Kapitel werden die Funktionalitäten und deren Einbettung als Komponenten in eine IT-Gesamt-Architektur diskutiert. Dazu müssen zunächst Begriff und Aufgaben des Geschäftsregel-Managements *(GRM)* erläutert werden. Damit wird ein Bezugsrahmen für die Einordnung der Werkzeuge für das Regel-Management geschaffen. Von den Aufgaben des Geschäftsregel-Managements ausgehend werden dann Anforderungen an unterstützende Werkzeuge formuliert, bevor ein Überblick über die Eigenschaften bekannter Forschungs- und kommerziell verfügbarer Systeme zur Unterstützung des GRM gegeben wird. Diese werden abschliessend auf Basis eines zweidimensionalen Schemas klassifiziert.

6.1 Das Management von Geschäftsregeln

Wie alle anderen Systeme folgen auch regelbasierte Informationssysteme einem Lebenszyklus. Da diese zudem vor allem mit dem Ziel der Flexibilität entworfen werden, unterliegen sie häufigen Anpassungen und Änderungen. Ein effizientes Geschäftsregel-Management ist daher eine wichtige Voraussetzung.

Unter dem Begriff des Geschäftsregel-Managements werden alle Aktivitäten und Strategien zusammengefasst, die auf die Analyse und Modellierung, Implementierung und Automatisierung sowie auf die Anpassung und Weiterentwicklung von Geschäfts-

[475] Bei dem Begriff *Rule Engine* handelt es sich ähnlich wie bei der *Workflow-Engine* um einen feststehenden Begriff. In dieser Arbeit wird er daher nicht übersetzt.

regeln und der sie unterstützenden Informationssysteme ausgerichtet sind. Das Management von Geschäftsregeln leistet einen Beitrag dazu, die

- Unternehmensführung bei unternehmensrelevanten Änderungen effizient zu unterstützen. Denn alle Änderungen sind schlussendlich Veränderungen in den Geschäftsregeln,
- rasche Anpassung an sich ändernde Situationen zu erleichtern,
- Kommunikation zwischen Anwendern und Informatik-Spezialisten zu verbessern,
- Redundanzen und Inkonsistenzen bei der Entwicklung und Verwendung von Geschäftsregeln zu minimieren[476] und die
- Transparenz und das Verständnis der Geschäftsprozesse zu erhöhen.[477]

Entsprechend lassen sich die *Aufgaben* des Geschäftsregelmanagements wie folgt klassifizieren:

- Bereitstellung von Methoden und Werkzeugen zur Unterstützung des Prozesses der regelbasierten Anwendungsentwicklung.
- Management des Lebenszyklus von Geschäftsregeln. Neben dem Erfassen und Verwalten von Geschäftsregeln muss auch das Retrieval, die Anpassung und das Versionsmanagement von Regeln sicher gestellt sein.
- Management der Automatisierung von Geschäftsregeln. In Abhängigkeit von der gewählten Implementierungsart kann dies im Idealfall „per Knopfdruck" durchgeführt werden oder aber, im ungünstigen Fall, einen komplexen Re-Implementierungsprozess auslösen. In Kap. 6.1.1 werden die möglichen Implementierungsarten und deren Eigenschaften skizziert.

Abgeleitet aus den Zielen und Aufgaben kann der Kreislauf des Managements von Geschäftsregeln wie in Abb. 6-1 dargestellt werden. Diese werden später näher betrachtet.

Die Notwendigkeit der Unterstützung des GRM durch geeignete Werkzeuge ergibt sich schon aus der hohen Anzahl der potenziell zu verwaltenden Regeln und aus der Komplexität der Regel-Beziehungen.[478] Geschäftsregelbasierte Entwicklungs- und Laufzeitumgebungen stellen entsprechende Werkzeuge für Entwicklung, Verwaltung und Implementierung von Geschäftsregeln zur Verfügung. In Anlehnung an das Rahmenmodell für regelbasierte Tools von Moriarty[479] und an das Phasenmodell zur regelbasierten

---

[476] Vgl. von Halle (2001), S. 496.

[477] Vgl. von Halle (2001), S. 496.

[478] Vgl. Ross (2001c).

[479] Vgl. Moriarty (2000b), S. 1 ff.

Systemanalyse von Herbst[480] lässt sich die Modellarchitektur einer regelbasierten Umgebung wie in Abb. 6-2 gezeigt darstellen.

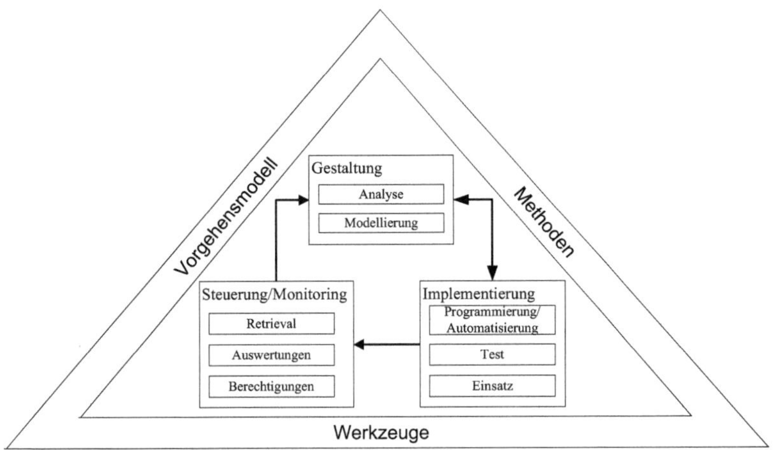

Abb. 6-1: Der Regelkreis des Geschäftsregel-Managements

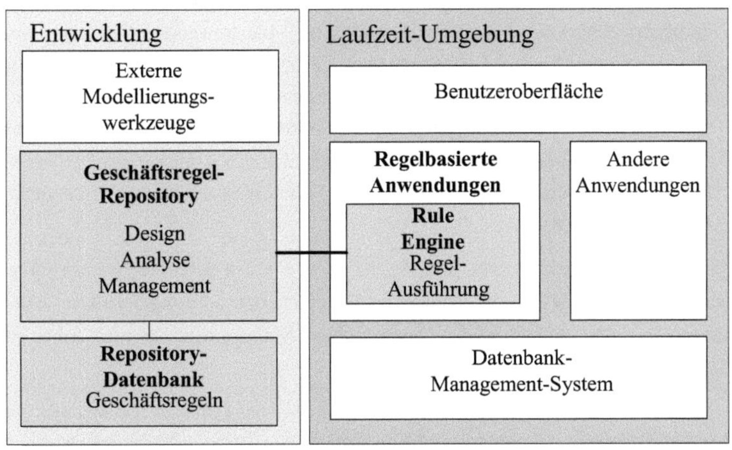

Abb. 6-2: Modell einer regelbasierten Anwendungsarchitektur

480 Vgl. z. B. Herbst (1995), S. 187; von Halle (2001), S. 61 ff.

Jede Komponente des Modells enthält spezifische Funktionen für die einzelnen Phasen der regelbasierten Anwendungsentwicklung:

- Das *Geschäftsregel-Repository* mit der Repository-Datenbank beinhaltet alle Funktionen für die Entwicklung, Erfassung, Speicherung, Analyse und das Retrieval von Geschäftsregeln. Allgemein sind Repositories Sammlungen von Meta-Daten über Objekte der DV-Welt und der zwischen ihnen bestehenden Beziehungen.[481] Die Beschränkung auf Objekte der DV-Welt erscheint im Kontext der Geschäftsregeln jedoch zu eng. Vielmehr soll ein Geschäftsregel-Repository in der Lage sein, auch nicht-automatisierbare Regeln und deren Zusammenhänge zu speichern und zu verwalten:[482]

  „A business rule repository is a central place where managers, analysts, and software developers can define, share, and maintain the business rules of a company“.[483]

- Die *Rule Engine* ist eine eigenständige Software-Komponente zur effizienten Ausführung von Geschäftsregeln. Deren wesentlichen Aufgaben bestehen in der Überwachung der Applikationsobjekte (*observe*), der Auswahl der auszuführenden Geschäftsregeln (*infer*) sowie dem Auslösen der in den Regeln spezifizierten Aktionen (*act*). Den Kern der Rule Engine bildet der *Regel-Agent*, der auch als *Inferenz-Komponente* bezeichnet wird. Dieser enthält Algorithmen zur Ermittlung der im gegebenen Kontext relevanten Regeln sowie zur Definition einer optimalen Reihenfolge der Regelausführung.[484] Idealerweise ist die Rule Engine mit dem Geschäftsregel-Repository verbunden, so dass im Repository durchgeführte Änderungen direkt von der Rule Engine erkannt und ausgeführt werden können. Diese bildet somit den Kern der Laufzeitumgebung einer regelbasierten Anwendungsarchitektur. Oft sind Rule Engines in den Applikations-Servern verteilter Architekturen integriert. In solchen Fällen wird die Komponente auch als *Rules Server* bezeichnet.

Gemeinsam mit der Präsentations- und Datensicht sowie den Schnittstellen zur Integration externer Systeme bilden die skizzierten Komponenten eine *regelbasierte Anwendungsarchitektur*. Die Aufgaben des Geschäftsregel-Managements können daher auch

---

[481] Vgl. Myrach (1995), S. 115. Für eine detaillierte Darstellung von Konzepten und dem praktischen Einsatz von Repositories vgl. ebenfalls Myrach (1995). Einen Überblick über Meta-Daten gibt z.B. Jasper (1998), S. 79 f.

[482] In Kap. 6.2 werden die notwendigen Eigenschaften und Funktionalitäten eines Regel-Repositories näher erläutert.

[483] Seiler (1999), S. 4.

[484] Rule Engines verwenden dazu häufig den *Rete Algorithmus* (vgl. z. B. Giarratano / Riley (1994), S. 513 ff).

definiert werden als die *Gesamtheit der Massnahmen für den Aufbau, die Entwicklung, Wartung und Weiterentwicklung einer regelbasierten Anwendungsarchitektur*. Diese Aufgaben werden nachfolgend kurz beschrieben, bevor die Architektur-Komponenten im Einzelnen betrachtet werden.

6.1.1 Gestaltung regelbasierter Prozesse und Systeme

In wesentlichen Teilen dieser Arbeit wurden die Prinzipien, Konzepte und Methoden der regelbasierten Analyse und Modellierung von Geschäftsregeln vorgestellt. Diese bilden den Kern der Gestaltungsaufgabe des Geschäftsregel-Managements. Daneben ist jedoch auch ein konkretes Vorgehensmodell von Bedeutung. Letzteres kann als eine detaillierte Beschreibung des Geschäftsprozesses *Entwickeln einer Anwendung* aufgefasst werden.[485] Von Herbst wird für die konzeptionelle Modellierung von Geschäftsregeln ein angepasstes Phasenmodell vorgeschlagen.[486] Es können aber auch in der Praxis verbreitete Vorgehensmodelle, wie z.B. der *Unified Process*,[487] adaptiert und für die regelbasierte Anwendungsentwicklung verwendet werden.

Das Regel-Repository ist das primäre Werkzeug zur Unterstützung der Gestaltungsaufgabe des GRM. Es muss die vom Vorgehensmodell verwendeten Methoden unterstützen (vgl. Abb. 6-1).

6.1.2 Implementierung regelbasierter Anwendungssysteme

Während die Spezifikation und Implementierung regelbasierter Prozessmodelle in WFMS durch die weitergehende Detaillierung der ECAA-Regeln realisiert werden kann,[488] gestaltet sich die Implementierung regelbasierter Anwendungssysteme relativ komplexer. Denn neben den Prozess-Regeln sind noch weitere, Struktur und Verhalten des Anwendungssystems bestimmende Regelklassen zu implementieren.

In Abhängigkeit von den verwendeten Implementierungswerkzeugen können im wesentlichen zwei Szenarien unterschieden werden, die nachfolgend näher betrachtet werden:

- Implementierung des modellierten Anwendungssystems ohne Verwendung einer Rule Engine oder
- Implementierung mit Unterstützung einer Rule Engine.

---

485 Vgl. Fischer / Biskup / Müller-Luschnat (1998), S. 18.

486 Vgl. z. B. Herbst (1995), S. 187, aber auch von Halle (2001), S. 61 ff.

487 Mit *Unified Process* wird ein von Jacobson entwickeltes Vorgehensmodell bezeichnet. Diese unterstützt die Verwendung von UML (vgl. Jacobson / Booch / Rumbaugh (2000)).

488 Vgl. Kap. 5.1.

6.1.2.1 Implementierung ohne Unterstützung einer Rule Engine

In Kap. 5.2 wurde vorgeschlagen, die im Anwendungssystem zu implementierenden Regeln als Operationen oder Attribute von Objektklassen zu modellieren. In den folgenden Design- und Implementierungsphasen können diese dann mit Hilfe herkömmlicher objektorientierter Techniken implementiert werden. Die als Operationen definierten Regeln würden in diesem Fall prozedural programmiert werden.

Bei diesem Implementierungsverfahren existiert kein direkter Bezug zum Geschäftsregel-Repository in dem Sinne, dass eine Änderung im Repository automatisch auch Änderungen in den Anwendungssystemen auslöst. Eine Regel-Änderung sollte zwar auch zu Anpassungen im entsprechenden Programm-Code führen, diese müssen im objektorientierten Anwendungssystem jedoch manuell durchgeführt werden. Das Repository dient als Verzeichnis über alle vorhandenen Geschäftsregeln und gibt Auskunft, in welchen Objektklassen welche Geschäftsregeln implementiert sind.

Die Durchführung von Änderungen in den Objektklassen kann vereinfacht werden, in dem beim Design des Anwendungssystems eine Steuer-Objektklasse definiert und implementiert wird. Diese übernimmt ähnlich wie eine Rule Engine zentrale Steueraufgaben, d. h. die Geschäftsregeln oder Teile davon werden in diesem zentral implementiert. Zwei im Anwendungssystem instantiierte Objekte tauschen untereinander dann nicht mehr direkt Nachrichten aus, sondern kommunizieren indirekt über das Steuer-Objekt. Die darauf definierten Operationen rufen in Abhängigkeit des Systemstatus bestimmte, auf den Objekten definierte Operationen in einer geeigneten Reihenfolge auf.

Die Umsetzung dieses Design-Prinzips hat jedoch auch bedeutende Nachteile: Diejenigen Geschäftsregeln, die einen Bedingungsteil enthalten, werden geteilt, d. h. in verschiedenen Objektklassen implementiert. Denn für den Entscheid, welche Operation als nächstes aufgerufen werden soll, muss die Steuer-Objektklasse in der Lage sein, die dazugehörigen Bedingungsprüfungen durchzuführen. Der Aktionsteil der Regel hingegen muss als Operation auf der ausführenden Objektklasse implementiert werden. Zu erwähnen ist ferner, dass dieses Design-Prinzip zu Performance-Einbussen und verlängerten Antwortzeiten führen kann, was bei zeitkritischen transaktionalen Anwendungen zu Problemen führen kann.

Eine Alternative besteht darin, die Anwendungslogik nur punktuell in Form von Regeln zu kapseln. Dabei wird der Umstand genutzt, dass in einigen Anwendungsfeldern grosse Teile der Geschäftslogik nach wie vor statisch ablaufen und an diesen Stellen fest implementierte oder parametrisierbare Programmabläufe durchaus akzeptabel sind. Dies könnte z.B. bei der Personalisierung von Internet-Diensten der Fall sein. Ein weiteres populäres Beispiel ist der E-Mail-Client von Microsoft Outlook. Dessen Benutzer kann über einen sogenannten *Wizard* Regeln zur automatisierten Verwaltung eingehender E-

Mails erstellen. Derartige Anwendungen können aber auch serverseitig eingesetzt werden: So könnte z. B. ein Benutzer von Finanzportalen Regeln zur Automatisierung bestimmter Depot-Verwaltungsfunktionen konfigurieren:

> *„Wenn eine Aktie mehr als 5% des Wertes an einem Tag verliert und der Anteil der Aktie im Portfolio grösser als 2% ist, sende Warnung per SMS."*

Die Regeln bilden dabei gewissermassen das intellektuelle Rückgrat eines Anwendungssystems. Der grundsätzliche Ablauf bleibt jedoch statisch programmiert, die definierten Regeln werden an festen Punkten der Applikation aufgerufen. Solche Ansätze entsprechen daher eher dem Konzept von *Software-Agenten.*[489]

Unabhängig von der Art der Implementierung dienen die Inhalte des Geschäftsregel-Repositories jedoch als Verwendungsnachweise für Geschäftsregeln, d.h. von jeder Regel ist bekannt, in welcher Applikation, in welchen Objektklassen und in welcher Form diese implementiert ist. Die Suche und Anpassung von Regeln wird dadurch bedeutend erleichtert.

6.1.2.2 Automatisierung von Geschäftsregeln mit einer Rule Engine

Durch den Einsatz einer Rule Engine kann die Implementierung eines regelbasierten Anwendungssystems signifikant verkürzt werden. Die im Regel-Repository in deklarativer Form gespeicherten Geschäftsregeln werden der Rule Engine übergeben. Diese sorgt für die korrekte Umsetzung der Regeln in die entsprechende Zielsprache, propagiert diese in den betroffenen Anwendungssystemen und steuert deren Ausführung zur Laufzeit. Die Phasen Kodierung und Test können im Idealfall eliminiert werden (vgl. Abb. 6-3).

Aus applikationstechnischer Sicht ist eine Rule Engine eine Software-Komponente, die sich auf Basis einer wohldefinierten Programmier-Schnittstelle (*Application Programming Interface, API*) in bestehende Anwendungen einbinden lässt.[490] Dies kann z.B. über eine standardisierte Middleware wie J2EE oder CORBA erfolgen. In Kap. 6.3.2 werden Konzepte und Architektur von Rule Engines detaillierter betrachtet.

---

[489] Vgl. z. B. Caglayan / Harrison (1998), Brücher (2001).

[490] Vgl. Laures (2002), S. 110.

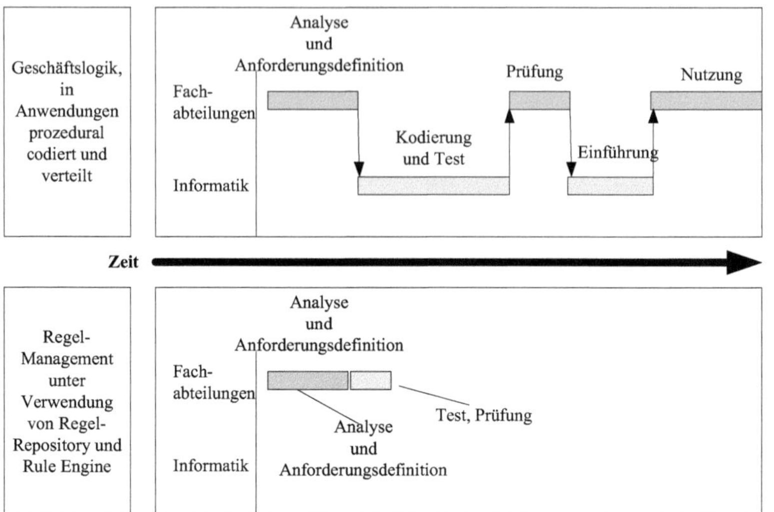

Abb. 6-3: Kürzere Reaktionszeit bei Änderungen durch Verwendung einer Rule Engine[491]

6.1.3 Steuerung und Überwachung von Geschäftsregeln

Die Steuerung und Überwachung von Regeln gehört ebenfalls zu den operativen Aufgaben des Geschäftsregel-Managements und beinhaltet vorwiegend folgende Aktivitäten:

- Versionsverwaltung und Historisierung: Zu einer Regel können verschiedene Versionen existieren, die in unterschiedlichen Kontexten zum Einsatz kommen oder sich in unterschiedlichen Stadien des Lebenszyklus befinden.
- Reports und Statistiken: Die Suche nach Geschäftsregeln mit bestimmten Merkmalen – z. B. *„Finde alle Regeln, die auf dem Objekt* Kunde *definiert sind"* – oder die Häufigkeit der Ausführung einer bestimmen Regel sind wichtige Aufgaben für die Pflege und Optimierung der Regelmenge.
- Vergabe und Überwachung von Berechtigungen zur Definition, Mutation und Ausführung von Geschäftsregeln.

Auch hier sind Regel-Repository und Rule Engine bedeutende Werkzeuge zur Unterstützung der beschriebenen Aktivitäten. Die Rule Engine sammelt, analog der Funktionalität einer Workflow-Engine, die für das Reporting notwendigen Roh-Daten, z. B. die Häufigkeit der Ausführung einer Regel pro Zeiteinheit oder Ausführungszeiten und -

[491] Vgl. Morgan (2002), S. 239.

dauer von Regeln. Diese Daten können im Regel-Repository ausgewertet und über geeignete Analyse-Funktionen zur Verfügung gestellt werden. Die übrigen der beschriebenen Aktivitäten, z. B. Versionsverwaltung oder die Suche nach Regeln mit bestimmten Merkmalen, müssen ebenfalls durch das Regel-Repository unterstützt werden.

6.2 Anforderungen an Werkzeuge für das Geschäftsregelmanagement

Aus den in den vorangegangenen Kapiteln vorgestellten Ansätzen zur Modellierung regelbasierter Prozesse und Informationssysteme ergeben sich wichtige funktionale Anforderungen an ein geeignetes Regel-Repository. Diese sind in der Tab. 6-1 den entsprechenden Aufgaben des GRM zugeordnet und beschrieben.

Phase	Anforderung	Beschreibung
Allgemein	Adaptierbares Meta-Modell	Das Meta-Modell des Regel-Repositories sollte in Abhängigkeit von der verwendeten Methode anpassbar und erweiterbar sein.
Allgemein	Auf Benutzer-Rollen basierendes Berechtigungs-konzept	In Abhängigkeit von der Benutzer-Rolle müssen unterschiedliche Berechtigungen vergeben werden können. Ein Entwickler beispielsweise darf Regeln anlegen, löschen und verändern, während ein Analytiker Regeln nur anlegen und verändern darf. Zudem müssen beliebig viele Benutzer-Rollen definiert werden können.
Steuerung und Überwachung	Verwaltung von Regel-Versionen	Zu einer Regel können verschiedene Versionen, z.B. in unterschiedlichen Entwicklungsstadien, existieren. Auch können verschiedene Versionen einer Regel in verschiedenen Applikationen implementiert sein. Das Repository muss das Versionsmanagement der Regeln unterstützen.
Steuerung und Überwachung	Historisierung von Regeln und Regel-Hierarchien	Diese Anforderung ist komplementär zu der Versionsverwaltung. Die Historie der Regeländerungen muss nachvollziehbar sein. Z.B. könnten alle zu einer Regel-Version gehörenden Anpassungen in einem Log-File

Phase	Anforderung	Beschreibung
		registriert werden.
Gestaltung	Mechanismus für die Klassifizierung von Geschäftsregeln	Das Repository muss die Klassifikation von Geschäftsregeln unterstützen. Die Zuordnung einer Regel zu einer Klasse ist dazu notwendige Voraussetzung. In Abhängigkeit von der Klassifizierung sollte das Repository auch nur bestimmte Formulierungen der Regel zulassen.[492]
Gestaltung	Verwaltung von *Rule templates*	Mit Hilfe von *Rule Remplates* können Regel-Muster (*Rule Patterns*) definiert werden. In diesem Muster können nur bestimmte Teile, z.B. der Bedingungsteil, angepasst werden, während die übrigen Teile der Regel fixiert und nur von autorisierten Personen geändert werden können. Diese Funktion unterstützt einerseits die Wiederverwendung von Regeln und trägt andererseits zur Standardisierung der Regel-Formulierung bei.
Gestaltung	Unterstützung bei der Erfassung bzw. Mutation von Regeln	Die Formulierung von Regeln muss durch geeignete *Point and Click*-Funktionalitäten unterstützt werden. Bspw. sollten beim Erstellen einer Regel alle *Terms* in einer Auswahlliste bereitgestellt werden.[493]
Gestaltung	Grafische Darstellung von Regelabhängigkeiten	Mit der grafischen Repräsentation von z.B. ECAA-Regeln können Prozesse dargestellt werden. Zudem können damit in geeigneter Weise allgemein Abhängigkeiten zwischen Regeln visualisiert werden.
Gestaltung	Verwaltung „horizontaler“ Abhängigkeiten zwischen Regeln	Sowohl im Rahmen der Prozessmodellierung als auch bei der Modellierung von Anwendungssystemen muss die Ausführungsreihenfolge von Geschäftsregeln definiert werden können.

[492] Vgl. Kap. 5.2.1.5.1.

[493] Vgl. z. B. ILOG (2002a), S. 26.

Phase	Anforderung	Beschreibung
Gestaltung	Unterstützung des Detaillierungs-prozesses von Regeln („vertikale" Abhängigkeiten)	Die Detaillierung der Regeln ist über beliebig viele Ebenen zu unterstützen. Inhärente Konsistenzbedingungen müssen dabei eingehalten werden. Bspw. dürfen die Aktionskomponenten einer ECAA-Regel auf der niedrigsten Abstraktionsstufe keine Disjunktionsereignisse auslösen.[494]
Gestaltung	Unterstützung einer formalisierten Regelsprache	Das Repository muss eine formalisierte Regelsprache unterstützen, z.B. die ECAA-Notation für Prozess-Regeln. Diese Regelsprache definiert für jede Regel-Klasse die Regelstruktur und die zulässigen Schlüsselwörter. Für die Regelsprache selbst gelten wiederum spezielle Anforderungen. So muss die Sprache die deklarative Formulierung unterstützen und möglichst einfach erlernbar sein.
Gestaltung	Zuordnung von Geschäftsregeln zu strukturellen Modellierungs-komponenten	Über die Zuordnung zu den strukturellen Komponenten werden z.B. Verantwortlichkeiten abgebildet. Aber auch die Zuordnung von Prozess-Regeln zu Unternehmenszielen oder Informationseinheiten sollten unterstützt werden.
Gestaltung/ Implementierung	Funktionen für das Regel-Debugging	Ein Regel-Repository muss Unterstützung bieten bei der Aufdeckung von inkonsistenten, redundanten oder sich überlappenden Regeln.[495]
Implementierung	Möglichkeit zur automatischen Übersetzung in unterschiedliche Zielsprachen	Die Regeln sind mit Objektklassen und den darauf definierten Attributen oder Operationen, assoziiert. Mit Hilfe geeigneter Übersetzungskomponenten können aus den Regeln Code für unterschiedliche Zielsprachen, z.B. XML oder JAVA, generiert werden.

[494] Vgl. Kap. 3.3.5.1.

[495] Vgl. Kap. 5.2.1.5.

Phase	Anforderung	Beschreibung
Implementierung	Definierte Schnittstelle zu einer Rule Engine	Im Repository vorgenommene Regeländerungen sollten möglichst ohne Zeitverzögerung direkt in allen betroffenen Applikationen wirksam werden. Dies setzt definierte Schnittstellen zu den regelautomatisierenden Komponenten, den Rule Engines, voraus.
Steuerung / Monitoring	Verwendungsnachweise: In welchen Applikationen bzw. Prozessen ist eine Geschäftsregel implementiert?	Um effizient Änderungen in Applikationen durchführen zu können, die nicht durch eine *rule engine* unterstützt werden, müssen die „Implementierungsorte" der Regeln in geeigneter Weise im Repository abgelegt werden können.
Steuerung/ Monitoring	Möglichkeit zur Erfassung und Auswertung von Informationen über das Nutzungsverhalten	Für die Optimierung der Regelverwendung und -auslösung sind Informationen z.B. über die Häufigkeit der Verwendung einer Regel von grosser Bedeutung. Diese Informationen können z.B. von einer Rule Engine zur Performance-Optimierung genutzt werden.[496] Die Ausführungsstatistiken können z.B. folgende Aussagen beinhalten: • Anzahl der Instantiierungen in einem gegebenen Zeitraum, • Anzahl der Ausführungen in einem gegebenen Zeitraum, • Ausführungsdauer einer Regel.
Steuerung/ Monitoring	Definition von unterschiedlichen Sichten auf die Repository-Inhalte	In Abhängigkeit von der Benutzergruppe sind unterschiedliche Sichten auf die Regeln relevant. Das Management interessiert sich bspw. nur für Regeln, die auf einem hohen Abstraktionsniveau formuliert sind, während für die Systementwicklung vor allem die detaillierte Regel-Ebene bedeutsam ist.

[496] Sofern das Regel-Repository in einer integrierten Umgebung direkt mit der Rule Engine kommuniziert (vgl. Abb. 6-2), können diese Parameter automatisch erhoben werden.

Phase	Anforderung	Beschreibung
Steuerung/ Monitoring	Gruppierung und Auswertung von Regeln nach unterschiedlichen Kriterien	Die Gruppierung von Regeln z.B. nach Objektklassen oder Geschäftsprozessen unterstützt die Verwaltung und Weiterentwicklung von Geschäftsregeln. Auch müssen Funktionen, z.B. in Form eines *Query Builders,* für die effiziente Suche nach Regeln aufgrund bestimmter Kriterien angeboten werden. So möchte z.B. ein Anwender alle Regeln sehen, die von ihm selbst formuliert worden sind.

Tab. 6-1: Funktionale Anforderungen an ein Regel-Repository

Die Reihenfolge der Aufzählung in Tab. 6-1 impliziert keine Aussage über die Bedeutung der Anforderungen. Ferner erhebt die Anforderungsliste keinen Anspruch auf Vollständigkeit: Es werden vor allem die Anforderungen beschrieben, die sich aus dem vorgestellten Ansatz zur Analyse und Modellierung von Geschäftsregeln und aus den Aufgaben des Geschäftsregelmanagements ergeben. Einige dieser Anforderungen spiegeln sich in den vorgestellten Meta-Modellen wieder.

Der Anforderungskatalog kann in der Praxis auch dazu verwendet werden, bereits im Unternehmen vorhandene Repositories auf ihre Eignung für die regelbasierte Prozess- und Anwendungssystem-Modellierung zu prüfen.

6.3 Unterstützende Werkzeuge

Die Beschreibung der Aufgaben, Wirkungsweise und des Nutzens von Repositories sowie deren Bedeutung für die Software-Entwicklung und das Datenmanagement sind bereits Gegenstand mehrerer Publikationen,[497] so dass auf deren detaillierte Beschreibung verzichtet wird. In einem auf die Verwaltung von Geschäftsregeln spezialisierten Regel-Repository sind jedoch die Funktionen zur Erfassung von Regeln in einer standardisierten Regelsprache und deren Zuordnung zu den Objektklassen des Anwendungssystems von besonderer Bedeutung. Ein mögliches Konzept zur strukturierten Regel-Erfassung wird daher in Kap. 6.3.1 exemplarisch näher betrachtet.

[497] Vgl. z. B. Vetter (1993), S. 191 ff., Myrach (1995), Herbst / Myrach (1997). Auch in Morgan (2002), S. 245 ff. wird ein grundlegendes relationales Datenmodell für ein allgemeines Regel-Repository detailliert dargestellt.

Neben dem Regel-Repository ist die Rule Engine die zweite wesentliche Komponente einer regelbasierten Anwendungsarchitektur. Mit deren Hilfe werden die Regeln aus dem Regel-Repository interpretiert und automatisiert. Hinsichtlich der Beschreibung von Konzepten und Architekturen von Rule Engines existieren bislang nur wenige Veröffentlichungen,[498] die sich zudem meist auf ein konkretes Produkt beziehen.[499] In Kap. 6.3.2 wird daher ein Überblick über die Wirkungsweise von Rule Engines gegeben und gezeigt, wie deklarativ formulierte Regeln automatisiert ausgelöst und durchgeführt werden können.

Und schliesslich werden bekannte wissenschaftliche Prototypen und verschiedene kommerziell verfügbare Systeme für das Geschäftsregelmanagement dargestellt, charakterisiert sowie auf Basis eines zweidimensionalen Schemas klassifiziert.

6.3.1 Funktionen zur Erfassung von Regeln in einem Regel-Repository

In Kap. 6.2 und bei der Modellierung der Geschäftsregeln wurde die Anforderung gestellt, dass Repositories eine hinreichend intuitive und an der Fachsprache des Benutzers angelehnte Sprache unterstützen müssen. Dabei wird durch die gewählte Regelklasse eine bestimmte Regel-Struktur für die Formulierung vorgegeben. Bedingte Regeln, z.B. Inferenzregeln, bestehen dabei aus Bedingungs- und Anweisungsteil, Restriktionen ausschliesslich aus einem Bedingungs- und Berechnungsregeln ausschliesslich aus einem Anweisungsteil.

Jede dieser Regelkomponenten kann über eine natürlichsprachliche Phrase beschrieben werden. Diese verwenden oder nehmen Bezug auf *Terms*. In einem Regel-Repository können sie verwendet werden, um eine auf einer Objektklasse definierte Operation zu maskieren. Über die Phrase wird damit der Bezug zwischen der semiformal formulierten Regelkomponente und der zugeordneten, auf der entsprechenden Objektklasse definierten, Operation hergestellt. In der Abb. 6-4 maskiert die Regel-Phrase

„the car color"

die auf der Objektklasse *Car* definierte Operation *getColor()*. In Abhängigkeit von der Klassifikation einer Regel werden vom Regel-Repository die erlaubten Regel-Phrasen selektiert und dem Anwender zur Auswahl angeboten. So können die Regeln nur in der für die Regelklasse vorgegebenen Syntax erfasst werden. Mit Hilfe einer grafischen Oberfläche können die Regeln dann per *Point and Click* zusammengestellt werden.

---

[498] Vgl. z. B. Laures (2002).

[499] Vgl. z. B. Mallens (1997); Mann (2000); ILOG (2002a).

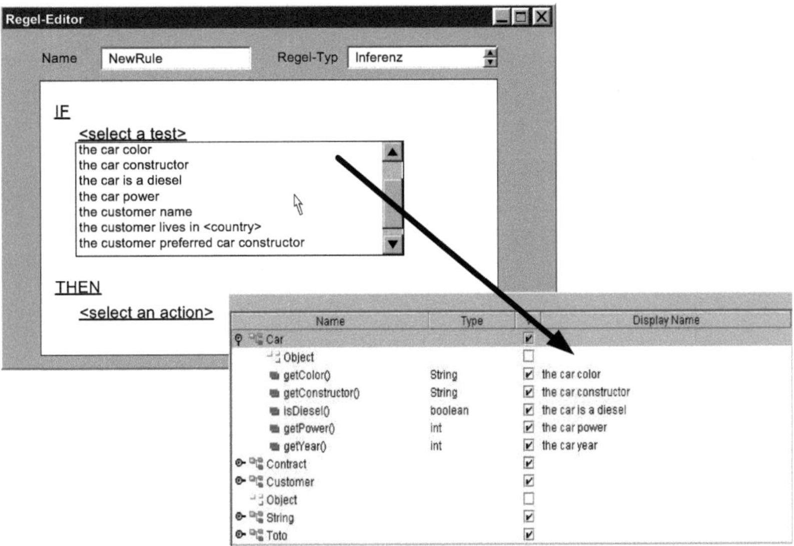

Abb. 6-4: Zuordnung von Regel-Phrasen zu Objekt-Methoden[500]

Die für eine Regel-Phrase zulässigen Vergleichsoperatoren und Werte können zudem aus dem Daten- bzw. Ergebnistyp der Operation und dem zulässigen Wertebereich abgeleitet werden. Diese werden während der Designphase des Anwendungssystems definiert (vgl. Abb. 6-5).

Das Regel-Repository muss dazu das konzeptionelle Objektklassenmodell beinhalten. Nur so kann die Zuordnung der Regel-Phrasen zu den Operationen der Objektklassen gewährleistet werden. Das im Repository enthaltene konzeptionelle Objektklassenmodell muss dabei unabhängig sein von der jeweiligen Zielumgebung, d.h. es repräsentiert die implementierten bzw. zu implementierenden Anwendungsobjektklassen auf einer rein fachlichen Ebene. Diese können dann z. B. als JAVA-Klassen oder XML-Schemas implementiert werden. Idealerweise übersetzt die Rule Engine das konzeptionelle Objektklassenmodell in die jeweilige Zielsprache. Umgekehrt sollte sie auch in der Lage sein, das konzeptionelle Objektklassenmodell aus dem Modell der Zielsprache zu generieren und damit die Konsistenz zwischen Anwendungssystem und Repository-Inhalten zu unterstützen.[501]

---

[500] Vgl. ILOG (2002a), S. 24 ff.

[501] Vgl. ILOG (2001b), S. 39.

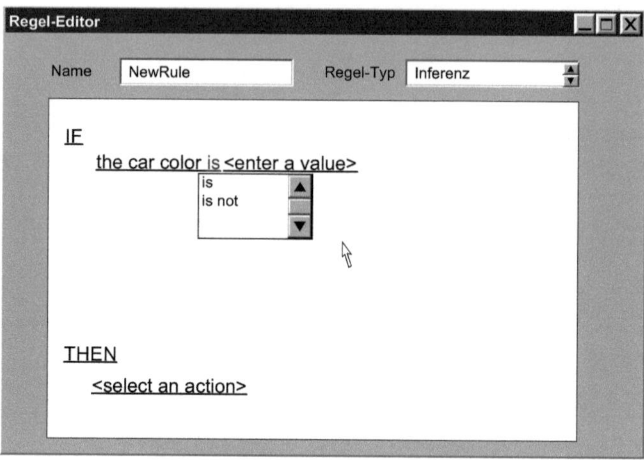

Abb. 6-5: Zuordnung zulässiger Vergleichsoperatoren zu einer Regel-Phrase

Bei der Erst-Implementierung des Systems müssen die Operationen immer noch in der jeweiligen Zielsprache programmiert werden. Hier ergibt sich jedoch beim Einsatz einer *Rule Engine* ein signifikanter Produktivitätsgewinn: Da die auf einer Objektklasse definierten Methoden keine Steuerungsfunktionen mehr implementieren, verliert deren Programmierung bedeutend an Komplexität. In vielen Anwendungssystemen sind die meisten Methoden einfache *Get-* bzw. *Set*-Operationen, d.h. sie liefern bzw. erzeugen, verändern oder löschen einen Wert. Die geringere Komplexität hat auch einen positiven Einfluss auf die Änderungsfreundlichkeit. Werden beispielsweise bei einer funktionalen Erweiterung, dem Anwendungssystem neue Operationen hinzugefügt, hat dies keinen Einfluss auf die Implementierung der anderen Operationen. Denn die Geschäftslogik ist nun nicht mehr in dem Programm-Code „versteckt", sondern explizit über die Regel-Definition manipulierbar. Die Maskierung der Operationen mit Hilfe von Regel-Phrasen ist daher eine wichtige Komponente eines Regel-Repositories. Denn auf diese Weise kann der Fach-Anwender wesentliche Änderungen über den Regel-Editor direkt im Anwendungssystem durchführen (vgl. Abb. 6-3).

Die Idee, programmiersprachliche Konstrukte mit einer semiformalen, deklarativen Beschreibungssprache zu maskieren, wurde bereits in den 80er-Jahren mit der Verbreitung logischer Programmiersprachen, z. B. PROLOG, entwickelt. So implementierte Appelrath einen PROLOG-basierten Triggermechanismus für eine Geo-Datenbank, bei dem die Trigger in einer benutzerfreundlichen Beschreibungssprache formuliert und dann automatisch in PROLOG-Prädikate übersetzt werden konnten.[502]

Grundsätzlich scheinen logische Programmiersprachen für die Implementierung der Funktion zur Regel-Erfassung als auch für die Implementierung einer Rule Engine gut geeignet zu sein. Dieser Aspekt wird auch in Schacher unterstrichen.[503] Er zeigt auf, wie die verschiedenen Regel-Typen mit Hilfe von PROLOG-Prädikaten formuliert und automatisch ausgeführt werden können. Auch der OpenSource-Ansatz MANDARAX zur Verarbeitung von Geschäftsregeln basiert ähnlich wie PROLOG auf einer Prädikatenlogik der 1. Ordnung.[504] Allerdings ist im MANDARAX-Ansatz keine Scriptsprache zur Repräsentation von Geschäftsregeln enthalten.

6.3.2 Konzept und Architektur von Rule Engines

Wie bereits erwähnt, ist eine Rule Engine aus programmtechnischer Sicht eine Software-Komponente mit einer wohldefinierten API. Viele kommerziell verfügbare Rule Engines werden als Klassenbibliotheken, meist als JAVA- oder C++-Bibliothek zur Verfügung gestellt,[505] so dass sich diese im Rahmen einer standardisierten *Middleware* wie z. B. CORBA in bestehende Anwendungen einbinden lassen (vgl. Abb. 6-6).

Bei der Einbindung in bestehende Anwendungen ist zu beachten, dass die Integration aus technischer Sicht zwar relativ einfach ist. Da in diesen die Geschäftsregeln aber meist implizit im Programm-Code enthalten sind, müssen die bestehenden Anwendungen jedoch häufig einem umfassenden Re-Design unterzogen werden.

Eine Rule Engine besteht allgemein aus folgenden Komponenten:[506]

- *Working Memory*: Dieser enthält die Objektmenge, die im Kontext der Anwendung relevant sein können. Dies sind alle auszuführenden Objektinstanzen.
- *Agenda*: Die Agenda ist ein Ablaufplan für die auszuführenden Regeln.
- *Regel-Agent*: Dieser bildet die Steuerungseinheit einer Rule Engine. Der Regelagent identifiziert im Working Memory die auszuführenden Regeln und erzeugt einen entsprechenden Eintrag in der Agenda.
- *Regelsatz*: Der Regelsatz ist ein Gruppierungsmechanismus. Er enthält alle Regeln, die im Rahmen einer Anwendung verwendet werden und bildet damit die Schnittstelle zum Regel-Repository. Bei der in dieser Arbeit vorgeschlagenen

---

[502] Vgl. Appelrath / Lorek (1988).

[503] Vgl. Schacher (2002).

[504] Vgl. Dietrich / Hiller (2002).

[505] Vgl. z. B. ILOG (2001b), S. 16, USoft (2003).

[506] Vgl. Laures (2002), S. 111.

geschäftsprozessorientierten Gruppierung beinhaltet somit ein Regelsatz alle die zur automatisierten Ausführung einer oder mehrerer Prozess-Aktivitäten benötigten Regeln.[507]

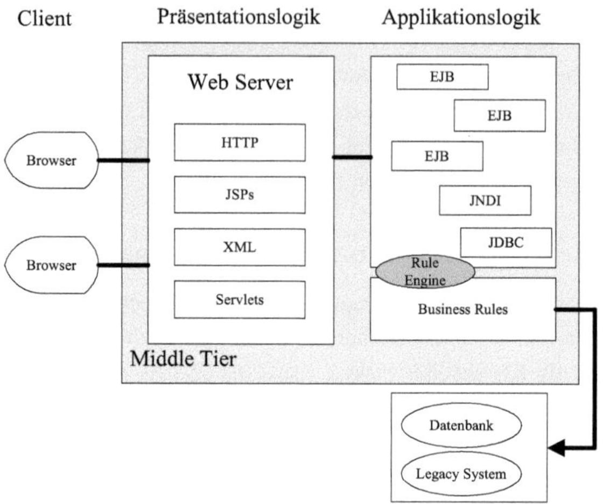

Abb. 6-6: Beispiel einer J2EE-Plattform mit integrierter Rule Engine[508]

In der Abb. 6-7 werden die Komponenten einer Rule Engine und ihre Interaktionen veranschaulicht.

Zur Erläuterung der Wirkungsweise der Rule Engine wird auf das Beispiel aus der in Kap. 5.2.2 vorgestellten Fallstudie zurückgegriffen, dessen Objektklassenmodell in Abb. 6-8 noch einmal dargestellt ist.

[507] In Mallens (1997), S. 37 werden als Verfahren für das „Clustering" von Regeln die objektorientierte und die prozessorientierte Gruppierung von Regeln unterschieden.

[508] Vgl. ILOG (2001a), S. 8.

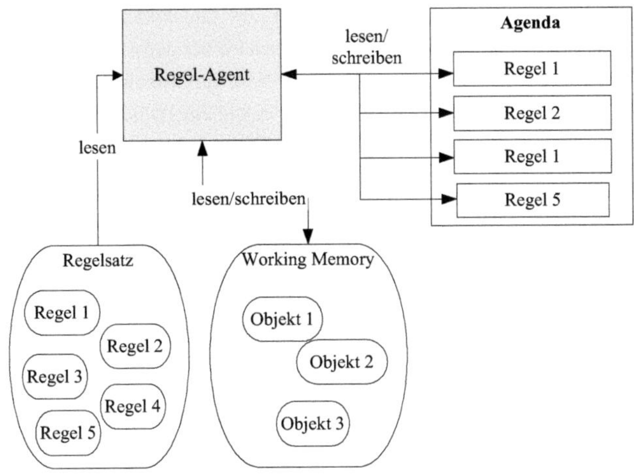

Abb. 6-7: Komponenten einer Rule Engine[509]

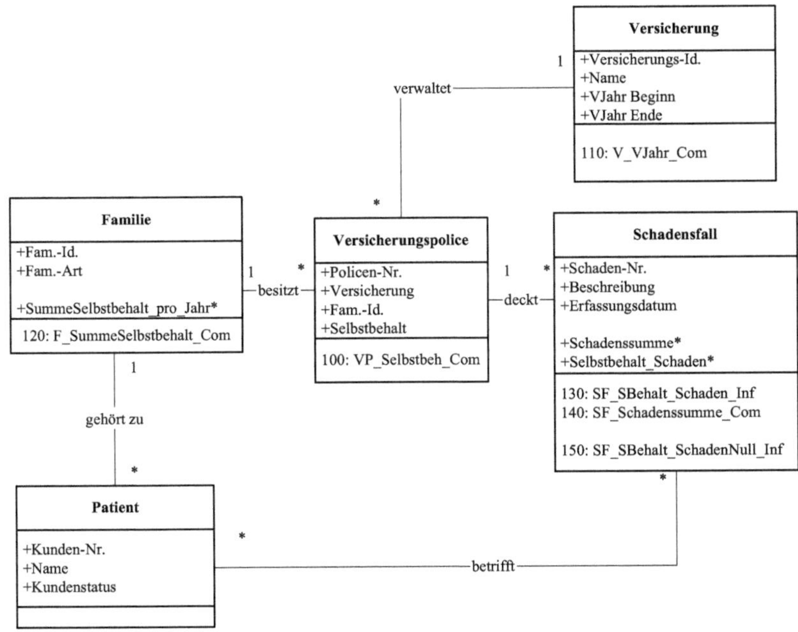

Abb. 6-8: Objektmodell der Fallstudie: Beispiel für Regelautomatisierung

[509] Vgl. Laures (2002), S. 111.

Die von einer Anwendung erzeugten Instanzen des Objektklassenmodell bilden die Inhalte des Working-Memories. So wird beispielsweise bei der Abwicklung eines Schadensfalles eine Objekt-Instanz *Patient* erzeugt. Diese repräsentiert die Person, welche den Schaden erlitten hat. Auch existieren mindestens je eine Objekt-Instanz der Klassen *Schadensfall* und *Versicherungspolice*, die den konkreten Schadensfall bzw. die Versicherungspolice beinhaltet. Zur Ermittlung der Schadenssumme werden vom Regel-Agenten nun diese diesen Objekten zugeordneten Regeln als relevant identifiziert, instantiiert und in die Agenda der Rule Engine geladen. Grundsätzlich werden alle auf einem der betroffenen Objekte definierten Regeln als relevant eingestuft.

Der *Working-Memory* und der Regel-Satz präsentieren sich in diesem Beispiel wie in Abb. 6-9 gezeigt.

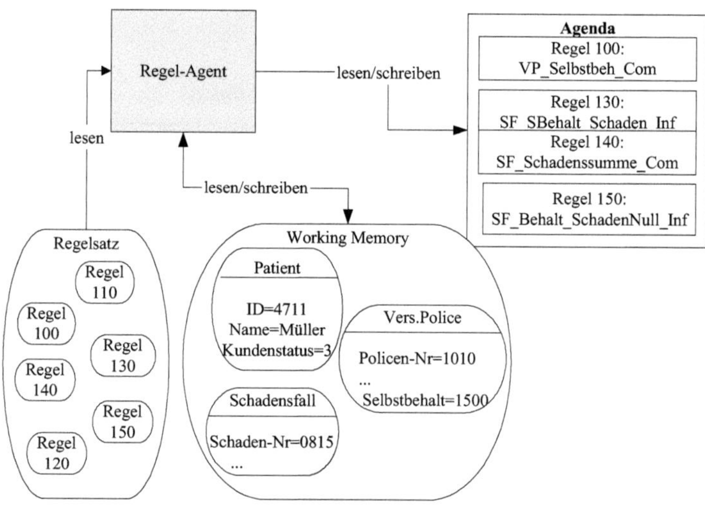

Abb. 6-9: Status der Rule Engine nach dem Laden der Regel-Instanzen

Die Aktionsteile der in der *Agenda* eingetragenen Regel-Instanzen werden von den Operationen ausgeführt, die auf den im *Working Memory* definierten Objektinstanzen definiert sind. Zu beachten ist, dass dabei die Reihenfolge der Ausführung grundsätzlich zufällig ist bzw. von einem Optimierungsalgorithmus bestimmt wird. Zwei voneinander abhängige Regel-Instanzen dürfen daher nicht gleichzeitig in der Agenda eingetragen sein. Aus diesem Grund sollten die Regeln auch keinen expliziten Bezug zueinander beinhalten. Es ist aber möglich, dass die Ausführung einer Regel-Instanz gemäss dem Abhängigkeitsdiagramm eine nachfolgende Regel aktiviert. Diese wird in die Agenda eingetragen, nachdem die „feuernde" Regel aus dieser entfernt wurde. Dennoch kann es in einigen Fällen notwendig sein, eine bestimmte Ausführungsreihenfolge innerhalb der gleichzeitig im Working Memory enthaltenen Regeln zu bestimmen. Einige Rule Engines unterstützen dies nur indirekt über eine Prioritätensteuerung.

Die meisten Rule Engines verwenden zur Identifikation der Regeln den sog. RETE-Algorithmus.[510] Dieser baut auf der Basis des Bedingungsteils einer Regel ein Netzwerk auf, das nur diejenigen Regeln überprüft, die von einer Änderung des *Working Memories* betroffen sind. Damit werden immer nur die Regeln in die Agenda geladen, die sich auf ein im *Working Memory* befindliches Element beziehen.

6.3.3 Klassifizierung der Systeme für das Geschäftsregelmanagement

Im Gegensatz zu traditionellen Architekturen kann bei Verwendung von Rule Engines nicht eindeutig zwischen Entwicklungsumgebung und produktivem System unterschieden werden. Denn ein entscheidender Nutzen aus betriebswirtschaftlicher wie auch aus systemtechnischer Perspektive ist ja gerade, dass ein produktives System unmittelbar durch Änderung von Geschäftsregeln angepasst werden kann. Aus diesem Grund ist die *komponentenorientierte* Einteilung in Entwicklungs- und Laufzeitumgebung für Werkzeuge zur Entwicklung und Ausführung regelbasierter Applikationen nicht ausreichend.[511] Im Folgenden wird daher eine zweidimensionale Klassifizierung regelbasierter Entwicklungsumgebungen vorgeschlagen. Zuvor werden einige bekannte Klassifizierungsansätze skizziert.

6.3.3.1 Anwendungsorientierte Klassifizierung

Moriarty schlägt eine anwendungsorientierte Klassifizierung vor.[512] Die Klassifikationsmerkmale orientieren sich an den Komponenten des zuvor erläuterten Architekturmodells. Unterschieden werden

- *Business Rules Management Tools*, Werkzeuge zum Transfer von Geschäftswissen in Geschäftsregeln.
- *Business Rules Enforcement Tool*, Werkzeuge zur Implementierung von Geschäftsregeln in IS. Die Geschäftsregeln sollen automatisiert und optimiert zur Anwendung kommen.

---

[510] Die Bezeichnung RETE leitet sich von dem lateinischen Wort für „*Netz*" ab. Für eine detaillierte Beschreibung des RETE-Algorithmus sei auf z. B. Giarratano / Riley (1994), S. 513 ff. verwiesen.

[511] Vgl. Kap. 6.3.3.

[512] Vgl. Moriarty (2000b), S. 2 f.

- *Business Rules Excavation Tools* sind schliesslich jene Werkzeuge, welche die Entdeckung von Geschäftswissen aus bestehenden Systemen oder Quellen unterstützen.

Es ist zu erwarten, dass mächtige regelbasierte Entwicklungsumgebungen aus Kombinationen von Werkzeugen aller drei Hauptkategorien bestehen. Deshalb erscheint die anwendungsorientierte Klassifikation nicht hinreichend präzise für eine Einordnung realer Systeme.

6.3.3.2 Daten- und serviceorientierte Systeme

Eine weitere Klassifikation regelbasierter Systeme entwirft von Halle:[513] Sie klassifiziert regelbasierte Produkte nach der Art, wie die Geschäftsregeln innerhalb der Applikation zur Anwendung kommen.

- In *datenorientierten Systemen* sind die Geschäftsregeln eng mit der Datenschicht verknüpft und wirken unmittelbar auf einzelne Objekte oder Felder des Datenmodells. Die Geschäftsregeln werden aus dem Repository direkt in ausführbaren Code übersetzt. Sobald eine Datenbank-Transaktion eine Selektions- oder Mutationsaktivität auf der Datenbank durchführen möchte, werden die entsprechenden Regeln automatisch aktiviert. Dies setzt voraus, dass die Regeln mit Objekten der Datenbank – Tabellen, Spalten oder Feldern – assoziiert sind. Ein Beispiel für datenorientierte Systeme ist die USOFT Developer Suite.[514] Das an der Universität Bern entwickelte System ALFRED[515] lässt sich nicht mehr eindeutig dieser Klasse zuordnen: Zwar wurde ALFRED als *Datenbank-Shell* implementiert, es unterstützt aber auch die Zuordnung von Geschäftsregeln zu anderen als Datenbank-Objekten. Die Datenbank-Shell, implementiert als eigenständige Objektklasse, kann daher durchaus auch als *serviceorientiertes System* aufgefasst werden.
- In *serviceorientierten Systeme* bleiben die Geschäftsregeln von der eigentlichen Applikationslogik und den Datenobjekten getrennt. Die Applikation ruft zur Laufzeit die Regeln innerhalb der zugeordneten *Regel-Sätze* auf. Die Geschäftsregeln arbeiten im Sinne einer Dienstleistung, in dem sie der Applikation ablauforientiert die relevanten Teile der Applikationslogik zur Verfügung stellen. Serviceorientierte Systeme sind im Gegensatz zu den datenorientierten Systemen vorwiegend an Abläufen und nicht an Daten-Objekten ausgerichtet. Stell-

[513] Vgl. von Halle (2001), S. 433 ff.
[514] Vgl. Mallens (1997).
[515] Vgl. Schlesinger (1999).

vertretend für alle serviceorientierten Systeme sei hier auf die Architektur von ILOG Business Rules verwiesen.[516]

Die datenorientierten Systeme stellen in der Regel eine komplette, in sich geschlossene Entwicklungsumgebung zur Verfügung. So wird beispielsweise auch die Präsentationsschicht über Regeln definiert. Die Verwendung von Datenbank-Ereignissen als Regel-Auslöser hat aber zur Folge, dass Geschäftsregeln, die Ereignisse in der Systemumwelt oder durch Benutzer-Interaktionen ausgelöst werden, nicht adäquat definiert werden können. Demgegenüber sind serviceorientierte Systeme selbstständige Einheiten, die sich auch in bereits bestehende Anwendungen integrieren lassen und prinzipiell alle Ereignisarten unterstützen. Dafür müssen, je nach System in unterschiedlicher Ausprägung, Teile der Anwendungen mit anderen Entwicklungsinstrumenten implementiert werden.

Die Klassifizierung nach daten- und serviceorientierten Systeme ist aufgrund der Betonung der technischen Kriterien zweckmässig für Beschaffungsentscheide, weil sie damit ein zentrales Merkmal der Architektur regelbasierter Anwendungssysteme beurteilt. Werkzeuge, die sich jedoch nur auf einen Teilaspekt des Regel-Managements, z. B. die ausschliessliche Verwaltung von Regeln auf der konzeptionellen Ebene, beschränken, können mit dieser Klassifizierung nicht erfasst werden.

Ferner ist auch eine Klassifizierung in *spezifische* und *universelle* Entwicklungsumgebungen möglich. So sind einige regelbasierte Produkte nur spezifisch für einen Anwendungsbereich konzipiert. Das System *CrossLogix3*[517] ist beispielsweise eine auf das Berechtigungsmanagement in Software-Anwendungen spezialisierte regelbasierte Entwicklungsumgebung. Die Basisapplikation entspricht dabei eher einer mit Regeln parametrisierbaren Standardsoftware. Universelle regelbasierte Entwicklungsumgebungen sind dagegen nicht nur auf einen Anwendungsbereich beschränkt.

6.3.3.3 Eine zweidimensionale Klassifizierung regelbasierter Entwicklungsumgebungen

Die erläuterten eindimensionalen Ansätze sind für eine gesamthafte Klassifizierung nicht ausreichend. Daher erscheint eine Einteilung der regelbasierten Entwurfs- und Laufzeitumgebungen sinnvoll, die sich an den Aufgaben des Geschäftsregelmanagements orientiert:

- Das Kriterium *Funktionsumfang zur Verwaltung von Geschäftsregeln* beinhaltet die Anforderungen für die Aufgaben zur Gestaltung sowie für die Steuerung und

---

[516] Vgl. ILOG (2002a).
[517] Vgl. CrossLogix (2001).

das Monitoring von Geschäftsregeln.[518] Dazu gehören Funktionen zur Erfassung, Modellierung, Detaillierung, Verwaltung und zum Retrieval von Geschäftsregeln. Aber auch Funktionen zur Optimierung der Regelverwendung und für Abfragen auf Regeln fallen in diese Kategorie.

- Das Kriterium *Fähigkeit zur Automatisierung* von Geschäftsregeln. Dieses beinhaltet die Funktionen zur Unterstützung der Implementierungsaufgaben des Regel-Managements.[519]

Das in Abb. 6-10 gezeigte Diagramm wird durch diese zwei Dimensionen aufgespannt. Mit Hilfe dieser Darstellung lassen sich die zu untersuchenden bzw. zu evaluierenden Werkzeuge für das Geschäftsregelmanagement sinnvoll einordnen.

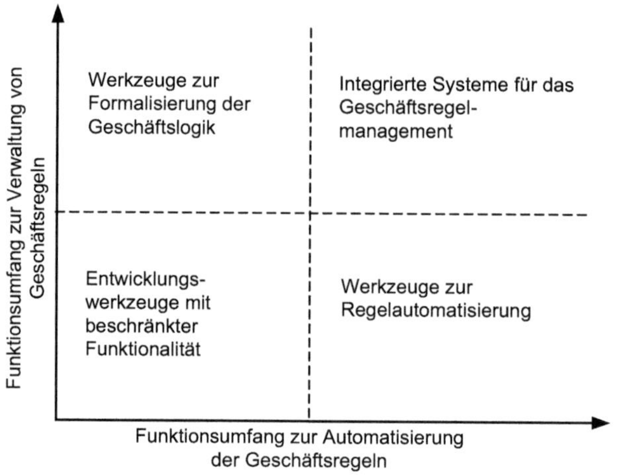

Abb. 6-10: Klassifikationssystem mit vier Quadranten.

Zu besseren Charakterisierung der Werkzeuge kann das Diagramm in vier Quadranten aufgeteilt werden, die jeweils idealisierte Typen von Systemen für das Geschäftsregelmanagement definieren:

- *Integrierte Systeme für das Geschäftsregelmanagement.* Diese stellen umfassende Funktionalitäten zur Unterstützung aller Aufgaben des Geschäftsregelmanagements, d. h. für die Aufgaben Gestaltung, Implementierung und Steuerung/ Monitoring von Regeln bereit.

---

[518] Vgl. Kap. 6.2.

[519] Vgl. Kap. 6.1.

- *Werkzeuge zur Regelautomatisierung* sind Systeme, die sich auf die Regelautomatisierung fokussieren. Sie unterstützen vor allem die Implementierungsaufgaben des Regel-Managements.
- *Entwicklungswerkzeuge mit beschränkter Funktionalität* sind Systeme, welche die Gestaltungs- und Implementierungsaufgaben nur teilweise unterstützen. Systeme in dieser Klasse sind häufig als *Add-On-Komponenten* für bestehende Entwicklungsumgebungen konzipiert. Sie beschränken sich auf bestimmte Funktionen innerhalb der regelbasierten Entwicklung und richten sich, z. B. für das *Prototyping* von Anwendungen, vor allem an Systementwickler.
- *Werkzeuge zur Formalisierung der Geschäftslogik* konzentrieren sich auf die Gestaltungs- und Analyseaufgabe des Regel-Managements und bieten dazu mächtige Funktionalitäten an. Die übrigen Aufgaben des Regel-Managements werden nicht oder nur rudimentär unterstützt.

6.3.4 Wissenschaftliche Prototypen

In diesem Kapitel werden zunächst Konzept und Architektur von drei Systemen aus dem wissenschaftlichen Bereiche vorgestellt und deren Eigenschaften skizziert.

6.3.4.1 Mandarax: Ein Open-Source-Ansatz zur Regel-Automatisierung

MANDARAX ist ein am Polytechnic of Namibia entwickeltes OpenSource-Projekt zur Verwaltung und Verarbeitung von Geschäftsregeln.[520] Es liegt aktuell in der Version 2.1 vor und ist eine auf JAVA basierende Implementierung der Prädikatenlogik 1. Ordnung.

Die Regeln werden in MANDARAX in *Wissensbasen* verwaltet. Der Zugriff auf die Regeln erfolgt über eine Inferenzmaschine, welche die Regeln abarbeitet und die damit verbundenen Aktionen auslöst. Für die logische Ableitung von Regeln werden PROLOG-Algorithmen genutzt. Die Inferenzmaschine liegt in einer Referenz-Implementierung vor. Verschiedene Algorithmen, z. B. für die Strategie zur Regel-Selektion oder Verfahren zur Vermeidung zyklischer Regelauslösungen, können konfiguriert werden. Die Regeln selbst sind in einer ORM-ML-ähnlichen[521]-ähnlichen Syntax in den Wissensbasen gespeichert.

Durch die JAVA-Architektur lässt sich Mandarax grundsätzlich auch in bestehende Anwendungen integrieren. Damit verfolgt es einen ähnlichen Integrationsansatz wie z.B. ILOG JRules und kann so den *serviceorientierten* Rule Engines zugeordnet werden. Weiter gehende Funktionen zur Gestaltung regelbasierter Anwendungssysteme und für

---

[520] Vgl. Dietrich / Hiller (2002).

[521] Vgl. Kap. 2.2 sowie Demey / Jarrar / Meersman (2002).

das Monitoring werden von MANDARAX nicht angeboten. Derartige „Add-Ons“, beispielsweise für die Regel-Präsentation, können jedoch von Drittherstellern bezogen und integriert werden.[522]

6.3.4.2 SWORPY: Ein Repository für die regelbasierte Modellierung von Prozessen und Workflows

Das Regel-Repository SWORPY entstand aus dem Forschungsprototyp BURRO.[523] Letzterer wurde speziell für die Verwaltung von ECAA-modellierter Geschäftsregeln entwickelt. Über einen Editor konnten darin die Regeln als Petri-Netze erfasst und in dem Repository abgelegt werden. In BURRO war die Verwaltung von hierarchischen Beziehungen zwischen Geschäftsregeln jedoch nur sehr eingeschränkt möglich. Entsprechend wurde auch die Detaillierung von ECAA-Regeln nicht unterstützt. Der Geschäftsprozess wurde als eigenständige Objektklasse definiert. Dieser bildet den Bezugsrahmen für die darin enthaltenen Regeln.

Der Forschungsprototyp *SWORPY* (SWORDIES Rule-oriented Process- and Workflow Repository) hingegen geht von dem Ansatz aus, dass der Prozess selbst in Form von ECAA-Regeln formuliert werden kann und implementiert einen entsprechenden Detaillierungsmechanismus. Er wurde im Rahmen des Forschungsprojektes SWORDIES (Swiss Workflow in Distributed Environments)[524] entwickelt.

Der Prototyp des Repositories ist als relationale Datenbank implementiert. Die Grundstruktur des Metamodells beschreibt die notwendigen Elemente zur Speicherung der Grunddaten der ECAA-Geschäftsregeln und ist in Abb. 6-11 dargestellt.[525] Analog zu dem in Kap. 3.4 diskutierten Metamodell werden auch hier Prozesse als eine Menge von Regeln beschrieben, die über mehrere Stufen verfeinert werden können. Die Aktions- und Bedingungskomponenten werden im SWORPY-Metamodell hinsichtlich ihrer Ausführungsart klassifiziert. Darüber hinaus wird das Modell zur besseren Hierarchisierung und Wiederverwendbarkeit der Regeln mit zusätzlichen Elementen ergänzt: Der Entitätstyp *ProcessSystem* repräsentiert Systeme, welche die Ausführung der Prozesse unterstützen. Zu diesen Systemen gehören bspw. Workflow-Management-Systeme. Die Elemente des Entitätstyps *Process* können vom Typ *MainProcess* oder *Refinement* sein, wobei die zweite Ausprägungsform erlaubt, Aktionen und Bedingungen zu verfeinern und somit Prozesse zu hierarchisieren.

---

[522] Die Web-Site www.jdietrich.de enthält Verweise und Online-Beispiele für Add-Ons zu der MANDARAX Rule Engine.

[523] Vgl. Herbst (1997), S. 170 ff.

[524] Vgl. Dittrich (2000).

[525] Das SWORPY-Metamodell wird detailliert in Pfahrer (1999) und Hoheisel (2000), S. 179 ff., erläutert.

Zur Anbindung von Daten an Workflows wird die Kernstruktur des Metamodells mit weiteren Elementen ergänzt. Einerseits können Bedingungen und Aktionen, wie in herkömmlichen Programmiersprachen, zum Prozedur-Aufruf gemeinsam mit Parametern verwendet werden, andererseits können Prozesse aber auch lokale Variablen besitzen. Diese Erweiterungen sind in Abb. 6-12 dargestellt.

Der Einbezug von Akteuren in Workflows führt ebenfalls zu einer Erweiterung des Meta-Modells um die Organisationssicht. Die darin modellierten Akteure können Bedingungen und Aktionen ausführen. Diese wiederum sind für die Ausführung von Prozessen verantwortlich (vgl. Abb. 6-13).

Bedingungen und Aktionen werden mit Hilfe von Applikationen überprüft bzw. ausgeführt. Zur Abbildung dieses Sachverhalts muss das Meta-Modell um entsprechende Konstrukte erweitert werden. Die Applikationen werden für verschiedene Betriebssysteme spezifiziert, sie können Parameter erhalten und Werte zurückliefern (vgl. Abb. 6-14).

Auf Basis des skizzierten Meta-Modells stellt SWORPY entsprechende Funktionalitäten zur grafischen Modellierung, Detaillierung und Verwaltung von Geschäftsregeln bereit. Zudem wird die Transformation von ECAA-Regeln in Workflow-Spezifikation unterstützt.

Das SWORPY ist ein universitärer Forschungsprototyp und bis zum jetzigen Zeitpunkt nicht kommerziell verfügbar. Mit Hilfe von SWORPY können jedoch Konzepte und Vorgehensmodelle zur regelbasierten Systementwicklung erprobt werden.

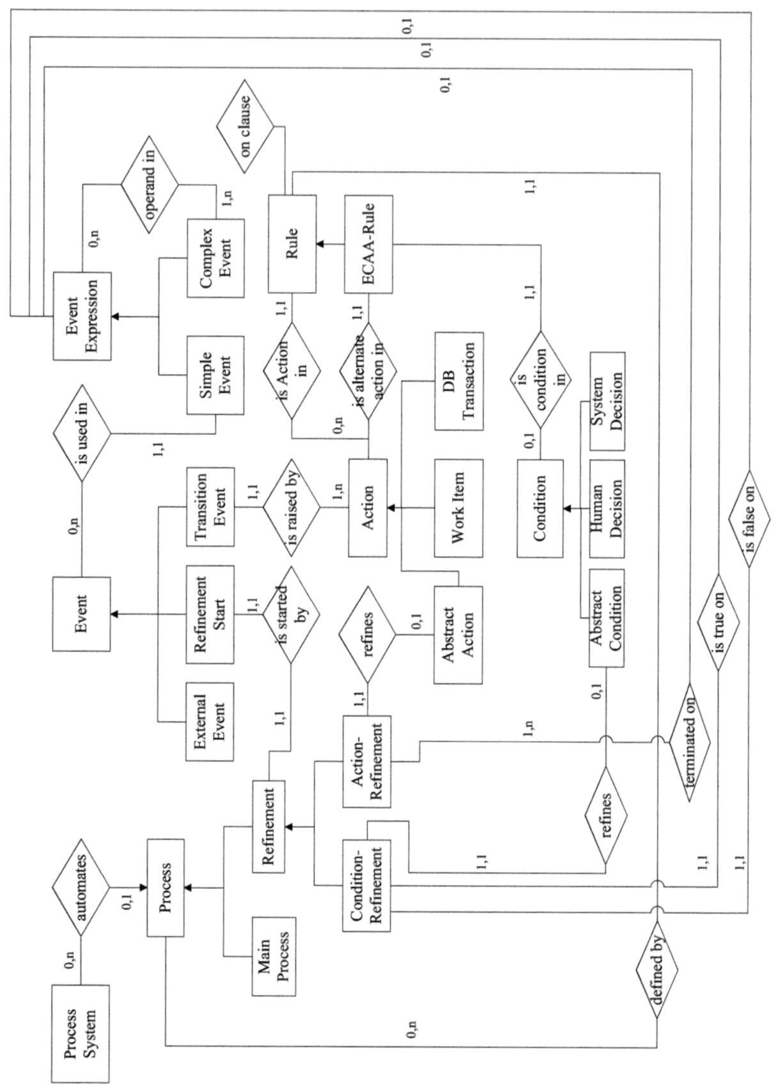

Abb. 6-11: Das ERM der Kernstrukturen zur Modellierung der Prozess-Sicht im SWORPY.

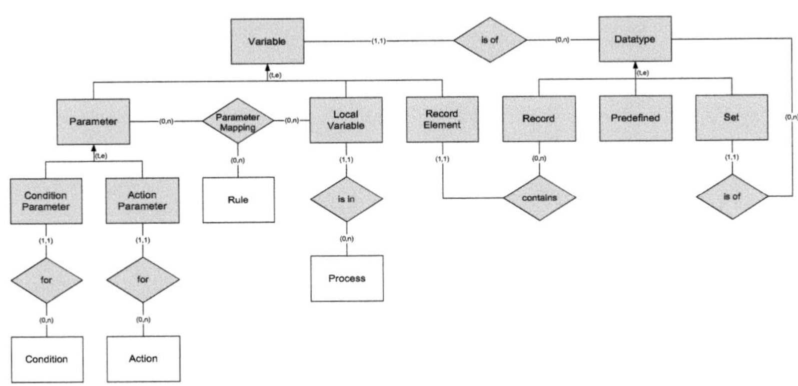

Abb. 6-12: Modellierung der Variablen, Parameter und Datentypen in SWORPY

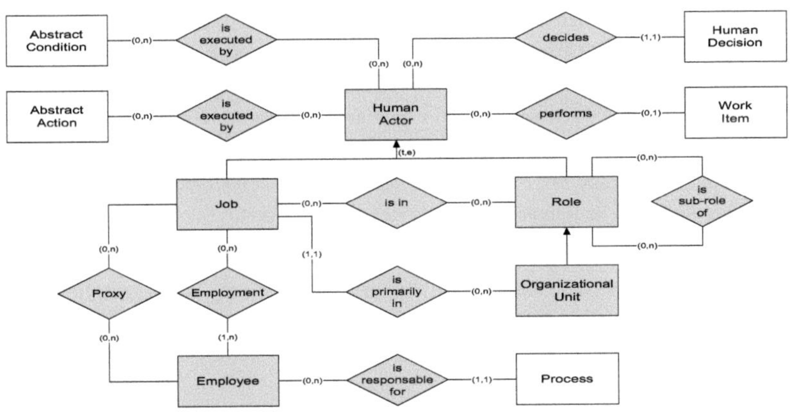

Abb. 6-13: Das ERM der Organisationssicht

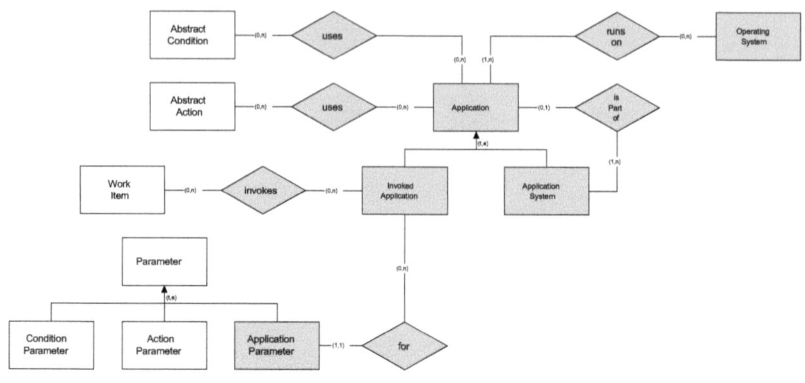

Abb. 6-14: Das ERM der einbezogenen Applikationen

6.3.4.3 ALFRED: Ein Prototyp zur Automatisierung von Geschäftsregeln

Im Rahmen des Forschungsprojektes ALFRED (**A**ctive **L**ayer **F**or **R**ule **E**xecution in **D**atabase Systems) wurden in den Jahren 1996 bis 1999 am Institut für Wirtschaftsinformatik an der Universität Bern Konzept und Prototyp für ein System entwickelt, das die strukturierte Erfassung, Klassifikation und Automatisierung von Geschäftsregeln unterstützt.[526] Zu diesem Zweck wurde auch eine eigene Regelsprache ARDL (**A**lfred **R**ule **D**efinition **L**anguage) entwickelt, mit der die Geschäftsregeln als ARFPN (**A**ction **R**ule **F**low **P**etri **N**ets) erfasst werden. Letzteres ist dabei eine Erweiterung gefärbter Petri-Netze, das die grafische Repräsentation der Regeln unterstützt.

ALFRED besteht aus einem *Benutzersystem*, das den Zugang der Benutzer zum System steuert sowie die Erfassung von Geschäftsregeln in strukturierter Form ermöglicht. Das *Verarbeitungssystem* führt die Befehle, Transaktionen und Regeln aus und implementiert damit die Laufzeitumgebung von ALFRED. Darin werden die abzuarbeitenden Regel-Netzwerke zur Laufzeit dynamisch erzeugt.

Im Gegensatz zu anderen Rule Engines erlaubt ALFRED auch die Erfassung und Verwaltung von nicht-automatisierbaren Regeln. Für ALFRED wurde eine erweiterte Schichtenarchitektur gewählt, wodurch das System prinzipiell auf jedes beliebige Datenbanksystem aufgesetzt werden kann. Die eigentliche Datenbank wird somit zu einem passiven Datenhaltungssystem, in der die Anwendungsdaten in Tabellen abgespeichert werden.

ALFRED bietet im Hinblick auf die Steuerung und das Monitoring von Geschäftsregeln keine bedeutende funktionale Unterstützung. So fehlen beispielsweise, wie bei MAN-

---

[526] Vgl. Schlesinger / Lörincze (1997), Schlesinger (1999).

DARAX und SWORPY, Funktionen zur Regel-Versionierung und Regel-Optimierung. Ebenfalls nicht unterstützt wird die systematische Regel-Detaillierung. Eine Integration von SWORPY in ALFRED wäre im Hinblick auf das Geschäftsregelmanagement eine sinnvolle funktionale Ergänzung. Da die Regelsprachen beider Systeme auf der ECAA-Notation aufbauen, wäre diese Integration zumindest aus konzeptioneller Sicht gut möglich.

6.3.5 Überblick über kommerziell verfügbare Systeme

Nachfolgend werden verschiedene kommerziell verfügbare Systeme zur Gestaltung und Automatisierung von Geschäftsregeln skizziert (vgl. Tab. 6-2). Diese Zusammenstellung ist als eine Momentaufnahme zu verstehen, die einen Eindruck über Architektur und Funktionalität der aktuell am Markt angebotenen Systeme vermitteln soll.[527] Aufgrund der geringen Unternehmensgrösse vieler Anbieter von Rule Engines bzw. Regel-Repositories ist hier mit grösseren Veränderungen durch Fusion, Konkurs oder Verkauf zu rechnen. Software-Systeme der künstlichen Intelligenz sowie Standard-Software, die über Regeln parametrisiert werden, wurden nicht berücksichtigt.

In der Tab. 6-2 sind die nachfolgend charakterisierten Systeme aufgelistet.

Nr.	Produktbezeichnung	Hersteller
1.	BRS RuleSpeak	Business Rules Solutions, LLC
2.	ILOG Business Rules Components	ILOG S.A.
3.	Blaze Advisor	HNC Software
4.	Versata Logic Suite	Versata, Inc.
5.	Eclipse Product Line	The Haley Enterprise, Inc.
6.	QuickRules	YASU Technologies
7.	USoft Developer Series	Ness Technologies, Inc.
8.	Centerprise	Astera Software Corporation

Tab. 6-2: Kommerziell verfügbare regelbasierte Systeme[528]

[527] Vgl. Sinur (2002), Grossenbacher (2002), S. 38.

[528] In Gottesdiener (1997) ist eine weitere Übersicht über Anbieter und Systeme enthalten. Jedoch sind nur noch wenige der darin aufgelisteten Produkte heute noch kommerziell verfügbar.

6.3.5.1 BRS RuleSpeak

Das System BRS RuleSpeak ist von der Business Rule Solutions LLC als ein Werkzeug zur Erfassung und Verwaltung von Geschäftsregeln auf konzeptioneller Ebene entwickelt worden.[529] Es beinhaltet keine automatisierbare Regelsprache, sondern dient zur Formulierung, Strukturierung und Kommunikation von Geschäftsregeln in englischer Sprache. BRS Rule Speak unterstützt damit vorwiegend die Analyse und Modellierung von Geschäftsregeln. Die ermittelten Geschäftsregeln können nach verschiedenen Kriterien klassifiziert und gruppiert werden. Auch bietet BRS Rule Speak verschiedene Möglichkeiten zur Modellierung von Beziehungen zwischen Geschäftsregeln, so dass u.a. auch deren systematische Detaillierung unterstützt werden kann. In der Abb. 6-15 sind die verschiedenen Varianten gezeigt, mit denen Beziehungen zwischen Regeln abgebildet werden können:

- Eine Regel kann in einer anderen Regel als atomare Regel verwendet werden. So können z. B. Terms oder Fakten in einer Inferenz-Regel verwendet werden. Dieser „Verwendungsnachweis" wird explizit in dem Repository abgelegt. Auch kann eine Regel eine Ausnahme von einer Regel formulieren oder aber die Rahmenbedingungen definieren, unter der eine Regel ausgeführt wird.
- Eine Regel kann im Zeitverlauf durch eine andere Regel ersetzt werden. Die Regel-Historisierung wird von dem BRS RuleSpeak unterstützt.
- Optional können auch weitere Beziehungen zwischen Regeln modelliert werden. So können beispielsweise in Widerspruch stehende oder sich ergänzende Regeln dokumentiert werden.

In dem Repository können sowohl verhaltens- als auch strukturdefinierende Regeln erfasst und gemäss der vom System vorgegebenen Klassifikationsschemata kategorisiert werden. Unterstützt werden auch Abfragen auf Regeln nach unterschiedlichen Kriterien. Eine grafische Präsentation von Regeln und deren Abhängigkeiten ist nicht vorgesehen. Die Modellierung regelbasierter Geschäftsprozesse ist direkt ebenfalls nicht möglich. Sequenzen und Parallelitäten können rudimentär über die *references*-Beziehung abgebildet werden.

Die BRS Rule Speak konzentriert sich auf die Unterstützung der Gestaltungsaufgabe des Geschäftsregel-Managements. Es kann unabhängig von der Laufzeitumgebung bzw. von der übrigen Anwendungsarchitektur eingesetzt werden. Bei Einsatz einer Rule En-

---

[529] Vgl. zum Folgenden Ross / Lam (2001), S. 2 ff.

gine müssen zunächst die notwendigen Schnittstellen geschaffen werden, um die Konsistenz der im Repository und in der Rule Engine verwalteten Regeln sicherzustellen.[530]

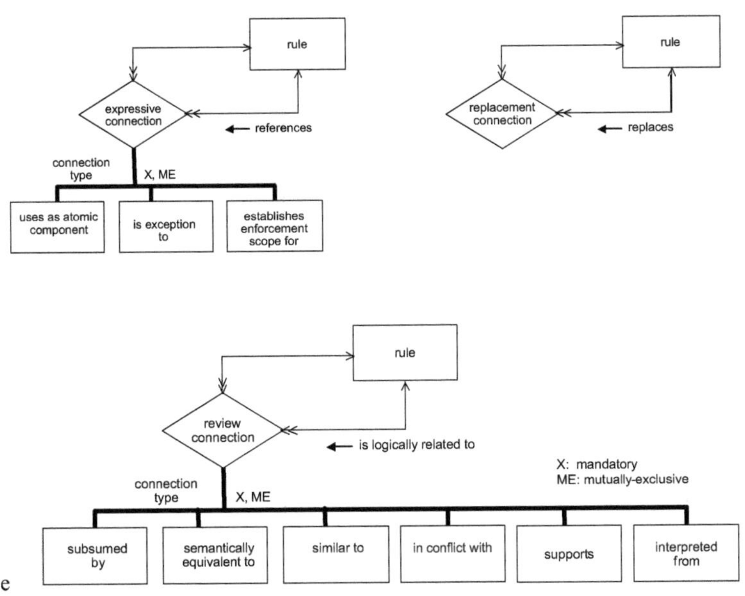

Abb. 6-15: Ausschnitte aus dem Metamodell von BRS Rule Speak[531]

6.3.5.2 ILOG Business Rules Components

Die ILOG Business Rules Components unterstützen die Entwicklung Java- oder C++-basierter Anwendungen. Die *ILOG Rule Engine* als zentrales Element wird als Teil der Anwendungslogik in Geschäftsanwendungen integriert.[532] Sie ist damit ein Vertreter aus der Klasse der *serviceorientierten* Systeme. Die Abb. 6-16 zeigt deren Architektur mit den integrierten Rules Services auf der J2EE Plattform. Die Geschäftsregeln sind darin als separates Modul der Applikationslogik implementiert.

---

[530] Die Business Rules Solutions LLC befindet sich seit dem Jahre 2002 in einer strategischen Allianz mit der *Ptech Inc.*, welches ebenfalls ein Repository für das Geschäftsregelmanagement anbietet. Es ist zu erwarten, dass die Funktionalitäten dieser beiden Systeme in einem Produkt zusammengefasst werden (vgl. Ptech (2002)).

[531] Vgl. BRS (1999).

[532] Vgl. ILOG (2001a), S. 7 f.

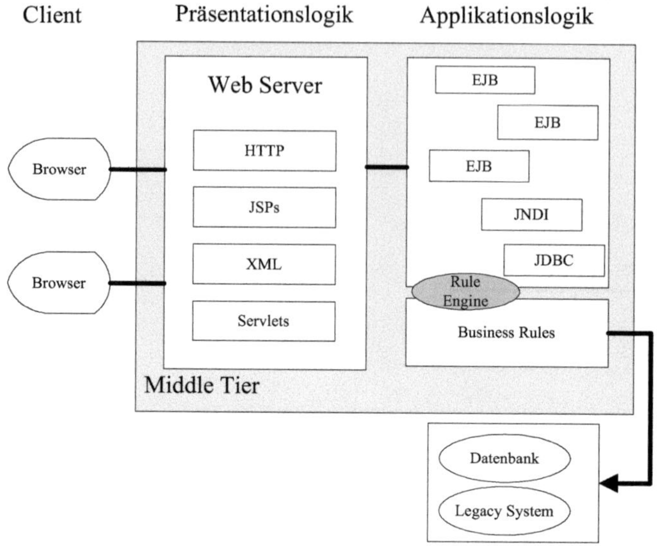

Abb. 6-16: Die ILOG Rule Engine als serviceorientierte Komponente.[533]

Das gesamte *ILOG RuleKit* besteht im wesentlichen aus folgenden Komponenten (vgl. Abb. 6-17):[534]

- Der *Rule Builder* ist eine grafische Entwicklungsoberfläche zum Design von Objektmodellen und zur Definition von Geschäftsregeln. Darüber hinaus beinhaltet diese Komponente Funktionen zur Verwaltung der Benutzerrechte, für das Versionsmanagement und die Historisierung von Geschäftsregeln.
- Dem *Business Rules Repository*, einem XML-basierten Repository zur Speicherung der Metadaten von Objektmodellen und Geschäftsregeln.
- Dem *Debugger*, einer Sammlung von Funktionen zur Analyse und Konfliktlösung in den Geschäftsregeln auf applikationslogischer Ebene.
- Dem *Profiler*, einem Instrument zur Visualisierung und Evaluation von Geschäftsregeln zu System-Laufzeit mit Statistik- und Reportingfunktionen.
- Den *Rule Editors*. Das sind zusätzliche, konfigurierbare Web- oder Java-Editoren, in denen die Geschäftsregeln für verschiedene Anwendergruppen in geeigneten Regelsprachen zur Verfügung gestellt werden können.

---

533 Vgl. ILOG (2001a), S. 8.

534 Vgl. ILOG (2001b), S. 18 ff.

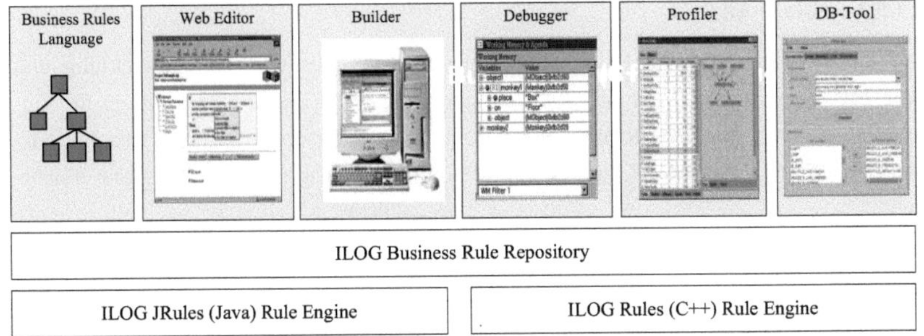

Abb. 6-17: Die ILOG Business Rules Components.[535]

Die Anwendungsentwickler können die Geschäftsregeln entweder direkt als Java-, C++-Code oder aber in einer frei definierbaren Regel-Sprache erfassen. Im Repository wird zusätzlich das *Business Object Model* abgebildet, wobei alle Regeln mindestens einem Element dieses Modells zugeordnet sein müssen. Als Besonderheit ist hervorzuheben, dass das ILOG Rule Kit auch die Definition verschiedener, an der Fachsprache der jewieligen Benutzergruppen orientierten Regelsprachen unterstützt. Das verbessert nicht nur die Akzeptanz bei den Fach-Anwendern, sondern erleichtert diesen auch die Bearbeitung der Regeln.

Die als Java- oder C++ -Objektklassen implementierten ILOG Rule Engines stehen in je einer Klassenbibliothek zur Verfügung. Diese Klassen können über APIs in bestehende Anwendungen integriert werden.

Die Definition von Regelabhängigkeiten im Sinne eines Prozessmodells ist jedoch nicht möglich. Ebenso wenig wird die Abbildung von Regel-Hierarchien unterstützt. Vielmehr wird vorausgesetzt, dass alle Regeln in atomarer Form in das Repository eingegeben werden.

Die ILOG Business Rules Components sind ein integriertes System für das Management automatisierbarer Geschäftsregeln und unterstützen grundsätzlich alle Aufgaben des Regel-Managements. Aufgrund fehlender Funktionen zur Modellierung und Detaillierung abstrakter Regeln kann das Repository jedoch nur sehr eingeschränkt für die Analyse von Geschäftsregeln verwendet werden. Auch können nicht-automatisierte Regeln nur eingeschränkt im ILOG-Repository verwaltet werden.

[535] Vgl. ILOG (2002a).

6.3.5.3 Blaze Advisor

Der **Blaze Advisor** versteht sich als integrierte Software-Suite zur Entwicklung und Wartung regelbasierter Module.[536] Als serviceorientierte Rule Engine trennt er die Geschäftslogik von den Datenbank-Transaktionen, Geschäftsobjekten und Präsentationskomponenten. In Abb. 6-18 sind folgende Komponenten des Blaze Advisors ersichtlich:[537]

- *Blaze Advisor Builder,* eine grafische Oberfläche zur Entwicklung von Objektklassenmodellen und der Zuordnung von *Rules Services* zu den darin enthaltenen Objektklassen. Dieses Werkzeug ist vor allem für Systementwickler gedacht.
- *Blaze Advisor Innovator,* der das Geschäftsregel-Repository und Werkzeuge zur Entwicklung von sogenannter *Rule Maintainance Applications* enthält. Letztere sind Editoren zur Erfassung von Geschäftsregeln durch den Fach-Anwender. *Builder, Innovator* und die *Repository-Datenbank* entsprechen gemeinsam einem Business Rule Repository gemäss des in Abb. 6-2 gezeigten Architekturmodells.
- *Blaze Advisor Rule Server* und *Engine,* ein Applikations-Server mit integrierter Rule Engine, beinhaltet Funktionen für die Implementierung und Ausführung der Rule Services. Der Rule Server ermöglicht die Änderung von Geschäftsregeln im laufenden Betrieb. Darüber hinaus kann die Performance der Regelausführung beeinflusst werden.

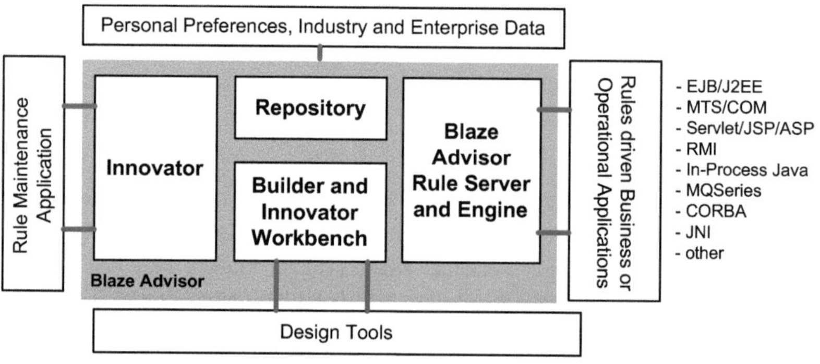

Abb. 6-18: Die Komponenten des Blaze Advisor Systems.[538]

[536] Vgl. HNC (2001a), S. 19.

[537] Vgl. zum Folgenden HNC (2001a), S. 20 ff.

[538] Vgl. HNC (2001b), S. 1.

Ähnlich wie ILOG bildet ein konzeptionelles Objektklassenmodell die Basis des Blaze Advisor Rules Service. Dieses besteht aus Geschäftsobjektklassen und darauf definierten *Rulesets*. Diese werden entweder von im Builder integrierten Tools oder mit externen Entwicklungstools modelliert. Aufgrund des Klassenmodells und den Rulesets können in der Innovator Workbench auch Geschäftsregel-Editoren für verschiedene Benutzerklassen entwickelt werden. Der Innovator stellt dazu *Templates* zur Verfügung. Die Erfassung der Geschäftsregeln ist grundsätzlich mit verschiedenen Regelsprachen, möglich. Alle Spezifikationen und Rulesets werden im Innovator Repository gespeichert.

Die *Rules Services* aus dem Innovator Repository werden mit dem Blaze Advisor Rules Server implementiert und externen Applikationen zur Verfügung gestellt. Es werden unterschiedliche Plattformen wie z. B. J2EE oder Microsoft Component Object Model (COM) unterstützt.

Gegenüber den datenorientierten Systemen müssen in Blaze Advisor – wie in anderen serviceorientierten Rule Engines – verschiedene Teile des Anwendungssystems mit traditionellen Methoden entwickelt werden, bevor sie mit Geschäftsregeln ergänzt werden können. Die *Rule Management Applications* ermöglichen grundsätzlich die Verwaltung der Geschäftsregeln durch die Fach-Anwender, wobei auch Regel-Abhängigkeiten modelliert und grafisch angezeigt werden können. Allerdings wird die Abbildung von Geschäftsregel-Hierarchien nicht unterstützt. Allgemein ist der Blaze Advisor auf die Integration von regelbasierten Komponenten in heterogenen Systemumgebungen ausgelegt. Dies wird auch durch die breite Palette von unterstützten Standards und Server-Plattformen deutlich.

6.3.5.4 Versata Logic Suite

Ein dritter Vertreter der serviceorientierten Systeme ist die *Versata Logic Suite.*[539] Diese enthält ähnlich wie die *ILOG Business Rules Components* Funktionen zur Entwicklung, Implementation und Überwachung regelbasierter Anwendungen (vgl. Abb. 6-19).

Für die regelbasierte Entwicklung mit der Versata Logic Suite sind folgende Komponenten relevant:

- Das *Versata Logic Studio* bietet Funktionen zur Entwicklung und Verwaltung von Geschäftsobjekten und -regeln sowie deren Beziehungen untereinander. Es verwendet ein XML-basiertes Repository zur Verwaltung der Geschäftsregeln, des Objektmodells sowie der Präsentationsinformationen.

---

[539] Vgl. zum Folgenden Versata (2001).

- Der *Versata Design Adapter* stellt Schnittstellen zu externen Designwerkzeugen zur Verfügung. So können z. B. bekannte UML-Entwicklungswerkzeuge wie *Rational Rose* oder Werkzeuge zur Datenmodellierung integriert werden.
- Die *Versata Console* ist das Verwaltungsprogramm zum Versata Logic Server. Es ermöglicht das Monitoring und die Optimierung der Ausführung von Geschäftsregeln.
- Der *Versata Logic Server* ist die eigentliche Rule Engine. Sie unterstützt in Verbindung mit den *Versata Connectors* die Integration von externen Ressourcen, *Legacy*-Systemen und Datenbanken.

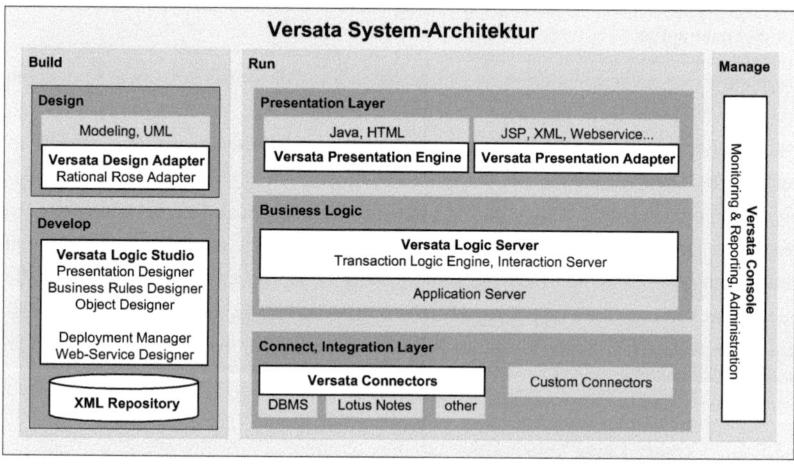

Abb. 6-19: Die Komponenten der Versata Logic Suite[540]

Die Verwendung einer fachspezifischen Regel-Sprache wird von Versata nicht unterstützt. Auch müssen die Regeln ohne Werkzeugunterstützung detailliert und analysiert werden. Es ist jedoch möglich, innerhalb einer gegebenen Regelmenge Regel-Abhängigkeiten zu ermitteln. Die Erfassung und Formalisierung der atomaren Regeln erfolgt mit einer deklarativen, an XML angelehnten Sprache.

6.3.5.5 Eclipse

Eclipse bezeichnet ursprünglich eine von Haley Enterprise entwickelte Sprache zur Formulierung und Formalisierung von Geschäftsregeln. Später wurden dazu entsprechende

---

[540] Vgl. Versata (2001), S. 12.

Werkzeuge entwickelt, welche die Erfassung, Verwaltung und Automatisierung von Regeln ermöglichen. Das System ist ebenfalls der Klasse der serviceorientierten Systeme zuzuordnen und beinhaltet folgende Komponenten:

- *Authorete* unterstützt den Anwender bei der Formulierung und der Verwaltung von Regeln. Das System implementiert die Eclipse-Regelsprache, die auf standardisierten englischsprachigen Ausdrücken basiert. Diese referenzieren, analog zu *ILOG Business Rules Components* oder dem *Blaze Advisor*, Elemente des *Business Object Model* und werden in einem Regel-Repository verwaltet. Authorete ist damit das Entwicklungswerkzeug für regelbasierte Anwendungen.
- *Rete++* ist eine C++-Klassenbibliothek, welche die *Eclipse Rule Engine* für C++-Anwendungen implementiert. *Café Rete* ist das Pendant zu Rete++ für java-basierte Umgebungen. Und schliesslich wird mit *Agent OCX* eine Rule Engine für die Verwendung in COM- bzw. ActiveX-basierten Umgebungen angeboten.
- Der *CIA Server* ist ein Applikations-Server, der die Eclipse-Rule Engines in heterogene Anwendungsarchitekturen integriert.

Die beschriebenen Komponenten sind vorwiegend als Erweiterungen zu externen Entwicklungsumgebungen gedacht. Entsprechend wird auch nicht der Anspruch erhoben, eine umfassende Entwicklungsumgebung zu implementieren. Hervorzuheben ist die Unterstützung der Mehrsprachigkeit: Die Regeln können, ausgehend von einer Referenzformulierung, in verschiedenen Sprachen hinterlegt werden.[541] Weitergehende Funktionen für das Geschäftsregelmanagement, z. B. Versionsverwaltung oder Verwaltung von *rule templates*, sowie für das Steuerung/Monitoring von automatisierten Geschäftsregeln sind nicht verfügbar.

6.3.5.6 QuickRules

QuickRules von YASU Technologies[542] ist eine regelbasierte Entwicklungsumgebung und beinhaltet die wesentlichen Funktionen zur Erfassung, Verwaltung und Automatisierung von Geschäftsregeln. QuickRules ist Java-basiert und besteht aus folgenden Komponenten:[543]

- Der *QuickRule Builder* ist die Umgebung zur Entwicklung regelbasierter Anwendungen sowie für das Regel-Management. Die Regeln werden innerhalb dieser Umgebung als XML-Anweisungen spezifiziert. Der Vorteil davon ist, dass die Regeln in jeder JDBC-kompatiblen Datenbank abgelegt werden können.

---

[541] Vgl. Haley (2003).

[542] Vgl. im Folgenden YASU (2002). Der Ausdruck YASU ist ein Akronym für *"Yet Another Start Up!"*.

[543] Vgl. YASU (2002).

- Dem *QuickRules Webeditor*, einem webbasierten Geschäftsregel-Editor für den Fach-Anwender. Dieser kann sich, nachdem das konzeptionelle Objektmodell mit Hilfe des *QuickRule Builder* definiert wurde, die Geschäftsregeln in einer natürlichsprachlichen, strukturierten Sprache anzeigen lassen sowie Änderungen und Abfragen auf den Geschäftsregeln durchzuführen.
- Der *QuickRule Engine*. Diese ist die eigentliche Laufzeitumgebung. Die auszuführenden Geschäftsregeln werden auf Basis des RETE-Algorithmus identifiziert und ausgeführt. Die Rule Engine ist als „JAVA Bean" implementiert und kann daher grundsätzlich auch in bestehende Applikationen integriert werden.

Daneben werden Services und Schnittstellen für den Datenbank-Zugriff und zur Implementierung auf verschiedenen Applikationsservern, z.B. Borland Application Server 4.5.1, angeboten. Auch im *QuickRule Builder* wird ein konzeptionellen Objektklassenmodell modelliert und verwaltet. Die auf den Objektklassen definierten Operationen werden mit natürlichsprachlichen Phrasen „maskiert". Diese Phrasen werden von dem QuickRule Webeditor für die Präsentation der Regeln in strukturierter natürlicher Sprache verwendet.

Als serviceorientierte Umgebung beinhaltet QuickRules bzw. QuickRule Builder auch Funktionen zum Testen und Debuggen von Geschäftsregeln. Mit Hilfe einer *„impact analysis"* können zudem Auswirkungen von Regeländerungen simuliert werden.

QuickRules ist von der Architektur und dem angebotenen Funktionsumfang ähnlich zu positionieren wie ILOG oder Blaze Advisor. Auch hier wird die Analyse, Modellierung und Detaillierung von Geschäftsregeln nicht unterstützt. Für die Implementierung/Automatisierung und Steuerung/Monitoring automatisierter Regeln werden jedoch entsprechende Funktionalitäten angeboten.

6.3.5.7 USoft Developer Series

Die *USoft Developer Series* beinhaltet verschiedene Werkzeuge zur Entwicklung regelbasierter Anwendungssysteme und kann der Klasse der *datenorientierten* Systeme zugeordnet werden.[544]

Für die Spezifikation von Geschäftsregeln wird von USoft ausschliesslich ANSI-SQL verwendet. Die SELECT-Anweisungen in SQL dienen dabei zur Formulierung von Restriktionen, während UPDATE-, INSERT- und DELETE-Anweisungen für Inferenz- oder Aktionsregeln verwendet werden.[545]

---

[544] Vgl. Ness (2002a).

[545] Vgl. Mallens (1997), S. 41, Ness (2002a), S. 5.

Die USoft Developer Series beinhaltet folgende Komponenten:[546]

- *USoft Definer* dient zur Datenmodellierung, zum Import von Datenmodellen und zur formalen Spezifikation von Geschäftsregeln mittels SQL. Die Geschäftsregeln selbst werden in einem unabhängigen Repository verwaltet.
- *USoft TeamWork* ist das eigentliche Repository. In diesem werden die Regeln applikationsübergreifend definiert und den Elementen im konzeptionellen Datenmodell zugeordnet.
- Die *USoft Rule Engine* ist die Laufzeitumgebung. Sie kontrolliert den Zugriff auf die Datenbank und stellt deren Integrität entsprechend den definierten Geschäftsregeln sicher.
- *USoft BenchMark* beinhaltet Funktionen für Test, Optimierung und das Monitoring von Applikationen, die mit dem USoft Definer entwickelt wurden.
- Mit Hilfe des *USoft Authorizer* können für eine Applikation Rollen und Berechtigungsprofile definiert werden.
- Ferner sind noch die Komponenten *USoft Web-* bzw. *Window-Designer* zu erwähnen. Mit diesen wird die Präsentationsschicht der Applikation entwickelt.

Die Entwicklung einer Applikation erfolgt nach dem von USoft adaptierten *Cyclic RAD Aproach*: Ausgehend von dem konzeptionellen Datenmodell wird zunächst mit Hilfe des *USoft Definer* ein Relationenschema definiert. Die strukturellen Geschäftsregeln, die z.B. Integritätsbedingungen oder *Mandatory Fields* definieren, werden aus diesem Schema automatisch abgeleitet. Darauf aufbauend werden die verhaltensdefinierenden Regeln mittels eines SQL-Assistenten erstellt. Dieser unterstützt den Modellierer bei der Formulierung der Regeln. Eine natürsprachliche Formulierung der expliziten Geschäftsregeln kann als Kommentar hinterlegt werden. Dieser dient lediglich zu Dokumentationszwecken, d. h. eine Änderung der natürlichsprachlichen Formulierung hat keine Auswirkungen auf die zugrunde liegende Regel-Spezifikation. Die *USoft Rule Engine* generiert auf dieser Basis den Prototypen der zukünftigen Applikation, wobei die Standard-Benutzerschnittstelle direkt aus dem Datenmodell abgeleitet wird. Bei Ergänzungen bzw. Änderungen der Geschäftsregeln muss der Cyclic RAD Approach jeweils von neuem durchlaufen werden. Während der Entwicklungsphase kann *USoft BenchMark* alle Arbeiten während Test, Analyse und Reporting der Applikation assistieren.

Die Analyse und systematische Detaillierung von Geschäftsregeln wird von USoft nicht unterstützt. Erst wenn die Regeln in atomarer Form vorliegen, können diese mit Hilfe von ANSI-SQL-Ausdrücken erfasst werden. Die Erfassung und das Management von

[546] Vgl. Ness (2002b) sowie die dort angegebenen Verweise auf die spezifischen Produktinformationen.

Regeln durch die Fachanwender erscheint wegen der dazu notwendigen SQL-Kenntnisse nur schwer realisierbar. Davon abgesehen beinhaltet die USoft Developer Series Funktionen für Gestaltung, Implementierung und Steuerung/Monitoring von regelbasierten Umgebungen. Der Schwerpunkt liegt dabei jedoch weniger auf der Unterstützung eines applikationsübergreifenden Regelmanagements, sondern auf der Erstellung **einer** regelbasierten Applikation. Die strukturellen Geschäftsregeln werden nicht explizit formuliert, sondern sind nur implizit über das Daten- bzw. Objektmodell ersichtlich.

Ein grundsätzlicher Nachteil datenorientierter Systeme besteht jedoch wie erwähnt darin, dass diese nur mit Datenbank-Ereignissen gekoppelte Regeln abbilden können.

6.3.5.8 Astera Centerprise

Astera Software Corporations begann 1992 mit der Entwicklung von allgemeinen Geschäftsapplikationen. Zu diesem Zweck ergänzte sie eine objektorientierte Entwicklungsumgebung mit regelbasierten Technologien. Daraus entstand 1996 das System *Centerprise,*[547] ein skalierbarer Applikationsserver mit grafischer Entwicklungsoberfläche. Dieser ist gleichermassen Entwicklungs- und Laufzeitumgebung. Centerprise konzentriert sich vor allem auf die Entwicklung von Applikationen innerhalb der Microsoft-Standards.

Mit Centerprise wird eine Drei-Schichten-Architektur angestrebt, wobei die Regeln als integraler Bestandteil der Applikationsschicht definiert werden und darin auch ausgeführt werden. Mit Hilfe von *Visual Basic for Applications* (VBA) kann ergänzender prozeduraler Code hinzugefügt werden. Die Geschäftsregeln werden in einem eigenen Repository verwaltet. Sie dienen jedoch vor allem zur Generierung des Programmgerüstes. Das Repository soll auch die Wiederverwendung von Geschäftsregeln in anderen Applikationen unterstützen.

Die Centerprise-Umgebung kann als datenorientiertes System aufgefasst werden. Die für USoft genannten Charakteristika gelten analog auch für diese Umgebung.

6.3.5.9 Weitere Systeme

Neben den in den letzten Abschnitten skizzierten Systemen gibt es noch weitere kommerziell verfügbare Umgebungen. Diese unterstützen unterschiedliche Einzel-Aufgaben des Regel-Managements. Der Vollständigkeit halber sind sie nachstehend erwähnt.

---

[547] Vgl. zum Folgenden Astera (2000).

Das *Visual Rules Studio*[548] von *RuleMachines.com* ist eine serviceorientierte Umgebung zur Entwicklung und Automatisierung von Geschäftsregeln. Es ist speziell für die Entwicklung regelbasierter Anwendungssysteme mit Hilfe von Microsofts *VisualBasic* oder *Visual C++* vorgesehen. Entsprechend basiert das Regel-Repository auch auf dem Repository von Microsoft.

Das RuleStudio beinhaltet einen einfachen Geschäftsregel-Editor sowie eine Inference Engine: Die Geschäftsregeln werden in *Rule Sets* gruppiert und als Textdatei gespeichert. Die Regeln selbst werden mit einer an Visual Basic (VB) angelehnten Geschäftsregel-Sprache deklariert. Die *Inference Engine* von Visual Rules Studio generiert daraus VB-Code. Die Rule Sets können entweder als Einzel-Applikationen in Form von EXE-, OCX- oder DLL-Dateien in Windows-Clients implementiert oder als Server-Komponente in eine Server- oder Web-Applikation integriert werden. Für die Entwicklung vollständiger Applikationen wird Microsoft Visual Studio benötigt.

Das System *KRules* von Kalstride[549] ist ähnlich wie Visual Rules Studio eine regelbasierte Erweiterung für eine bestehende Entwicklungsumgebung. Es kann nur in Verbindung mit der Entwicklungsumgebung *ColdFusion* verwendet werden, wobei diese mit einer integrierten Rule Engine und einem webfähigen Geschäftsregel-Editor ergänzt wird, dem sogenannten *KRules Management Interface*. Damit wird die Erfassung und Management von Geschäftsregeln unterstützt, während die übrige Applikation in ColdFusion entwickelt werden muss.

FactPool unterstützt die Erfassung und die Verwaltung von Geschäftsregeln.[550] Die Geschäftsregeln wirken jeweils direkt auf Tabellenfelder eines relationalen Datenmodells. FactPool ist daher ein datenorientiertes System. Die Komponente *FactPool Result* beinhaltet einen Geschäftsregel-Editor, in die Regeln mittels einer proprietären Regelsprache erfasst werden. Über den Editor werden Kontexte aus einem importierten Datenmodell definiert und in Kombination mit Terms und Fakten zu Geschäftsregeln verknüpft. Die so erstellten Regeln können direkt getestet und als Objektklassen in einer Objekt-Bibliothek gespeichert werden. Mit Hilfe der Komponente *FactPool Decision Maker* können die Regel-Bibliotheken verwaltet und ausgewertet werden.

Visual Rule Studios, Kalstride und FactPool konzentrieren sich auf die Erfassung, Administration und Automatisierung von Geschäftsregeln in spezifischen System-Umgebungen. Die Analyse, Modellierung, Klassifikation und Detaillierung von Geschäftsre-

---

[548] Vgl. zum Folgenden Seiler (1999).
[549] Vgl. Kalstride (2002).
[550] Vgl. FactPool (2001).

geln wird nicht unterstützt. Ebenso werden keine weitergehenden Funktionen für die Steuerung/Monitoring-Aufgaben angeboten.

6.3.6 Einordnung der Systeme in das Klassifikationsschema

Nachdem in den vorangegangenen Abschnitten verschiedene wissenschaftliche Prototypen sowie kommerziell verfügbare Systeme vorgestellt und deren Eigenschaften skizziert worden sind, werden diese nachstehend grob klassifiziert. Die wissenschaftlichen Prototypen, in der Abb. 6-20 grau hinterlegt, sind dabei quasi „ausser Konkurrenz“ aufgeführt: Deren Position im Schema ergibt sich vor allem aus den konzeptionell vorgesehenen Funktionen. In den bislang vorhandenen Prototypen ist jedoch nur ein Teil dieser Funktionen implementiert.

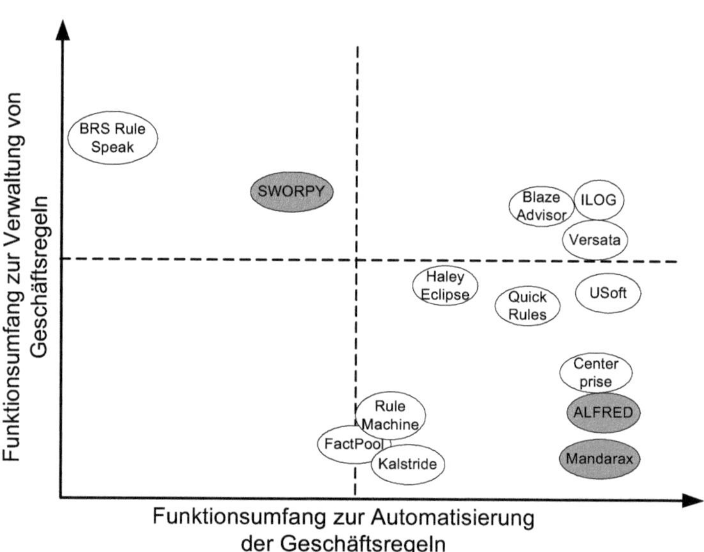

Abb. 6-20: Schematische Einordnung der Systeme in das Klassifikationsschema

Die in der Abbildung ersichtlichen Häufungen lassen schliessen, dass die meisten Systeme vor allem für die Implementierung und Steuerung jeweils von Applikationen entwickelt wurden, wobei ein möglichst hoher Grad der Wiederverwendung von Regeln angestrebt wird. Funktionen zur Definition von Regelabhängigkeiten und die Abbildung von Regel-Hierarchien werden potenziell nur von den spezialisierten Regel-Repositories *BRS Rule Speak* und *SWORPY* unterstützt. Bei allen anderen Systemen wird vorausgesetzt, dass die Regeln in atomarer Form in das Repository eingegeben werden. Somit kann die Analyse und Detaillierung von Geschäftsregeln nicht vollständig in derselben Umgebung durchgeführt werden. Demgegenüber bieten die Repositories SWORPY und BRS Rule Speak entsprechende Funktionen für die Regel-Detaillierung und Regel-Hierarchisierung an, wobei ersteres zusätzlich noch die grafische Darstellung und Modellierung regelbasierter Geschäftsprozesse ermöglicht. Darüber hinaus enthalten SWORPY[551] wie auch das ILOG-Rule Repository Funktionen zur Spezifikation regelbasierter Workflows.[552]

Die angegebene Klassifizierung ist nicht als Bewertung der einzelnen Werkzeuge aufzufassen. Denn es ist wenig sinnvoll, wissenschaftliche Prototypen mit kommerziell verfügbaren Produkten zu vergleichen. Vor allem aber ist deren Beurteilung von einer Vielzahl weiterer Parameter abhängig, z. B. von der in einem Unternehmen vorhandenen Informationssystemarchitektur, der Informatik-Strategie und dem primären Einsatzzweck. So ist in bestehenden heterogenen Anwendungsumgebungen die ausschliessliche Verwendung eines Regel-Repositories in einer ersten Phase durchaus sinnvoll. Damit kann zunächst ein Verzeichnis der im Unternehmen vorhandenen Regeln und deren Abhängigkeiten zueinander angelegt werden. Wenn dann neue Applikationen regelbasiert entwickelt werden, so bietet sich in einer weiteren Phase der Einsatz einer geeigneten Entwicklungsumgebung an. Mit zunehmender Bedeutung der regelbasierten Applikationen werden dann auch immer mehr automatisierte Regeln im Repository der Entwicklungsumgebung gespeichert. Das ursprüngliche „*Stand alone*"-Repository enthält aber weiterhin die Regelhierarchien sowie die Beschreibung der nicht-automatisierten Regeln. Das Management der Schnittstellen zwischen dem unternehmensweiten Regel-Repository einerseits und dem Repository der Entwicklungsumgebung andererseits erhält in dieser Phase dann zunehmende Bedeutung.

Die Trennung von Regel-Repository und den Systemen der Laufzeitumgebung kann also trotz Einsatzes einer Rule Engine sinnvoll sein: Das Repository ist ein Verzeichnis aller im Unternehmen vorhandenen Geschäftsregeln, ihrer Beziehungen zueinander sowie der Implementierungsarten. Das Repository der Laufzeitumgebung enthält demgegenüber nur die mit Hilfe einer Rule Engine automatisierten Regeln. Die Abb. 6-21 zeigt für diese Variante eine mögliche Verteilung der Benutzerrollen.

Zum Abschluss sei schliesslich darauf hingewiesen, dass mit zunehmender Komplexität des Regel-Managements die Rolle eines *Regel-Administrators* etabliert werden muss. Dieser unterstützt die Analytiker und Programmierer bei der Analyse, Modellierung und Formalisierung von Regeln. Darüber hinaus überwacht dieser die regelbasierten Anwen-

[551] Diese Bemerkungen beziehen sich auf das SWORPY-Konzept und nicht auf die Implementierung des SWORPY-Prototyps.

[552] Vgl. ILOG (2002b).

dungssysteme hinsichtlich Performance und stellt Informationen über die Nutzung der Regeln zur Verfügung.

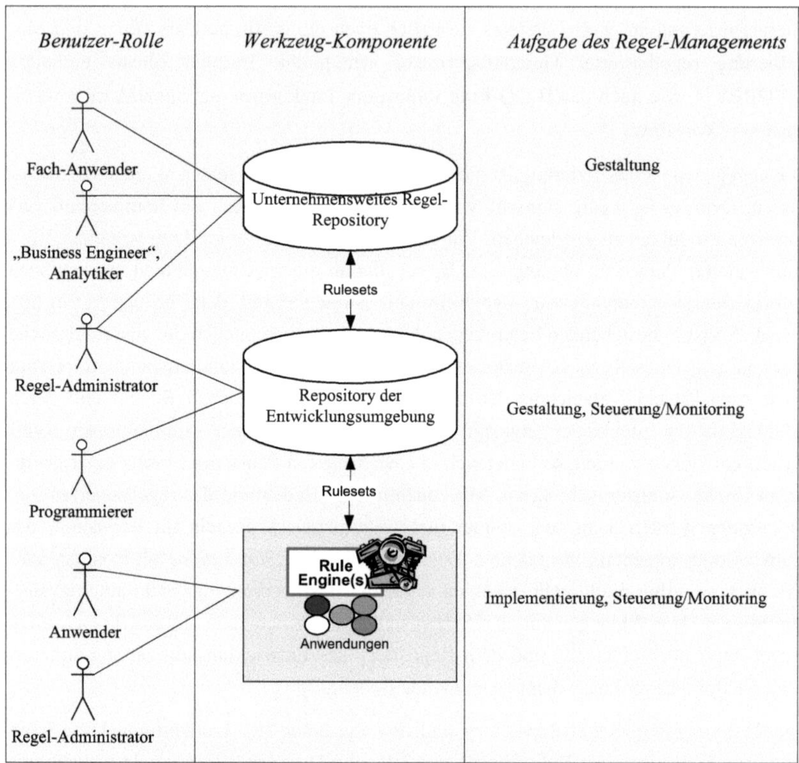

Abb. 6-21: Rollen und Werkzeuge im Geschäftsregel-Management

6.4 Zusammenfassung

In diesem Kapitel wurden die Aufgaben des Geschäftsregelmanagements beschrieben. Diese können definiert werden als die *Gesamtheit der Massnahmen für den Aufbau, die Entwicklung, Wartung und Weiterentwicklung einer regelbasierten Anwendungsarchitektur*. Aus der Beschreibung der Aufgaben wurden Anforderungen an unterstützende Werkzeuge abgeleitet. So müssen die Geschäftsregeln unabhängig von der Implementierungsart in einem Regel-Repository verwaltet werden können. Eine strukturierte Regel-Sprache unterstützt die konsistente Verwaltung und Klassifizierung der Geschäftsregeln.

Bei der Erläuterung der Implementierungsaufgabe des GRM wurde darauf hingewiesen, dass die Entwicklung regelbasierter Anwendungssysteme auch mit konventionellen Design- und Implementierungsmethoden bzw. –instrumenten möglich ist.[553] Ein unabhängiges Regel-Repository ist aber auch dann zwingend notwendig. Dieses dient als Regel-Verzeichnis und enthält die Nachweise über die Verwendung von Geschäftsregeln. Deren Implementierung erfolgt jedoch mit klassischen oder objektorientierten Software-Entwicklungsmethoden mit der Folge, dass die Regeln auf unterschiedlichen Ebenen der IT-Architektur implementiert werden. Damit bleiben die Regeln physisch über die verschiedenen Ebenen der Anwendungsarchitektur verstreut. Das Regel-Repository dient dann jedoch als zentraler Bezugspunkt für das Regel-Management.

Demgegenüber ermöglicht die Verwendung einer *Rule Engine* eine weitere Trennung innerhalb der Applikationsebene: Die implementierten Geschäftsregeln werden von der übrigen Applikation separiert und in Abhängigkeit vom Zustand des Anwendungssystems geladen und ausgeführt. Aus informationstechnischer Sicht lassen sich dabei zwei Klassen von Rule Engines unterscheiden:

- *Datenorientierte Systeme,* bei denen die Regeln mit Datenbank-Ereignissen assoziiert werden. Die Rule Engine löst in Abhängigkeit von den eingetretenen Datenbank-Zuständen die entsprechenden Regeln aus und überwacht deren Ausführung.
- *Serviceorientierte Systeme,* bei denen die Rule Engine als eigenes Objekt in die Applikation integriert wird. Dieses Objekt übernimmt die Steuerungsaufgaben innerhalb der Applikation.

Die kommerziell verfügbaren Systeme unterstützen das Geschäftsregelmanagement in unterschiedlicher Intensität. Während integrierte Produkte wie Blaze Advisor, ILOG oder USoft für mehrere Aufgaben des Regelmanagements verwendet werden können, konzentrieren sich andere – z. B. BRS Rules Speak oder Kalstride – entweder nur auf die Modellierung oder nur auf die Automatisierung von Geschäftsregeln in spezifischen Umgebungen. Es existiert noch kein System, welches umfassend alle Aufgaben des Regelmanagements unterstützt. Insbesondere hinsichtlich Analyse, Modellierung und Detaillierung von Geschäftsregeln finden sich nur in den auf diese Aufgabe spezialisierten Repositories geeignete Funktionalitäten. Für die vollständige Unterstützung aller Aufgaben des Managements von Geschäftsregeln sind daher derzeit mehrere Werkzeuge notwendig, die sinnvoll miteinander kombiniert werden müssen.

---

[553] Vgl. Kap. 6.1.2.1

7 Zusammenfassung und Ausblick

Eine grundsätzliche Anforderung an die Unternehmensorganisation und die darin eingesetzten Informationssysteme sind Wandlungsfähigkeit und Kollaboration. Unter Wandlungsfähigkeit wird die Fähigkeit des Unternehmens verstanden, sich auf verändernde Geschäftsanforderungen und Umgebungen einzustellen. Die Kollaboration hingegen bezeichnet die Fähigkeit des Unternehmens, die Zusammenarbeit von Personen, Organisationseinheiten und Systemen effizient zu gestalten. Effiziente Kollaboration setzt die Integration der prozessunterstützenden Systeme innerhalb des Unternehmens und über dessen Grenzen hinaus voraus.

Die im Unternehmen vorhandenen Regeln bestimmen gesamthaft die Geschäftslogik eines Unternehmens. Es wurde gezeigt, dass die Wandlungsfähigkeit einer Organisation gleichbedeutend ist mit der Fähigkeit zur Veränderung von Geschäftsregeln. Deren Management ist daher zu einer wichtigen Aufgabe des Informationsmanagements geworden. Auf der strategischen Ebene des Informationsmanagements stehen vor allem die Auswahl und Umsetzung einer regelbasierten Anwendungsarchitektur, die Entwicklung einer geeigneten Terminologie für die Formulierung von Geschäftsregeln sowie eines Vorgehensmodells zur regelbasierten Analyse und Modellierung im Vordergrund. Auf der dispositiven Ebene des Informationsmanagements ist die Entwicklung regelbasierter Applikationen eine wichtige Aufgabe, während im operativen Informationsmanagement die Optimierung der regelbasierten Systeme sowie deren Überwachung im Vordergund stehen.[554]

Diese Arbeit befasste sich schwerpunktmässig mit der Gestaltungsaufgabe des Regelmanagements. Es wurde ein Konzept vorgestellt, das die Regeln als zentralen Modellierungsgegenstand sowohl bei der Modellierung von Geschäftsprozessen als auch bei deren Implementierung in Anwendungssysteme auffasst. Dazu werden Geschäftsprozesse als eine Folge von in ECAA-Notation formulierter Regeln aufgefasst. Durch Anwendung eines geeigneten Detaillierungsmechanismus können diese in Workflow-Modelle überführt oder die für ein Anwendungssystem relevanten Geschäftsregeln abgeleitet werden. Letzteres implementiert dann eine oder mehrere Komponenten von ECAA-Regeln. Im Gegensatz zum objektorientierten Ansatz bleibt der Bezug zum Geschäftsprozess und damit zu der betriebswirtschaftlichen Ebene erhalten. Betriebswirtschaftlich induzierte Änderungen oder Erweiterungen im Prozess ziehen immer auch Änderungen in einer oder mehreren ECAA-Regeln nach sich. Durch Verfolgung der Ableitungskette

---

[554] Zur Einteilung der Aufgaben des Informationsmanagements in strategische, dispositive und operative Aufgaben vgl. Rauh (1990), S. 30 ff.

können diese konsistent in dem die Anwender unterstützenden WFMS oder in dem sie unterstützenden Anwendungssystemen nachvollzogen werden.

Die Integration der Modellierung regelbasierter Ansätze in bestehende Methoden und Vorgehensmodelle ist in der Praxis ein wichtiger Erfolgsfaktor für deren Akzeptanz und Verbreitung. Viele Unternehmen benutzen bereits Vorgehensmodelle, Methoden und Werkzeuge, die mit einem hohen Schulungs- und Investitionsaufwand eingeführt und auf deren Konzepte nicht nur die Dokumentation der Modelle, sondern auch die Architekturen der Anwendungssysteme beruhen. Ein Schwerpunkt dieser Arbeit lag daher auch in der Untersuchung der Integrierbarkeit des regelbasierten Ansatzes in bestehende Methoden der Prozess- und Systemmodellierung. Es konnte gezeigt werden, dass regelbasierte Prozessmodelle unter Beachtung weniger Modellierungskonventionen als eEPK formuliert werden können. In gleicher Weise können sowohl Prozesse als auch Anwendungssysteme mit Hilfe von UML modelliert werden. Hier müssen jedoch neben Modellierungskonventionen auch noch verschiedene Stereotypen auf UML-Elementen definiert werden. Die Verwendung von UML hat den bedeutenden Vorteil, dass mit dieser eine durchgängige Modellierung, vom Erstellen des Prozessmodells bis zur Spezifikation der Anwendungssysteme, ermöglicht wird.

Die Unterstützung der Modellierung regelbasierter Prozesse und Systeme durch geeignete Werkzeuge ist eine weiterer wichtiger Erfolgsfaktor. In dieser Arbeit wurden die Anforderungen an ein Regel-Repository formuliert. Sie wurden vorwiegend aus dem vorgestellten Konzept zur regelbasierten Prozess- und Systementwicklung abgeleitet und den Aufgaben des Geschäftsregelmanagements entsprechend gegliedert. Darüber hinaus wurden verschiedene Systeme zur Unterstützung des Geschäftsregelmanagements, insbesondere zur Automation von Regeln in Anwendungssystemen skizziert und an Hand eines zweidimensionalen Schemas klassifiziert.

Viele kommerziell verfügbaren Systeme unterstützen das Geschäftsregelmanagement in unterschiedlicher Intensität. Während integrierte Systeme wie *Blaze Advisor* oder *ILOG* grundsätzlich den gesamten Zyklus des Regelmanagements unterstützen, konzentrieren sich andere – z. B. *Kalstride* oder *BRS Rules Speak* – entweder auf die Modellierung oder auf die Automatisierung von Geschäftsregeln. Die Klassifizierung ist daher keine Bewertung, die Auswahl eines geeigneten Werkzeugs bzw. einer Werkzeugfamilie ist vielmehr abhängig von der vorhandenen IT-Architektur und der konkreten Problemstellung in einem Unternehmen. Die Klassifizierung der Werkzeuge kann jedoch als Hilfsmittel bei der Evaluation geeigneter Werkzeuge verwendet werden.

Die Gestaltung und Organisation der Prozesse für das Regel-Management und dessen organisatorische Einbettung in die Unternehmensorganisation wurden in dieser Arbeit nur am Rande erwähnt, sind jedoch von grosser praktischer Bedeutung. Die notwendigen Führungs- und operativen Prozesse des Regel-Managements sollten detailliert und deren Beziehungen zu anderen Prozessen des Informationsmanagement analysiert und transparent dargestellt werden. Auch verschiedene organisatorische Ansätze zur Einbettung des Geschäftsregelmanagements in vorhandene Unternehmensorganisationen sollten untersucht und bewertet werden.

In dieser Arbeit wurden Konzepte der regelbasierten Modellierung von Prozessen und Informationssystemen diskutiert. Die konkrete Einbettung in verbreitete Vorgehensmodelle, z. B. in den *Unified Modeling Process* ist ebenfalls von grosser Bedeutung.[555] Dabei müssen auch die in dieser Arbeit vorgestellten Meta-Modelle konsolidiert, dem Vorgehensmodell entsprechend angepasst und ggfs. detailliert werden.

Der regelbasierte Ansatz erscheint auch gut geeignet zur Entwicklung und das Management von Software Agenten. Diese Software-Komponenten sind im wesentlichen durch folgende Eigenschaften gekennzeichnet:

- Autonom: Software-Agenten können auf eigene Initiative Aktionen ausführen.
- Sensitiv: Software-Agenten sind sensitiv in Bezug auf ihre Umgebung. Sie prüfen verschiedene Bedingungen und reagieren auf diese in Abhängigkeit vom Ergebnis der Bedingungsprüfung.
- Persistent: Software-Agenten sind temporär persistent. Ein mit einer Geschäftsprozess-Instanz verbundener Agent könnte z. B. solange aktiv bleiben, bis die Instanz vollständig abgeschlossen ist.

Die Eignung der vorgestellten Konzepte für die regelbasierte Entwicklung und das Management von Software-Agenten und die sich daraus ergebenden Nutzenpotenziale sollten näher untersucht werden. Darauf aufbauend könnte die Entwicklung von Konzepten und Vorgehensmodellen speziell für diese Software-Komponenten einen weiteren Schritt darstellen.

In gleicher Weise erscheint das vorgestellte Konzept auch für die Modellierung und Implementierung von *Web Services* geeignet. Denn diese repräsentieren lose gekoppelte Software-Komponenten, deren wesentliche Eigenschaft darin besteht, dass sie ihre Funktionalitäten über das Web zur Verfügung stellen. Sie können unabhängig voneinander modifiziert und weiter entwickelt werden. Die Benutzer dieser Services sind Software-Systeme, die einen für sie geeigneten Web Service aufgrund seiner Beschreibung finden und ausführen können.[556] Ein geeigneter Aufrufmechanismus unterstützt die Integration zur Laufzeit des Software-Systems. Eine Spezifikation der angebotenen Web Services in Form von Geschäftsregeln könnte das Management der Web Services und der sie verwendenden Software-Systeme effizient unterstützen:

---

[555] Vgl. Jacobson / Booch / Rumbaugh (2000).

[556] Vgl. Hoidn / Jungclaus (2002), S. 32.

> *„It's likely that a range of Web services will emerge, ranging from a simple look-up of facts to a higher-value smart services. The latter are ideal candidates for rule-based applications, hosted by the service provider.“*[557]

Moderne, an den Potenzialen der Informations- und Kommunikationstechnologie ausgerichtete Managementkonzepte setzen Flexibilität der Prozesse und der Anwendungssysteme voraus. In dieser Arbeit wurde erläutert, wie der regelbasierte Modellierungsansatz einen Beitrag zur Erreichung dieses Zieles leisten kann. Auf diesem Ansatz könnten nun, aufbauend auf Referenzprozessen, Regel-Bibliotheken für spezifische Anwendungsbereiche, etwa *Customer Relationship-Management* oder *Supply Chain Management*, erstellt werden. Diese Regel-Bibliotheken können auf konzeptioneller Ebene an einen konkreten Anwendungsfall angepasst, modifiziert und mit Hilfe geeigneter Systeme automatisiert werden. Wie bei Branchen- oder Software-Referenzmodellen liegt der potenzielle Vorteil auch hier in einer signifikanten Verkürzung der Analyse- und Implementierungszeiten für die entsprechenden Workflow- und Anwendungssysteme.

---

[557] Morgan (2002), S. 283.

Abkürzungsverzeichnis

A

API	Application Programming Interface
ARIS	Architektur integrierter Informationssysteme

B

BPR	Business Process Reengineering
BWF	Business Workflow
BRS	Business Rule Solutions
bzw.	beziehungsweise

C

CORBA	Common Object Request Broker Architecture
COM	Component Object Model
CSCW	Computer Supported Cooperative Work
C/S	Client/Server

D

DBMS	Datenbank-Management-System
DV	Datenverarbeitung

E

ECA	Event-Condition-Action
ECAA	Event-Condition-Action-Alternative Action
EIS	Executive Information System
E-Mail	Electronic Mail
eEPK	Erweiterte Ereignisgesteuerte Prozesskette
EPK	Ereignisgesteuerte Prozesskette
ERM	Entity-Relationship-Modell
ERP	Enterprise Resource Planning Systems
et al.	et alii (und andere)

F

f.	folgende
ff.	fortfolgende

G

GoM	Grundsätze ordnungsmässiger Modellierung
GP	Geschäftsprozess

GPM	Geschäftsprozessmodellierung
GRM	Geschäftsregel-Management
GUI	Graphical User Interface
H	
Hrsg.	Herausgeber
HTTP	Hypertext Transfer Protocol
I/J	
i.d.R.	in der Regel
ISAM	Index Sequential Access Mode
ISO	International Organization for Standardization
IT	Information Technology
J2EE	Java Extended Enterprise
M	
MAPI	Messaging Application Programming Interface
MS	Microsoft
O	
oEPK	Objektorientierte Ereignisgesteuerte Prozesskette
OLE	Object Linking and Embedding
S	
SAP	Firmenbezeichnung, steht für *Systeme, Anwendungen und Produkte in der Datenverarbeitung*
SOM	Semantisches Objektmodell
SSW	Standardsoftware
T	
TQM	Total Quality Management
U	
UML	Unified Modeling Language
u.a.	unter anderem
V	
v.a.	vor allem
VB	Visual Basic
VBA	Visual Basic for Applications

W

WfMC	Workflow Management Coalition
WfMS	Workflow-Management-System
WPDL	Workflow-Process Description Language
WWW	World Wide Web

X

XML	Extended Markup Language

Abbildungsverzeichnis

Tabellenverzeichnis

Literaturverzeichnis

[Aberdeen-Group 2000]

Aberdeen-Group: *The Power of Rules-Driven Processing. An Executive White Paper.*
URL: http://www.aberdeen.com [Abruf: 2001-10-15].

[Allen 2001]

Allen, R.: *Workflow: An Introduction.* In: Fischer, L. (Hrsg): The Workflow Handbook 2001, Lighthouse Point: Future Strategies 2001, S. 1-24.

[Appelrath / Lorek 1988]

Appelrath, H.-J. / Lorek, H.: *Der Einsatz von Prolog-Werkzeugen für Geo-Datenbanken.* Informatik-Fachberichte 171, Berlin et al.: Springer 1988.

[Appleton 1984]

Appleton, D. S.: *Business Rules: The Missing Link.* In: Datamation 30 (1984) 16, S. 145-150.

[Appleton 1986]

Appleton, D. S.: *Rule Based Data Ressource Management.*
In: Datamation 32 (1986) 5, S. 86-99.

[Astera 2000]

Astera: *Centerprise. A Business Application Overview.*
URL: http://www.astera.com [Abruf: 2003-02-09].

[Balzert 1999]

Balzert, H.: Lehrbuch der Objektmodellierung. Analyse und Entwurf. Heidelberg: Spektrum 1999.

[Balzert 2000]

Balzert, H.: *Lehrbuch der Software-Technik. Software-Entwicklung.* Band 1, 2. Aufl., Heidelberg: Spektrum 2000.

[Becker et al. 2000]

Becker, J. / Bergerfurth, J. / Hansmann, H. / Neumann, S. / Serries, T.: *Methoden zur Einführung Workflow-gestützter Architekturen von PPS-Systemen.* Institut für Wirtschaftsinformatik, Arbeitsbericht Nr. 73, Universität Münster 2000.

[Becker / Kahn 2002]

Becker, J. / Kahn, D.: *Der Prozess im Fokus.* In: Becker, J. / Kugeler, M. / Rosemann, M. (Hrsg): Prozessmanagement. Ein Leitfaden zur prozessorientierten Organisationsgestaltung. 3. Aufl., Berlin et al.: Springer 2002, S. 3-15.

[Becker / Meise 2002]

Becker, J. / Meise, V.: *Strategie und Ordnungsrahmen.* In: Becker, J. / Kugeler, M. / Rosemann, M. (Hrsg): Prozessmanagement. Ein Leitfaden zur prozessorientierten Organisationsgestaltung. 3. Aufl., Berlin et al.: Springer 2002, S. 95-145.

[Becker / Rosemann / Schütte 1995]

Becker, J. / Rosemann, M. / Schütte, R.: *Grundsätze ordnungsgemässer Modellierung.* In: Wirtschaftsinformatik 37 (1995) 5, S. 435-445.

[Becker / Vossen 1996]

Becker, J. / Vossen, G.: *Geschäftsprozessmodellierung und Workflow-Management. Eine Einführung.* In: Vossen, G. / Becker, J. (Hrsg): Geschäftsprozessmodellierung und Workflow-Management. Modelle, Methoden, Werkzeuge. Bonn, Albany: Thomson 1996, S. 17-26.

[Berger et al. 2002]

Berger, U. / Bernhard-Mehlich, I. / Ebers, M. / Kieser, A. H.: *Organisationstheorien.* 5. Aufl., Stuttgart: Kohlhammer 2002.

[Böhm / Fuchs / Pacher 1993]

Böhm, R. / Fuchs, E. / Pacher, G.: *System-Entwicklung in der Wirtschaftsinformatik.* 2. Aufl., Zürich: vdf Hochschulverlag 1993.

[Bowden 1996]

Bowden, F. D. J.: *Modelling Time in Petri Nets.* Proceedings of the second Australia-Japan Workshop on Stochastic Models, Gold Coast.
URL: http://www.itr.unisa.edu.au/~fbowden/pprs/stomod96
[Abruf: 1998-10-27].

[BRG 2000]

BRG: *Organizing Business Plans. The Standard Model for Business Rule Motivation.*
URL: http://www.businessrulesgroup.org/second_paper/BRG-BRMM.pdf
[Abruf: 2001-09-01].

[BRS 1999]

BRS: *BRS Conceptual Rule Management MetaModel.* URL: URL: http://www.brsolutions.com/products.shtml [Abruf: 2003-02-20].

[Brücher 2001]

Brücher, H.: Agentenbasiertes, dynamisches Benutzerportal im Wissensmanagement. Aachen: Deutscher Universitäts Verlag 2001.

[Brücher / Endl 2002]

Brücher, H. / Endl, R.: *Erweiterung von UML zur geschäftsregelorientierten Prozessmodellierung.* In: Becker, J. / Knackstedt, R. (Hrsg): Wissensmanagement mit Referenzmodellen - Konzepte für die Anwendungssystem- und Organisationsgestaltung. Berlin et al.: Springer 2002, S. 145-162.

[Bullinger / Rathgeb 1994]

Bullinger, H.-J. / Rathgeb, M.: *Prozessorientierte Organisationsstrukturen und Workflow-Management bei Dienstleistern.* In: Bullinger, H. J. (Hrsg): Workflow-Management bei Dienstleistern. Stuttgart: IRB 1994, S. 11-46.

[Burkhardt 1997]

Burkhardt, R.: UML - Unified Modeling Language. Objektorientierte Modellierung für die Praxis. Bonn: Addison Wesley 1997.

[Buschmann et al. 1996]

Buschmann, F. / Meunier, R. / Rohnert, H. / Sommerlad, P. / Stal, M.: *Pattern-Oriented Software Architecture: A System of Patterns.* New York et al.: Wiley 1996.

[Caglayan / Harrison 1998]

Caglayan, K. A. / Harrison, C. G.: *Intelligente Software- Agenten.* München: Hanser 1998.

[Chakravarthy / Mishra 1993]

Chakravarthy, S. / Mishra, D.: *Snoop: An Expressive Event Spezification Language for Active Databases.* Technical Report UF-CIS-TR-93-007, University of Florida, Gainesville 1993.

[CrossLogix 2001]

CrossLogix: *CrossLogix3 Product Architecture.* Technical White Paper.
URL: http://www.crosslogix.com [Abruf: 2002-11-24].

[Date 2000]

Date, C. J.: What Not How. The Business Rules Approach to Application Development. 2nd Ed., Boston et al.: Addison-Wesley 2000.

[Davenport 1993]

Davenport, T. H.: Process Innovation. Reengineering Work trough Information Technology. Boston: Harvard Business School Press 1993.

[Dayal 1988]

Dayal, U.: *Active Database Management Systems.* In: Proceedings of the 3rd International Conference on Data and Knowledge Bases, San Mateo 1988, S. 150-169.

[Demey / Jarrar / Meersman 2002]

Demey, J. / Jarrar, M. / Meersman, R.: *A Markup Language for ORM Business Rules*.
URL: http://sunsite.informatik.rwth-aachen.de/Publications/CEUR-WS/Vol-60/jarrar.pdf [Abruf: 2002-11-05].

[Derungs 1997]

Derungs, M.: *Kundenorientierte Workflow-Projekte.* Wiesbaden: Deutscher Universitäts-Verlag 1997.

[Dietrich / Hiller 2002]

Dietrich, J. / Hiller, J.: MANDARAX - Ein OpenSource Ansatz zur Verwaltung und Verarbeitung von Geschäftsregeln.
URL: http://www.mandarax.org [Abruf: 2002-02-05].

[Dittrich 2000]

Dittrich, K. R.: *SWORDIES: Swiss Workflow Management in Distributed Environments*. In: SPP ICS (Hrsg): Swiss Priority Programme for Information and Communications Structures. Zürich: vdf 2000, S. 31-33.

[Dittrich / Kotz / Mülle 1986]

Dittrich, K. R. / Kotz, A. M. / Mülle, J. A.: *An Event/Trigger mechanism to enforce complex consistency constraints in design databases*. In: SIGMOD RECORD 15 (1986) 3, S. 22-36.

[Duffner / Henn 2001]

Duffner, A. / Henn, H.: CRM verstehen, nutzen, anwenden! Ein Leitfaden für kundenorientierte Unternehmen. Würzburg: Max Schimmel 2001.

[Endl / Fritz 1992]

Endl, R. / Fritz, B.: *Integration von Standardsoftware in das unternehmensweite Datenmodell*. In: Information Management 7 (1992) 3, S. 38-44.

[Endl et al. 1997]

Endl, R. / Duedal, L. / Fritz, B. / Joos, B.: *Anforderungen an Workflowmanagementsysteme aus anwendungsorientierter Sicht.* Institut für Wirtschaftsinformatik, SWORDIES Report 97-1, Universität Bern 1997.

[Endl / Knolmayer / Pfahrer 1998]

Endl, R. / Knolmayer, G. / Pfahrer, M.: *Modeling Processes and Workflows by Business Rules.* Proceedings of the first European Workshop on Workflow and Process Management (WPM'98), Zürich 1998.

[Eriksson / Penker 2000]

Eriksson, H.-E. / Penker, M.: *Business Modeling with UML. Business Patterns at Work.* New York et al.: Wiley 2000.

[FactPool 2001]

FactPool: *FactPool - Result Lite. Concepts and Product Reference.* URL: http://www.factpool.com/images/FPRes160.pdf [Abruf: 2003-02-10].

[Fehling 1992]

Fehling, R.: Hierarchische Petri Netze: Beiträge zur Theorie und formale Basis für zugehörige Werkzeuge. Hamburg: Dr. Kovac 1992.

[Ferstl / Sinz 1993]

Ferstl, O. K. / Sinz, E. J.: *Geschäftsprozessmodellierung.* In: Wirtschaftsinformatik 35 (1993) 6, S. 589-592.

[Ferstl / Sinz 1998]

Ferstl, O. K. / Sinz, E. J.: *Grundlagen der Wirtschaftsinformatik.* Band 1, 3. Aufl., München, Wien: Oldenbourg 1998.

[Fischer / Biskup / Müller-Luschnat 1998]

Fischer, T. / Biskup, H. / Müller-Luschnat, G.: *Begriffliche Grundlagen für Vorgehensmodelle.* In: Kneuper, R. / Müller-Luschnat, G. / Oberweis, A. (Hrsg): Vorgehensmodelle für die betriebliche Anwendungsentwicklung. Stuttgart, Leipzig: Teubner 1998, S. 13-31.

[Fowler / Scott 1998]

Fowler, M. / Scott, K.: UML konzentriert. Die neue Standard-Objektmodellierungssprache anwenden. Bonn et al.: Addison Wesley 1998.

[Frese 1995]

Frese, E.: Grundlagen der Organisation. Konzept-Prinzipien-Strukturen. 6. Aufl., Wiesbaden: Gabler 1995.

[Gaitanides 1983]

Gaitanides, M.: Prozessorganisation. Entwicklung, Ansätze und Programme prozessorientierter Organisationsgestaltung. München: Vahlen 1983.

[Galler 1997]

Galler, J.: Vom Geschäftsprozessmodell zum Workflow-Modell. Wiesbaden: Gabler 1997.

[Gatziu 1995]

Gatziu, S.: Events in Active, Objetc-Oriented Database System. Hamburg: Dr. Kovac 1995.

[Gersappa 2002]

Gersappa, S.: *Object Role Modeling & Visual Studio .NET.*
URL: http://www.stylusinc.net/technology/microsoft/visualstudio_orm.shtml
[Abruf: 2002-12-15].

[Giarratano / Riley 1994]

Giarratano, J. / Riley, G.: *Expert Systems: Principles and Programming.* Boston: PWS Publishing 1994.

[Gottesdiener 1997]

Gottesdiener, E.: *Business RULES. Show Power, Promise.* In: Application Development Trends 4 (1997) 3, S. 5-29.

[Grochla 1982]

Grochla, E.: Grundlagen der organisatorischen Gestaltung. Stuttgart: Poeschel 1982.

[Grosof / Labrou / Chan 1999]

Grosof, B. N. / Labrou, Y. / Chan, H. Y.: *A Declarative Approach to Business Rules in Contracts. Corteous logic programming in XML.* Proceedings of the ACM Special Interest Group on E-Commerce (EC99), Denver 1999.

[Grossenbacher 2002]

Grossenbacher, Y.: *Vergleich geschäftsregelbasierter Entwicklungsumgebungen.* Institut für Wirtschaftsinformatik, Lizentiatsarbeit, Universität Bern 2002.

[Gutenberg 1973]

Gutenberg, E.: *Grundlagen der Betriebswirtschaftslehre.* 22. Auflage, Berlin et al.: Springer 1973.

[Gutzwiller 1994]

Gutzwiller, T.: Das CC-RIM-Referenzmodell für den Entwurf von betrieblichen, transaktionsorientierten Informationssystemen. Heidelberg: Physica 1994.

[Haggerty 2001]

Haggerty, N.: *Modeling Business Rules Using the UML and CASE.* URL: http://www.brcommunity.com/cgi-local/x.pl/features/b016.html [Abruf: 2001-04-25].

[Haley 2003]

Haley: *Authorete - Haley Business Rule Authoring.* URL: http://www.haley.com/2047325148318224/PDF/AuthoreteDataSheet.pdf [Abruf: 2003-02-10].

[Hall 1992]

Hall, R.: *The Strategic Analysis of Intangible Resources.* In: Strategic Management Journal 13 (1992) 2, S. 135-144.

[Halpin 1996]

Halpin, T.: *Business Rule and Object Role Modeling.* In: Issue of Database Programming & Design 10 (1996) 9, S. 66-72.

[Hammer / Champy 1993]

Hammer, M. / Champy, J.: Reengineering the Corporation. A Manifesto for Business Revolution. New York: Harper Collins 1993.

[Hammer / Champy 1995]

Hammer, M. / Champy, J.: *Business Reengineering. Die Radikalkur für das Unternehmen.* 5. Aufl., Frankfurt/Main, New York: Harper Collins 1995.

[Hansmann / Neumann 2001]

Hansmann, H. / Neumann, S.: *Prozessorientierte Einführung von ERP-Systemen.* In: Becker, J. / Kugeler, M. / Rosemann, M. (Hrsg): Prozessmanagement. Ein Leitfaden zur prozessorientierten Organisationsgestaltung. 3. Aufl., Berlin et al.: Springer 2001, S. 327-372.

[Hay / Healy / Hall 2000]

Hay, D. / Healy, K. A. / Hall, J.: *Defining Business Rules ~ What Are They Really?* Final Report, Rev. 1.3.
URL: http://www.businessrulesgroup.org/first_paper/br01c0.htm
[Abruf: 2001-09-19].

[Hendryx 2003]

Hendryx, S.: *A Home for Business Models in the OMG.* In: Business Rules Journal 4 (2003) 1.
URL: http://www.BRCommunity.com/a2003/b127.html [Abruf: 2003-05-12].

[Herbst 1995]

Herbst, H.: *A Meta-Model for Business Rules in Systems Analysis, Berlin et al.: Springer 1995.* In: Livar, J. / Lyytinen, K. / Rossi, M. (Hrsg): Proceedings of the Seventh Conference on Advanced Information Systems Engineering, Berlin et al.: Springer 1995, S. 186-199.

[Herbst 1997]

Herbst, H.: Business Rule-Oriented Conceptual Modeling. Heidelberg: Physica 1997.

[Herbst / Knolmayer 1994]

Herbst, H. / Knolmayer, G.: *Ansätze zur Klassifikation von Geschäftsregeln.* Institut für Wirtschaftsinformatik, Arbeitsbericht Nr. 46, Universität Bern 1994.

[Herbst / Knolmayer 1995]

Herbst, H. / Knolmayer, G.: *Ansätze zur Klassifikation von Geschäftsregeln.* In: Wirtschaftsinformatik 37 (1995) 2, S. 149-159.

[Herbst / Myrach 1997]

Herbst, H. / Myrach, T.: *A Repository System for Business Rules.* In: Meersman, R. / Mark, L. (Hrsg): Database Applications Semantics. London: Chapman & Hall 1997, S. 119 - 138.

[Hess / Brecht / Österle 1995]

Hess, T. / Brecht, L. / Österle, H.: *Stand und Defizite der Methoden des Business Process Redesign.* In: Wirtschaftsinformatik 37 (1995) 5, S. 480-486.

[Hill / Fehlbaum / Ulrich 1989]

Hill, W. / Fehlbaum, R. / Ulrich, P.: Organisationslehre 1. Ziele, Instrumente und Bedingungen der Organisation sozialer Systeme. 4. Aufl., Stuttgart: UTB 1989.

[HNC 2001a]

HNC: Blaze Advisor, Frequently Asked Questions for Request for Information or Request for Proposal. Current as of 3.3 Release. San Jose: HNC 2001.

[HNC 2001b]

HNC: *Blaze Advisor Rule Server*. Data Sheet, San Jose: HNC 2001.

[Hoffmann / Kirsch / Scheer 1993]

Hoffmann, W. / Kirsch, J. / Scheer, A.-W.: *Modellierung mit Ereignisgesteuerten Prozessketten*. In: Scheer, A.-W. (Hrsg): Veröffentlichungen des Instituts für Wirtschaftsinformatik, Heft 101, Universität Saarbrücken 1993.

[Hoheisel 2000]

Hoheisel, H.: *Temporale Geschäftsprozessmodellierung*. Wiesbaden: Deutscher Universitäts-Verlag 2000.

[Hoidn / Jungclaus 2002]

Hoidn, H.-P. / Jungclaus, R.: *Web Services aus Sicht der Unternehmens-architektur*. In: IM Informationsmanagement & Consulting 17 (2002) 3, S. 31-35.

[Hollingsworth 1995]

Hollingsworth, D.: *Workflow Management Coalition - The Workflow Reference Model*. Document Number TC00-1003, Hampshire: Workflow Management Coalition 1995.

[Hopcroft / Ullman 1988]

Hopcroft, J. / Ullman, J. D.: Einführung in die Automatentheorie, Formale Sprachen und Komplexitätstheorie. Bonn: Addison Wesley 1988.

[IDS 2000]

IDS: *ARIS-Methode. Version 5.* Saarbrücken: IDS 2000.

[ILOG 2001a]

ILOG: *Business Rules. Powering Business Rules and e-Business.* White Paper. URL: http://www.ilog.com [Abruf: 2001-10-11].

[ILOG 2001b]

ILOG: *ILOG JRules.* White Paper. URL: http://www.ilog.com [Abruf: 2001-10-11].

[ILOG 2002a]

ILOG: *Business Rules.* White Paper. Bad Homburg: ILOG 2002.

[ILOG 2002b]

ILOG: ILOG Components for Business Process Management Solutions. White Paper. Mountain View: ILOG 2002.

[IMG 1997]

IMG: PROMET-BPR - Methodenhandbuch für den Entwurf von Geschäftsprozessen. Vers. 2.0, St. Gallen: IMG 1997.

[Jablonski 1995]

Jablonski, S.: Workflow-Management-Systeme. Modellierung und Architektur. Bonn: Thomson 1995.

[Jablonski 1996]

Jablonski, S.: *Anforderungen an die Modellierung von Workflows.* In: Österle, H. / Vogler, P. (Hrsg): Praxis des Workflow-Managements - Grundlagen, Vorgehen, Beispiele. Braunschweig, Wiesbaden: Gabler 1996, S. 65-81.

[Jacobson / Booch / Rumbaugh 2000]

Jacobson, I. / Booch, G. / Rumbaugh, J.: *The Unified Software Development Process*. 3. Aufl., Boston et al.: Addison-Wesley 2000.

[Jacobson et al. 1994]

Jacobson, I. / Christerson, M. / Jonsson, P. / Övergaard, G.: *Object-Oriented Software Engineering: A Use Case Driven Approach*. Reading et al.: Addison Wesley 1994.

[Jaeschke 1996]

Jaeschke, P.: Integrierte Unternehmensmodellierung: Techniken zur Informations- und Geschäftsprozessmodellierung. Wiesbaden: Deutscher Universitäts-Verlag 1996.

[Jasper 1998]

Jasper, H.: Aktive Informationssysteme. Systeme, Methoden und Anwendungen. Aachen: Shaker 1998.

[Jasper / Zukunft / Behrends 1996]

Jasper, H. / Zukunft, O. / Behrends, H.: *Time Issues in Advanced Workflow Management Application of Active Databases*. In: Berndtsson, M. / Hansson, J. (Hrsg): Active and Real-Time Database Systems (ARTDB95). Proceedings of the First International Workshop on Active and Real-Time Database Systems, Berlin et al.: Springer 1996, S. 65-81.

[Jensen 1992]

Jensen, K.: Coloured Petri Nets. Basic Concepts, Analysis Methods and Practical Use. Berlin et al.: Springer 1992.

[Joosten 1994]

Joosten, S.: *Trigger Modelling for Workflow Analysis*. In: Chroust, G. / Benczur, A. (Hrsg): Proceedings of the CONectivity '94: Workflow Management - Challenges, Paradigms and Products. Wien, München: Oldenbourg 1994, S. 236-247.

[Joosten et al. 1994]

Joosten, S. / Aussems, G. / Duitshof, M. / Huffmeijer, R. / Mulder, E.: *An empirical study about the practice of workflow management.* Technical Report Wa-12, University of Twente 1994.

[Kalstride 2002]

Kalstride: *KRules - Business Rules Engine for ColdFusion.*
URL: http://www.kalstride.com/KRulesDescription.htm [Abruf: 2002-11-01].

[Kargl 1996]

Kargl, H.: *DV-Prozesse zur Auftragsführung.* München, Wien: Oldenbourg 1996.

[Keller / Nüttgens / Scheer 1992]

Keller, G. / Nüttgens, M. / Scheer, A.-W.: *Semantische Prozessmodellierung auf der Grundlage Ereignisgesteuerter Prozessketten (EPK).* Veröffentlichungen des Instituts für Wirtschaftsinformatik, Heft 89, Universität Saarbrücken 1992.

[Knolmayer 1998]

Knolmayer, G.: *Business Rule Layers Between Process and Workflow Modeling: An Object-Oriented Perspective.* In: Demeyer, S. / Bosch, J. (Hrsg): Object-Oriented Technology. Berlin et al.: Springer 1998, S. 205-207.

[Knolmayer 1999]

Knolmayer, G.: *Kundenorientierung, Mass Customization und optimale Variantenzahl.* In: Grünig, R. / Pasquier, M. (Hrsg): Strategisches Management und Marketing. Bern: Haupt 1999, S. 67-92.

[Knolmayer / Endl / Pfahrer 2000]

Knolmayer, G. / Endl, R. / Pfahrer, M.: *Modeling Processes and Workflows by Business Rules.* In: van der Aalst, W. / Oberweis, A. / Desel, J. (Hrsg): Business Process Management: Models, Techniques, and Empirical Studies. Berlin et al.: Springer 2000, S. 16-29.

[Knolmayer et al. 1997]

Knolmayer, G. / Endl, R. / Pfahrer, M. / Schlesinger, M.: *Geschäftsregeln als Instrument zur Modellierung von Geschäftsprozessen und Workflows.* Institut für Wirtschaftsinformatik, SWORDIES-Report 97-8, Universität Bern 1997.

[Knolmayer / Herbst 1993]

Knolmayer, G. / Herbst, H.: *Business Rules.* In: Wirtschaftsinformatik 35 (1993) 4, S. 386-390.

[Knolmayer / Mertens / Zeier 2000]

Knolmayer, G. / Mertens, P. / Zeier, A.: Supply Chain Management auf der Basis von SAP-Systemen. Perspektiven der Auftragsabwicklung für Industriebetriebe. Berlin, Heidelberg, New York: Springer 2000.

[Kotz-Dittrich 1992]

Kotz-Dittrich, A.: *Adding Active Functionality to an Object-Oriented Database System - a Layered Approach.* In: Dittrich, K. R. (Hrsg): Object-Oriented Database Systems at Work. Zürich: SI 1992, S. 1-20.

[Krickl 1995]

Krickl, O. C.: Business Redesign. Neugestaltung von Organisationsstrukturen unter besonderer Berücksichtigung der Organisationspotentiale von Workflowmanagementsystemen. Wiesbaden: FBO 1995.

[Kueng 1995]

Kueng, P.: *Vorgehensmodell zur Einführung von Workflow-Systemen.* Institut für Wirtschaftsinformatik, Institutsbericht 95.02, Universität Linz 1995.

[Laures 2002]

Laures, G.: *Regelgerecht - Anpassbare Geschäftsregeln durch Rules Engines.* URL: http://www.spmtechnologies.com/pdfs/de/press/spm_in_the_media/200203_ix.pdf [Abruf: 2002-10-10].

[Lehmann 1974]

Lehmann, H.: *Aufbauorganisation.* In: Grochla, E. / Wittmann, W. (Hrsg): Handwörterbuch der Betriebswirtschaftslehre. 4. Aufl., Stuttgart: Teubner 1974.

[Loos / Allweyer 1998]

Loos, P. / Allweyer, T.: *Process Orientation and Object-Orientation - An Approach for Integrating UML and Event-Driven Process Chains (EPC).* Publications of the Institut für Wirtschaftsinformatik, Paper 144, University of Saarland 1998.

[Mallens 1997]

Mallens, P.: Business Rules Automation. The USoft Approach. Brisbane: USoft 1997.

[Mann 2000]

Mann, J. E.: Rules for E-Business. Versata's Business Rule Automation Delivers on the key Issues of Time, Cost, and Flexibility.
URL: http://www.psgroup.com [Abruf: 2001-09-28].

[Martin 1990]

Martin, J.: *Information and Engineering: Planning and Analysis.* Englewood Cliffs: Prentice Hall 1990.

[McMenamin / Palmer 1984]

McMenamin, S. M. / Palmer, J. F.: *Essential Systems Analysis.* New York: Yourdon 1984.

[McMenamin / Palmer 1988]

McMenamin, S. M. / Palmer, J. F.: *Strukturierte Systemanalyse.* München: Hanser 1988.

[Meta-Group 2000]

Meta-Group: *Electronic Business Strategies.*
URL: http://www.metagroup.com [Abruf: 2001-09-28].

[Morgan 2002]

Morgan, T.: Business Rules an Information Systems. Aligning IT with Business Goals. Boston et al.: Addison-Wesley 2002.

[Morgenstern 1983]

Morgenstern, M.: A*ctive Databases as a Paradigm for Enhanced Computing Environments.* Proceedings of the 9th International Conference on Very Large Databases, Florence 1983.

[Moriarty 1993]

Moriarty, T.: *The next Paradigm.* In: Database Programming and Design 6 (1993) 2, S. 66-69.

[Moriarty 2000a]

Moriarty, T.: *Business Rule Management Facility: System Architekt 2001.* In: Intelligent Enterprise Magazine - Metaprise 3 (2000) 12.
URL: http://www.intelligententerprise.com/000801/metaprise.shtml
[Abruf: 2001-06-05].

[Moriarty 2000b]

Moriarty, T.: *Business-Rule Stuff or Marketing Fluff?* In: Intelligent Enterprise Magazine - Metaprise 3 (2000) 3.
URL: http://www.intelligententerprise.com [Abruf: 2001-10-24].

[Myrach 1995]

Myrach, T.: Konzeption und Stand des Einsatzes von Data Dictionaries. Heidelberg: Physica Verlag 1995.

[Myrach 1996]

Myrach, T.: *Zustands- und Ereignisdaten in Konzepten zeitorientierter Datenhaltung und ihre Zusammenhänge.* In: Gesellschaft für Informatik (Hrsg): Rundbrief des GI Fachausschusses 5.2 "Informationssystem Architekturen" 3 (1996) 1, S. 41-43.

[Myrach 2000]

Myrach, T.: *Temporale Datenbanken in betrieblichen Informationssystemen. Prinzipien, Konzepte, Umsetzung.* Institut für Wirtschaftsinformatik, Habilitationsschrift, Universität Bern 2000.

[Ness 2002a]

Ness: *Business Rules Automation. Lasting Maintainability in Application Development.*
URL: http://www.usoft.com/whitepapers/BusinessRulesAutomation_wp.pdf
[Abruf: 2003-02-05].

[Ness 2002b]

Ness: *USoft Technology Platform.*
URL: http://www.ness-europe.com/products/USoft/Default.htm
[Abruf: 2003-02-10].

[Oberweis 1996]

Oberweis, A.: Modellierung und Ausführung von Workflows mit Petri-Netzen. Stuttgart, Leipzig: Teubner 1996.

[Oberweis / Schönthaler 1993]

Oberweis, A. / Schönthaler, F.: *Simulation datenbankgestützter Automatisierungssysteme mit INCOME.* In: Schneider, E. (Hrsg): Methoden, Anwendungen und Tools auf der Basis von Petri-Netzen und anderer formaler Beschreibungsmittel. Proceedings der 3. Fachtagung "Entwurf komplexer Automatisierungssysteme", Braunschweig 1993.

[Odell 1998]

Odell, J.: Advanced Object-Oriented Analysis and Design Using UML. New York: SIGS 1998.

[Oesterreich 1998a]

Oesterreich, B.: Objektorientierte Softwareentwicklung. Analyse und Design mit der Unified Modeling Language. 4. Aufl., München, Wien: Oldenbourg 1998.

[Oesterreich 1998b]

Oesterreich, B.: *Objektorientierte Geschäftsprozessmodellierung mit der UML.* In: Objekt-Spektrum 2 (1998) 1, S. 48-52.

[Oesterreich 2001]

Oesterreich, B.: Objektorientierte Softwareentwicklung. Analyse und Design mit der Unified Modeling Language. 5. Aufl., München, Wien: Oldenbourg 2001.

[Oesterreich et al. 2003]

Oesterreich, B. / Weiss, C. / Schröder, C. / Weilkiens, T. / Lenhard, A.: *Objektorientierte Geschäftsprozessmodellierung mit der UML.* Heidelberg: dpunkt 2003.

[Olle et al. 1991]

Olle, T. W. / Hagelstein, J. / MacDonald, I. G. / Rolland, C. / Van Assche, F. / Verjin-Stuart, A.: *Informations Systems Methodologies: A Framework for Understanding.* Reading et al.: Addison Wesley 1991.

[OMG 1992]

OMG: Analysis and Design Reference Model. Framingham: OMG 1992.

[OMG 1999a]

OMG: *Object Constraint Language Specification.* Version 1.3, Framingham: OMG 1999.

[OMG 1999b]

OMG: *UML Semantics, Version 1.3.*
URL: http://www.rational.com/media/uml/post.pdf [Abruf: 2001-06-25].

[OMG 2001]

OMG: *OMG Unified Modeling Language Specification.*
Version 1.4 draft.
URL: http://cgi.omg.org/docs/ad/01-02-14.pdf [Abruf: 2002-07-25].

[Österle 1995]

Österle, H.: Business Engineering, Prozess- und Systementwicklung. Entwurfstechniken. Band 1, Berlin et al.: Springer 1995.

[Osterloh / Frost 1996]

Osterloh, M. / Frost, J.: Prozessmanagement als Kernkompetenz. Wie Sie Business Reengineering strategisch nutzen können. Wiesbaden: Gabler 1996.

[Padberg 1996]

Padberg, J.: *Abstract Petri Nets: Uniform Approach and Rule-Based Refinement.* Arbeitspapier, Technische Universität Berlin 1996.

[Pfahrer 1999]

Pfahrer, M.: *Data Structures of SWORPY.* Institut für Wirtschaftsinformatik, Arbeitspapier, Universität Bern 1999.

[Pfahrer / Walser 2002]

Pfahrer, M. / Walser, K.: *Die Bedeutung von Business Rules im Customer Relationship Management.* In: Meyer, M. (Hrsg): CRM-Systeme mit EAI - Konzeption, Implementierung und Evaluation. Braunschweig, Wiesbaden: Vieweg 2002, S. 137-158.

[Picot / Franck 1995]

Picot, A. / Franck, E.: *Prozessorganisation: Eine Bewertung der neuen Ansätze aus Sicht der Organisationslehre.* In: Nippa, M. / Picot, A. (Hrsg): Prozessmanagement und Reengineering. Die Praxis im deutschsprachigen Raum. Frankfurt, New York: Campus 1995, S. 13-38.

[Picot / Reichwald / Wigand 2001]

Picot, A. / Reichwald, R. / Wigand, R. T.: *Die grenzenlose Unternehmung. Information, Organisation und Management.* 4. Aufl., Wiesbaden: Gabler 2001.

[Piller 1998]

Piller, F.: Kundenindividuelle Massenproduktion. Die Wettbewerbsstrategie der Zukunft. München, Wien: Hanser 1998.

[Plesums 2002]

Plesums, C.: *Introduction to Workflow.*
URL: http://www.wfmc.org/information/introduction_to_workflow02.pdf
[Abruf: 2002-09-06].

[Porter 1992]

Porter, M. E.: Wettbewerbsstrategien. Methoden zur Analyse von Branchen und Konkurrenten. 7. Aufl., Frankfurt am Main: Campus 1992.

[PROMATIS 2000]

PROMATIS: *Benutzerhandbuch INCOME Process Designer.*
Version 4.2.10.10, Karlsbad: PROMATIS 2000.

[PROMATIS 2001]

PROMATIS: *Income Process Designer.* Schulungsunterlagen, Karlsbad: PROMATIS 2001.

[Ptech 2002]

Ptech: *Business Rules Accelerator Overview.*
URL: http://www.ptechinc.com/01/assets/BRA%20Overview.pdf
[Abruf: 2003-02-07].

[Raffel / Taveter / Wagner 2001]

Raffel, W.-U. / Taveter, K. / Wagner, G.: *Agent-Oriented Modeling of Busines Rules and Business Processes: The Case of Automatically Guided Transport Systems.* In: Jablonski, S. / Kirn, S. / Plaha, M. / Sinz, E. J. / Ulbrich vom Ende, A. / Weiss, G. (Hrsg): Verteilte Informationssysteme auf der Grundlage von Objekten, Komponenten und Agenten. GI-Fachgruppe 5.10 MobIS, 8 (2001) 2, S. 21-36.

[Rational Software Corporation 1997]

Rational Software Corporation: *UML Extensions for Business Modeling.* URL: http://umlcenter.visual-paradigm.com/umlresources/exte_11.pdf [Abruf: 2003-11-01]

[Rational Software Corporation 2002]

Rational Software Corporation: *Rational XDE Professional.NET Edition.* URL: http://www.rational-xde.de/datenblaetter/xde_dotnet_engl.pdf [Abruf: 2002-08-15].

[Rauh 1990]

Rauh, O.: *Informationsmanagement im Industriebetrieb.* Herne, Berlin: Verlag Neue Wirtschaftsbriefe 1990.

[Riedl 1991]

Riedl, R.: Strategische Planung von Informationssystemen. Heidelberg: Physica 1991.

[Roman 2001]

Roman, E.: *Mastering Enterprise JavaBeans.* 2nd Ed., New York et al.: Wiley 2001.

[Rosemann 1996]

Rosemann, M.: Komplexitätsmanagement in Prozessmodellen - Methodenspezifische Gestaltungsempfehlungen für die Informationstechnologie. Wiesbaden: Gabler 1996.

[Rosemann / Schwegmann 2002]

Rosemann, M. / Schwegmann, A.: *Vorbereitung der Prozessmodellierung.* In: Becker, J. / Kugeler, M. / Rosemann, M. (Hrsg): Prozessmanagement. Ein Leitfaden zur prozessorientierten Organisationsgestaltung. 3. Aufl., Berlin et al.: Springer 2002, S. 47-94.

[Rosemann / zur Mühlen 1998]

Rosemann, M. / zur Mühlen, M.: *Evaluation of Workflow Management Systems - A Meta-Model Approach.* In: Australian Journal of Information Systems 6 (1998) 1, S. 103-106.

[Ross 1994]

Ross, R. G.: The Business Rule Book. Classifying, Defining and Modeling Rules. 3rd Ed., Boston: Database Research Group 1994.

[Ross 1998]

Ross, R. G.: *Business Rules Concepts.* Houston: Business Rule Solutions 1998.

[Ross 2001a]

Ross, R. G.: *The BRS Rule Classification Scheme.*
URL: http://www.brcommunity.com [Abruf: 2001-09-11].

[Ross 2001b]

Ross, R. G.: *Let's Make a Deal: A Killer App for Business Rules.*
URL: http://www.brcommunity.com [Abruf: 2001-05-08].

[Ross 2001c]

Ross, R. G.: *What is Rule Management About?*
URL: http://www.brcommunity.com/cgi-local/x.pl/commentary/b057.html [Abruf: 2001-05-08].

[Ross 2003]

Ross, R. G.: *Principles of the Business Rules Approach.* Boston et al.: Addison-Wesley 2003.

[Ross / Lam 2000]

Ross, R. G. / Lam, G.: *The BRS Fact Modeling Practioner's Guide: Developing the Basis for Data Models.*
URL: http://www.BRSolutions.com [Abruf: 2002-04-05].

[Ross / Lam 2001]

Ross, R. G. / Lam, G.: *Rule Speak Sentence Templates. Developing Rule Statements Using Sentence Patterns.* Vers. 1.0.
URL: http://www.brsolutions.com [Abruf : 2002-04-05].

[Ross-Talbot / Boley / Tabet 2002]

Ross-Talbot, S. / Boley, H. / Tabet, S.: *Playing by the rules.*
URL: http://www.appdevadvisor.co.uk/Downloads/ADA6_5/ross6_5.pdf [Abruf: 2002-11-05].

[Rymer 1999]

Rymer, J. R.: *Business Rules: A Promising Technique, But Not a New Paradigm.*
URL: http://www.ilog.com/products/rules [Abruf: 1999-11-22].

[Schacher 2002]

Schacher, M.: *Business Rules in Prolog.* In: Business Rules Journal 10 (2002) 3.
URL: http://www.brcommunity.com/cgi-bin/x.pl/features/b118.html [Abruf: 2003-06-01].

[Scheer 1990a]

Scheer, A.-W.: *EDV-orientierte Betriebswirtschaftslehre.* 4. Aufl., Berlin et al.: Springer 1990.

[Scheer 1990b]

Scheer, A.-W.: Wirtschaftsinformatik. Informationssysteme im Industriebetrieb. 3. Aufl., Berlin et al.: Springer 1990.

[Scheer 1994]

Scheer, A.-W.: Wirtschaftsinformatik. Referenzmodelle für industrielle Geschäftsprozesse. 4. Aufl., Berlin et al.: Springer 1994.

[Scheer 1996]

Scheer, A.-W.: ARIS-House of Business Engineering. Von der Geschäftsprozeßmodellierung zur Workflow-gesteuerten Anwendung, vom Business Process Reengineering zum Continuous Process Improvement. In: Veröffentlichungen des Instituts für Wirtschaftsinformatik, Heft 133, Universität Saarbrücken 1996.

[Scheer 1998a]

Scheer, A.-W.: ARIS-Vom Geschäftsprozess zum Anwendungssystem. Berlin et al.: Springer 1998.

[Scheer 1998b]

Scheer, A.-W.: Wirtschaftsinformatik. Referenzmodelle für industrielle Geschäftsprozesse. 5. Aufl., Berlin et al.: Springer 1998.

[Scheer 2001]

Scheer, A.-W.: *ARIS-Modellierungsmethoden, Metamodelle, Anwendungen.* 4. Aufl., Berlin et al.: Springer 2001.

[Scheer / Jost 1996]

Scheer, A.-W. / Jost, W.: *Geschäftsprozessmodellierung innerhalb einer Unternehmensarchitektur.* In: G., V. / Becker, J. (Hrsg): Geschäftsprozessmodellierung und Workflow-Management - Modelle, Methoden, Werkzeuge. Bonn, Albany: Thomson 1996, S. 29-46.

[Scheer / Nüttgens / von der Schulenburg 1994]

Scheer, A.-W. / Nüttgens, M. / von der Schulenburg, A.: *Informationsmanagement in deutschen Grossunternehmen - Eine empirische Erhebung zu Entwicklungsstand und -tendenzen.* In: Scheer, A.-W. (Hrsg): Veröffentlichungen des Instituts für Wirtschaftsinformatik, Heft 112, Universität Saarbrücken 1994.

[Scheer / Nüttgens / Zimmermann 1995]

Scheer, A.-W. / Nüttgens, M. / Zimmermann, V.: *Rahmenkonzept für ein integriertes Geschäftsprozessmanagement.* In: Wirtschaftsinformatik 37 (1995) 5, S. 426-434.

[Scheer / Nüttgens / Zimmermann 1997]

Scheer, A.-W. / Nüttgens, M. / Zimmermann, V.: *Objektorientierte Ereignisgesteuerte Prozeßkette (oEPK) - Methode und Anwendung.* Veröffentlichungen des Instituts für Wirtschaftsinformatik, Heft 141, Universität Saarbrücken 1997.

[Schlageter / Stucky 1983]

Schlageter, G. / Stucky, W.: *Datenbanksysteme. Konzepte und Modelle.* Stuttgart: Teubner 1983.

[Schlesinger 1999]

Schlesinger, M.: *Konzepte und Prototyp einer aktiven Schicht zur Automatisierung von Geschäftsregeln.* Institut für Wirtschaftsinformatik, Dissertation, Universität Bern 1999.

[Schlesinger / Lörincze 1997]

Schlesinger, M. / Lörincze, G.: *Rule Modelling and Simulation in ALFRED.* Proceedings of the 3rd International Workshop on Rules in Database Systems, Skövde 1997.

[Schulze 1999]

Schulze, W.: Workflow-Management für CORBA-basierte Anwendungen. Modell, Komponenten und Implementierungen. Berlin et al.: Springer 1999.

[Schweitzer 1974]

Schweitzer, M.: *Ablauforganisation.* In: Grochla, E. / Wittmann, W. (Hrsg): Handwörterbuch der Betriebswirtschaftslehre. 4. Aufl. Stuttgart: Teubner 1974, S. 1-8.

[Scowen 1998]

Scowen, R. S.: *Extended BNF - A generic base standard.*
URL: http://www.cl.cam.ac.uk/~mgk25/iso-ebnf.html [Abruf: 2001-12-20].

[Seiler 1999]

Seiler, H.: *Managing Business Rules: A Repository-Based Approach.*
Technology White Paper.
URL: http://www.RuleMachines.com [Abruf: 2002-10-10].

[Simon 1962]
Simon, H. A.: *The Architecture of Complexity*. Proceedings of the American Philosophical Society, Philadelphia 1962, S. 467-482.

[Sinur 2002]

Sinur, J.: *The 2002 Business Rule Engine Market Magic Quadrant.* In: Gartner Group Research Notes M-15-2087 (2002) 2.

[Speck / Schnetgöke 2002]

Speck, M. / Schnetgöke, N.: *Sollmodellierung und Prozessoptimierung*. In: Becker, J. / Kugeler, M. / Rosemann, M. (Hrsg): *Prozessmanagement. Ein Leitfaden zur prozessorientierten Organisationsgestaltung*. 3. Aufl., Berlin et al.: Springer 2002, S. 179-214.

[Spruth / Franz 2003]

Spruth, W. / Franz, J.: *Reengineering von Kernanwendungen auf Grossrechnern.* In: Informatik Spektrum 26 (2003) 2, S. 83-93.

[Spurr / Layzell / Jennison 1994]

Spurr, K. / Layzell, P. / Jennison, L.: *Business Objects: Software Solutions.* Chichester et al.: Wiley 1994.

[Stalk / Evans / Shulman 1992]

Stalk, G. / Evans, P. / Shulman, L. E.: *Competing on Capabilities.* In: Harvard Business Review 70 (1992) 3-4, S. 57-69.

[Staud 1999]

Staud, J.: Geschäftsprozessanalyse mit Ereignisgesteuerten Prozessketten. Grundlagen des Business Reengineering für SAP R/3 und andere Betriebswirtschaftliche Standardsoftware. Berlin et al.: Springer 1999.

[Striemer / Deiters 1995]

Striemer, R. / Deiters, W.: *Workflow-Management - Erfolgreiche Planung und Durchführung von Workflow-Projekten.* Fraunhofer Institut für Software- und Systemtechnik, Arbeitsbericht, Dortmund 1995.

[Striemer / Holten / Weske 1996]

Striemer, R. / Holten, R. / Weske, M.: *Darstellung und Vergleich von Vorgehensmodellen zur Entwicklung von Workflow-Anwendungen.* Fraunhofer Institut für Software- und Systemtechnik, Bericht Nr. 34, Dortmund 1996.

[Struck 1999]

Struck, D. L.: *Business Rule Continuous Requirements Environment.* Department of Computer Science, PhD Thesis, Colorado Technical University 1999.

[Thommen 1996]

Thommen, J.-P.: *Betriebswirtschaftslehre.* Band 3, 4. Aufl., Zürich: Versus 1996.

[Turau / Saleck / Schmidt 2001]

Turau, V. / Saleck, K. / Schmidt, J. W., Marc: *Java Server Pages und J2EE. Unternehmensweite web-basierte Anwendungen.* Heidelberg: dPunkt 2001.

[USoft 2003]

USoft: *Runtime Rules Engine.*
URL: http://www.usoft.com/products/USoft/Default.htm [Abruf: 2003-01-12].

[van Baelen 1998]

van Baelen, S.: *Enriching Constraints and Business Rules in Object Oriented Analysis Models with Trigger Specifications.* In: Demeyer, S. / Bosch, J. (Hrsg): Object Oriented Technology. ECOOP'98 Workshop Reader. Berlin et al.: Springer 1998.

[Vernadat 1996]

Vernadat, F.: *Enterprise Modeling and Integration.* London: Chapman & Hall 1996.

[Versata 2001]

Versata: Versata E-Business Automation System. Eine kurze Einführung für IT-Manager und Systemarchitekten. Hamburg: Versata 2001.

[Vetter 1993]

Vetter, M.: *Strategie der Anwendungssoftware-Entwicklung.* 3. Aufl., Stuttgart: Teubner 1993.

[von Halle 1993]

von Halle, B.: *Business Rules in Practice.* In: Database Programming & Design 6 (1993) 7, S. 15-18.

[von Halle 2001]

von Halle, B.: Business Rules Applied. Building Better Systems Using the Business Rules Approach. New York et al.: Wiley, 2001.

[von Uthmann 1998]

von Uthmann, C.: *Machen Ereignisgesteuerte Prozessketten (EPK) Petrinetze für die Geschäftsprozessmodellierung obsolet?* In: (Hrsg): EMISA FORUM, Mitteilungen der GI-Fachgruppe Entwicklungsmethoden für Informationssysteme und deren Anwendung, Heft 1, 1998.

[WfMC 2001]

WfMC: *Workflow Process Definition Interface - XML Process Definition Language.* Workflow Management Coalition (WFMC), Document Number WFMC-TC-1025, Lighthouse Point: The Workflow Management Coalition Specification 2001.

[Wirfs-Brock / Wilkerson / Wiener 1990]

Wirfs-Brock, R. / Wilkerson, B. / Wiener, L.: *Designing Object-Oriented Software.* Englewood Cliffs: Prentice Hall 1990.

[Wirth 1971]

Wirth, N.: *Programm Development by Stepwise Refinement.* In: Communications of the ACM 14 (1971) 4, S. 221-227.

[YASU 2002]

YASU: *Overview, QuickRules Datasheet.* San Bruno: YASU Technologies 2002.

[Zachmann 1987]

Zachmann, J. A.: *A Framework for Information Systems Architecture.* In: IBM Systems Journal 26 (1987) 3, S. 276-292.

[zur Mühlen 2001]

zur Mühlen, M.: *Workflow-based Process Controlling - or: What you can measure, you can control.* In: Fischer, L. (Hrsg): The Workflow Handbook 2001. Lighthouse Point: Future Strategies 2001, S. 61-77.

[zur Mühlen / Hansmann 2002]

zur Mühlen, M. / Hansmann, H.: *Workflowmanagement.* In: Becker, J. / Kugeler, M. / Rosemann, M. (Hrsg): Prozessmanagement. Ein Leitfaden zur prozessorientierten Organisationsgestaltung. 3. Aufl., Berlin et al.: Springer 2002, S. 373-409.

AUSGEWÄHLTE VERÖFFENTLICHUNGEN

WIRTSCHAFTSINFORMATIK

Herausgegeben von Prof. (em.) Dr. Dietrich Seibt, Köln, Prof. Dr. Hans-Georg Kemper, Stuttgart, Prof. Dr. Georg Herzwurm, Stuttgart, Prof. Dr. Dirk Stelzer, Ilmenau, und Prof. Dr. Detlef Schoder, Köln

Band 21
Dieter Klagge, Walter Nett, Albrecht Windler
Leitfaden
Electronic Data Interchange (EDI) im mittelständischen Betrieb – Organisation und Technik, Chancen und Risiken
Lohmar – Köln 1998 • 136 S. • € 36,- (D) • ISBN 3-89012-616-2

Band 22
Ralf Finger
Prozesse der Konzeption, Realisierung und Einführung integrierter Telekooperationssysteme – Risiken und Gestaltungsempfehlungen
Lohmar – Köln 1999 • 568 S. • € 56,- (D) • ISBN 3-89012-651-0

Band 23
Klaus van Marwyk
Potentiale von Telekooperationssystemen für schwach strukturierte betriebliche Prozesse
Lohmar – Köln 1999 • 444 S. • € 49,- (D) • ISBN 3-89012-658-8

Band 24
Anke Schüll
Ein Meta-Modell-Konzept zur Analyse von Geschäftsprozessen
Lohmar – Köln 1999 • 164 S. • € 34,- (D) • ISBN 3-89012-667-7

Band 25
Michael Rey
Informations- und Kommunikationssysteme in Kooperationen
Lohmar – Köln 1999 • 268 S. • € 42,- (D) • ISBN 3-89012-697-9

Band 26
Jürgen Padberg
Anforderungen an integrierte Telekooperationssysteme zur Steigerung der Effektivität und Effizienz verteilter Zusammenarbeit
Lohmar – Köln 1999 • 540 S. • € 51,- (D) • ISBN 3-89012-698-7

Band 27
Hubert Becker
Produktivitätssteigerungen durch Workflow-Management – Kombination organisatorischer und technischer Maßnahmen zur Prozeßgestaltung
Lohmar – Köln 1999 • 584 S. • € 56,- (D) • ISBN 3-89012-702-9

Band 28
Frank Wolf
Verteilungsaspekte im Rahmen der strategischen Informationssystem-planung
Lohmar – Köln 1999 • 432 S. • € 49,- (D) • ISBN 3-89012-716-9

Band 29
Marc Alexandre Ludwig
Beziehungsmanagement im Internet – Eine Analyse der Informationsbedürfnisse auf Konsumgütermärkten und der Möglichkeiten ihrer Befriedigung durch Beziehungsmanagement unter Nutzung des Internets
Lohmar – Köln 2000 • 328 S. • € 45,- (D) • ISBN 3-89012-732-0

Band 30
Gérard Derszteler
Prozeßmanagement auf Basis von Workflow-Systemen – Ein integrierter Ansatz zur Modellierung, Steuerung und Überwachung von Geschäftsprozessen
Lohmar – Köln 2000 • 404 S. • € 49,- (D) • ISBN 3-89012-751-7

Band 31
Michael Gröschel
Objektorientierte Softwarewiederverwendung für nationale und internationale Steuerbelastungsvergleiche
Lohmar – Köln 2000 • 272 S. • € 42,- (D) • ISBN 3-89012-752-5

Band 32
Martin Schindler
Wissensmanagement in der Projektabwicklung – Grundlagen, Determinanten und Gestaltungskonzepte eines ganzheitlichen Projektwissensmanagements
3., durchgesehene Auflage
Lohmar – Köln 2002 • 404 S. • € 51,- (D) • ISBN 3-89936-038-9

Band 33
Klaus Ballensiefen
Informationsplanung im Rahmen der Konzeption von Executive Information Systems (EIS) – Theoretische Analyse, Empirische Untersuchung und Entwicklung von Lösungsansätzen
Lohmar – Köln 2000 • 486 S. • € 51,- (D) • ISBN 3-89012-817-3

Band 34
Olaf Coenen
E-Learning-Architektur für universitäre Lehr- und Lernprozesse
2. Auflage
Lohmar – Köln 2002 • 540 S. • € 55,- (D) • ISBN 3-89012-934-X

Band 35
Frank Teuteberg
Agentenbasierte Informationserschließung im World Wide Web unter Einsatz von Künstlichen Neuronalen Netzen und Fuzzy-Logik
Lohmar – Köln 2001 • 368 S. • € 49,- (D) • ISBN 3-89012-873-4

Band 36
Jens Hunstock
Integration konzeptioneller Datenbankschemata
Lohmar – Köln 2001 • 274 S. • € 43,- (D) • ISBN 3-89012-897-1

Band 37
Gerald Kromer
Integration der Informationsverarbeitung in Mergers & Acquisitions – Eine empirische Untersuchung
Lohmar – Köln 2001 • 314 S. • € 45,- (D) • ISBN 3-89012-904-8

Band 38
Stefan Schäfer
Einführung von E-Business-Systemen in deutschen Unternehmen – Fallstudien, Expertenbefragung und DAX100-Umfrage
Lohmar – Köln 2002 • 492 S. • € 53,- (D) • ISBN 3-89012-949-8

Band 39
Matthias Lohse
Intranets – Konzept und Wege zur Realisierung
Lohmar – Köln 2002 • 270 S. • € 46,- (D) • ISBN 3-89012-970-6

Band 40
Christian Seel
Visuelle Simulation von Dienstleistungsprozessen
Lohmar – Köln 2002 • 262 S. • € 46,- (D) • ISBN 3-89012-998-6

Band 41
Manfred Esser
Komplexitätsbeherrschung in dynamischen Diskurswelten – Ein Metamodell zur Modellierung betrieblicher Informationssysteme
Lohmar – Köln 2002 • 280 S. • € 46,- (D) • ISBN 3-89936-036-2

Band 42
Anja Lohse
Integration unterschiedlich strukturierter Daten
Lohmar – Köln 2003 • 234 S. • € 45,- (D) • ISBN 3-89936-135-0

Band 43
Christian Lenz
Empfängerorientierte Unternehmenskommunikation – Einsatz der Internet-Technologie am Beispiel der Umweltberichterstattung
Lohmar – Köln 2003 • 384 S. • € 55,- (D) • ISBN 3-89936-137-7

Band 44
Henning Baars
Videokonferenzsysteme im Kontext betrieblicher Anwendungsszenarien – Architekturgestaltung, Akzeptanz, Nutzen
Lohmar – Köln 2003 • 646 S. • € 73,- (D) • ISBN 3-89936-146-6

Band 45
Rainer Endl
Regelbasierte Entwicklung betrieblicher Informationssysteme – Gestaltung flexibler Informationssysteme durch explizite Modellierung der Geschäftslogistik
Lohmar – Köln 2004 • 368 S. • € 55,- (D) • ISBN 3-89936-263-2

TECHNOLOGIEMANAGEMENT, INNOVATION UND BERATUNG

Herausgegeben von Prof. Dr. Dr. h. c. Norbert Szyperski, Köln, vBP StB Prof. Dr. Johannes Georg Bischoff, Wuppertal, und Prof. Dr. Heinz Klandt, Oestrich-Winkel

Band 24
Andreas Stephan Beyer
Wertorientiertes Innovationsmanagement
Lohmar – Köln 2002 • 312 S. • € 48,- (D) • ISBN 3-89936-019-2

Band 25
Bettina Hoffmann-Ripken
Innovationsstrategien – Kognitionstheoretische Perspektive mit Fallbeispielen aus der Medienindustrie
Lohmar – Köln 2003 • 366 S. • € 53,- (D) • ISBN 3-89936-130-X

Band 26
Carsten Breckner
E-Innovationsmanagement in der Automobilindustrie
Lohmar – Köln 2004 • 288 S. • € 48,- (D) • ISBN 3-89936-216-0

PLANUNG, ORGANISATION UND UNTERNEHMUNGSFÜHRUNG

Herausgegeben von Prof. Dr. Dr. h. c. Norbert Szyperski, Köln, Prof. Dr. Winfried Matthes, Wuppertal, Prof. Dr. Udo Winand, Kassel, Prof. (em.) Dr. Joachim Griese, Bern, PD Dr. Harald F. O. von Kortzfleisch, Kassel, PD Dr. Ludwig Theuvsen, Göttingen, und Prof. Dr. Andreas Al-Laham, Stuttgart

Band 90
Matthias Kern
Lean Information System – Problemorientierte Gestaltung von Informationssystemen unter besonderer Berücksichtigung von Lean Management
Lohmar – Köln 2003 • 372 S. • € 54,- (D) • ISBN 3-89936-141-5

Band 91
Jochen Großpietsch
Supply Chain Management in der Konsumgüterindustrie
Lohmar – Köln 2003 • 254 S. • € 46,- (D) • ISBN 3-89936-145-8

Band 92
Stefan Sekul
Ökologisches Konfliktmanagement
Lohmar – Köln 2003 • 286 S. • € 48,- (D) • ISBN 3-89936-163-6

Band 93
Bernd Bräuer
Wissensmanagementstrategietypen in temporär intendierten Unternehmensnetzwerken
Lohmar – Köln 2003 • 410 S. • € 56,- (D) • ISBN 3-89936-179-2

Band 94
Frank Czymmek
Ökoeffizienz und unternehmerische Stakeholder
Lohmar – Köln 2003 • 266 S. • € 47,- (D) • ISBN 3-89936-180-6

Band 95
Florian Kelber
Turnaround Management von Dotcoms
Lohmar – Köln 2004 • 432 S. • € 56,- (D) • ISBN 3-89936-203-9

Band 96
Wolfgang Irrek
Controlling der Energiedienstleistungsunternehmen
Lohmar – Köln 2004 • 552 S. • € 65,- (D) • ISBN 3-89936-219-5

Band 97
Guido Paffenholz
Exitmanagement – Desinvestitionen von Beteiligungsgesellschaften
Lohmar – Köln 2004 • 276 S. • € 47,- (D) • ISBN 3-89936-256-X

ELECTRONIC COMMERCE

Herausgegeben von Prof. Dr. Dr. h. c. Norbert Szyperski, Köln, Prof. Dr. Beat F. Schmid, St. Gallen, Prof. Dr. Dr. h. c. mult. August-Wilhelm Scheer, Saarbrücken, Prof. Dr. Günther Pernul, Regensburg, und Prof. Dr. Stefan Klein, Münster

Band 25
Fredj Dridi
Sicherheitsarchitektur für Internetbasierte Informationssysteme – Entwurf und Implementierung im Rahmen des E-Government-Projektes Webocracy
Lohmar – Köln 2003 • 218 S. • € 44,- (D) • ISBN 3-89936-166-0

Band 26
Roman Pecha
Externe Geschäftsmodellanalyse bei E-Business Unternehmen – Eine empirische Analyse
Lohmar – Köln 2004 • 360 S. • € 53,- (D) • ISBN 3-89936-218-7

Band 27
Sabine Kronz
Content Management – Einführung, Prozesse und Objekte
Lohmar – Köln 2004 • 246 S. • € 46,- (D) • ISBN 3-89936-225-X